军队"2110"工程三期建设教材

电磁场与微波技术基础

姜勤波 余志勇 张 辉 编著

北京航空航天大学出版社

内 容 简 介

本书内容分四部分。第一部分由第1章和第2章组成,介绍电磁场理论的数学基础。第二部分由第3~6章组成,介绍电磁场理论。第三部分由第7章和第8章组成,介绍电磁波的产生与传播的规律。第四部分由第9~11章组成,介绍微波技术基础。

本书的特点是以数学基础和基本物理概念为起点,把基本理论和基本技术写清楚和讲明白,同时以典型工程应用来设计例题和习题,目的是把读者领进门,为继续学习微波工程、天线设计、电波传播和电磁兼容技术等更侧重工程应用方面的课程打下坚实的理论基础。

本书可作为信息类学科本科生的"电磁场与微波技术"课程的教材,也可作为从事电磁领域相关工作的工程技术人员的参考书。

图书在版编目(CIP)数据

电磁场与微波技术基础 / 姜勤波,余志勇,张辉编著. -- 北京：北京航空航天大学出版社,2016.5
 ISBN 978-7-5124-2140-0

Ⅰ.①电… Ⅱ.①姜… ②余… ③张… Ⅲ.①电磁场-高等学校-教材②微波技术-高等学校-教材 Ⅳ.①O441.4②TN015

中国版本图书馆CIP数据核字(2016)第117330号

版权所有,侵权必究。

电磁场与微波技术基础
姜勤波　余志勇　张　辉　编著
责任编辑　王慕冰

*

北京航空航天大学出版社出版发行

北京市海淀区学院路37号(邮编100191)　http://www.buaapress.com.cn
发行部电话:(010)82317024　传真:(010)82328026
读者信箱: goodtextbook@126.com　邮购电话:(010)82316936
北京兴华昌盛印刷有限公司印装　各地书店经销

*

开本:787×1 092　1/16　印张:17.5　字数:448千字
2016年7月第1版　2016年7月第1次印刷　印数:2 000册
ISBN 978-7-5124-2140-0　定价:39.00元

若本书有倒页、脱页、缺页等印装质量问题,请与本社发行部联系调换。联系电话:(010)82317024

前　言

"电磁场与微波技术基础"是电子科学与技术和信息工程等专业的一门重要专业基础课程。本书依据中国人民解放军火箭军工程大学电子工程、信息工程和通信工程人才培养方案以及"电磁场与电磁波"、"微波技术与天线"和"电磁场与微波技术"的课程标准编写而成。

本书内容上重在把数学基础、基本理论和基本技术写清楚和讲明白，目的是把学生领进门，提高学习后续课程的自学能力。对于从事微波工程、天线设计、电波传播和电磁兼容的研究者，还需要进一步学习更侧重于工程应用的课程。

本书主要包括四大部分内容。第一部分介绍学习电磁场理论的数学基础，包括第 1 章"矢量代数和坐标系"和第 2 章"矢量微积分"；第二部分介绍电磁场理论，包括第 3 章"静电场"、第 4 章"稳恒电流"、第 5 章"静磁场"以及第 6 章"时变场和 Maxwell 方程"；第三部分介绍电磁波的产生与传播规律，包括第 7 章"平面时谐电磁波"和第 8 章"电磁辐射和天线基础"；第四部分介绍微波技术，包括第 9 章"传输线理论"、第 10 章"同轴线和矩形波导"和第 11 章"网络理论"。

在编写本书的过程中，作者参考了国内外的有关教材或参考书，尤其是 Yoen Ho Lee 著的 *Introduction to Engineering Electromagneitcs*，David M. Pozar 著的 *Microwave Engineering* 和梁昌洪老师著的《简明微波》，在此作者向这些优秀教材的编著者致以崇高的敬意。本书由姜勤波老师主编，张辉老师参与了第 8 章的编写工作，余志勇老师审定了书稿，电磁组的李卉和苗倩老师做了部分校对工作。在本书编写的过程中还得到了火箭军工程大学信息工程系以及电子信息工程教研室的有关领导和同事们的多方鼓励与支持，这里作者向这些同志表示衷心的谢意。此外，还要感谢北京航空航天大学出版社的编辑为本书的出版付出的艰辛劳动。

由于编者水平有限且时间十分仓促，书中难免出现疏漏甚至错误，敬请读者指正，编者十分感谢和欢迎。

编　者

2015 年 12 月 31 日

目　　录

第1章　矢量代数和坐标系 ……………………………………………………… 1

1.1　矢量和矢量场 ……………………………………………………………… 2
1.2　矢量代数 …………………………………………………………………… 4
1.2.1　矢量的加减法 ………………………………………………………… 4
1.2.2　矢量的尺度变换 ……………………………………………………… 5
1.2.3　矢量的标量乘(点乘) ………………………………………………… 5
1.2.4　矢量的矢量乘(叉乘) ………………………………………………… 8
1.2.5　标量和矢量三重乘 …………………………………………………… 10
1.3　正交坐标系 ………………………………………………………………… 13
1.3.1　直角坐标系(笛卡尔坐标系) ………………………………………… 14
1.3.2　圆柱坐标系 …………………………………………………………… 18
1.3.3　球坐标系 ……………………………………………………………… 23
1.4　坐标转换 …………………………………………………………………… 29
1.4.1　直角—直角坐标系转换 ……………………………………………… 30
1.4.2　圆柱—直角坐标系转换 ……………………………………………… 32
1.4.3　球—直角坐标系转换 ………………………………………………… 35
1.5　习　题 ……………………………………………………………………… 36

第2章　矢量微积分 ……………………………………………………………… 38

2.1　线积分和面积分 …………………………………………………………… 38
2.1.1　曲　线 ………………………………………………………………… 38
2.1.2　线积分 ………………………………………………………………… 40
2.1.3　面积分 ………………………………………………………………… 44
2.2　方向导数和梯度 …………………………………………………………… 47
2.3　通量和通量密度 …………………………………………………………… 52
2.4　散度和散度定理 …………………………………………………………… 53
2.4.1　通量密度的散度 ……………………………………………………… 53
2.4.2　散度定理 ……………………………………………………………… 56
2.5　旋度和斯托克斯定理 ……………………………………………………… 59
2.5.1　矢量场的旋度 ………………………………………………………… 59
2.5.2　斯托克斯定理 ………………………………………………………… 64
2.6　双∇算子 …………………………………………………………………… 65
2.7　亥姆霍兹定理 ……………………………………………………………… 67

2.8 习题……………………………………………………………………………………… 69

第 3 章 静电场…………………………………………………………………………… 71

3.1 库仑定律……………………………………………………………………………… 71
3.2 电场强度……………………………………………………………………………… 74
　3.2.1 离散电荷产生的电场………………………………………………………… 75
　3.2.2 连续分布电荷产生的电场…………………………………………………… 77
3.3 电通量密度和高斯定律……………………………………………………………… 79
　3.3.1 电场通量密度………………………………………………………………… 80
　3.3.2 高斯定律……………………………………………………………………… 82
3.4 电 势………………………………………………………………………………… 84
　3.4.1 移动电荷所做的功…………………………………………………………… 84
　3.4.2 静电荷的电势………………………………………………………………… 85
　3.4.3 电场强度是电势的负梯度…………………………………………………… 86
　3.4.4 静电场是保守场……………………………………………………………… 87
3.5 静电场中的电介质…………………………………………………………………… 89
　3.5.1 电极化………………………………………………………………………… 90
　3.5.2 介电常数……………………………………………………………………… 91
3.6 静电场的边界条件…………………………………………………………………… 94
3.7 静电场中的理想导体………………………………………………………………… 96
3.8 静电场的势能………………………………………………………………………… 97
3.9 习 题………………………………………………………………………………… 99

第 4 章 稳恒电流…………………………………………………………………………… 101

4.1 运流电流……………………………………………………………………………… 101
4.2 导体电流和欧姆定律………………………………………………………………… 102
4.3 连续性方程…………………………………………………………………………… 104
4.4 功率损耗和焦耳定律………………………………………………………………… 105
4.5 习 题………………………………………………………………………………… 106

第 5 章 静磁场……………………………………………………………………………… 107

5.1 毕奥-萨伐尔定律……………………………………………………………………… 107
5.2 磁通密度……………………………………………………………………………… 110
5.3 矢量磁势……………………………………………………………………………… 111
5.4 安培环路定律………………………………………………………………………… 116
5.5 磁物质………………………………………………………………………………… 118
　5.5.1 磁化和等效电流密度………………………………………………………… 119
　5.5.2 磁导率………………………………………………………………………… 121
5.6 静磁场的边界条件…………………………………………………………………… 123

5.7 磁能 ……………………………………………………………………………… 125
　5.7.1 电感中的磁能 ……………………………………………………………… 125
　5.7.2 用磁场表示的磁能 …………………………………………………………… 127
5.8 习题 …………………………………………………………………………… 129

第6章 时变场和 Maxwell 方程 …………………………………………………… 131

6.1 法拉第定律 ……………………………………………………………………… 131
6.2 位移电流密度 …………………………………………………………………… 132
6.3 Maxwell 方程 …………………………………………………………………… 134
　6.3.1 微分形式的 Maxwell 方程 …………………………………………………… 134
　6.3.2 积分形式的 Maxwell 方程 …………………………………………………… 135
6.4 电磁边界条件 …………………………………………………………………… 135
6.5 推迟势 …………………………………………………………………………… 137

第7章 平面时谐电磁波 …………………………………………………………… 140

7.1 波的基本概念 …………………………………………………………………… 140
　7.1.1 一维波 ……………………………………………………………………… 141
　7.1.2 时谐波 ……………………………………………………………………… 143
　7.1.3 三维均匀平面时谐波 ………………………………………………………… 145
　7.1.4 自由空间均匀平面时谐电磁波 ……………………………………………… 147
7.2 相量 ……………………………………………………………………………… 149
7.3 在均匀介质中的波 ……………………………………………………………… 151
　7.3.1 无耗电介质中的均匀平面波 ………………………………………………… 151
　7.3.2 损耗介质中的均匀平面波 …………………………………………………… 155
7.4 电磁波的功率密度 ……………………………………………………………… 160
7.5 均匀平面波的极化 ……………………………………………………………… 163
　7.5.1 线性极化波 ………………………………………………………………… 163
　7.5.2 圆极化波 …………………………………………………………………… 163
　7.5.3 椭圆极化波 ………………………………………………………………… 165
7.6 平面波垂直入射分界面 ………………………………………………………… 166
　7.6.1 电磁波穿过两种无耗介质分界面的功率关系 ……………………………… 168
　7.6.2 驻波比 ……………………………………………………………………… 169
　7.6.3 平面波在理想导体分界面上的全反射 ……………………………………… 171
7.7 习题 …………………………………………………………………………… 173

第8章 电磁辐射和天线基础 ……………………………………………………… 175

8.1 推迟势的相量形式 ……………………………………………………………… 175
8.2 基本电振子与基本磁振子 ……………………………………………………… 176
　8.2.1 基本电振子 ………………………………………………………………… 176

        8.2.2　基本磁振子 ··· 181
        8.2.3　磁流元与磁壁 ··· 184
    8.3　对称振子天线 ·· 185
        8.3.1　对称振子天线的辐射场 ·· 186
        8.3.2　半波振子的辐射场 ··· 187
    8.4　面天线 ·· 189
        8.4.1　惠更斯元的辐射 ··· 189
        8.4.2　喇叭天线 ··· 194
    8.5　习　题 ·· 196

第9章　传输线理论 ·· 197

    9.1　传输线模型和解 ··· 198
        9.1.1　传输线模型 ·· 198
        9.1.2　无耗传输线方程及其求解 ··· 199
        9.1.3　传输线参量 ·· 200
    9.2　终端条件下的传输线特解 ·· 201
    9.3　传输线的阻抗 ·· 204
        9.3.1　阻抗变换公式 ·· 204
        9.3.2　λ/4 波长阻抗变换器 ··· 205
    9.4　(电压)反射系数 ··· 205
        9.4.1　反射系数的定义 ··· 205
        9.4.2　反射系数和阻抗的关系 ·· 206
        9.4.3　反射系数的性质 ··· 206
        9.4.4　传输线的工作状态 ··· 207
    9.5　(电压)驻波比 ·· 208
        9.5.1　(电压)驻波比的定义 ·· 208
        9.5.2　驻波比的性质 ·· 208
        9.5.3　驻波比和传输线阻抗的关系 ··· 209
        9.5.4　传输线上阻抗的再讨论 ·· 209
    9.6　传输工作参数转化关系小结 ·· 212
    9.7　Smith 圆图 ··· 213
        9.7.1　Smith 圆图的构成 ·· 213
        9.7.2　Smith 圆图的应用 ·· 218
    9.8　习　题 ·· 221

第10章　同轴线和矩形波导 ·· 222

    10.1　传输线的通解 ··· 223
        10.1.1　TEM 波 ·· 226
        10.1.2　TE 波和 TM 波 ·· 227

10.2 传输线的衰减 228
  10.2.1 由电介质损耗引起的衰减 228
  10.2.2 由导体损耗引起的衰减 229
10.3 同轴线 232
  10.3.1 同轴线 TEM 模式下的场求解 232
  10.3.2 同轴线的参数 233
10.4 矩形波导 234
  10.4.1 矩形波导的 TE 模 234
  10.4.2 矩形波导的 TM 模 236
10.5 矩形波导的 TE_{10} 模 237
10.6 习题 244

第 11 章 网络理论 245

11.1 等效电压和电流 245
11.2 阻抗矩阵和导纳矩阵 248
  11.2.1 阻抗矩阵和导纳矩阵的定义 248
  11.2.2 典型网络的阻抗矩阵和导纳矩阵 250
  11.2.3 互易网络 251
  11.2.4 互易无耗网络 254
11.3 传输矩阵 255
  11.3.1 传输矩阵 A 的定义 255
  11.3.2 基本网络的传输矩阵 256
  11.3.3 传输矩阵的两个定理 257
  11.3.4 互易网络、互易无耗网络和对称网络的传输矩阵 258
  11.3.5 归一化传输矩阵 a（也称 ABCD 矩阵） 260
11.4 散射矩阵 261
  11.4.1 散射矩阵的定义 262
  11.4.2 二端口散射矩阵的计算（ABCD 矩阵） 264
  11.4.3 互易网络、对称网络、互易无耗网络散射矩阵的特点 265
  11.4.4 二端口网络散射矩阵的负载反射变换公式 266
11.5 习题 267

参考文献 268

第 1 章 矢量代数和坐标系

电磁学是研究自由空间或介质中电现象和磁现象的一门学科，包括研究静电场的静电学、研究静磁场的静磁学以及研究时变电场和磁场的电动力学。电磁场理论由一系列电磁学模型组成，包括：①产生电磁现象的源，如电荷和电流；②描述电磁现象的物理量，如电场强度和磁场强度；③运算规则，如矢量代数和坐标系；④基本的电磁定律，如库仑定律和 Maxwell 方程。本书前两章主要讨论运算规则，包括矢量代数、坐标系和矢量微积分。

电磁学中的基本物理量可用标量和矢量来表示。标量是只有大小的量，如电势和电流等（一般用大写字母来表示，如 V、I）。矢量是具有大小和方向的量，如电场强度、电流密度等（一般用带箭头的大写字母来表示，如 $\vec{E}$、$\vec{J}$）。在时谐稳态条件下，电磁物理量都随着时间做简谐变化，这时这些物理量（可以是标量或者矢量）用复数（一般用大写字母上带波浪标记，如 $\tilde{V}$）来表示会带来方便。当矢量的分量是复数时，这样的矢量称为复数矢量。一般情况下，电磁物理量都是时间和空间位置的函数；而静电场和静磁场中的量只是空间位置的函数。因此在电磁学中，我们都是处理标量场和矢量场。在静电场和静磁场中处理的是静态标量场（随空间位置变化的标量函数，如用 $V(\vec{r})$ 来表示）和静态矢量场（随空间位置变化的矢量函数，如用 $\vec{U}(\vec{r})$ 来表示）；在时变电磁场中会涉及时变标量场（随空间位置和时间变化的标量函数，如用 $V(\vec{r},t)$ 来表示）和时变矢量场（随空间位置和时间变化的矢量场，如用 $\vec{U}(\vec{r},t)$ 来表示）。在讨论时谐电磁场时还常用相量表示随空间位置变化的复数矢量。为了更加简洁、抽象地研究各种场，还引入位置矢量（一般用 $\vec{r}$ 来表示）和距离矢量（一般用 $\vec{R}$ 来表示）等辅助矢量。

数学工具对于简洁地表达电磁学中的概念和建立电磁模型都非常重要。在电磁学中，矢量代数、矢量微积分和坐标系是三个基本的数学工具。矢量代数关注矢量加、矢量的尺度变化和矢量乘。矢量微积分处理标量场和矢量场的微分与积分运算，其中主要的运算是梯度、散度和旋度。引入坐标系后，可以用数学方程或者位置矢量函数来表示几何模型，如点、线、面和体。虽然物理量、物理定律和矢量运算是独立于坐标系的，但在解决具体电磁学问题时，选择适合的坐标系会带来极大的方便。

尽管矢量的定义非常浅显，但我们在处理矢量场时还必须小心，因为矢量场中不同类型的矢量很容易混淆。位置矢量总是起始于坐标原点而终于空间中的一点，而这个矢量定义在矢量终端位置。距离矢量起始于一点而终于另一点，定义两点之间的距离和从起点到终点的方向；同样，距离矢量定义在矢量终端位置。矢量场中的每个矢量都定义在一个空间位置点，这个矢量的大小和方向都属于这个矢量的起点（也即属于这个空间位置点），因而一个矢量从一点移动到另一点并无意义。在这种情况下，这个矢量终端处的空间坐标没有意义。基矢量是一组三个相互正交的单位矢量，它们的方向一般会随着位置点的变化而变化。

1.1 矢量和矢量场

矢量是具有大小和方向的量。矢量的大小也称为矢量幅度或模值,模值必须大于或等于零。矢量可用带箭头的线段来表示。箭头表示矢量的方向,线段的长度代表矢量的大小。箭头的尾部称为矢量的起点,而箭头头部称为矢量的终端。矢量一般用黑体的字母来表示(如 **A** 和 **B**),或者用带箭头的字母来表示(如 $\vec{A}$ 和 $\vec{B}$)。**本书用带箭头的字母来表示矢量,便于在教学中和手写体一致。**矢量 $\vec{A}$ 在数学上可以表示为

$$\vec{A} = A\hat{a}_A = |\vec{A}|\hat{a}_A = |\vec{A}|\frac{\vec{A}}{|\vec{A}|} \tag{1-1-1}$$

这里矢量 $\vec{A}$ 的大小用不带箭头的字母如 A 或者 $|\vec{A}|$ 表示,是一个大于或等于零的实数,带有物理矢量的单位(量纲)。在以后章节中,还要把矢量的大小扩展成复数。矢量 $\vec{A}$ 的方向用 $\hat{a}_A$ 来表示,$\hat{a}_A = \vec{A}/|\vec{A}|$。$\hat{a}_A$ 称为矢量 $\vec{A}$ 的单位矢量,它的大小 $|\hat{a}_A| = 1$。(**注意**:单位矢量用的是三角,而不是普通矢量的箭头,下标 A 表明是 $\vec{A}$ 的单位矢量)。单位矢量是指大小等于 1 的矢量。$\hat{a}_A$ 和 $-\hat{a}_A$ 表示是两个方向相反的单位矢量。矢量的图形表示和符号表示如图 1-1-1 所示。

例 1-1-1 求矢量 $\vec{E} = -5\hat{a}_E$ (V/m)的大小和方向。

解 可把矢量写成 $\vec{E} = 5(\text{V/m})(-\hat{a}_E)$,因此该矢量的大小是 $5(\text{V/m})$,方向为 $-\hat{a}_E$。

在直角坐标系(也称笛卡尔坐标系,Cartesian coordinate system)中,空间中任一点 p_1 可以用三个坐标 x_1、y_1、z_1 来表示。在本书中标记为 $p_1:(x_1,y_1,z_1)$,这里的":"用来区分标量场 $p(x,y,z)$。空间中的点也可用位置矢量来表示。

空间点的位置矢量:矢量的起点为坐标系原点,矢量的终端为空间点,大小表示原点到空间点的距离,矢量的方向从坐标系原点指向空间点。位置矢量定义在矢量尾部所在的空间点(**注意**:这一点非常重要,关系到位置矢量在具体坐标系中用分量表示时基矢量的选择)。空间中每一个点 $p:(x,y,z)$ 都唯一对应一个位置矢量 $\vec{r}$。例如,图 1-1-2 中 p_1 点所对应的位置矢量是 $\vec{r}_1$。位置矢量 $\vec{r}$ 和对应空间点的坐标之间的关系在各种坐标系中不同,这会在讲述具体坐标系时再论述。

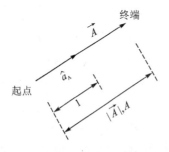

图 1-1-1 矢量的图形表示和符号表示

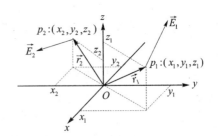

图 1-1-2 三维空间中的(电场强度)矢量场

如果在某个空间区域内的每个点都定义一个标量,那么就说在这个区域内存在一个**标量**

场。在数学上标量场可以用自变量为空间位置的标量函数来表示,如 $T(\vec{r})$,$\vec{r}$ 表示位置矢量。一般来说标量场同时还可以是时变的,这时标量场可表示为 $T(\vec{r},t)$。在直角坐标系中,$T(\vec{r})$ 和 $T(x,y,z)$ 是等价的,$T(\vec{r},t)$ 和 $T(x,y,z,t)$ 是等价的;$\vec{r}$ 和 $p:(x,y,z)$ 表示的是空间中的同一个位置点。如果在某个空间区域内的每个点上都定义一个矢量,那么就说在这个区域内存在一个**矢量场**。在数学上矢量场可用自变量为空间位置的矢量函数来表示,如 $\vec{U}(\vec{r})$,$\vec{r}$ 表示位置矢量。同样矢量场也可以是时变的,这时矢量场可表示为 $\vec{U}(\vec{r},t)$。在直角坐标系中,$\vec{U}(\vec{r})$ 和 $\vec{U}(x,y,z)$ 是等价的,$\vec{U}(\vec{r},t)$ 和 $\vec{U}(x,y,z,t)$ 是等价的。

根据以上矢量的定义,就可以用数学语言清楚地表示矢量场和标量场。例如房子中的温度是一个标量场,可用 $T(\vec{r},t)$ 表示,则在 t_0 时刻房子中某一点 $p_1:(x_1,y_1,z_1)$ 处的温度为

$$T(x_1,y_1,z_1,t_0) = T(\vec{r}_1,t_0) = T_1 \qquad (1-1-2)$$

式中,$\vec{r}_1$ 为 p_1 点的位置矢量,T_1 为一个具体的温度值。如果该温度场不随时间变化,那么可直接用 $T(\vec{r})$ 来表示温度场。空间中的电场是一个矢量场,可用 $\vec{E}(\vec{r},t)$ 表示,如图 1-1-2 所示,则在 t_0 时刻空间中点 $p_1:(x_1,y_1,z_1)$ 处的电场可表示为

$$\vec{E}(x_1,y_1,z_1,t_0) = \vec{E}(\vec{r}_1,t_0) = \vec{E}_1 \qquad (1-1-3)$$

式中,$\vec{r}_1$ 为 p_1 点的位置矢量,$\vec{E}_1$ 为一个具体的电场矢量。如果在同时刻点 $p_2:(x_2,y_2,z_2)$ 处电场矢量为 $\vec{E}_2$,即使有 $\vec{E}_2$ 等于 $\vec{E}_1$(矢量的大小和方向都相等),这两个矢量也不完全相同,因为它们表示的是不同空间点处的电场。所以,这里特别强调矢量场中的矢量是有位置特性的,对两个不同位置的矢量进行某种运算时要特别注意。

图 1-1-3 给出了一个正负电荷在空间形成的电场(矢量场)。

图 1-1-3 正负电荷在空间形成电场

例 1-1-2 判断下面的表达式是否为矢量场:

(1) $\vec{A}(x_1,y_1,z_1,t_0)$; (2) $\vec{A}(x_1,y_1,z_1)$; (3) $\vec{A}(x,y,z)$; (4) $\vec{A}(x)$;
(5) $\vec{A}(\vec{r},t)$; (6) $A(\vec{r},t)$; (7) $A(\vec{r})$; (8) $\vec{A}(\vec{r}-\vec{r}_1)$。

解

(1) 不是;(2) 不是;(3) 是;(4) 是;(5) 是;(6) 不是;(7) 不是;(8) 是。

1.2 矢量代数

1.2.1 矢量的加减法

两个矢量相加表示为

$$\vec{A} + \vec{B} = \vec{C} \tag{1-2-1}$$

一般情况下，矢量相加的两个矢量都具有共同的矢量起点，也即它们属于空间中的同一个点。得到的结果 $\vec{C}$ 和 $\vec{A}$、$\vec{B}$ 一样都有共同的矢量起点。

矢量相加的计算法则有平行四边形法则和头尾相连法则。例如，图 1-2-1(a) 表示矢量相加的平行四边形法则。矢量加所得的结果矢量 $\vec{C}$ 为由 $\vec{A}$ 和 $\vec{B}$ 构成平行四边形的对角线。图 1-2-1(b)、(c) 表示矢量相加的两种头尾连接法则。头尾连接法则 1 是移动第二个矢量（加号后面的矢量，即矢量 $\vec{B}$）；头尾连接法则 2 是移动第一个矢量（即加号前面的矢量，即矢量 $\vec{A}$）。平行移动矢量 $\vec{B}$（或者 $\vec{A}$），使得该矢量的起点和矢量 $\vec{A}$（或者 $\vec{B}$）的尾端重合。结果矢量 $\vec{C}$ 就是从 $\vec{A}$（或者 $\vec{B}$）的起点到 $\vec{B}$（或者 $\vec{A}$）矢量尾端的矢量。

注意：这里矢量的平移仅仅用于图形化的矢量加运算。尽管一个矢量可以在空间中从一点移动到另一点，并完成矢量加，但在绝大部分情况下这样的矢量平移和不同点的两个矢量相加并没有什么物理意义，因为矢量场中的矢量都属于空间中的某一个点。

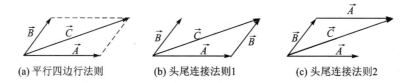

(a) 平行四边行法则　　　　(b) 头尾连接法则1　　　　(c) 头尾连接法则2

图 1-2-1 矢量加 $\vec{C} = \vec{A} + \vec{B}$

矢量相加满足结合律和交换律：

结合律 $$\vec{A} + (\vec{B} + \vec{C}) = (\vec{A} + \vec{B}) + \vec{C} \tag{1-2-2a}$$

交换律 $$\vec{A} + \vec{B} = \vec{B} + \vec{A} \tag{1-2-2b}$$

根据矢量加的头尾连接法则 1，可知 $\vec{A} + \vec{B}$ 和 $\vec{B} + \vec{A}$ 都等于由 $\vec{A}$ 和 $\vec{B}$ 两个矢量构成的平行四边形的对角线矢量，因此矢量加满足交换律。

如图 1-2-2(a) 所示，三个矢量 $\vec{A}$、$\vec{B}$ 和 $\vec{C}$ 构成一个斜长方体。根据矢量加的运算规则可得 $(\vec{A} + \vec{B}) + \vec{C}$ 等于斜长方体的对角矢量，如图 1-2-2(b) 所示；同样可得 $\vec{A} + (\vec{B} + \vec{C})$ 等于斜长方体的对角矢量，如图 1-2-2(c) 所示。因此证明了矢量加满足结合律。从图 1-2-2 可以看出，多个矢量的加与矢量加的顺序无关。

矢量 $\vec{A}$ 减去矢量 $\vec{B}$ 等于矢量 $\vec{A}$ 加上负的矢量 $\vec{B}$，即

$$\vec{A} - \vec{B} = \vec{A} + (-\vec{B}) = \vec{A} + B(-\hat{a}_B) \tag{1-2-3}$$

负的矢量 $-\vec{B}$ 和矢量 $\vec{B}$ 两者大小相等，但方向相反，且两者的起点在同一点。矢量减的图形化方法和矢量加相同，如图 1-2-3 所示。

(a) 三个矢量构成的斜长方体　　(b) $(\vec{A}+\vec{B})+\vec{C}$　　(c) $\vec{A}+(\vec{B}+\vec{C})$

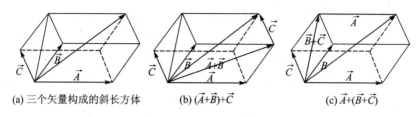

图 1-2-2　矢量加满足结合律

两个位置矢量$\vec{r}_1$和$\vec{r}_2$的矢量减可表示为$\vec{R}_{1-2}=\vec{r}_1-\vec{r}_2$，该矢量称为**距离矢量**。如图 1-2-4 所示，距离矢量$\vec{R}_{1-2}$的方向是从点p_2指向点p_1。我们总是假设距离矢量属于点p_1，也即距离矢量的终端位置。换句话说，距离矢量用于表述在点p_1处的物理量。距离矢量$\vec{R}_{1-2}=\vec{r}_1-\vec{r}_2$，读作从点 2 到点 1 的距离矢量。

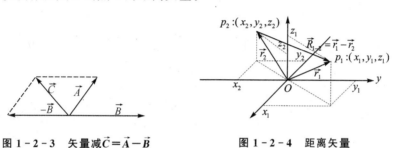

图 1-2-3　矢量减$\vec{C}=\vec{A}-\vec{B}$

图 1-2-4　距离矢量

1.2.2　矢量的尺度变换

一个矢量和一个标量相乘称为矢量的尺度变换。矢量尺度变换的定义为

$$k\vec{A}=kA\,\hat{a}_A \tag{1-2-4}$$

当标量$k>0$时，它增加或缩短矢量的长度，但不改变矢量的方向。当$k<0$时，不仅改变矢量的大小，还把矢量的方向改变到相反方向。

矢量的尺度变换满足结合律、交换律和分配律：

结合律　$$k(l\vec{A})=l(k\vec{A}) \tag{1-2-5a}$$

交换律　$$k\vec{A}=\vec{A}k \tag{1-2-5b}$$

分配律　$$(k+l)\vec{A}=k\vec{A}+l\vec{A} \tag{1-2-5c}$$

1.2.3　矢量的标量乘(点乘)

标量乘和矢量乘是矢量代数中定义的两个独特运算。如名称所示，两个矢量的标量乘得到一个标量，而矢量乘得到一个新矢量。标量乘涉及两个矢量夹角的余弦值，而矢量乘涉及两个矢量夹角的正弦值。

矢量的标量乘对于计算一个矢量在另一个矢量上的投影非常重要。而一个矢量在另一个矢量上的投影对于矢量的分解又十分重要。文中一般用点乘来称呼标量乘。

矢量$\vec{A}$和$\vec{B}$的点乘标记为$\vec{A}\cdot\vec{B}$，定义为

$$\vec{A}\cdot\vec{B}=AB\cos\theta_{AB} \tag{1-2-6}$$

式中，A 和 B 分别为矢量的大小；θ_{AB} 为两个矢量较小的夹角(小于或等于 180°)。当 $0° \leqslant \theta_{AB} < 90°$ 时，结果大于零；当 $90° < \theta_{AB} \leqslant 180°$ 时，结果小于零；当 $\theta_{AB} = 90°$ 时，结果等于零，也即矢量 $\vec{A}$ 和 $\vec{B}$ 正交，如图 1-2-5 所示。当需要确定两个矢量是否正交(垂直)时，只要验证这两个矢量的点乘是否等于零即可。

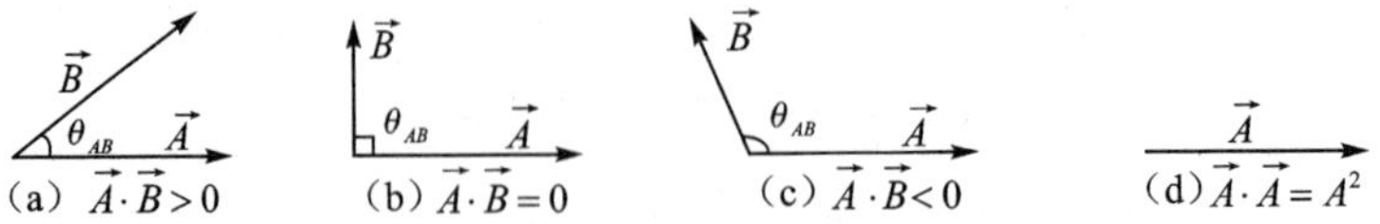

图 1-2-5 标量乘

由式(1-2-6)可知，两个矢量的点乘小于两个矢量各自幅度(模值)的乘积，即

$$|\vec{A} \cdot \vec{B}| \leqslant AB \qquad (1-2-7)$$

一个矢量和自己的点积等于该矢量幅度的平方，即

$$\vec{A} \cdot \vec{A} = A^2 \qquad (1-2-8)$$

因此可通过式(1-2-8)来求得矢量的幅度，即

$$A = |\vec{A}| = \sqrt{\vec{A} \cdot \vec{A}} \qquad (1-2-9)$$

根据点乘的定义，还可以证明点乘满足：

$$k(\vec{A} \cdot \vec{B}) = (k\vec{A}) \cdot \vec{B} = \vec{A} \cdot (k\vec{B}) \qquad (1-2-10)$$

式(1-2-10)中，k 为实数。

根据点乘的定义可知，$\vec{B} \cdot \hat{a}_A = B\cos\theta_{AB}$，称 $\vec{B} \cdot \hat{a}_A$ 为矢量 $\vec{B}$ 在矢量 $\vec{A}$ 上的投影(标)量，如图 1-2-6(a)所示。由 $\vec{A} \cdot \vec{B} = AB\cos\theta_{AB} = A(\vec{B} \cdot \hat{a}_A) = B(A\cos\theta_{AB}) = B(\vec{A} \cdot \hat{a}_B)$ 可知，$\vec{A} \cdot \vec{B}$ 可以看成 A 与矢量 $\vec{B}$ 在矢量 $\vec{A}$ 上投影量的乘积，或者看成 B 与矢量 $\vec{A}$ 在矢量 $\vec{B}$ 上投影量的乘积。

矢量 $\vec{B}$ 在矢量 $\vec{A}$ 上的投影矢量可表示为 $(\vec{B} \cdot \hat{a}_A)\hat{a}_A$，其中 $\vec{B} \cdot \hat{a}_A$ 就是 $\vec{B}$ 在 $\vec{A}$ 上的投影量，$\hat{a}_A$ 是矢量 $\vec{A}$ 的单位矢量。

(a) $\vec{B}$ 在矢量 $\vec{A}$ 上的投影量　　(b) $\vec{B}$ 在矢量 $\vec{A}$ 上的投影矢量

图 1-2-6 矢量的投影

矢量 $\vec{B}$ 在矢量 $\vec{A}$ 上的投影量和投影矢量的计算式还可以写成：

$$\vec{B} \cdot \hat{a}_A = \frac{\vec{B} \cdot \vec{A}}{|\vec{A}|} \qquad (1-2-11a)$$

$$\vec{B}_{//A} = (\hat{a}_A \cdot \vec{B})\hat{a}_A = \frac{(\vec{A} \cdot \vec{B})\vec{A}}{|\vec{A}|^2} \qquad (1-2-11b)$$

其中，$\vec{B}_{//A} = (\vec{B} \cdot \hat{a}_A)\hat{a}_A$ 是把矢量 $\vec{B}$ 在矢量 $\vec{A}$ 上的投影矢量。根据矢量加的定义，还可求得 $\vec{B}$ 在矢量 $\vec{A}$ 垂直方向上的矢量投影(用 $\vec{B}_{\perp A}$ 来标记)：

$$\vec{B}_{\perp A} = \vec{B} - \vec{B}_{//A} = \vec{B} - \frac{(\vec{A}\cdot\vec{B})\vec{A}}{|\vec{A}|^2} \tag{1-2-11c}$$

矢量的标量乘满足交换律和分配律,即

交换律
$$\vec{A}\cdot\vec{B} = \vec{B}\cdot\vec{A} \tag{1-2-12a}$$

分配律
$$\vec{A}\cdot(\vec{B}+\vec{C}) = \vec{A}\cdot\vec{B} + \vec{A}\cdot\vec{C} \tag{1-2-12b}$$

根据矢量点乘的定义可知 $\vec{A}\cdot\vec{B} = AB\cos\theta_{AB}$,而 $\vec{B}\cdot\vec{A} = BA\cos\theta_{BA}$,因为 $\theta_{AB}=\theta_{BA}$,所以 $\vec{A}\cdot\vec{B}=\vec{B}\cdot\vec{A}$,即点乘交换律成立。从图 1-2-7 可以看出, $\vec{B}$ 在 $\vec{A}$ 上的标量投影为 $\vec{B}\cdot\hat{a}_A$, $\vec{C}$ 在 $\vec{A}$ 上的标量投影为 $\vec{C}\cdot\hat{a}_A$, $(\vec{B}+\vec{C})$ 在 $\vec{A}$ 上的标量投影为 $(\vec{B}+\vec{C})\cdot\hat{a}_A$,根据几何关系可得:

$$(\vec{B}+\vec{C})\cdot\hat{a}_A = \vec{B}\cdot\hat{a}_A + \vec{C}\cdot\hat{a}_A \tag{1-2-13}$$

在式(1-2-13)等号两边同时乘以 A,即可得到式(1-2-12),从而证明了矢量点乘满足分配律。

在矢量代数中,经常需要计算一个矢量在一个面上的矢量投影。如图 1-2-8 所示,记面 S 的法向矢量为 $\hat{a}_N$, $\vec{A}_N$ 是矢量 $\vec{A}$ 在面 S 法向矢量上的投影矢量, $\vec{A}_T$ 是 $\vec{A}$ 在面 S 切向矢量上的投影矢量,即

$$\vec{A}_N = (\vec{A}\cdot\hat{a}_N)\hat{a}_N \tag{1-2-14}$$

$$\vec{A}_T = \vec{A} - \vec{A}_N = \vec{A} - (\vec{A}\cdot\hat{a}_N)\hat{a}_N \tag{1-2-15}$$

下标 N 和 T 分别表示法向(Normal)和切向(Tangential),有时还需要计算一个矢量在一个面上的一个矢量上的投影矢量,例如求解矢量 $\vec{A}$ 在面 S 内矢量 $\vec{B}$ 上的投影矢量,这可以用二步投影法。

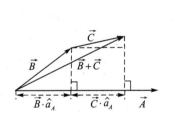

图 1-2-7 标量乘的交换律

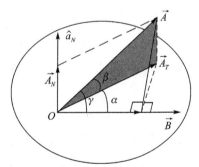

图 1-2-8 矢量的二步投影法

二步投影法:求解矢量 $\vec{A}$ 在矢量 $\vec{B}$ 上的投影,可以分成两步。第一步求 $\vec{A}$ 在矢量 $\vec{B}$ 所在面上的投影得到 $\vec{A}_T$;第二步把 $\vec{A}_T$ 投影到 $\vec{B}$ 上。这是因为:

$$\vec{A}\cdot\hat{a}_B = (\vec{A}_T + \vec{A}_N)\cdot\hat{a}_B = \vec{A}_T\cdot\hat{a}_B \tag{1-2-16}$$

式(1-2-16)中使用了 $\vec{A}=\vec{A}_T+\vec{A}_N$, $\vec{A}_N\cdot\hat{a}_B=0$ 及矢量点乘的分配律即式(1-2-12b)。该式证明了 $\vec{A}$ 在 $\vec{B}$ 上的投影等于 $\vec{A}_T$ 在 $\vec{B}$ 上的投影,因此证明了二步投影法的正确性。根据式(1-2-16)还可得 $\cos\gamma=\cos\beta\cos\alpha$,其中 β 是 $\vec{A}$ 和 $\vec{A}_T$ 之间的夹角, α 是 $\vec{A}_T$ 和 $\vec{B}$ 之间的夹角, γ

是 $\vec{A}$ 和 $\vec{B}$ 之间的夹角,推导过程参见后面的式(1-2-49)。

例 1-2-1 两个任意矢量 $\vec{A}$ 和 $\vec{B}$(两个矢量的方向不同),那么由 $\vec{A}$ 和 $\vec{B}$ 所构成的平面内的任何一个矢量 $\vec{C}$ 都表示成 $\vec{A}$ 和 $\vec{B}$ 的线性叠加:

$$\vec{C} = k\vec{A} + l\vec{B} \tag{1-2-17}$$

求解实数 k 和 l。

解

对式(1-2-17)的两边同时点乘 $\vec{A}$,可得:

$$\vec{A} \cdot \vec{C} = k\vec{A} \cdot \vec{A} + l\vec{A} \cdot \vec{B} \tag{1-2-18}$$

对式(1-2-17)的两边同时点乘 $\vec{B}$,可得:

$$\vec{B} \cdot \vec{C} = k\vec{B} \cdot \vec{A} + l\vec{B} \cdot \vec{B} \tag{1-2-19}$$

根据式(1-2-18)和式(1-2-19)可得:

$$\begin{bmatrix} k \\ l \end{bmatrix} = \begin{bmatrix} \vec{A} \cdot \vec{A} & \vec{A} \cdot \vec{B} \\ \vec{A} \cdot \vec{B} & \vec{B} \cdot \vec{B} \end{bmatrix}^{-1} \begin{bmatrix} \vec{A} \cdot \vec{C} \\ \vec{B} \cdot \vec{C} \end{bmatrix} \tag{1-2-20}$$

同理,可以把空间任意一个矢量 $\vec{K}$,表示成空间中任意三个矢量 $\vec{A}$、$\vec{B}$ 和 $\vec{C}$ 的线性叠加:

$$\vec{K} = k\vec{A} + l\vec{B} + m\vec{C} \tag{1-2-21}$$

$$\begin{bmatrix} k \\ l \\ m \end{bmatrix} = \begin{bmatrix} \vec{A} \cdot \vec{A} & \vec{A} \cdot \vec{B} & \vec{A} \cdot \vec{C} \\ \vec{B} \cdot \vec{A} & \vec{B} \cdot \vec{B} & \vec{B} \cdot \vec{C} \\ \vec{C} \cdot \vec{A} & \vec{C} \cdot \vec{B} & \vec{C} \cdot \vec{C} \end{bmatrix}^{-1} \begin{bmatrix} \vec{A} \cdot \vec{K} \\ \vec{B} \cdot \vec{K} \\ \vec{C} \cdot \vec{K} \end{bmatrix} \tag{1-2-22}$$

例 1-2-2 证明余弦定理,如图 1-2-9 所示。

$$C^2 = A^2 + B^2 - 2AB\cos\theta \tag{1-2-23}$$

证明

根据矢量的关系:

$$\vec{C} = \vec{A} - \vec{B} \tag{1-2-24}$$

对式(1-2-24)两边的矢量各自求模的平方,可得:

$$\vec{C} \cdot \vec{C} = (\vec{A} - \vec{B}) \cdot (\vec{A} - \vec{B}) \tag{1-2-25}$$

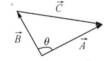

图 1-2-9 余弦定理

对式(1-2-25)的左边应用点乘的两次应用分配律,可得:

$$C^2 = A^2 + B^2 - 2\vec{A} \cdot \vec{B} = A^2 + B^2 - 2AB\cos\theta \tag{1-2-26}$$

1.2.4 矢量的矢量乘(叉乘)

矢量 $\vec{A}$ 和 $\vec{B}$ 的矢量乘(也称叉乘)标记为 $\vec{A} \times \vec{B}$,定义为

$$\vec{A} \times \vec{B} = AB\sin\theta_{AB}\hat{a}_N \tag{1-2-27}$$

式(1-2-27)中,A 和 B 分别为矢量的大小;θ_{AB} 为两个矢量较小的夹角;$\hat{a}_N$ 是两个矢量所构成平面的法向矢量,$\hat{a}_N$ 的方向服从右手规则,即右手四指从 $\vec{A}$ 沿着两个矢量较小的夹角转到 $\vec{B}$,大拇指竖起的方向即为 $\hat{a}_N$,如图 1-2-10 所示。叉乘的两个矢量必须在空间的同一个点。

图 1-2-11 给出了两个矢量叉乘的方向,可见两个矢量的夹角 θ_{AB} 从零增加到 180°时,叉乘结果矢量的方向不变。

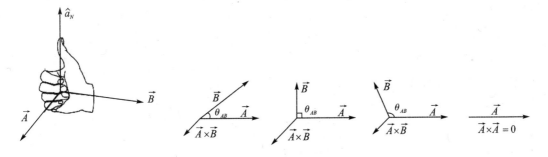

图 1-2-10 叉乘的右手规则　　　　图 1-2-11 矢量乘

由定义式(1-2-2)可知:

$$\vec{A} \times \vec{A} = 0 \tag{1-2-28}$$

其实任意两个平行矢量的叉乘都等于零。当需要确定两个矢量是否平行时,只须验证这两个矢量的叉乘是否等于零即可。根据矢量叉乘的定义,可以证明:

$$|\vec{A} \times \vec{B}| \leqslant AB \tag{1-2-29}$$

$$k(\vec{A} \times \vec{B}) = (k\vec{A}) \times \vec{B} = \vec{A} \times (k\vec{B}) \tag{1-2-30}$$

其中 k 为实数。

矢量叉乘可以用来确定空间一点到一条直线的垂直距离。从图 1-2-12 中可以看出,从矢量 $\vec{B}$ 的尾端到矢量 $\vec{A}$ 的距离等于 $|\hat{a}_A \times \vec{B}|$。图 1-2-11 中 $\hat{a}_N$ 是 $\hat{a}_A \times \vec{B}$ 的方向,也是 $\vec{A}$ 与 $\vec{B}$ 所构成平面的法向矢量。因为 $\hat{a}_N$ 与 $\hat{a}_A$ 垂直,所以 $\hat{a}_N \times \hat{a}_A$ 必然在平面内且是与 $\vec{A}$ 垂直的单位矢量。因此可得 $\vec{B}$ 在垂直于矢量 $\vec{A}$ 方向上的投影矢量为

$$\vec{B}_{\perp A} = \frac{(\vec{A} \times \vec{B}) \times \vec{A}}{|\vec{A}|^2} = (\hat{a}_A \times \vec{B}) \times \hat{a}_A = B\sin\theta \hat{a}_N \times \hat{a}_A \tag{1-2-31}$$

对比式(1-2-31)和式(1-2-11b),可以发现两式非常对称。同时可以证明式(1-2-31)和式(1-2-11c)等价。

如图 1-2-12 所示,叉乘的幅值 $|\vec{A} \times \vec{B}|$ 在数值上等于矢量 $\vec{A}$ 和 $\vec{B}$ 构成的平行四边形的面积,$\vec{A} \times \vec{B}$ 的方向垂直于 $\vec{A}$ 和 $\vec{B}$ 所构成的面。定义矢量平面 $\vec{S}_{CDEF}$:矢量平面的大小 $|\vec{S}_{CDEF}|$ 等于 $\vec{A}$ 和 $\vec{B}$ 构成的平行四边形的面积,$\vec{S}_{CDEF}$ 的方向按照右手规则(即手指按照下标 $CDEF$ 顺序,以大拇指方向为 $\vec{S}_{CDEF}$ 的方向)。根据叉乘的定义和矢量平面的定义可知:

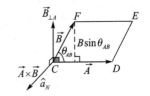

图 1-2-12 叉乘的幅值等于平行四边形的面积

$$\vec{S}_{CDEF} = \vec{A} \times \vec{B} \tag{1-2-32}$$

$$\vec{S}_{CFED} = -\vec{S}_{CDEF} = -\vec{A} \times \vec{B} = \vec{B} \times \vec{A} \tag{1-2-33}$$

叉乘满足分配律和反交换律,但不满足结合律:

不满足结合律　　　　$\vec{A} \times (\vec{B} \times \vec{C}) \neq (\vec{A} \times \vec{B}) \times \vec{C}$ 　　(1-2-34a)

反交换律 $\qquad \vec{A} \times \vec{B} = -\vec{B} \times \vec{A}$ (1-2-34b)

分配律 $\qquad \vec{A} \times (\vec{B} + \vec{C}) = \vec{A} \times \vec{B} + \vec{A} \times \vec{C}$ (1-2-34c)

参见后面的式(1-2-43)。即知,矢量叉乘不满足结合律根据叉乘的定义,$\vec{A} \times \vec{B}$ 和 $\vec{B} \times \vec{A}$ 的大小相等,而方向相反,所以式(1-2-34b)成立。下面证明矢量叉乘的分配律。

证明

矢量叉乘的分配律如图 1-2-13 所示。

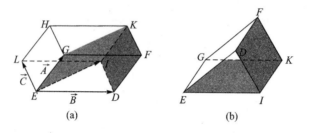

图 1-2-13 矢量叉乘的分配律

如图 1-2-13(a)所示,三个矢量 $\vec{A}$、$\vec{B}$ 和 $\vec{C}$ 构成一个斜的长方体。图 1-2-13(b)中的五面体 $GKIEFD$ 是从图 1-2-13(a)中斜的长方体中取出的。从图 1-2-13 中还可以看出,面 GKF 和面 EID 平行且面积相等;面 $EGHL$ 和面 $DIKF$ 平行,且面积相等。根据矢量平面的定义式(1-2-32)可知:

$$\vec{A} \times \vec{B} = \vec{S}_{EGFD} = -\vec{S}_{EDFG} \tag{1-2-35}$$

$$\vec{A} \times \vec{C} = \vec{S}_{EGHL} = -\vec{S}_{DIKF} \tag{1-2-36}$$

$$\vec{A} \times (\vec{B} + \vec{C}) = \vec{S}_{EGKI} \tag{1-2-37}$$

$$\vec{S}_{EID} = -\vec{S}_{GFK} \tag{1-2-38}$$

根据矢量微积分的性质 $\oint_S d\vec{S} = 0$(参见第 2 章的式(2-1-50),S 是任意封闭面),在五面体 $GKIEFD$ 可得:

$$\vec{S}_{EID} + \vec{S}_{GFK} + \vec{S}_{EDFG} + \vec{S}_{DIKF} + \vec{S}_{EGKI} = 0 \tag{1-2-39}$$

把式(1-2-35)~(1-2-38)代入式(1-2-39),并整理可得:

$$\vec{A} \times (\vec{B} + \vec{C}) = \vec{A} \times \vec{B} + \vec{A} \times \vec{C}$$

得证。

1.2.5 标量和矢量三重乘

我们把两个矢量的点乘和叉乘扩展到利用点乘和叉乘定义的多重乘。其中在电磁学中两种三重乘最为常见,分别是标量三重乘和矢量三重乘。它们的名称来源于其计算结果,顾名思义,标量三重乘的结果是标量,而矢量三重乘的结果是矢量。

1. 标量三重乘

$$\vec{A} \cdot (\vec{B} \times \vec{C}) = \vec{B} \cdot (\vec{C} \times \vec{A}) = \vec{C} \cdot (\vec{A} \times \vec{B}) \tag{1-2-40}$$

式(1-2-40)服从圆周规则,即 $ABC \to BCA \to CAB$,如图 1-2-14 所示。注意到点乘和

叉乘交换顺序时,结果不变,即 $\vec{A}\cdot\vec{B}\times\vec{C}=\vec{B}\cdot\vec{C}\cdot\vec{A}$。这里叉乘的优先级高于点乘,即 $\vec{A}\cdot\vec{B}\times\vec{C}=\vec{A}\cdot(\vec{B}\times\vec{C})$,否则 $(\vec{A}\cdot\vec{B})\times\vec{C}$ 没有物理意义。

标量三重乘 $\vec{A}\cdot(\vec{B}\times\vec{C})$ 的结果在数值上表示三个矢量 $\vec{A}$、$\vec{B}$、$\vec{C}$ 构成的斜长方体的体积,如图 1-2-15 所示。这是因为:

$$\vec{A}\cdot(\vec{B}\times\vec{C})=\vec{A}\cdot(|\vec{B}||\vec{C}|\sin\theta_{BC}\hat{a}_{\vec{B}\times\vec{C}})=(|\vec{B}||\vec{C}|\sin\theta_{BC})(\vec{A}\cdot\hat{a}_{\vec{B}\times\vec{C}}) \tag{1-2-41}$$

式中,θ_{BC} 是矢量 $\vec{B}$ 和 $\vec{C}$ 之间的夹角;$\hat{a}_{\vec{B}\times\vec{C}}$ 为 $\vec{B}\times\vec{C}$ 的单位矢量;$(|\vec{B}||\vec{C}|\sin\theta_{BC})$ 表示 $\vec{B}$ 和 $\vec{C}$ 所构成的平行四边形的面积;$\vec{A}\cdot\hat{a}_{\vec{B}\times\vec{C}}$ 表示的是高 h。因此式(1-2-41)表示的是斜长方体的体积。同理,$\vec{B}\cdot(\vec{C}\times\vec{A})$ 和 $\vec{C}\cdot(\vec{A}\times\vec{B})$ 都表示的是斜长方体的体积,所以式(1-2-40)成立。

图 1-2-14　圆周规则

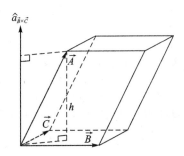

图 1-2-15　标量三重乘

根据式(1-2-40)可得:

$$\vec{A}\cdot(\vec{A}\times\vec{B})=\vec{B}\cdot(\vec{A}\times\vec{A})=0 \tag{1-2-42a}$$

$$\vec{B}\cdot(\vec{A}\times\vec{B})=\vec{A}\cdot(\vec{B}\times\vec{B})=0 \tag{1-2-42b}$$

标量三重矢的一个典型用途就是来判断三个矢量是否共面,即当三个矢量的标量三重矢等于零时,三者必然共面。参见图 1-2-15,因为三个矢量 $\vec{A}$、$\vec{B}$、$\vec{C}$ 的标量三重矢等于斜立方体,当体积为零时,只能是高度 h 为零,可见 $\vec{A}$ 在 $\hat{a}_{\vec{B}\times\vec{C}}$ 上没有投影,那么 $\vec{A}$ 只能够在 $\vec{A}$ 和 $\vec{B}$ 所构成的平面。

2. 矢量三重乘

$$\vec{A}\times(\vec{B}\times\vec{C})=\vec{B}(\vec{A}\cdot\vec{C})-\vec{C}(\vec{A}\cdot\vec{B}) \tag{1-2-43}$$

矢量三重乘结果是矢量。根据式(1-2-43)可知,在通常情况下,$\vec{A}\times(\vec{B}\times\vec{C})\neq(\vec{A}\times\vec{B})\times\vec{C}$。

证明式(1-2-43)

如图 1-2-16(a)所示,把 $\vec{B}$ 和 $\vec{C}$ 矢量所在的面定义为面 S,$\hat{a}_{\vec{B}\times\vec{C}}$ 为 $\vec{B}\times\vec{C}$ 的单位矢量,$\hat{a}_{\vec{B}\times\vec{C}}$ 也为面 S 的法向单位矢量。

根据式(1-2-42b)可知:

$$(\vec{B}\times\vec{C})\cdot[\vec{A}\times(\vec{B}\times\vec{C})]=0 \tag{1-2-44}$$

根据式(1-2-44)可知:$\vec{A}\times(\vec{B}\times\vec{C})$ 垂直于 $\hat{a}_{\vec{B}\times\vec{C}}$,所以 $\vec{A}\times(\vec{B}\times\vec{C})$ 也必然在面 S 之内,也即

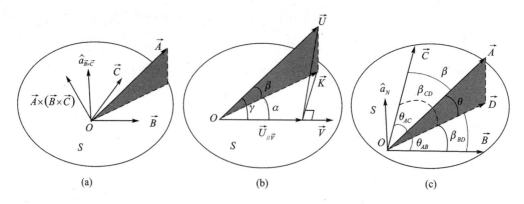

图 1-2-16 矢量三重乘

$\vec{A} \times (\vec{B} \times \vec{C})$，$\vec{B}$ 和 $\vec{C}$ 共面。根据式(1-2-17)可知，$\vec{A} \times (\vec{B} \times \vec{C})$ 可表示成 $\vec{B}$ 和 $\vec{C}$ 两个矢量的线性叠加，即

$$\vec{A} \times (\vec{B} \times \vec{C}) = k\vec{B} + l\vec{C} \tag{1-2-45}$$

式中 k 和 l 为两个实数。根据式(1-2-42a)可知：

$$\vec{A} \cdot [\vec{A} \times (\vec{B} \times \vec{C})] = 0 \tag{1-2-46}$$

式(1-2-46)意味着 $\vec{A}$ 与 $\vec{A} \times (\vec{B} \times \vec{C})$ 垂直。把式(1-2-45)代入式(1-2-46)可得：

$$k\vec{A} \cdot \vec{B} + l\vec{A} \cdot \vec{C} = 0 \tag{1-2-47}$$

根据式(1-2-47)可得 $l = -k\vec{A} \cdot \vec{B}/(\vec{A} \cdot \vec{C})$，把 l 代入式(1-2-45)可得：

$$\vec{A} \times (\vec{B} \times \vec{C}) = k\vec{B} - k\frac{\vec{A} \cdot \vec{B}}{\vec{A} \cdot \vec{C}}\vec{C} = m[\vec{B}(\vec{A} \cdot \vec{C}) - (\vec{A} \cdot \vec{B})\vec{C}] \tag{1-2-48}$$

式(1-2-48)中 $m = k/(\vec{A} \cdot \vec{C})$。对比式(1-2-48)和式(1-2-43)可知，只要证明 $m=1$，就可以得证。

下面暂时离开一下主题，先来证明式(1-2-49)和式(1-2-50)。

$$\cos \gamma = \cos \beta \cos \alpha \tag{1-2-49}$$

$$\sin^2 \beta \cos^2 \theta = \cos^2 \theta_{AB} + \cos^2 \theta_{AC} - 2\cos \beta \cos \theta_{AB} \cos \theta_{AC} \tag{1-2-50}$$

证明式(1-2-49)

参见图 1-2-16(b)，面 S 是过矢量 $\vec{V}$ 的任意一平面，$\vec{U}$ 在平面内的投影矢量为 $\vec{K}$，$\vec{U}$ 和 $\vec{K}$ 矢量的夹角为 β，$\vec{K}$ 和 $\vec{V}$ 矢量的夹角为 α，$\vec{U}$ 和 $\vec{V}$ 矢量的夹角为 γ。根据二步投影定理公式(1-2-16)，可知：

$$\vec{U} \cdot \hat{a}_V = \vec{K} \cdot \hat{a}_V = [(\vec{U} \cdot \hat{a}_K)\hat{a}_K] \cdot \hat{a}_V = (\vec{U} \cdot \hat{a}_K)(\hat{a}_K \cdot \hat{a}_V) \tag{1-2-51}$$

式(1-2-51)中 $\hat{a}_V$ 是 $\vec{V}$ 的单位矢量。根据矢量点乘的定义，式(1-2-51)可简化为

$$|\vec{U}| \cos \gamma = |\vec{U}| \cos \beta \cos \alpha \tag{1-2-52}$$

把式(1-2-52)化简，即可得式(1-2-49)。

证明式(1-2-50)

参见图 1-2-16(c)，有三个矢量 $\vec{A}$、$\vec{B}$ 和 $\vec{C}$，$\vec{B}$ 和 $\vec{C}$ 都在 S 面中，$\vec{A}$ 在面 S 中的投影矢量为

$\vec{D}$。$\vec{A}$ 和 $\vec{D}$ 之间的夹角为 θ,$\vec{A}$ 和 $\vec{B}$ 之间的夹角为 θ_{AB},$\vec{A}$ 和 $\vec{C}$ 之间的夹角为 θ_{AC},$\vec{C}$ 和 $\vec{D}$ 之间的夹角为 θ_{CD},$\vec{B}$ 和 $\vec{D}$ 之间的夹角为 θ_{BD},$\vec{B}$ 和 $\vec{C}$ 之间的夹角为 β。因此根据式(1-2-39)可得:

$$\cos\theta_{AB} = \cos\theta\cos\beta_{BD} \qquad (1-2-53)$$

$$\cos\theta_{AC} = \cos\theta\cos\beta_{CD} \qquad (1-2-54)$$

图 1-2-16(c)中可以得到 $\beta=\beta_{BD}+\beta_{CD}$,对 β 求余弦,再用三角公式展开可得:

$$\cos\beta = \cos(\beta_{BD}+\beta_{CD}) = \cos(\beta_{BD})\cos(\beta_{CD}) - \sin(\beta_{BD})\sin(\beta_{CD}) \qquad (1-2-55)$$

把式(1-2-53)和式(1-2-54)代入式(1-2-55),可得:

$$\cos\beta = \frac{\cos\theta_{AB}}{\cos\theta}\frac{\cos\theta_{AC}}{\cos\theta} - \sqrt{1-\left(\frac{\cos\theta_{AB}}{\cos\theta}\right)^2}\sqrt{1-\left(\frac{\cos\theta_{AC}}{\cos\theta}\right)^2} \qquad (1-2-56)$$

对式(1-2-56)化简后就得到式(1-2-50)。

下面回归主题,证明式(1-2-48)中 $m=1$。

对式(1-2-48)的两边同时求模的平方,则左边式可得:

$$|\vec{A}\times(\vec{B}\times\vec{C})|^2 = (ABC\sin\beta\cos\theta)^2 \qquad (1-2-57)$$

式(1-2-57)中 θ 是 $\vec{A}$ 和 S 面之间的夹角,参见图 1-2-16(c)。式(1-2-48)右式模的平方为

$$|m[\vec{B}(\vec{A}\cdot\vec{C})-(\vec{A}\cdot\vec{B})\vec{C}]|^2 = \qquad (1-2-58)$$
$$m^2[(BAC\cos\theta_{AC})^2 + (BAC\cos\theta_{AB})^2 - 2(BAC)^2\cos\theta_{AC}\cos\theta_{AB}\cos\beta]$$

式(1-2-57)和式(1-2-58)相等,化简可得:

$$\sin^2\beta\cos^2\theta = m^2(\cos^2\theta_{AB} + \cos^2\theta_{AC} - 2\cos\beta\cos\theta_{AB}\cos\theta_{AC}) \qquad (1-2-59)$$

对比式(1-2-59)和式(1-2-50)可得 $m=1$。把 $m=1$ 代入式(1-2-48),可得矢量三重乘的公式(1-2-43)。

1.3 正交坐标系

坐标系能够让我们用坐标(三个数)来描述如点、线、面和体之类的几何体及其空间关系。在坐标系中,这些几何体就表现为数学方程。坐标可以是从原点沿着某个轴的距离,也可以是相对于某个轴的角度。正交坐标系是指坐标系中每个点的三个常数坐标面互相垂直的坐标系。右手坐标系是指一个点的三个坐标方向矢量满足右手规则,即当右手四指从第一个坐标增大方向旋转到第二个坐标增大方向时,大拇指竖起指向第三个坐标增大方向。笛卡尔(直角)、圆柱和球坐标系是在电磁场理论中最常用的三个正交坐标系。

虽然物理量和定律是独立于具体坐标系的,任何一个坐标系都可以用来解决电磁学的问题,但是如果在一个坐标系中几何体能够更简单地描述,那么这个坐标系相比其他坐标系来说往往更有优势。例如圆柱坐标系在解决柱对称问题时更有效,而球坐标系在解决球对称问题时更好。电磁学问题涉及源和观察者。通常源所在位置和观察者所在位置是相互独立的,因而需要在一个电磁学问题中采用两个坐标系,即源的空间分布在一个坐标系中描述,而观察者的位置在另一个坐标系中描述。考虑到以上应用,掌握不同坐标系中空间点的坐标转换和矢量的分量转换就非常重要。我们把这种转换称为坐标变换。

1.3.1 直角坐标系(笛卡尔坐标系)

笛卡尔坐标系中空间一点 $p_1:(x_1,y_1,z_1)$ 是通过三个平面 $x=x_1,y=y_1,z=z_1$ 相交确定的,如图 1-3-1 所示。在这一点上,三个单位矢量 $\hat{a}_x,\hat{a}_y,\hat{a}_z$ 分别定义为各自垂直 $x=x_1$, $y=y_1,z=z_1$ 三个平面,并且指向各自坐标增大的方向,这三个矢量也称为基矢量。在直角坐标系中,任意一点处的三个基矢量都为常矢量,它不随着位置而变化。在圆柱坐标系和球坐标系中,基矢量一般会随着位置而变化,也称变基矢量。

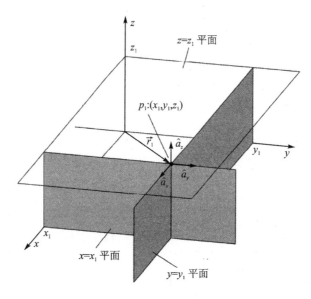

图 1-3-1 笛卡尔坐标系,在空间 p_1 处的基矢量

笛卡尔坐标系中基矢量满足正交关系,即

$$\hat{a}_x \cdot \hat{a}_y = \hat{a}_y \cdot \hat{a}_z = \hat{a}_z \cdot \hat{a}_x = 0 \tag{1-3-1a}$$

$$\hat{a}_x \cdot \hat{a}_x = \hat{a}_y \cdot \hat{a}_y = \hat{a}_z \cdot \hat{a}_z = 1 \tag{1-3-1b}$$

式(1-3-1a)表示三个基矢量相互垂直,式(1-3-1b)表示三个基矢量为单位矢量。在右手笛卡尔坐标系中,三个基矢量满足圆周规律,即

$$\hat{a}_x \cdot \hat{a}_y = \hat{a}_z \tag{1-3-2a}$$

$$\hat{a}_y \cdot \hat{a}_z = \hat{a}_x \tag{1-3-2b}$$

$$\hat{a}_z \cdot \hat{a}_x = \hat{a}_y \tag{1-3-2c}$$

直角坐标系中基矢量的圆周规律如图 1-3-2 所示。

1. 直角坐标系中的位置矢量

直角坐标系中任意一点 $p:(x,y,z)$,也可用位置矢量 $\vec{r}$ 来表示。该矢量在 p 点的三个基矢量上的投影矢量分别为 $x\hat{a}_x$、$y\hat{a}_y$ 和 $z\hat{a}_z$。根据矢量加原理,位置矢量可用这三个分量的加来表示:

$$\vec{r} = x\hat{a}_x + y\hat{a}_y + z\hat{a}_z \tag{1-3-3}$$

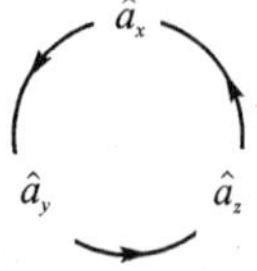

图 1-3-2 直角坐标系中基矢量的圆周规律

位置矢量在三个基矢量上的三个投影量 x、y、z 分别为给定点的三个坐标值。**注意**:基矢量是 p 点处的基矢量,p 点是位置矢量的尾端。

2. 直角坐标系中的矢量和矢量场

在直角坐标系中，在 $p:(x,y,z)$ 点（位置矢量为 $\vec{r}$）定义矢量 $\vec{A}$（如电场、速度等）。需要特别强调的是该矢量属于 p 点。和位置矢量一样，该矢量也可在 p 点处的基矢量上分解，然后用三个投影矢量的和来表示，即

$$\vec{A} = A_x \hat{a}_x + A_y \hat{a}_y + A_z \hat{a}_z \tag{1-3-4}$$

和位置矢量不同的是，该矢量属于矢量起点的位置点，而矢量尾端不是一个空间点。

如果在空间一定区域内，每一点都定义一个矢量，那么就定义了一个矢量场，用 $\vec{A}(\vec{r})$ 来表示。不同位置的矢量，在基矢量上的投影量都是不同的，因此每个分量都随着位置发生变化。在直角坐标系中，矢量场可以表示为

$$\vec{A}(\vec{r}) = \vec{A}(x,y,z) = A_x(x,y,z)\hat{a}_x + A_y(x,y,z)\hat{a}_y + A_z(x,y,z)\hat{a}_z \tag{1-3-5}$$

由于直角坐标系中不同点处的基矢量是常矢量，因而没有把它表示成位置的函数。在其他坐标系中，基矢量可能是变矢量，它们会随着位置不同而不同。

至此，我们已经讨论了不同类型的矢量：位置矢量、距离矢量、基矢量和矢量场。位置矢量和距离矢量都是从空间一点画到另一个空间点，表示两点之间的距离和从起点到终点的方向，只是位置矢量的起点总是在坐标系的原点，它们的大小和方向总是用来表示终点处的物理量；基矢量是三个相互正交的单位矢量，其方向总是指向坐标增大的方向，它对于把矢量分解成分量的形式非常重要；矢量场中的矢量总是属于由位置矢量所表示的空间点。矢量场中矢量的大小和方向表示在这点所观察到的矢量物理量，因而矢量的尾端就不是坐标系中的一个空间位置点了。

3. 直角坐标系下的矢量代数

在前面已经学习了直角坐标系下的位置矢量和矢量场中矢量的分量表示。现在开始学习在直角坐标系下矢量的代数运算。在直角坐标系下的同一点 p_1 处有两个矢量 $\vec{A}$ 和 $\vec{B}$，它们都用分量的形式分别表示为

$$\vec{A} = A_x \hat{a}_x + A_y \hat{a}_y + A_z \hat{a}_z \tag{1-3-6a}$$

$$\vec{B} = B_x \hat{a}_x + B_y \hat{a}_y + B_z \hat{a}_z \tag{1-3-6b}$$

式中，$\hat{a}_x$、$\hat{a}_y$、$\hat{a}_z$ 分别为 p_1 处的三个基矢量。

$\vec{A}$ 和 $\vec{B}$ 的矢量加为

$$\vec{A} + \vec{B} = (A_x + B_x)\hat{a}_x + (A_y + B_y)\hat{a}_y + (A_z + B_z)\hat{a}_z \tag{1-3-7}$$

证明式(1-3-7)可以通过验证 $\vec{A}+\vec{B}$ 和 $\hat{a}_x$ 的点乘，也即

$$(\vec{A} + \vec{B}) \cdot \hat{a}_x = \vec{A} \cdot \hat{a}_x + \vec{B} \cdot \hat{a}_x = A_x + B_x \tag{1-3-8}$$

式(1-3-8)的化简用了点乘的分配律和基矢量的正交关系。这样就验证了式(1-3-7)中的 x 分量。其他两个分量可以同样验证。

$\vec{A}$ 和 $\vec{B}$ 的点乘为

$$\vec{A} \cdot \vec{B} = A_x B_x + A_y B_y + A_z B_z \tag{1-3-9}$$

式(1-3-9)的证明可以利用点乘的分配律和基矢量的正交关系。

$\vec{A}$ 和 $\vec{B}$ 的叉乘为

$$\vec{A} \times \vec{B} = (A_y B_z - A_z B_y)\hat{a}_x + (A_z B_x - A_x B_z)\hat{a}_y + (A_x B_y - A_y B_x)\hat{a}_z \tag{1-3-10}$$

上式可以利用矢量叉乘的分配律和基矢量的圆周规律如式(1-3-2)来直接求解。叉乘可以用一个行列式的计算规则来表示：

$$\vec{A} \times \vec{B} = \begin{vmatrix} \hat{a}_x & \hat{a}_y & \hat{a}_z \\ A_x & A_y & A_z \\ B_x & B_y & B_z \end{vmatrix} \tag{1-3-11}$$

4. 直角坐标系中的微分长度矢量、微分面矢量和微分体积

到现在为止，空间的一点可以用三个坐标或者位置矢量来表示。现在我们想表示在给定点 $p_1:(x_1,y_1,z_1)$ 附近的另一点 p_2。利用微分坐标 $\mathrm{d}x$、$\mathrm{d}y$、$\mathrm{d}z$，可以把 $p_1:(x_1,y_1,z_1)$ 附近的另一点表示成 $p_2:(x_1+\mathrm{d}x,y_1+\mathrm{d}y,z_1+\mathrm{d}z)$。这里定义微分长度矢量 $\mathrm{d}\vec{L}$ 为从 p_1 点到 p_2 点的矢量，即

$$\mathrm{d}\vec{L} = \mathrm{d}x\,\hat{a}_x + \mathrm{d}y\,\hat{a}_y + \mathrm{d}z\,\hat{a}_z \tag{1-3-12}$$

这里微分坐标 $\mathrm{d}x$、$\mathrm{d}y$、$\mathrm{d}z$ 可以是相互独立的，也可以是相互关联的，这由具体应用决定。微分长度矢量和距离矢量都是空间中一点到另一点，不同的是距离矢量属于结束点，而微分长度矢量属于起始点(即 p_1 点)。

如图 1-3-3 所示，微分长度矢量的两个点涉及六个面，分别是：$x=x_1$，$y=y_1$，$z=z_1$，$x=x_1+\mathrm{d}x$，$y=y_1+\mathrm{d}y$，$z=z_1+\mathrm{d}z$。这六个面围成一个立方体，其三个棱长分别为 $\mathrm{d}x$、$\mathrm{d}y$、$\mathrm{d}z$，体积为 $\mathrm{d}x\mathrm{d}y\mathrm{d}z$。在直角坐标系中，称这个立方体为微分体积元，记为

$$\mathrm{d}V = \mathrm{d}x\mathrm{d}y\mathrm{d}z \tag{1-3-13}$$

微分体积元可以方便地把一个长方体表示成若干个微分体积。

微分体积元六个面的微分面积分别为 $\mathrm{d}x\mathrm{d}y$、$\mathrm{d}y\mathrm{d}z$、$\mathrm{d}x\mathrm{d}z$。每个面都用一个微分面积矢量来表示，其大小就是其面积，其方向总是垂直于表面并且朝向体积元的外部，则六个微分面积矢量分别为

$$\mathrm{d}\vec{S}_1 = \mathrm{d}y\mathrm{d}z\,\hat{a}_x \quad \text{(面①)} \tag{1-3-14a}$$

$$\mathrm{d}\vec{S}_2 = \mathrm{d}x\mathrm{d}z\,\hat{a}_y \quad \text{(面②)} \tag{1-3-14b}$$

$$\mathrm{d}\vec{S}_3 = \mathrm{d}x\mathrm{d}y\,\hat{a}_z \quad \text{(面③)} \tag{1-3-14c}$$

$$\mathrm{d}\vec{S}_4 = -\mathrm{d}y\mathrm{d}z\,\hat{a}_x \quad \text{(面① 的对面)} \tag{1-3-14d}$$

$$\mathrm{d}\vec{S}_5 = -\mathrm{d}x\mathrm{d}z\,\hat{a}_y \quad \text{(面② 的对面)} \tag{1-3-14e}$$

$$\mathrm{d}\vec{S}_6 = -\mathrm{d}x\mathrm{d}y\,\hat{a}_z \quad \text{(面③ 的对面)} \tag{1-3-14f}$$

微分面积矢量适合把常数坐标平面分解成若干个微分面积矢量，对于任意朝向表面的微分面积矢量可以用更通用的方法来表示，这在第 2 章中论述。

例 1-3-1 给定直角坐标系中点 $p:(1,2,2)$，求：(a) p 点位置矢量；(b) p 点位置矢量的大小。

解 (a) $\vec{r} = \hat{a}_x + 2\hat{a}_y + 2\hat{a}_z$；

(b) $|\vec{r}| = \sqrt{\vec{r}\cdot\vec{r}} = \sqrt{1\times1+2\times2+2\times2} = 3$。

例 1-3-2 给定直角坐标系中同一点 $\vec{r} = \hat{a}_x + 2\hat{a}_y + 2\hat{a}_z$ 处定义的两个矢量分别为 $\vec{A} = 4\hat{a}_x + 3\hat{a}_y$ 和 $\vec{B} = \hat{a}_x + 2\hat{a}_y + 2\hat{a}_z$，求：(a) $\vec{A}\cdot\vec{B}$；(b) $\vec{A}\times\vec{B}$；(c) 两个矢量的夹角 θ_{AB}。

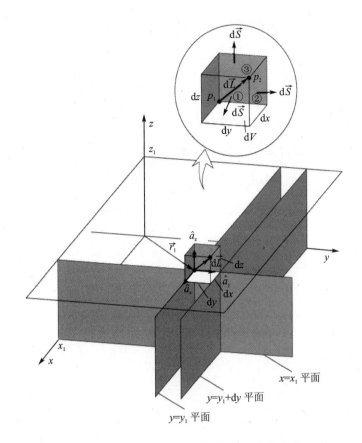

图 1-3-3 微分长度矢量、微分面积矢量和微分体积元

解

(a) $$\vec{A} \cdot \vec{B} = 4 \times 1 + 3 \times 2 + 0 \times 2 = 10$$

(b) $$\vec{A} \times \vec{B} = \begin{vmatrix} \hat{a}_x & \hat{a}_y & \hat{a}_z \\ 4 & 3 & 0 \\ 1 & 2 & 2 \end{vmatrix} =$$
$$(3 \times 2 - 0 \times 2)\hat{a}_x + (0 \times 1 - 4 \times 2)\hat{a}_y + (4 \times 2 - 1 \times 3)\hat{a}_z =$$
$$6\hat{a}_x - 8\hat{a}_y + 5\hat{a}_z$$

(c) $$|\vec{A}| = \sqrt{\vec{A} \cdot \vec{A}} = 5$$
$$|\vec{B}| = \sqrt{\vec{B} \cdot \vec{B}} = 3$$

根据式(1-2-6)可得:

$$\theta_{AB} = \arccos\left(\frac{\vec{A} \cdot \vec{B}}{|\vec{A}||\vec{B}|}\right) = \arccos\left(\frac{10}{5 \times 3}\right) = \arccos\left(\frac{2}{3}\right) = 48.2°$$

例 1-3-3 直角坐标系中给定矢量场 $\vec{F}(\vec{r}) = yz\hat{a}_x - x^2\hat{a}_y + y\hat{a}_z$,求:

(a) 在位置矢量 $\vec{r}_1 = \hat{a}_x + 2\hat{a}_y + 2\hat{a}_z$ 处的矢量 $\vec{A}$;

(b) 矢量 $\vec{A}$ 在位置矢量 $\vec{r}$ 上的投影矢量;

(c) 矢量 $\vec{A}$ 在与位置矢量 $\vec{r}$ 垂直方向上的投影矢量。

解

(a) $$\vec{A} = \vec{F}(\vec{r}_1) = 2 \times 2\,\hat{a}_x - 1^2\,\hat{a}_y + 2\,\hat{a}_z = 4\,\hat{a}_x - \hat{a}_y + 2\,\hat{a}_z$$

(b) 根据式(1-2-11b)可知：

$$\vec{A}_{//} = \frac{(\vec{r}_1 \cdot \vec{A})\vec{r}_1}{|\vec{r}_1|^2} = \frac{4-2+4}{9}(\hat{a}_x + 2\,\hat{a}_y + 2\,\hat{a}_z) = \frac{2}{3}(\hat{a}_x + 2\,\hat{a}_y + 2\,\hat{a}_z)$$

(c) 根据式(1-2-11c)可知：

$$\vec{A}_\perp = \vec{A} - \vec{A}_{//} = \frac{10}{3}\hat{a}_x - \frac{7}{3}\hat{a}_y + \frac{2}{3}\hat{a}_z$$

当求一个矢量在另一个矢量垂直方向上的投影时也可用式(1-2-31)求解：

$$\vec{A} \times \vec{r}_1 = \begin{vmatrix} \hat{a}_x & \hat{a}_y & \hat{a}_z \\ 4 & -1 & 2 \\ 1 & 2 & 2 \end{vmatrix} = -6\,\hat{a}_x - 6\,\hat{a}_y + 9\,\hat{a}_z$$

$$\vec{r}_1 \times (\vec{A} \times \vec{r}_1) = \begin{vmatrix} \hat{a}_x & \hat{a}_y & \hat{a}_z \\ 1 & 2 & 2 \\ -6 & -6 & 9 \end{vmatrix} = 30\,\hat{a}_x - 21\,\hat{a}_y + 6\,\hat{a}_z$$

$$\vec{A}_\perp = \frac{\vec{r}_1 \times (\vec{A} \times \vec{r}_1)}{|\vec{r}_1|^2} = \frac{30\,\hat{a}_x - 21\,\hat{a}_y + 6\,\hat{a}_z}{9} = \frac{10\,\hat{a}_x - 7\,\hat{a}_y + 2\,\hat{a}_z}{3}$$

1.3.2 圆柱坐标系

圆柱坐标系是通过三个坐标平面的交点来定义空间一个点 $p_1:(\rho_1,\phi_1,z_1)$ 的，这三个坐标平面分别是以 z 轴为对称的半径为 ρ_1 的圆柱面，绕 z 轴旋转 ϕ_1 的半平面和 $z=z_1$ 的平面，如图 1-3-4 所示。ρ_1 为点到 z 轴的径向距离，而 ϕ_1 是在 xy 平面内以 x 轴正向为起始的方位角。ρ,ϕ,z 的值域分别为 $0\leqslant\rho<\infty(\text{m})$、$0\leqslant\phi<2\pi(\text{rad})$ 和 $-\infty<\rho<\infty(\text{m})$。在这一点，三个基矢量 $\hat{a}_\rho,\hat{a}_\phi,\hat{a}_z$ 定义为垂直于各自坐标平面且指向坐标增大的方向。这里需要指出的是，$\hat{a}_\rho$、$\hat{a}_\phi$ 是随着 ϕ 的变化而变化的矢量，而 $\hat{a}_z$ 是不变化的常矢量。

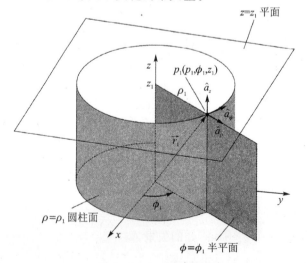

图 1-3-4 圆柱坐标系

圆柱坐标系的每一点三个基矢量满足正交关系：

$$\hat{a}_\rho \cdot \hat{a}_\phi = \hat{a}_\phi \cdot \hat{a}_z = \hat{a}_z \cdot \hat{a}_\rho = 0 \tag{1-3-15a}$$

$$\hat{a}_\rho \cdot \hat{a}_\rho = \hat{a}_\phi \cdot \hat{a}_\phi = \hat{a}_z \cdot \hat{a}_z = 1 \tag{1-3-15b}$$

式(1-3-15a)表示三个基矢量相互垂直，式(1-3-15b)表示三个基矢量为单位矢量。在右手圆柱坐标系中，三个基矢量满足圆周规律（见图 1-3-5），即

$$\hat{a}_\rho \cdot \hat{a}_\phi = \hat{a}_z \tag{1-3-16a}$$

$$\hat{a}_\phi \cdot \hat{a}_z = \hat{a}_\rho \tag{1-3-16b}$$

$$\hat{a}_z \cdot \hat{a}_\rho = \hat{a}_\phi \tag{1-3-16c}$$

图 1-3-5 圆柱坐标系中三个基矢量满足圆周规律

1. 圆柱坐标系中的位置矢量

不管在哪种坐标系中，位置矢量总是定义为从原点到空间中的一点的矢量。图 1-3-4 中所画的位置矢量 $\vec{r}_1$ 表示了圆柱坐标中的确定一点 $p_1:(\rho_1,\phi_1,z_1)$。和直角坐标系中一样，可以获得位置矢量 $\vec{r}_1$ 在三个基矢量 $\hat{a}_\rho$、$\hat{a}_\phi$、$\hat{a}_z$ 上的矢量投影。如图 1-3-4 所示，显然 $\vec{r}_1$ 总是和 $\hat{a}_\phi$ 垂直的，因而没有 ϕ 分量，$\vec{r}_1$ 在 $\hat{a}_\rho$ 和 $\hat{a}_z$ 上的投影量分别为 ρ_1 和 z_1。省略下标，从而获得圆柱坐标系下位置矢量的一般式：

$$\vec{r} = \rho \hat{a}_\rho + z \hat{a}_z \tag{1-3-17}$$

式(1-3-17)中 $\hat{a}_\rho$ 是 ϕ 的函数。根据式(1-3-17)可知，位置矢量 $\vec{r}$ 可以用 ρ、z、$\hat{a}_\rho$ 来表征空间中的任何一点，它会随着位置的改变而改变。

2. 圆柱坐标系中的矢量和矢量场

如图 1-3-6 所示，在圆柱坐标系中 $p_1:(\rho_1,\phi_1,z_1)$ 点定义矢量 $\vec{A}$，那么其分量就是在 p_1 处三个基矢量 $\hat{a}_\rho$、$\hat{a}_\phi$、$\hat{a}_z$ 的投影矢量。在圆柱坐标系中，$\vec{A}$ 的分量表达式为

$$\vec{A} = A_\rho \hat{a}_\rho + A_\phi \hat{a}_\phi + A_z \hat{a}_z \tag{1-3-18}$$

A_ρ、A_ϕ、A_z 分别为矢量在基矢量上的投影量。因为 $\vec{A}$ 是矢量场中的矢量，它的大小和方向都

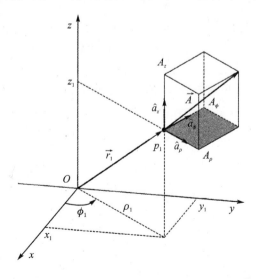

图 1-3-6 圆柱坐标系中定义在 p_1 点的矢量 $\vec{A}$

和 p_1 相关，但该矢量的结束点不是一个空间点。在矢量场中，每个矢量一般都会随着位置的变化而变化。在圆柱坐标系中，矢量场可以表示成：

$$\vec{A}(\vec{r}) = \vec{A}(\rho,\phi,z) = A_\rho(\rho,\phi,z)\hat{a}_\rho + A_\phi(\rho,\phi,z)\hat{a}_\phi + A_z(\rho,\phi,z)\hat{a}_z \quad (1-3-19)$$

这里必须指出的是，基矢量 $\hat{a}_\rho$ 和 $\hat{a}_\phi$ 都是 ϕ 的函数，不同点处的矢量 $\hat{a}_\rho$ 和 $\hat{a}_\phi$ 一般是不同的。

注意： 在圆柱坐标系中不指定矢量所在的空间位置是没有意义的。

3. 圆柱坐标系下的矢量代数

在圆柱坐标系中的同一个点定义两个矢量 $\vec{A}$ 和 $\vec{B}$，根据式(1-3-18)，它们都用分量的形式分别表示为

$$\vec{A} = A_\rho \hat{a}_\rho + A_\phi \hat{a}_\phi + A_z \hat{a}_z \quad (1-3-20a)$$

$$\vec{B} = B_\rho \hat{a}_\rho + B_\phi \hat{a}_\phi + B_z \hat{a}_z \quad (1-3-20b)$$

这里 $\hat{a}_\rho$、$\hat{a}_\phi$、$\hat{a}_z$ 是在给定点处的一组基矢量。

在圆柱坐标系中两个矢量 $\vec{A}$ 和 $\vec{B}$ 的加可表述为

$$\vec{A} + \vec{B} = (A_\rho + B_\rho)\hat{a}_\rho + (A_\phi + B_\phi)\hat{a}_\phi + (A_z + B_z)\hat{a}_z \quad (1-3-21)$$

在圆柱坐标系中，两个矢量 $\vec{A}$ 和 $\vec{B}$ 的标量乘可根据式(1-3-20)并利用标量乘的分配律和基矢量的正交性来获得：

$$\vec{A} \cdot \vec{B} = A_\rho B_\rho + A_\phi B_\phi + A_z B_z \quad (1-3-22)$$

在圆柱坐标系中，两个矢量 $\vec{A}$ 和 $\vec{B}$ 的矢量乘可根据式(1-3-20)并利用矢量乘的分配律和基矢量的圆周规律来获得：

$$\vec{A} \times \vec{B} = \begin{vmatrix} \hat{a}_\rho & \hat{a}_\phi & \hat{a}_z \\ A_\rho & A_\phi & A_z \\ B_\rho & B_\phi & B_z \end{vmatrix} \quad (1-3-23)$$

这里需要特别指出的是：式(1-3-20)～(1-3-23)所给出的矢量代数的表达式的前提是两个矢量都定义在圆柱坐标系中的同一个点。例如，假设矢量 $\vec{A} = \hat{a}_\rho$ 是定义在点 $(\rho,\phi,z) = (1,0,0)$ 处的，而矢量 $\vec{B} = \hat{a}_\rho$ 是定义在 $(\rho,\phi,z) = (1,\pi,0)$ 处的。在这种条件下，这两个矢量的点乘等于 -1，而不是 1，因为实际上两者都在 x 轴上，且两者方向相反，因此式(1-3-22)不适合这种情况。再次强调，矢量代数必须确保矢量都在同一点。

4. 圆柱坐标系中的微分长度矢量、微分面矢量和微分体积

微分长度矢量 $d\vec{L}$ 是一个大小为无限小的矢量，它从给定点 $p_1:(\rho_1,\phi_1,z_1)$ 指向一个邻近的点 p_2，该点的圆柱坐标值只是稍微偏离 p_1 点的坐标，也就是 $p_2:(\rho_1+d\rho,\phi_1+d\phi,z_1+dz)$。前面已经提过，微分长度矢量 $d\vec{L}$ 的大小和方向都定义在 p_1 点，因此 $d\vec{L}$ 可在 p_1 点的基矢量上分解。从图 1-3-7 可以看出，$d\vec{L}$ 在三个基矢量 $\hat{a}_\rho$、$\hat{a}_\phi$、$\hat{a}_z$ 上的投影量分别等于微分长度 $d\rho$、$\rho_1 d\phi$ 和 dz。这里微分角度 $d\phi$ 需要转换成微分长度 $\rho_1 d\phi$，这是因为微分长度矢量 $d\vec{L}$ 的量纲是米。省略下标，圆柱坐标系下的微分长度矢量 $d\vec{L}$ 可以写成一般表达式：

$$d\vec{L} = d\rho \hat{a}_\rho + \rho d\phi \hat{a}_\phi + dz \hat{a}_z \quad (1-3-24)$$

在圆柱坐标系中，$d\vec{L}$ 是位置的函数，因为 $\hat{a}_\rho$、ρ、$\hat{a}_\phi$ 都是随着位置的变化而变化的。需要记住的

是，$d\vec{L}$ 的表达式总是如式(1-3-24)所示，而不管三个微分坐标 $d\rho$、$d\phi$、dz 之间的相互关系如何。

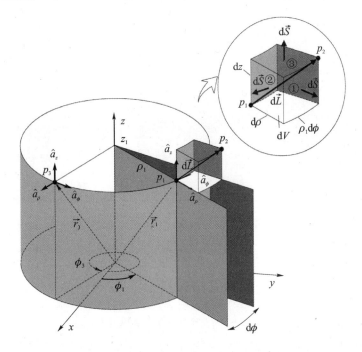

图 1-3-7 圆柱坐标系中的微分长度矢量、微分面矢量和微分体积元

如图 1-3-7 所示，$d\vec{L}$ 两个端点涉及六个常数坐标面。这六个面定义了圆柱坐标系下的微分体积元。由于 $d\vec{L}$ 的长度无限小，因此可以把微分体积看成边长为 $d\rho$、$\rho_1 d\phi$、dz 的长方体，其体积为 $\rho_1 d\rho d\phi dz$。因此，圆柱坐标系下微分体积元的一般表达式为

$$dV = \rho d\rho d\phi dz \tag{1-3-25}$$

如图 1-3-7 所示，微分体积元由六个微小的面包围。每个面都用一个微分面积矢量来表示，其大小就是其面积，其方向总是垂直于表面并且朝向体积元的外部，则六个微分面积矢量分别为

$$d\vec{S}_1 = \rho_1 d\phi dz \, \hat{a}_\rho \quad (面①) \tag{1-3-26a}$$

$$d\vec{S}_2 = -d\rho dz \, \hat{a}_\phi \quad (面②) \tag{1-3-26b}$$

$$d\vec{S}_3 = \rho_1 d\rho d\phi \, \hat{a}_z \quad (面③) \tag{1-3-26c}$$

$$d\vec{S}_4 = -\rho_1 d\phi dz \, \hat{a}_\rho \quad (面①的对面) \tag{1-3-26d}$$

$$d\vec{S}_5 = d\rho dz \, \hat{a}_\phi \quad (面②的对面) \tag{1-3-26e}$$

$$d\vec{S}_6 = -\rho_1 d\rho d\phi \, \hat{a}_z \quad (面③的对面) \tag{1-3-26f}$$

这里后面三个微分面矢量分别是前三个面背后的面。式(1-3-26)所示的微分面矢量可以方便地把圆柱坐标系中的常数坐标面分解成若干个微分面元。然而式(1-3-26)的坐标面不能够分解如 $x=1$ 平面或者对称轴在 x 坐标轴的圆柱面。

5. 圆柱对称性

一个对象(几何体、面或者场)若是圆柱对称的，那么它绕着 z 轴旋转后在空间的分布不变化。在数学上，圆柱对称表现为：描述对象的数学式中保持 ρ、z 不变，ϕ 变化时该数学式不变。

如图 1-3-8 所示，三个矢量场 $\vec{U}(\vec{r}) = \hat{a}_\rho/\rho$，$\vec{V}(\vec{r}) = \hat{a}_\phi/\rho$ 和 $\vec{W}(\vec{r}) = \hat{a}_z/\rho$ 都是圆柱对称的例子。

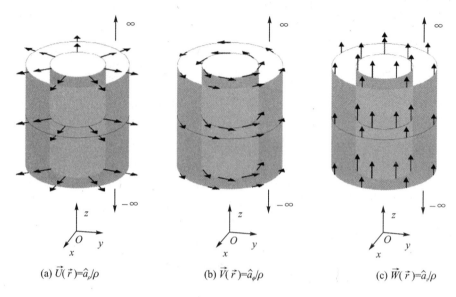

(a) $\vec{U}(\vec{r}) = \hat{a}_\rho/\rho$ (b) $\vec{V}(\vec{r}) = \hat{a}_\phi/\rho$ (c) $\vec{W}(\vec{r}) = \hat{a}_z/\rho$

图 1-3-8 三个圆柱对称的矢量场

对称性可以用来预测最终解的函数形式，这极大地方便我们求解某个特定问题。求解某些电磁问题确实必须知道解的形式，如高斯定律和安培定律。让我们来考虑一个电磁场量的源是圆柱对称分布的，那么其产生的场量也必然是圆柱对称的。当圆柱对称性存在时，场景中的几何体在绕 z 轴旋转时会保持不变，因此其产生的场也必然独立于 ϕ，如对于标量场就表现为 $G(\vec{r}) = G(\rho, z)$，而对于矢量场就表现为 $H(\vec{r}) = H_\rho(\rho, z)\hat{a}_\rho + H_\phi(\rho, z)\hat{a}_\phi + H_z(\rho, z)\hat{a}_z$。在许多情况下，圆柱对称性会伴随着其他对称性，如在 z 轴上的移动对称性和在任意水平轴上的翻转对称性。我们能够通过观察几何体在 z 轴上移动时或者颠倒时是否保持不变来判断这两种对称性。例如，一个放置在 z 轴上无线长的细线是圆柱对称、移动对称和翻转对称的。移动对称性可以确保所产生的场和 z 变量无关，也就是说，$G(\vec{r}) = G(\rho)$，$H(\vec{r}) = H_\rho(\rho)\hat{a}_\rho + H_\phi(\rho)\hat{a}_\phi + H_z(\rho)\hat{a}_z$。如果是翻转对称的，那么可以确定产生的矢量场没有 ϕ 分量和 z 分量，这是由于矢量分量 $H_\phi(\rho)\hat{a}_\phi$ 和 $H_z(\rho)\hat{a}_z$ 不是翻转对称的，因为当这两个分量翻转时，它们的符号（方向）会变化。因此，当存在圆柱、移动和翻转对称性时，所产生的矢量场必定只能有这样的形式，即 $H(\vec{r}) = H_\rho(\rho)\hat{a}_\rho$。作为例子，图 1-3-8 中所显示的 $\vec{U}(\vec{r})$ 是具有圆柱、移动和翻转对称性的，而 $\vec{V}(\vec{r})$ 和 $\vec{W}(\vec{r})$ 具有圆柱对称性和移动对称性，但不具备翻转对称性。

例 1-3-4 参考图 1-3-7，已知三个点 $p_1:(\rho_1, \phi_1, z_1)$、$p_2$ 和 p_3，求：
(a) $\vec{r}_3$；　 (b) p_2 点的圆柱坐标；　 (c) $\vec{r}_2$。

解
(a) 根据图 1-3-7，可知 p_3 点的坐标为 (ρ_1, ϕ_2, z_1)，根据式（1-3-17）可得：
$$\vec{r}_3 = \rho_1 \hat{a}_\rho + z_1 \hat{a}_z$$
从形式上看，p_1 和 p_2 点的位置矢量相同，但两者不等，因为 $\hat{a}_\rho$ 不相同。

(b) p_2 点的圆柱坐标为 $(\rho_1+\mathrm{d}\rho,\phi_1+\mathrm{d}\phi,z_1+\mathrm{d}z)$。
(c) 根据式(1-3-17)可得 p_2 点的位置矢量为
$$\vec{r}_2 = (\rho_1+\mathrm{d}\rho)\hat{a}_\rho + (z_1+\mathrm{d}z)\hat{a}_z \qquad (1-3-27)$$
如果用定义在 p_1 点 $\vec{r}_1=\rho_1\hat{a}_\rho+z_1\hat{a}_z$ 和 $\mathrm{d}\vec{L}=\mathrm{d}\rho\hat{a}_\rho+\rho_1\mathrm{d}\phi\hat{a}_\phi+\mathrm{d}z\hat{a}_z$ 试着来求解,则
$$\vec{r}_2 = \vec{r}_1 + \mathrm{d}\vec{L} = (\rho_1+\mathrm{d}\rho)\hat{a}_\rho + \rho_1\mathrm{d}\phi\hat{a}_\phi + (z_1+\mathrm{d}z)\hat{a}_z \qquad (1-3-28)$$

需要指出的是,式(1-3-27)中基矢量是点 p_2 处的,而式(1-3-28)中 $\vec{r}_2$ 是定义在 p_1 点处的,故式(1-3-28)是错误的,因为位置矢量必须在位置矢量的尾端点的基矢量处展开。

例 1-3-5 如图 1-3-6 所示,求坐标系中点 $p_1:(\rho_1,\phi_1,z_1)$ 处的基矢量 $\hat{a}_\rho$、$\hat{a}_\phi$ 和 $\hat{a}_z$ 分别在该点在圆柱坐标系中三个基矢量 $\hat{a}_x$、$\hat{a}_y$ 和 $\hat{a}_z$ 上的投影矢量。

解 $\hat{a}_\rho$ 在 $\hat{a}_x$ 的投影矢量为
$$(\hat{a}_x \cdot \hat{a}_\rho)\hat{a}_x = \cos\phi_1\,\hat{a}_x \qquad (1-3-29\mathrm{a})$$
$\hat{a}_\rho$ 在 $\hat{a}_y$ 的投影矢量为
$$(\hat{a}_y \cdot \hat{a}_\rho)\hat{a}_y = \sin\phi_1\,\hat{a}_y \qquad (1-3-29\mathrm{b})$$
$\hat{a}_\rho$ 在 $\hat{a}_z$ 的投影矢量为
$$(\hat{a}_z \cdot \hat{a}_\rho)\hat{a}_z = 0 \qquad (1-3-29\mathrm{c})$$
因此 $\hat{a}_\rho$ 可以用三个基矢量上投影矢量的和来表示,即
$$\hat{a}_\rho = \cos\phi\,\hat{a}_x + \sin\phi\,\hat{a}_y \qquad (1-3-30)$$
式(1-3-30)中省略了坐标的下标,得到了 $\hat{a}_\rho$ 和 $\hat{a}_x$、$\hat{a}_y$、$\hat{a}_z$ 之间的关系式。

$\hat{a}_\phi$ 在 $\hat{a}_x$ 的投影矢量为
$$(\hat{a}_x \cdot \hat{a}_\phi)\hat{a}_x = \cos(\phi_1+90°)\hat{a}_x = -\sin\phi_1\,\hat{a}_x \qquad (1-3-31\mathrm{a})$$
$\hat{a}_\phi$ 在 $\hat{a}_y$ 的投影矢量为
$$(\hat{a}_y \cdot \hat{a}_\phi)\hat{a}_y = \sin(\phi_1+90°)\hat{a}_y = \cos\phi_1\,\hat{a}_y \qquad (1-3-31\mathrm{b})$$
$\hat{a}_\phi$ 在 $\hat{a}_z$ 的投影矢量为
$$(\hat{a}_z \cdot \hat{a}_\phi)\hat{a}_z = 0 \qquad (1-3-31\mathrm{c})$$
因此 $\hat{a}_\phi$ 可以用三个基矢量上投影矢量的和来表示,即
$$\hat{a}_\phi = \hat{a}_\rho(\phi+90°) = -\sin\phi\,\hat{a}_x + \cos\phi\,\hat{a}_y \qquad (1-3-32)$$
式(1-3-32)中省略了坐标的下标,得到了 $\hat{a}_\phi$ 和 $\hat{a}_x$、$\hat{a}_y$、$\hat{a}_z$ 之间的关系式。

根据图 1-3-6 可知,同一点处圆柱坐标系下的 $\hat{a}_z$ 和直角坐标系下的 $\hat{a}_z$ 相等,即
$$\hat{a}_z = \hat{a}_z \qquad (1-3-33)$$
式(1-3-30)、式(1-3-32)和式(1-3-33)构成了圆柱坐标系和直角坐标系下基矢量的转化关系,在坐标系转化中具有基础性作用。

1.3.3 球坐标系

球坐标系中一个点 $p_1:(r_1,\theta_1,\phi_1)$ 是通过三个常数坐标平面的交点确定的(见图 1-3-9)。这三个平面分别是:球心在原点、半径等于 r_1 的球面;半锥角为 θ_1 的锥面;绕 z 轴旋转角度为 ϕ_1 的半平面。坐标 r_1 指的是该点到原点的径向距离。坐标 θ_1 称为极角,从 $+z$ 轴开始,终止于

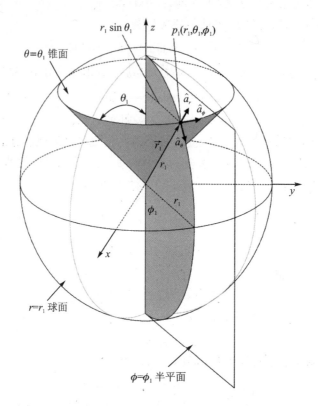

图 1-3-9 球坐标系

位置矢量。坐标 ϕ_1 称为方位角,是在 xy 平面上从 $+x$ 轴开始,终止于位置矢量在 xy 平面上的投影线。r、θ 和 ϕ 的取值范围分别是:$0 \leqslant r < \infty (\text{m})$,$0 \leqslant \theta \leqslant \pi (\text{rad})$,$0 \leqslant \phi < 2\pi (\text{rad})$。在点 p_1 处,三个基矢量 $\hat{a}_r$、$\hat{a}_\theta$ 和 $\hat{a}_\phi$ 分别垂直于三个常数坐标平面,并且指向坐标增大的方向。在球坐标系中,三个基矢量 $\hat{a}_r$、$\hat{a}_\theta$ 和 $\hat{a}_\phi$ 都是坐标的函数。

球坐标系中的基矢量也满足正交性:

$$\hat{a}_r \cdot \hat{a}_\theta = \hat{a}_\theta \cdot \hat{a}_\phi = \hat{a}_\phi \cdot \hat{a}_r = 0 \qquad (1-3-34\text{a})$$

$$\hat{a}_r \cdot \hat{a}_r = \hat{a}_\theta \cdot \hat{a}_\theta = \hat{a}_\phi \cdot \hat{a}_\phi = 1 \qquad (1-3-34\text{b})$$

式(1-3-34a)表示三个基矢量相互垂直,式(1-3-34b)表示三个基矢量为单位矢量。在右手球坐标系中,三个基矢量满足圆周规律(见图 1-3-10),即

$$\hat{a}_r \cdot \hat{a}_\theta = \hat{a}_\phi \qquad (1-3-35\text{a})$$

$$\hat{a}_\theta \cdot \hat{a}_\phi = \hat{a}_r \qquad (1-3-35\text{b})$$

$$\hat{a}_\phi \cdot \hat{a}_r = \hat{a}_\theta \qquad (1-3-35\text{c})$$

1. 球坐标系中的位置矢量

球坐标系中的一个点 $p_1:(r_1,\theta_1,\phi_1)$ 可以用一个位置矢量 $\vec{r}_1$ 来唯一地表示,如图 1-3-11 所示。该位置矢量可以分解到 p_1 点处的基矢量,从而得到分量形式。如图 1-3-11 所示,$\vec{r}_1$ 矢量总是和 $\hat{a}_\theta$、$\hat{a}_\phi$ 垂直的,因而只有在 $\hat{a}_r$ 上的分量,也就是 $r_1 \hat{a}_r$。因

图 1-3-10 球坐标系中三个基矢量的圆周规律

此,球坐标中的位置矢量可表示为

$$\vec{r} = r\hat{a}_r \quad (1-3-36)$$

式(1-3-36)中$\hat{a}_r$是θ和ϕ的函数,因而$\vec{r}$可以用$\hat{a}_r$和r来唯一地表示空间中的任何一个点。

2. 球坐标系中的矢量和矢量场

在球坐标系中一个矢量$\vec{A}$定义在$p_1:(r_1,\theta_1,\phi_1)$点,如图1-3-11所示,那么它也可以在$p_1$点处定义的三个基矢量$\hat{a}_r$、$\hat{a}_\theta$和$\hat{a}_\phi$上投影,从而得到矢量$\vec{A}$在球坐标系中的分量形式,即

$$\vec{A} = A_r \hat{a}_r + A_\theta \hat{a}_\theta + A_\phi \hat{a}_\phi \quad (1-3-37)$$

这里A_r、A_θ和A_ϕ分别是标分量。**注意:** 即使是同一个矢量,这些分量通常也会随着位置的改变而不同。这是因为在不同点,基矢量不同,分量也就不同。

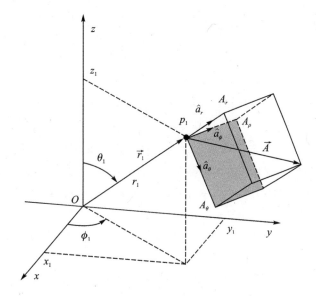

图1-3-11 在球坐标系中定义在点$p_1:(r_1,\theta_1,\phi_1)$处的矢量$\vec{A}$

3. 球坐标系中的矢量代数

在球坐标系中的给定点处定义了两个矢量$\vec{A}$和$\vec{B}$,根据式(1-3-37)可以分别写出它们的分量形式:

$$\vec{A} = A_r \hat{a}_r + A_\theta \hat{a}_\theta + A_\phi \hat{a}_\phi \quad (1-3-38a)$$

$$\vec{B} = B_r \hat{a}_r + B_\theta \hat{a}_\theta + B_\phi \hat{a}_\phi \quad (1-3-38b)$$

这里$\hat{a}_r$、$\hat{a}_\theta$和$\hat{a}_\phi$是在给定点处的基矢量。

球坐标系下两个矢量的加为

$$\vec{A} + \vec{B} = (A_r + B_r)\hat{a}_r + (A_\theta + B_\theta)\hat{a}_\theta + (A_\phi + B_\phi)\hat{a}_\phi \quad (1-3-39)$$

两个矢量的点乘为

$$\vec{A} \cdot \vec{B} = A_r B_r + A_\theta B_\theta + A_\phi B_\phi \quad (1-3-40)$$

两个矢量的叉乘为

$$\vec{A} \times \vec{B} = \begin{vmatrix} \hat{a}_r & \hat{a}_\theta & \hat{a}_\phi \\ A_r & A_\theta & A_\phi \\ B_r & B_\theta & B_\phi \end{vmatrix} \quad (1-3-41)$$

这里需要强调的是，式(1-3-39)、式(1-3-40)和式(1-3-41)所得到的结论是基于这两个矢量都定义在同一点。否则，必须把其中一个矢量移动到另一个矢量所在的位置，并且把这个矢量在另一个矢量所在位置的基矢量上进行分解，然后才能计算。

4. 球坐标系中的微分长度矢量、微分面矢量和微分体积

在球坐标系下给定点 $p_1: (r_1, \theta_1, \phi_1)$ 处定义微分长度矢量 $d\vec{L}$，它是从给定点到邻近点 $p_1: (r_1+dr, \theta_1+d\theta, \phi_1+d\phi)$ 的矢量，该矢量在 p_1 点处的基矢量上分解。参考图 1-3-12，$d\vec{L}$ 在 $\hat{a}_r$、$\hat{a}_\theta$ 和 $\hat{a}_\phi$ 上的标量投影分别为 dr、$r_1 d\theta$ 和 $r_1 \sin\theta_1 d\phi$。这里注意，从微分坐标 dr、$d\theta$ 和 $d\phi$ 转换到微分长度必须分别乘以系数 1、r_1 和 $r_1 \sin\theta_1$，这一组系数称为度量系数。球坐标系下微分矢量长度的一般表达式为

$$d\vec{L} = dr\,\hat{a}_r + rd\theta\,\hat{a}_\theta + r\sin\theta d\phi\,\hat{a}_\phi \quad (\text{m}) \quad (1-3-42)$$

在球坐标系中，$d\vec{L}$ 是一个位置的函数。需要指出的是，式(1-3-42)中 $d\vec{L}$ 是球坐标系下的一般表达式，而不管 dr、$d\theta$ 和 $d\phi$ 之间的相互关系。

在 $d\vec{L}$ 的两个端点连接着六个常数坐标面。这些面定义了球坐标系下的微分体积元 dV，如图 1-3-12 所示。考虑到 $d\vec{L}$ 是一个微小量，微分体积元可以看成是边长分别为 dr、$r_1 d\theta$ 和 $r_1 \sin\theta_1 d\phi$ 的长方体，其体积为 $r_1^2 \sin\theta_1 dr d\theta d\phi$。球坐标系中微分体积元的一般表达式为

$$dV = r^2 \sin\theta\, dr d\theta d\phi \quad (\text{m}^3) \quad (1-3-43)$$

尽管 dV 依赖于径长 r 和极角 θ，但我们总是根据式(1-3-43)定义微分体积元。在球坐标系中，可以把一个体分解成若干个微分体积元。

微分体积元包围着六个微小的面，如图 1-3-12 所示。每个面都可以用微分面积矢量 $d\vec{S}$ 来表示，即矢量的大小表示面的面积，该矢量的单位矢量总是垂直于面，并且指向微分体积元的外部。考虑到 $d\vec{L}$ 是一个微小量，可以把每个面都看成矩形，图 1-3-12 中所示的六个面的微分面积矢量为

$$d\vec{S}_1 = r_1^2 \sin\theta_1 d\theta d\phi\,\hat{a}_r \quad (\text{面 ①}) \quad (1-3-44a)$$

$$d\vec{S}_2 = r_1 \sin\theta_1 dr d\phi\,\hat{a}_\theta \quad (\text{面 ②}) \quad (1-3-44b)$$

$$d\vec{S}_3 = -r_1 dr d\theta\,\hat{a}_\phi \quad (\text{面 ③}) \quad (1-3-44c)$$

$$d\vec{S}_4 = -r_1^2 \sin\theta_1 d\theta d\phi\,\hat{a}_r \quad (\text{面 ① 的对面}) \quad (1-3-44d)$$

$$d\vec{S}_5 = -r_1 \sin\theta_1 dr d\phi\,\hat{a}_\theta \quad (\text{面 ② 的对面}) \quad (1-3-44e)$$

$$d\vec{S}_6 = r_1 dr d\theta\,\hat{a}_\phi \quad (\text{面 ③ 的对面}) \quad (1-3-44f)$$

这里后面三个微分面矢量分别是前三个面的背后的面。式(1-3-44)所示的微分面矢量可以方便地把球坐标系中的常数坐标面分解成若干个微分面元。然而，式(1-3-44)的坐标面不能够分解如 $z=1$ 平面或者球心不在坐标原点的球面。

5. 球坐标系中的球对称性

如果说一个物体或场是球对称的，那么该对象绕任何一条过原点的轴来旋转都一样，或者

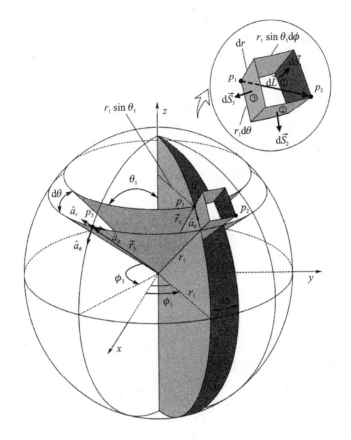

图 1-3-12 球坐标系下的微分长度矢量、微分面积矢量和微分体积元

说,保持 r 不变而改变 θ 和 ϕ,它会保持不变。例如,如图 1-3-13 所示的矢量场 $\vec{U}(\vec{r}) = \hat{a}_r$ 就是球对称的。相反,矢量场 $\vec{V}(\vec{r}) = \hat{a}_\theta$ 和 $\vec{W}(\vec{r}) = \hat{a}_\phi$ 就没有球对称性,因为它们如果绕 x 轴旋转 $180°$,矢量场就会改变到相反的方向。

如果一个源的分布具有球对称性,那么它所产生的场也必然具有对称性。当球对称性存在时,那么沿着 $\hat{a}_\theta$ 和 $\hat{a}_\phi$ 方向旋转这样的源或场,它们都不变化。因此,球对称性的场必然与 $\theta、\phi$ 两个坐标没有关系,对于标量场必须是 $V(\vec{r}) = V(r)$,对于矢量场必须是 $\vec{D}(\vec{r}) = D_r(r)\hat{a}_r + D_\theta(r)\hat{a}_\theta + D_\phi(r)\hat{a}_\phi$。更进一步,球对称性必须要求没有 $\hat{a}_\theta$ 和 $\hat{a}_\phi$ 分量。这是因为 $D_\theta(r)\hat{a}_\theta$ 和 $D_\phi(r)\hat{a}_\phi$ 会破坏球对称性,当这两个分量绕 x 轴旋转 $180°$ 时会改变到相反方向。因此,当矢量场存在球对称性时,其通式必须是 $\vec{D}(\vec{r}) = D_r(r)\hat{a}_r$。

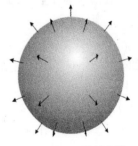

图 1-3-13 球对称的矢量场 $\vec{U}(\vec{r}) = \hat{a}_r$

例 1-3-6 如图 1-3-12 所示,求球坐标系中点 $p_1:(r_1, \theta_1, \phi_1)$ 处的基矢量 $\hat{a}_r、\hat{a}_\theta$ 和 $\hat{a}_\phi$ 分别在该点在圆柱坐标系中三个基矢量 $\hat{a}_\rho、\hat{a}_\phi$ 和 $\hat{a}_z$ 上的投影矢量和在直角坐标系中三个基矢量 $\hat{a}_x、\hat{a}_y$ 和 $\hat{a}_z$ 上的投影矢量。

解

$\hat{a}_r$ 在 $\hat{a}_\rho$ 上的投影矢量为

$$(\hat{a}_\rho \cdot \hat{a}_r)\hat{a}_\rho = \sin\theta_1 \hat{a}_\rho \qquad (1-3-45a)$$

$\hat{a}_r$ 在 $\hat{a}_\phi$ 上的投影矢量为

$$(\hat{a}_\phi \cdot \hat{a}_r)\hat{a}_\phi = 0 \qquad (1-3-45b)$$

$\hat{a}_r$ 在 $\hat{a}_z$ 上的投影矢量为

$$(\hat{a}_z \cdot \hat{a}_r)\hat{a}_z = \cos\theta_1 \hat{a}_z \qquad (1-3-45c)$$

所以 $\hat{a}_r$ 可以用在圆柱坐标系中三个基矢量上投影矢量的和来表示，并省略下标得到通用表达式，即

$$\hat{a}_r = \sin\theta \hat{a}_\rho + \cos\theta \hat{a}_z \qquad (1-3-46)$$

$\hat{a}_\theta$ 在 $\hat{a}_\rho$ 上的投影矢量为

$$(\hat{a}_\rho \cdot \hat{a}_\theta)\hat{a}_\rho = \sin(\theta_1 + 90°)\hat{a}_\rho = \cos\theta_1 \hat{a}_\rho \qquad (1-3-47a)$$

$\hat{a}_\theta$ 在 $\hat{a}_\phi$ 上的投影矢量为

$$(\hat{a}_\phi \cdot \hat{a}_\theta)\hat{a}_\phi = 0 \qquad (1-3-47b)$$

$\hat{a}_\theta$ 在 $\hat{a}_z$ 上的投影矢量为

$$(\hat{a}_z \cdot \hat{a}_\theta)\hat{a}_z = \cos(\theta_1 + 90°)\hat{a}_z = -\sin\theta_1 \hat{a}_z \qquad (1-3-47c)$$

所以 $\hat{a}_\theta$ 可以用在圆柱坐标系中三个基矢量上投影矢量的和来表示，并省略下标得到通用表达式，即

$$\hat{a}_\theta = \hat{a}_r(\theta_1 + 90°) = \cos\theta \hat{a}_\rho - \sin\theta \hat{a}_z \qquad (1-3-48)$$

$\hat{a}_\phi$ 在 $\hat{a}_\rho$ 上的投影矢量为

$$(\hat{a}_\rho \cdot \hat{a}_\phi)\hat{a}_\rho = 0 \qquad (1-3-49a)$$

$\hat{a}_\phi$ 在 $\hat{a}_\phi$ 上的投影矢量为

$$\hat{a}_\phi = \hat{a}_\phi \qquad (1-3-49b)$$

$\hat{a}_\phi$ 在 $\hat{a}_z$ 上的投影矢量为

$$(\hat{a}_z \cdot \hat{a}_\phi)\hat{a}_z = 0 \qquad (1-3-49c)$$

所以 $\hat{a}_\phi$ 可以用在圆柱坐标系中三个基矢量上投影矢量的和来表示，并省略下标得到通用表达式，即

$$\hat{a}_\phi = \hat{a}_\phi \qquad (1-3-50)$$

把式(1-3-46)中的 $\hat{a}_\rho$ 在此投影到直角坐标系中的基矢量上，也即把式(1-3-30)代入式(1-3-46)中，可得：

$$\hat{a}_r = \sin\theta\cos\phi \hat{a}_x + \sin\theta\sin\phi \hat{a}_y + \cos\theta \hat{a}_z \qquad (1-3-51a)$$

把式(1-3-48)中 $\hat{a}_\rho$ 在此投影到直角坐标系中的基矢量上，也即把式(1-3-30)代入式(1-3-48)中，可得：

$$\hat{a}_\theta = \hat{a}_r(\theta_1 + 90°) = \cos\theta\cos\phi \hat{a}_x + \cos\theta\sin\phi \hat{a}_y - \sin\theta \hat{a}_z \qquad (1-3-51b)$$

把式(1-3-50)中 $\hat{a}_\phi$ 在此投影到直角坐标系中的基矢量上，也即把式(1-3-32)代入式(1-3-50)中，可得：

$$\hat{a}_\phi = -\sin\phi \hat{a}_x + \cos\phi \hat{a}_y \qquad (1-3-51c)$$

式(1-3-46)、式(1-3-48)和式(1-3-50)构成了球坐标系和圆柱坐标系下基矢量之间的转换关系，而式(1-3-51)是球坐标系和直角坐标系基矢量之间的转换关系。

为了清晰地表达各个坐标系下基矢量之间的相互关系,可用矩阵运算来表示。式(1-3-30)、式(1-3-32)和式(1-3-33)构成的圆柱坐标系和直角坐标系下基矢量转换关系的矩阵运算可表示为

$$\begin{bmatrix} \hat{a}_\rho \\ \hat{a}_\phi \\ \hat{a}_z \end{bmatrix} = \begin{bmatrix} \cos\phi & \sin\phi & 0 \\ -\sin\phi & \cos\phi & 0 \\ 0 & 0 & 1 \end{bmatrix} \begin{bmatrix} \hat{a}_x \\ \hat{a}_y \\ \hat{a}_z \end{bmatrix} \tag{1-3-52}$$

球坐标系和圆柱坐标系下基矢量之间转换关系的矩阵运算可表示为

$$\begin{bmatrix} \hat{a}_r \\ \hat{a}_\theta \\ \hat{a}_\phi \end{bmatrix} = \begin{bmatrix} \sin\theta & 0 & \cos\theta \\ \cos\theta & 0 & -\sin\theta \\ 0 & 1 & 0 \end{bmatrix} \begin{bmatrix} \hat{a}_\rho \\ \hat{a}_\phi \\ \hat{a}_z \end{bmatrix} \tag{1-3-53}$$

把式(1-3-52)代入式(1-3-53)可得球坐标系和直角坐标系基矢量之间转换关系的矩阵运算可表示为

$$\begin{bmatrix} \hat{a}_r \\ \hat{a}_\theta \\ \hat{a}_\phi \end{bmatrix} = \begin{bmatrix} \sin\theta & 0 & \cos\theta \\ \cos\theta & 0 & -\sin\theta \\ 0 & 1 & 0 \end{bmatrix} \begin{bmatrix} \cos\phi & \sin\phi & 0 \\ -\sin\phi & \cos\phi & 0 \\ 0 & 0 & 1 \end{bmatrix} \begin{bmatrix} \hat{a}_x \\ \hat{a}_y \\ \hat{a}_z \end{bmatrix} \tag{1-3-54}$$

化简式(1-3-54)可得:

$$\begin{bmatrix} \hat{a}_r \\ \hat{a}_\theta \\ \hat{a}_\phi \end{bmatrix} = \begin{bmatrix} \sin\theta\cos\phi & \sin\theta\sin\phi & \cos\theta \\ \cos\theta\cos\phi & \cos\theta\sin\phi & -\sin\theta \\ -\sin\phi & \cos\phi & 0 \end{bmatrix} \begin{bmatrix} \hat{a}_x \\ \hat{a}_y \\ \hat{a}_z \end{bmatrix} \tag{1-3-55}$$

1.4 坐标转换

虽然在不同的坐标系中描述空间点的坐标定义各不相同,但空间位置和所选择的坐标系是无关的。在解决实际问题时,一个坐标系可能比另一个坐标系更具优势,因此我们必须掌握将一个点的坐标从一个坐标系转换到另一坐标系,这就是所谓点坐标的坐标转换。同样地,尽管一个矢量的大小和方向也与坐标系无关,但在不同的坐标系中由于基矢量的定义不同从而矢量分量的表达式也不同,因此我们需要把一个矢量的分量在不同的坐标系中进行转换,这一过程称为矢量分量的坐标转换。

这里讨论一般坐标系(u,v,w)和直角坐标系(x,y,z)之间矢量分量的坐标转换。在空间同一点处,一般坐标系的基矢量为$(\hat{a}_u,\hat{a}_v,\hat{a}_w)$,直角坐标系中的基矢量为$(\hat{a}_x,\hat{a}_y,\hat{a}_z)$。两个坐标系中同一点处两组基矢量的关系可表示为

$$\begin{bmatrix} \hat{a}_u \\ \hat{a}_v \\ \hat{a}_w \end{bmatrix} = \begin{bmatrix} T_{11} & T_{12} & T_{13} \\ T_{21} & T_{22} & T_{23} \\ T_{31} & T_{32} & T_{33} \end{bmatrix} \begin{bmatrix} \hat{a}_x \\ \hat{a}_y \\ \hat{a}_z \end{bmatrix} = \boldsymbol{T} \begin{bmatrix} \hat{a}_x \\ \hat{a}_y \\ \hat{a}_z \end{bmatrix} \tag{1-4-1}$$

式中,矩阵$\boldsymbol{T}$称为从直角坐标系到一般坐标系下的转换矩阵。把式(1-4-1)分解开写成代数式:

$$\hat{a}_u = T_{11}\hat{a}_x + T_{12}\hat{a}_y + T_{13}\hat{a}_z \tag{1-4-2a}$$

$$\hat{a}_v = T_{21}\hat{a}_x + T_{22}\hat{a}_y + T_{23}\hat{a}_z \tag{1-4-2b}$$

$$\hat{a}_w = T_{31}\hat{a}_x + T_{32}\hat{a}_y + T_{33}\hat{a}_z \tag{1-4-2c}$$

式(1-4-2)是式(1-4-1)的展开式。式(1-4-2)表示的是$\hat{a}_u$、$\hat{a}_v$、$\hat{a}_w$三个基矢量分别在同一点处($\hat{a}_x$,$\hat{a}_y$,$\hat{a}_z$)三个基矢量上的投影矢量。假设一个矢量$\vec{A}$在直角坐标系中给定点处的矢量为

$$\vec{A} = A_x\hat{a}_x + A_y\hat{a}_y + A_z\hat{a}_z \tag{1-4-3}$$

那么矢量$\vec{A}$在$\hat{a}_u$上的投影量可写成：

$$A_u = \vec{A}\cdot\hat{a}_u = A_x(\hat{a}_x\cdot\hat{a}_u) + A_y(\hat{a}_y\cdot\hat{a}_u) + A_z(\hat{a}_z\cdot\hat{a}_u) =$$
$$A_x T_{11} + A_y T_{12} + A_z T_{13} \tag{1-4-4a}$$

同理可得该矢量在$\hat{a}_v$和$\hat{a}_w$上的分量为

$$A_v = A_x T_{21} + A_y T_{22} + A_z T_{23} \tag{1-4-4b}$$

$$A_w = A_x T_{31} + A_y T_{32} + A_z T_{33} \tag{1-4-4c}$$

把式(1-4-4)写成矩阵形式,即

$$\begin{bmatrix} A_u \\ A_v \\ A_w \end{bmatrix} = \begin{bmatrix} T_{11} & T_{12} & T_{13} \\ T_{21} & T_{22} & T_{23} \\ T_{31} & T_{32} & T_{33} \end{bmatrix} \begin{bmatrix} A_x \\ A_y \\ A_z \end{bmatrix} = \boldsymbol{T} \begin{bmatrix} A_x \\ A_y \\ A_z \end{bmatrix} \tag{1-4-5}$$

对比式(1-4-1)和式(1-4-5)可知：在给定点处定义的同一个矢量在两个不同坐标系中的分量关系与基矢量之间的关系相同。

根据式(1-4-1),可求得直角坐标系和一般坐标系基矢量的关系,从而也知道了从一般坐标系中分量到直角坐标系中分量的转换关系,即

$$\begin{bmatrix} \hat{a}_x \\ \hat{a}_y \\ \hat{a}_z \end{bmatrix} = \begin{bmatrix} T_{11} & T_{12} & T_{13} \\ T_{21} & T_{22} & T_{23} \\ T_{31} & T_{32} & T_{33} \end{bmatrix}^{-1} \begin{bmatrix} \hat{a}_u \\ \hat{a}_v \\ \hat{a}_w \end{bmatrix} = \boldsymbol{T}^{-1} \begin{bmatrix} \hat{a}_u \\ \hat{a}_v \\ \hat{a}_w \end{bmatrix} \tag{1-4-6}$$

$$\begin{bmatrix} A_x \\ A_y \\ A_z \end{bmatrix} = \begin{bmatrix} T_{11} & T_{12} & T_{13} \\ T_{21} & T_{22} & T_{23} \\ T_{31} & T_{32} & T_{33} \end{bmatrix}^{-1} \begin{bmatrix} A_u \\ A_v \\ A_w \end{bmatrix} = \boldsymbol{T}^{-1} \begin{bmatrix} A_u \\ A_v \\ A_w \end{bmatrix} \tag{1-4-7}$$

因此,不同坐标系中同一点处基矢量之间的转换关系是关键。下面求解直角坐标系、圆柱坐标系和球坐标系分别与直角坐标系之间的坐标转换。

1.4.1 直角—直角坐标系转换

这里讨论两个直角坐标系中的坐标转换。图1-4-1中显示的带撇坐标系是不带撇坐标系绕z轴旋转角度φ得到的。考虑给定点p_1,它在不带撇坐标系和带撇坐标系中的坐标分别为(x_1,y_1,z_1)和(x_1',y_1',z_1'),在给定点处基矢量分别为$(\hat{a}_x,\hat{a}_y,\hat{a}_z)$和$(\hat{a}_x',\hat{a}_y',\hat{a}_z')$。根据图1-4-1,将带撇的基矢量分解到不带撇的基矢量,求解两组基矢量之间的转换关系,即

$$\hat{a}_x' = (\hat{a}_x'\cdot\hat{a}_x)\hat{a}_x + (\hat{a}_x'\cdot\hat{a}_y)\hat{a}_y + (\hat{a}_x'\cdot\hat{a}_z)\hat{a}_z =$$
$$\cos\varphi\,\hat{a}_x + \sin\varphi\,\hat{a}_y$$

$$\tag{1-4-8a}$$

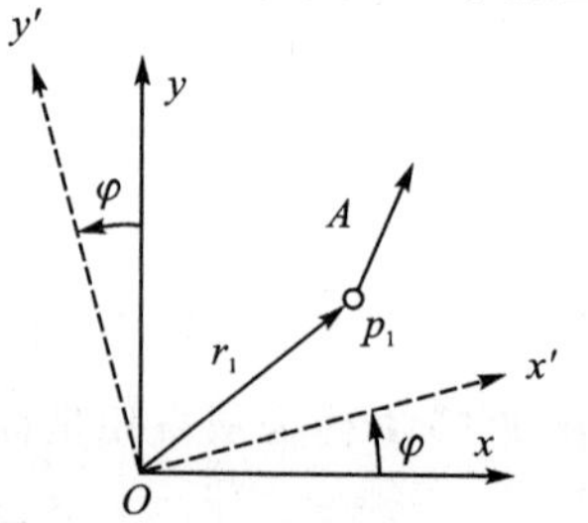

图1-4-1 两个绕z轴旋转的直角坐标系

同理可得：
$$\hat{a}'_y = -\sin\varphi\, \hat{a}_x + \cos\varphi\, \hat{a}_y \qquad (1-4-8\text{b})$$
$$\hat{a}'_z = \hat{a}_z \qquad (1-4-8\text{c})$$

因此，得到了带撇坐标系和不带撇坐标系在同一点处基矢量之间的转换关系，即把式(1-4-8)写成矩阵形式：

$$\begin{bmatrix} \hat{a}'_x \\ \hat{a}'_y \\ \hat{a}'_z \end{bmatrix} = \begin{bmatrix} \cos\varphi & \sin\varphi & 0 \\ -\sin\varphi & \cos\varphi & 0 \\ 0 & 0 & 1 \end{bmatrix} \begin{bmatrix} \hat{a}_x \\ \hat{a}_y \\ \hat{a}_z \end{bmatrix} = \boldsymbol{T} \begin{bmatrix} \hat{a}_x \\ \hat{a}_y \\ \hat{a}_z \end{bmatrix} \qquad (1-4-9)$$

如果在给定点 p_1 处定义了一个矢量，则它在不带撇坐标系中的分量形式为

$$\vec{A} = A_x \hat{a}_x + A_y \hat{a}_y + A_z \hat{a}_z \qquad (1-4-10)$$

根据式(1-4-5)，也可求得 $\vec{A}$ 在带撇坐标系中的矢量分量，即

$$\begin{bmatrix} A'_x \\ A'_y \\ A'_z \end{bmatrix} = \begin{bmatrix} \cos\varphi & \sin\varphi & 0 \\ -\sin\varphi & \cos\varphi & 0 \\ 0 & 0 & 1 \end{bmatrix} \begin{bmatrix} A_x \\ A_y \\ A_z \end{bmatrix} = \boldsymbol{T} \begin{bmatrix} A_x \\ A_y \\ A_z \end{bmatrix} \qquad (1-4-11)$$

可以验证式(1-4-11)中的转换矩阵满足

$$\boldsymbol{T}^{\mathrm{T}} = \begin{bmatrix} \cos\varphi & -\sin\varphi & 0 \\ \sin\varphi & \cos\varphi & 0 \\ 0 & 0 & 1 \end{bmatrix} = \boldsymbol{T}^{-1} \qquad (1-4-12)$$

上标 T 表示对矩阵求转置。

因此，如果 $\vec{A}$ 矢量是在带撇坐标系中的分量形式，即

$$\vec{A} = A'_x \hat{a}'_x + A'_y \hat{a}'_y + A'_z \hat{a}'_z$$

则该矢量在不带撇坐标系中的分量为

$$\begin{bmatrix} A_x \\ A_y \\ A_z \end{bmatrix} = \boldsymbol{T}^{-1} \begin{bmatrix} A'_x \\ A'_y \\ A'_z \end{bmatrix} = \boldsymbol{T}^{\mathrm{T}} \begin{bmatrix} A'_x \\ A'_y \\ A'_z \end{bmatrix} = \begin{bmatrix} \cos\varphi & -\sin\varphi & 0 \\ \sin\varphi & \cos\varphi & 0 \\ 0 & 0 & 1 \end{bmatrix} \begin{bmatrix} A'_x \\ A'_y \\ A'_z \end{bmatrix} \qquad (1-4-13)$$

下面讨论同一点 p_1 在两个坐标系中的坐标 (x_1, y_1, z_1) 和 (x'_1, y'_1, z'_1) 之间的坐标转换关系。这里利用这一个点在两个坐标系中是同一个位置矢量和矢量分量的转换关系来推导坐标之间的关系。p_1 点在不带撇坐标系中的位置矢量为

$$\vec{r} = x_1 \hat{a}_x + y_1 \hat{a}_y + z_1 \hat{a}_z \qquad (1-4-14)$$

根据式(1-4-5)，可得到该矢量在带撇坐标系中的坐标分量为

$$\begin{bmatrix} A'_x \\ A'_y \\ A'_z \end{bmatrix} = \begin{bmatrix} \cos\varphi & \sin\varphi & 0 \\ -\sin\varphi & \cos\varphi & 0 \\ 0 & 0 & 1 \end{bmatrix} \begin{bmatrix} x_1 \\ y_1 \\ z_1 \end{bmatrix} \qquad (1-4-15)$$

矢量 $\vec{r}'$ 在带撇坐标系中 $\vec{r}' = A'_x \hat{a}'_x + A'_y \hat{a}'_y + A'_z \hat{a}'_z$。该矢量同时也是给定点在带撇坐标系中的位置矢量，因此 $\vec{r}' = A'_x \hat{a}'_x + A'_y \hat{a}'_y + A'_z \hat{a}'_z = x'_1 \hat{a}'_x + y'_1 \hat{a}'_y + z'_1 \hat{a}'_z$，可得：

$$\begin{bmatrix} x'_1 \\ y'_1 \\ z'_1 \end{bmatrix} = \begin{bmatrix} A'_x \\ A'_y \\ A'_z \end{bmatrix} = \begin{bmatrix} \cos\varphi & \sin\varphi & 0 \\ -\sin\varphi & \cos\varphi & 0 \\ 0 & 0 & 1 \end{bmatrix} \begin{bmatrix} x_1 \\ y_1 \\ z_1 \end{bmatrix} = \boldsymbol{T} \begin{bmatrix} x_1 \\ y_1 \\ z_1 \end{bmatrix} \qquad (1-4-16)$$

把式(1-4-16)中的下标去掉,得到两个坐标系中同一点的坐标转换关系为

$$\begin{bmatrix} x' \\ y' \\ z' \end{bmatrix} = \begin{bmatrix} \cos\varphi & \sin\varphi & 0 \\ -\sin\varphi & \cos\varphi & 0 \\ 0 & 0 & 1 \end{bmatrix} \begin{bmatrix} x \\ y \\ x \end{bmatrix} = \boldsymbol{T} \begin{bmatrix} x \\ y \\ x \end{bmatrix} \quad (1-4-17)$$

由此也可得到:

$$\begin{bmatrix} x \\ y \\ x \end{bmatrix} = \begin{bmatrix} \cos\varphi & -\sin\varphi & 0 \\ \sin\varphi & \cos\varphi & 0 \\ 0 & 0 & 1 \end{bmatrix} \begin{bmatrix} x' \\ y' \\ z' \end{bmatrix} = \boldsymbol{T}' \begin{bmatrix} x' \\ y' \\ z' \end{bmatrix} \quad (1-4-18)$$

对比式(1-4-17)、式(1-4-9)和式(1-4-11)可知:在两个直角坐标系中,给定点的坐标转换关系,给定点处基矢量的转换关系和给定点处的矢量分量转换关系都是一样的。

例 1-4-1 参考图 1-4-1,已知不带撇直角坐标系中的矢量场 $\vec{F}=2x\hat{a}_x$,求在带撇坐标系中场的表达式。

解
首先对其进行矢量分量的转换,根据式(1-4-11)可得在带撇坐标系中的分量为

$$\begin{bmatrix} A'_x \\ A'_y \\ A'_z \end{bmatrix} = \begin{bmatrix} \cos\varphi & \sin\varphi & 0 \\ -\sin\varphi & \cos\varphi & 0 \\ 0 & 0 & 1 \end{bmatrix} \begin{bmatrix} 2x \\ 0 \\ 0 \end{bmatrix}$$

因此可得在带撇坐标系中矢量场的表达式:

$$\vec{F}' = 2x\cos\varphi\, \hat{a}'_x - 2x\sin\varphi\, \hat{a}'_y \quad (1-4-19)$$

然后根据式(1-4-18)进行坐标转换,即

$$\begin{bmatrix} x \\ y \\ x \end{bmatrix} = \begin{bmatrix} \cos\varphi & -\sin\varphi & 0 \\ \sin\varphi & \cos\varphi & 0 \\ 0 & 0 & 1 \end{bmatrix} \begin{bmatrix} x' \\ y' \\ z' \end{bmatrix}$$

因此可得:

$$x = x'\cos\varphi - y'\sin\varphi \quad (1-4-20)$$

把式(1-4-20)代入式(1-4-19)可得:

$$\vec{F}' = 2(x'\cos\varphi - y'\sin\varphi)\cos\varphi\, \hat{a}'_x - 2(x'\cos\varphi - y'\sin\varphi)\sin\varphi\, \hat{a}'_y$$

1.4.2 圆柱—直角坐标系转换

参考图 1-3-6,给定点 p_1 在圆柱坐标系中的坐标为 (ρ_1, ϕ_1, z_1),该点在直角坐标系中的坐标为 (x_1, y_1, z_1)。在给定点上定义一个矢量 $\vec{A}$,它在直角坐标系和圆柱坐标系中的分量形式分别为

$$\vec{A} = A_x \hat{a}_x + A_y \hat{a}_y + A_z \hat{a}_z \quad (1-4-21a)$$

$$\vec{A} = A_\rho \hat{a}_\rho + A_\phi \hat{a}_\phi + A_z \hat{a}_z \quad (1-4-21b)$$

式(1-3-52)已得到基矢量之间的转换矩阵,即

$$\begin{bmatrix} \hat{a}_\rho \\ \hat{a}_\phi \\ \hat{a}_z \end{bmatrix} = \begin{bmatrix} \cos\phi & \sin\phi & 0 \\ -\sin\phi & \cos\phi & 0 \\ 0 & 0 & 1 \end{bmatrix} \begin{bmatrix} \hat{a}_x \\ \hat{a}_y \\ \hat{a}_z \end{bmatrix} = \boldsymbol{T} \begin{bmatrix} \hat{a}_x \\ \hat{a}_y \\ \hat{a}_z \end{bmatrix} \quad (1-4-22)$$

因此可得矢量 $\vec{A}$ 在直角坐标系中的分量转换到圆柱坐标系中分量的转换关系为

$$\begin{bmatrix} A_\rho \\ A_\phi \\ A_z \end{bmatrix} = \begin{bmatrix} \cos\phi & \sin\phi & 0 \\ -\sin\phi & \cos\phi & 0 \\ 0 & 0 & 1 \end{bmatrix} \begin{bmatrix} A_x \\ A_y \\ A_z \end{bmatrix} = \boldsymbol{T} \begin{bmatrix} A_x \\ A_y \\ A_z \end{bmatrix} \qquad (1-4-23)$$

同样可以验证式(1-4-22)和式(1-4-23)中的转换矩阵 $\boldsymbol{T}$ 满足：

$$\boldsymbol{T}^\mathrm{T} = \begin{bmatrix} \cos\phi & -\sin\phi & 0 \\ \sin\phi & \cos\phi & 0 \\ 0 & 0 & 1 \end{bmatrix} = \boldsymbol{T}^{-1} \qquad (1-4-24)$$

因此可得矢量 $\vec{A}$ 在圆柱坐标系中的分量转换到直角坐标系中分量的转换关系为

$$\begin{bmatrix} A_x \\ A_y \\ A_z \end{bmatrix} = \begin{bmatrix} \cos\phi & -\sin\phi & 0 \\ \sin\phi & \cos\phi & 0 \\ 0 & 0 & 1 \end{bmatrix} \begin{bmatrix} A_\rho \\ A_\phi \\ A_z \end{bmatrix} = \boldsymbol{T}^\mathrm{T} \begin{bmatrix} A_\rho \\ A_\phi \\ A_z \end{bmatrix} \qquad (1-4-25)$$

我们能够利用式(1-4-23)和式(1-4-25)把同一矢量在直角坐标系中和在圆柱坐标系中的分量相互转换。但与两个直角坐标系中点坐标转换不同的是，无法利用式(1-4-22)完成圆柱和直角坐标系下点坐标的转换。根据同一点在两个坐标系中坐标之间的几何关系，可得到点坐标的转换关系为

$$\left.\begin{array}{l} x = \rho\cos\phi \\ y = \rho\sin\phi \\ z = z \end{array}\right\} \qquad (1-4-26)$$

和

$$\left.\begin{array}{l} \rho = \sqrt{x^2 + y^2} \\ \phi = \arctan(y/x) \\ z = z \end{array}\right\} \qquad (1-4-27)$$

式(1-4-26)和式(1-4-27)中去掉了下标，得到了点坐标转换的通用关系式。

例 1-4-2 把以下矢量转换到直角坐标系中：

(a) $\vec{A} = 2\hat{a}_\rho + 3\hat{a}_\phi + \sqrt{3}\hat{a}_z$，该矢量定义在 $(\rho,\phi,z) = (4,60°,5)$；

(b) $\vec{B} = 2\hat{a}_\rho + 3\hat{a}_\phi + \sqrt{3}\hat{a}_z$，该矢量定义在 $(x,y,z) = (\sqrt{2},2,1)$；

(c) $\vec{C}$ 是从原点指向点 $(\rho,\phi,z) = (3,45°,4)$ 的位置矢量。

解

(a) 根据式(1-4-25)可得：

$$\begin{bmatrix} A_x \\ A_y \\ A_z \end{bmatrix} = \begin{bmatrix} \cos 60° & -\sin 60° & 0 \\ \sin 60° & \cos 60° & 0 \\ 0 & 0 & 1 \end{bmatrix} \begin{bmatrix} 2 \\ 3 \\ \sqrt{3} \end{bmatrix}$$

即

$$A_x = \frac{2 - 3\sqrt{3}}{2}, \qquad A_y = \frac{3 + 2\sqrt{3}}{2}, \qquad A_z = \sqrt{3}$$

在直角坐标系中该矢量为

$$\vec{A} = \frac{2-3\sqrt{3}}{2}\hat{a}_x + \frac{3+2\sqrt{3}}{2}\hat{a}_y + \sqrt{3}\,\hat{a}_z$$

(b) 根据矢量所在的位置 $(x,y,z)=(\sqrt{2},2,1)$ 算出：

$$\cos\phi = \frac{x}{\sqrt{x^2+y^2}} = \frac{1}{\sqrt{3}}, \qquad \sin\phi = \frac{y}{\sqrt{x^2+y^2}} = \frac{2}{\sqrt{6}}$$

利用式(1-4-25)可得：

$$\begin{bmatrix} B_x \\ B_y \\ B_z \end{bmatrix} = \begin{bmatrix} 1/\sqrt{3} & -2/\sqrt{6} & 0 \\ 2/\sqrt{6} & 1/\sqrt{3} & 0 \\ 0 & 0 & 1 \end{bmatrix} \begin{bmatrix} 2 \\ 3 \\ \sqrt{3} \end{bmatrix}$$

$$B_x = 2/\sqrt{3} - \sqrt{6}, \qquad B_y = 4/\sqrt{6} + \sqrt{3}, \qquad B_z = \sqrt{3}$$

在直角坐标系中该矢量为

$$\vec{B} = (2/\sqrt{3} - \sqrt{6})\hat{a}_x + (4/\sqrt{6} + \sqrt{3})\hat{a}_y + \sqrt{3}\,\hat{a}_z$$

(c) 根据圆柱坐标系下位置矢量的定义式(1-3-17)可得：

$$\vec{C} = 3\hat{a}_\rho + 4\hat{a}_z$$

根据式(1-4-25)把 $\vec{C}$ 转换到直角坐标下，有

$$\begin{bmatrix} C_x \\ C_y \\ C_z \end{bmatrix} = \begin{bmatrix} \cos 45° & -\sin 45° & 0 \\ \sin 45° & \cos 45° & 0 \\ 0 & 0 & 1 \end{bmatrix} \begin{bmatrix} 3 \\ 0 \\ 4 \end{bmatrix}$$

$$C_x = 3/\sqrt{2}, \qquad C_y = 3/\sqrt{2}, \qquad C_z = 4$$

于是

$$\vec{C} = 3/\sqrt{2}\,\hat{a}_x + 3/\sqrt{2}\,\hat{a}_y + 4\hat{a}_z$$

该题也可以把点坐标 $(\rho,\phi,z)=(3,45°,4)$ 转换到直角坐标下，然后应用直角坐标系下位置矢量的定义式(1-3-3)直接给出位置矢量。根据式(1-4-26)可求得：

$$x = 3\cos 45° = 3/\sqrt{2}$$
$$y = 3\sin 45° = 3/\sqrt{2}$$
$$z = 4$$

因此得到：

$$\vec{C} = x\hat{a}_x + y\hat{a}_y + z\hat{a}_z = 3/\sqrt{2}\,\hat{a}_x + 3/\sqrt{2}\,\hat{a}_y + 4\hat{a}_z$$

从该题可以看出，在圆柱坐标系和直角坐标系中定义的位置矢量是等价的，只是形式不同而已。

例 1-4-3 利用坐标转换证明：

(a) $\dfrac{\partial \hat{a}_\rho}{\partial \phi} = \hat{a}_\phi$;   (b) $\dfrac{\partial \hat{a}_\phi}{\partial \phi} = -\hat{a}_\rho$。

证明

从式(1-3-30) $\hat{a}_\rho = \cos\phi\,\hat{a}_x + \sin\phi\,\hat{a}_y$ 和式(1-3-32) $\hat{a}_\phi = -\sin\phi\,\hat{a}_x + \cos\phi\,\hat{a}_y$ 中可以看出 $\hat{a}_\rho$ 和 $\hat{a}_\phi$ 都是 ϕ 的函数。

(a)
$$\frac{\partial \hat{a}_\rho}{\partial \phi} = \frac{\partial (\cos\phi \hat{a}_x + \sin\phi \hat{a}_y)}{\partial \phi} = -\sin\phi \hat{a}_x + \cos\phi \hat{a}_y = \hat{a}_\phi,\text{得证}。$$

(b)
$$\frac{\partial \hat{a}_\phi}{\partial \phi} = \frac{\partial (-\sin\phi \hat{a}_x + \cos\phi \hat{a}_y)}{\partial \phi} = -\cos\phi \hat{a}_x - \sin\phi \hat{a}_y = -\hat{a}_\rho,\text{得证}。$$

1.4.3 球—直角坐标系转换

参考图 1-3-11,给定点 p_1 在球坐标系中的坐标为 (r_1,θ_1,ϕ_1),该点在直角坐标系中的坐标为 (x_1,y_1,z_1)。在给定点上定义一个矢量 $\vec{A}$,它在直角坐标系和球坐标系中的分量形式分别为

$$\vec{A} = A_x \hat{a}_x + A_y \hat{a}_y + A_z \hat{a}_z \tag{1-4-28a}$$

$$\vec{A} = A_r \hat{a}_r + A_\theta \hat{a}_\theta + A_\phi \hat{a}_\phi \tag{1-4-28b}$$

由式(1-3-55)可得到球坐标系和直角坐标系中基矢量之间的转换矩阵,即

$$\begin{bmatrix} \hat{a}_r \\ \hat{a}_\theta \\ \hat{a}_\phi \end{bmatrix} = \begin{bmatrix} \sin\theta\cos\phi & \sin\theta\sin\phi & \cos\theta \\ \cos\theta\cos\phi & \cos\theta\sin\phi & -\sin\theta \\ -\sin\phi & \cos\phi & 0 \end{bmatrix} \begin{bmatrix} \hat{a}_x \\ \hat{a}_y \\ \hat{a}_z \end{bmatrix} = \boldsymbol{T} \begin{bmatrix} \hat{a}_x \\ \hat{a}_y \\ \hat{a}_z \end{bmatrix} \tag{1-4-29}$$

因此可得矢量 $\vec{A}$ 在直角坐标系中的分量转换到球坐标系中分量的转换关系为

$$\begin{bmatrix} A_r \\ A_\theta \\ A_\phi \end{bmatrix} = \begin{bmatrix} \sin\theta\cos\phi & \sin\theta\sin\phi & \cos\theta \\ \cos\theta\cos\phi & \cos\theta\sin\phi & -\sin\theta \\ -\sin\phi & \cos\phi & 0 \end{bmatrix} \begin{bmatrix} A_x \\ A_y \\ A_z \end{bmatrix} = \boldsymbol{T} \begin{bmatrix} A_x \\ A_y \\ A_z \end{bmatrix} \tag{1-4-30}$$

同样可以验证式(1-4-29)和式(1-4-30)中的转换矩阵 $\boldsymbol{T}$ 满足:

$$\boldsymbol{T}^\mathrm{T} = \begin{bmatrix} \sin\theta\cos\phi & \cos\theta\cos\phi & -\sin\phi \\ \sin\theta\sin\phi & \cos\theta\sin\phi & \cos\phi \\ \cos\theta & -\sin\theta & 0 \end{bmatrix} = \boldsymbol{T}^{-1} \tag{1-4-31}$$

因此可得矢量 $\vec{A}$ 在球坐标系中的分量转换到直角坐标系中分量的转换关系为

$$\begin{bmatrix} A_x \\ A_y \\ A_z \end{bmatrix} = \begin{bmatrix} \sin\theta\cos\phi & \cos\theta\cos\phi & -\sin\phi \\ \sin\theta\sin\phi & \cos\theta\sin\phi & \cos\phi \\ \cos\theta & -\sin\theta & 0 \end{bmatrix} \begin{bmatrix} A_r \\ A_\theta \\ A_\phi \end{bmatrix} = \boldsymbol{T}^\mathrm{T} \begin{bmatrix} A_r \\ A_\theta \\ A_\phi \end{bmatrix} \tag{1-4-32}$$

根据同一点在两个坐标系中的坐标之间的几何关系,得到点坐标的转换关系为

$$\left.\begin{array}{l} x = r\sin\theta\cos\phi \\ y = r\sin\theta\sin\phi \\ z = r\cos\theta \end{array}\right\} \tag{1-4-33}$$

和

$$\left.\begin{array}{l} r = \sqrt{x^2 + y^2 + z^2} \\ \theta = \arctan(\sqrt{x^2 + y^2}/z) \\ \phi = \arctan(y/x) \end{array}\right\} \tag{1-4-34}$$

式(1-4-33)和式(1-4-34)中去掉了下标,得到了点坐标转换的通用关系式。

例 1-4-4 利用坐标转换证明:

(a) $\dfrac{\partial \hat{a}_r}{\partial \theta} = \hat{a}_\theta$; (b) $\dfrac{\partial \hat{a}_r}{\partial \phi} = \sin\theta \hat{a}_\phi$。

证明

从式(1-4-29)可得:

$$\hat{a}_r = \sin\theta\cos\phi \hat{a}_x + \sin\theta\sin\phi \hat{a}_y + \cos\theta \hat{a}_z \quad 参见(1-3-51a)$$

$$\hat{a}_\theta = \cos\theta\cos\phi \hat{a}_x + \cos\theta\sin\phi \hat{a}_y - \sin\theta \hat{a}_z \quad 参见(1-3-51b)$$

$$\hat{a}_\phi = -\sin\phi \hat{a}_x + \cos\phi \hat{a}_y \quad 参见(1-3-51c)$$

(a) $\dfrac{\partial \hat{a}_r}{\partial \theta} = \dfrac{\partial(\sin\theta\cos\phi \hat{a}_x + \sin\theta\sin\phi \hat{a}_y + \cos\theta \hat{a}_z)}{\partial \theta} = \cos\theta\cos\phi \hat{a}_x + \cos\theta\sin\phi \hat{a}_y - \sin\theta \hat{a}_z = \hat{a}_\theta$,

得证。

(b) $\dfrac{\partial \hat{a}_r}{\partial \phi} = \dfrac{\partial(\sin\theta\cos\phi \hat{a}_x + \sin\theta\sin\phi \hat{a}_y + \cos\theta \hat{a}_z)}{\partial \phi} = -\sin\theta\sin\phi \hat{a}_x + \sin\theta\cos\phi \hat{a}_y = \sin\theta \hat{a}_\phi$,

得证。

例 1-4-5 把球坐标系中的位置矢量 $\vec{r} = r\hat{a}_r$ 转换到直角坐标系中。

解

根据式(1-4-32),可把位置矢量转换到直角坐标系中:

$$\begin{bmatrix} A_x \\ A_y \\ A_z \end{bmatrix} = \begin{bmatrix} \sin\theta\cos\phi & \cos\theta\cos\phi & -\sin\phi \\ \sin\theta\sin\phi & \cos\theta\sin\phi & \cos\phi \\ \cos\theta & -\sin\theta & 0 \end{bmatrix} \begin{bmatrix} r \\ 0 \\ 0 \end{bmatrix}$$

即

$$A_x = r\sin\theta\cos\phi, \quad A_y = r\sin\theta\sin\phi, \quad A_z = r\cos\theta$$

根据式(1-4-33)可得:

$$A_x = x, \quad A_y = y, \quad A_z = z$$

因此在直角坐标系中的位置矢量为

$$\vec{r} = x\hat{a}_x + y\hat{a}_y + z\hat{a}_z$$

该式和式(1-3-3)相同,因此也证明了球坐标系和直角坐标系中同一点的位置矢量是相同的,只是表示形式不同。

1.5 习 题

1-5-1 空间中任意两个矢量 $\vec{A}$ 和 $\vec{B}$ 构成平行四边形,如图 1-5-1 所示。用矢量代数证明平行四边形在 xy 平面上的投影也是平行四边形。

1-5-2 在笛卡尔坐标系的同一点上定义两个矢量 $\vec{A} = 2\hat{a}_x + \hat{a}_y + 3\hat{a}_z$ 和 $\vec{B} = -\hat{a}_x + 2\hat{a}_y + \hat{a}_z$。试找出:(a) $\hat{a}_A$;(b) $\vec{B} - \vec{A}$;(c) $\vec{A} \cdot \vec{B}$;(d) $\vec{A} \times \vec{B}$;(e) θ_{AB};(f) $\vec{B}$ 在 $\vec{A}$ 方向上的投影矢量分量;(g) $\vec{B}$ 在与 $\vec{A}$ 垂直方向上的投影矢量分量。

1-5-3 有一个在笛卡尔坐标系上以 $p_1:(2,0,0)$、$p_2:(0,1,0)$、$p_3:(0,0,1)$ 三个点定

义的平面。

求出：(a) 指向原点方向的平面法向量；(b) 原点到这个平面的垂直距离。

1-5-4　在圆柱坐标系中给定两个矢量场 $\vec{A}=3\,\hat{a}_\rho+4\sin\phi\,\hat{a}_\phi$ 和 $\vec{B}=\rho^2\,\hat{a}_\rho+(\rho+z+2)\hat{a}_z$，给定一点 $p_1:(2,30°,1)$，求：(a) $\vec{A}+\vec{B}$；(b) $\vec{A}\cdot\vec{B}$；(c) $\vec{A}\times\vec{B}$。

1-5-5　在圆柱坐标系中给定两个点 $p_1:(2,90°,5)$、$p_2:(2,60°,5)$，找到：

(a) p_1、p_2 的位置矢量 $\vec{r}_1$、$\vec{r}_2$；

(b) 距离矢量 $\vec{R}_{1-2}=\vec{r}_1-\vec{r}_2$，并把 $\vec{R}_{1-2}$ 在 p_1 点转换到圆柱坐标系下。

1-5-6　在球坐标系中定义一个物体如图 1-5-2 所示，$R=6$，$\theta=30°$，$\phi=45°$ 和 $\phi=225°$，在以下点找到不同的微分面积矢量：(a) p_1，这时 $\theta=20°$；(b) p_2，这时 $R=4$；(c) p_3，这时 $R=4$；(d) p_4，这时 $R=5$。

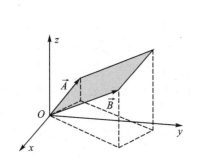

图 1-5-1　习题 1-5-1 用图

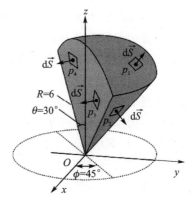

图 1-5-2　习题 1-5-6 用图

1-5-7　在球坐标系中，将下列三个点的单位矢量 $\hat{a}_x$ 表示出来：(a) $(x,y,z)=(1,-2,3)$；(b) $(\rho,\phi,z)=(2,30°,\sqrt{2})$；(c) $(r,\theta,\phi)=(2,45°,60°)$。

1-5-8　把在直角坐标系中点 $(2,2,1)$ 处定义的矢量 $\vec{A}=\hat{a}_x+\hat{a}_y+0.5\,\hat{a}_z$ 转换成圆柱坐标系和球坐标系中的相应形式。

1-5-9　已知矢量场 $\vec{A}=(2z+10)\hat{a}_x+x^2\,\hat{a}_y-y\hat{a}_z$，笛卡尔坐标系中的点 $p_1:(-1,\sqrt{3},1)$ 和圆柱坐标系中的 $p_2:(4,60°,3)$。找到矢量场 $\vec{A}$ 在 p_2 点的矢量在 $p_2\rightarrow p_1$ 方向上的投影矢量，并求解该矢量在直角坐标系和圆柱坐标系中的形式。

第 2 章 矢量微积分

在第 1 章中,首先讨论了矢量代数,然后讨论了三种坐标系的定义及在具体坐标系中的矢量代数运算;在圆柱坐标系和球坐标系中讨论了矢量场的典型对称性,定义了不同坐标系下的微分长度矢量、微分面矢量和微分体积元,还学习了点坐标和矢量分量在不同坐标系之间的坐标转换。

电磁学中的物理量往往是一定空间区域内的标量场和矢量场。物理量的标量场或矢量场通常是空间位置的光滑函数(场函数对位置的导数是连续函数)。物理场的空间导数和物理场本身一样具有物理意义。例如,在一个房子中温度的空间变化是由一些物理原因引起的,空间中从一点到另一点的温度变化必须服从自然定律,不允许温度的突然变化。电磁学中的物理量是定义在三维空间中的标量场或矢量场,电磁学中的定律一般都用场的空间偏导数来表示。

在本章,我们在三维空间中讨论一个矢量场沿着一条线和穿过一个表面的积分;然后讨论标量场或者矢量场的空间微分,并定义梯度、散度和旋度的矢量算子。这些概念对学习电磁学非常重要。场的空间微分是针对空间中的特定点的,因此用微分形式表示的电磁定律用于描述局部效应非常有用;而用积分形式表示的物理规律对于描述非局部效应非常有用。非局部效应所在的位置点和源所在的的点可以不同。我们还将学习散度定理和斯托克斯定理,这能够让我们把电磁定律从一种形式变换到另一种形式。本章最后讨论亥姆霍兹定理。

2.1 线积分和面积分

空间区域内定义的矢量场 $\vec{A}(\vec{r})$ 沿着路径对 $\vec{A}$ 的线积分定义为对 $\vec{A}$ 沿路径的切向分量的线积分,给定路径可以是直线或曲线。如果线积分路径的起点和结束点重合,就形成一个闭合路径 C,那么这样的积分称为沿路径 C 对 $\vec{A}(\vec{r})$ 的闭合线积分。穿过一个表面对矢量场 $\vec{A}$ 的面积分定义为对 $\vec{A}$ 在积分表面的法向分量的面积分。如果这个积分表面不是开放的,而是一个封闭表面,那么这样的积分称为对 $\vec{A}$ 的封闭面积分。

2.1.1 曲线

曲线可以用来表示诸如一个电荷在空间运动的路径。在三维空间中,可以用位置矢量函数来表示一条曲线:

$$\vec{r}(t) = x(t)\hat{a}_x + y(t)\hat{a}_y + z(t)\hat{a}_z \qquad (2\text{-}1\text{-}1)$$

函数变量一般用参数 t 表示(这里 t 与时间没有关系,只是参数而已),曲线一般用 C 表示。这里 t 从 $t=t_0$ 变化到 $t=t_1$,对应的位置矢量分别是曲线的起点和终点。式(2-1-1)称为曲线 C 的参数化表示。t 增大时,位置矢量的尾端运动的方向规定为曲线的正向,或者称为曲线方向。

如果在曲线 C 上的一个点运动到另一个点时,其对应的位置矢量的幅度和方向都没有突变,那么就称该曲线 $\vec{r}(t)$ 随位置变化是光滑的。在这种情况下矢量函数 $\vec{r}(t)$ 是可微的。$\vec{r}(t)$ 在 $t=t_1$ 的变化率可表示为

$$\vec{r}\,'(t)\big|_{t=t_1} = \frac{\mathrm{d}\vec{r}}{\mathrm{d}t}\bigg|_{t=t_1} = \lim_{\Delta t \to 0} \frac{\vec{r}(t_1+\Delta t)-\vec{r}(t_1)}{\Delta t} \qquad (2-1-2)$$

这里分母是参量的增量,分子是曲线上两个邻近点的位置矢量的差。鉴于此,式(2-1-2)中的分子是微分长度矢量 $\mathrm{d}\vec{r}=\mathrm{d}\vec{L}$,它属于 $t=t_1$ 对应的点,指向曲线方向。图 2-1-1 中,L 是曲线上过两个点 p_1、p_2 的一条直线,当 $\Delta t \to 0$ 时,这条直线 L 会和 p_1 的曲线重合。因此,导数 $\vec{r}\,'(t)$ 对应于曲线上 $t=t_1$ 对应点处的切线。

省略 t_1 的下标"1",并根据式(2-1-2)得到用导数 $\vec{r}\,'(t)$ 表示微分长度矢量 $\mathrm{d}\vec{L}$ 的表达式:

$$\mathrm{d}\vec{L} = \frac{\mathrm{d}\vec{r}}{\mathrm{d}t}\mathrm{d}t = \vec{r}\,'(t)\mathrm{d}t \qquad (2-1-3)$$

式(2-1-3)中,$\vec{r}\,'(t)$ 是曲线上某点处的位置矢量;t 是变量;$\mathrm{d}\vec{L}$ 是微分长度矢量,它和曲线相切,指向曲线方向。需要强调的是,$\mathrm{d}\vec{L}$ 的方向和大小属于曲线上 $\vec{r}$ 所在的点,它在 $\mathrm{d}\vec{L}$ 的起点处。

曲线切线的单位矢量为

$$\hat{a}_t = \frac{\vec{r}\,'}{|\vec{r}\,'|} = \frac{\mathrm{d}\vec{L}}{|\mathrm{d}\vec{L}|} \qquad (2-1-4)$$

在实际应用中,可能把 x 坐标作为曲线 C 的变量,这时曲线的矢量函数就如:

$$\vec{r}(x) = x\hat{a}_x + g(x)\hat{a}_y + h(x)\hat{a}_z \qquad (2-1-5)$$

如图 2-1-1 所示,$g(x)$ 是曲线 C 在 xy 平面上的投影,$h(x)$ 是曲线在 xz 平面上的投影。

例 2-1-1 如图 2-1-2 所示,在圆 $x^2+y^2=16$ 上给定点 $p_1:(2,2\sqrt{3},0)$ 处,分别用(a) $\vec{r}(\phi)$ 和(b) $\vec{r}(x)$ 作为参数方程求解在 p_1 点处的单位切向矢量;(c) 求解圆柱坐标系下的 $\mathrm{d}\vec{L}$。

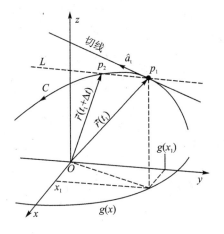

图 2-1-1 曲线的切线

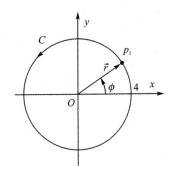

图 2-1-2 半径为 4 的圆

解

(a) 首先用参数 ϕ 来把圆方程上各点的坐标表示出来:

$$x = 4\cos\phi, \qquad y = 4\sin\phi$$

然后根据位置矢量的定义,把圆方程用位置矢量函数表示出来:

$$\vec{r}(\phi) = 4\cos\phi\,\hat{a}_x + 4\sin\phi\,\hat{a}_y \tag{2-1-6}$$

在 $p_1:(2,2\sqrt{3},0)$ 处，当 ϕ 增大时，可以看出位置矢量的尾端是在圆上逆时针运动的，因而曲线的方向为逆时针方向。

$$\vec{r}\,' = -4\sin\phi\,\hat{a}_x + 4\cos\phi\,\hat{a}_y \tag{2-1-7}$$

$$\hat{a}_t = \frac{\vec{r}\,'}{|\vec{r}\,'|} = \frac{-4\sin\phi\,\hat{a}_x + 4\cos\phi\,\hat{a}_y}{\sqrt{(4\sin\phi)^2 + (4\cos\phi)^2}} = -\sin\phi\,\hat{a}_x + \cos\phi\,\hat{a}_y \tag{2-1-8}$$

在 $p_1:(2,2\sqrt{3},0)$ 处，$\phi = \arctan(2\sqrt{3}/2) = 60°$。把 ϕ 代入式(2-1-8)中可得：

$$\hat{a}_t = -\sqrt{3}/2\,\hat{a}_x + 1/2\,\hat{a}_y \tag{2-1-9}$$

(b) 在 $y>0$ 的半圆上，用 x 坐标作为参数，那么圆上各点的 y 坐标为

$$y = \sqrt{16-x^2} \tag{2-1-10}$$

因此圆的位置矢量为

$$\vec{r}(x) = x\,\hat{a}_x + \sqrt{16-x^2}\,\hat{a}_y, \qquad y>0 \tag{2-1-11}$$

在 $p_1:(2,2\sqrt{3},0)$ 处，当 x 增大时，可以看出位置矢量的尾端是在圆上顺时针运动的，因而曲线的方向为顺时针方向。对 x 求导可得：

$$\vec{r}\,'(x) = \hat{a}_x + \frac{-x}{\sqrt{16-x^2}}\,\hat{a}_y \tag{2-1-12}$$

把 $x=2$ 代入式(2-1-12)可得：

$$\vec{r}\,'(4) = \hat{a}_x - \frac{1}{\sqrt{3}}\,\hat{a}_y$$

$$\hat{a}_t = \frac{\vec{r}\,'}{|\vec{r}\,'|} = \sqrt{\frac{3}{2}}\,\hat{a}_x - \frac{1}{2}\,\hat{a}_y \tag{2-1-13}$$

对比式(2-1-9)和式(2-1-13)发现，切线的单位矢量方向相反。这是因为两个参数方程表示的圆的方向相反。

(c) 根据圆柱坐标系中微分长度矢量的定义可知：

$$\mathrm{d}\vec{L} = \mathrm{d}\rho\,\hat{a}_\rho + \rho\,\mathrm{d}\phi\,\hat{a}_\phi + \mathrm{d}z\,\hat{a}_z \tag{2-1-14}$$

而且在圆上 $\mathrm{d}\rho = \mathrm{d}z = 0$，$\rho=4$，所以：

$$\mathrm{d}\vec{L} = 4\,\mathrm{d}\phi\,\hat{a}_\phi \tag{2-1-15}$$

该题也可以根据式(2-1-3)来求解：

$$\mathrm{d}\vec{L} = \vec{r}\,'\mathrm{d}\phi \tag{2-1-16}$$

把式(2-1-17)代入式(2-1-16)可得：

$$\mathrm{d}\vec{L} = (-4\sin\phi\,\hat{a}_x + 4\cos\phi\,\hat{a}_y)\mathrm{d}\phi = 4\mathrm{d}\phi(-\sin\phi\,\hat{a}_x + \cos\phi\,\hat{a}_y) = 4\mathrm{d}\phi\,\hat{a}_\phi \tag{2-1-17}$$

式(2-1-17)中使用了式(1-3-32)。

2.1.2 线积分

线积分是把定积分扩展到三维空间。沿着路径 C 对一个矢量场的线积分定义为

$$\int_C \vec{E} \cdot \mathrm{d}\vec{L} = \int_C E_t(x,y,z)\,\mathrm{d}L \tag{2-1-18}$$

式(2-1-18)中，C 称为积分路径，$\mathrm{d}\vec{L}$ 是沿着 C 的微分长度矢量，$\mathrm{d}L$ 是 $\mathrm{d}\vec{L}$ 的大小，E_t 是矢量场 $\vec{E}$ 在曲线 C 的切线上的投影量。因此，沿一个路径 C 对矢量场 $\vec{E}$ 的线积分就是对矢量场在曲线 C 的切线上的投影量的积分。

如图 2-1-3 所示，把积分路径 C 分成 N 小段，我们把每一小段都用增量长度矢量 $\Delta\vec{L}$ 来表示。如前面讨论的，每一个增量长度矢量 $\Delta\vec{L}_i$ 都属于位置矢量 $\vec{r}_i$ 所对应的那个点。因此沿一个路径 C 对矢量场 $\vec{E}$ 的线积分可以表示成：

$$\int_C \vec{E} \cdot \mathrm{d}\vec{L} = \lim_{\substack{N\to\infty \\ |\Delta\vec{L}|\to 0}} \sum_j^N \vec{E}(\vec{r}_j) \cdot \Delta\vec{L}_j \tag{2-1-19}$$

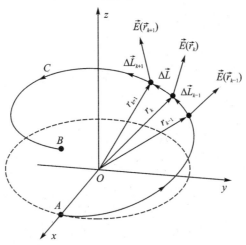

图 2-1-3　沿着曲线 C 对 $\vec{E}$ 线积分

当 $N\to\infty$ 时，$\Delta\vec{L}$ 变为微分长度矢量 $\mathrm{d}\vec{L}$，也就是：

$$\mathrm{d}\vec{L} = \mathrm{d}\vec{r} = \vec{r}\,'\mathrm{d}t \tag{2-1-20}$$

把式(2-1-20)代入式(2-1-19)，对矢量场 $\vec{E}$ 的线积分可以简化为对变量 t 的定积分，即

$$\int_C \vec{E} \cdot \mathrm{d}\vec{L} = \int_A^B \vec{E} \cdot \vec{r}\,'\mathrm{d}t \tag{2-1-21}$$

这里 A 和 B 表示曲线 C 的起点和终点，t 为曲线的参数。

在三个坐标系中，对矢量场 $\vec{E}$ 的线积分可以表示成如下形式：

在直角坐标系中：

$$\int_C \vec{E} \cdot \mathrm{d}\vec{L} = \int_C E_x \hat{a}_x + E_y \hat{a}_y + E_z \hat{a}_z) \cdot (\mathrm{d}x\,\hat{a}_x + \mathrm{d}y\,\hat{a}_y + \mathrm{d}z\,\hat{a}_z) =$$

$$\int_{x_1}^{x_2} E_x \mathrm{d}x + \int_{y_1}^{y_2} E_y \mathrm{d}y + \int_{z_1}^{z_2} E_z \mathrm{d}z \tag{2-1-22}$$

在圆柱坐标系中：

$$\int_C \vec{E} \cdot \mathrm{d}\vec{L} = \int_C (E_\rho \hat{a}_\rho + E_\phi \hat{a}_\phi + E_z \hat{a}_z) \cdot (\mathrm{d}\rho\,\hat{a}_\rho + \rho\mathrm{d}\phi\,\hat{a}_\phi + \mathrm{d}z\,\hat{a}_z) =$$

$$\int_{\rho_1}^{\rho_2} E_\rho \mathrm{d}\rho + \int_{\phi_1}^{\phi_2} \rho E_\phi \mathrm{d}\phi + \int_{z_1}^{z_2} E_z \mathrm{d}z \tag{2-1-23}$$

在球坐标系中：

$$\int_C \vec{E} \cdot \mathrm{d}\vec{L} = \int_C (E_r \hat{a}_r + E_\theta \hat{a}_\theta + E_\phi \hat{a}_\phi) \cdot (\mathrm{d}r \hat{a}_r + r\mathrm{d}\theta \hat{a}_\theta + r\sin\theta \mathrm{d}\phi \hat{a}_\phi) =$$
$$\int_{r_1}^{r_2} E_r \mathrm{d}r + \int_{\theta_1}^{\theta_2} rE_\theta \mathrm{d}\theta + \int_{\phi_1}^{\phi_2} E_\phi r \sin\theta \mathrm{d}\phi \qquad (2-1-24)$$

在上述三个公式中,下标 1 代表曲线 C 的起始点,下标 2 代表曲线 C 的终点。

在直角坐标系中,如果路径 C 在 $z=z_0$ 的平面内,其曲线方程为 $y=f(x)$,则微分长度矢量简化为 $\mathrm{d}\vec{L} = \mathrm{d}x \hat{a}_x + \mathrm{d}y \hat{a}_y$。在这种情况下,矢量场的线积分

$$\int_C \vec{E} \cdot \mathrm{d}\vec{L} = \int_C (E_x \hat{a}_x + E_y \hat{a}_y + E_z \hat{a}_z) \cdot (\mathrm{d}x \hat{a}_x + \mathrm{d}y \hat{a}_y) =$$
$$\int_{x_1}^{x_2} E_x(x, f(x), z_0) \mathrm{d}x + \int_{y_1}^{y_2} (f^{-1}(y), y, z_0) \mathrm{d}y \qquad (2-1-25)$$

式中,起始点为 (x_1, y_1, z_0),而终点为 (x_2, y_2, z_0)。

如果积分路径平行于一个坐标轴,那么线积分可进一步简化为定积分。例如,当一条直线平行于 x 轴时,微分长度矢量简化为 $\mathrm{d}\vec{L} = \mathrm{d}x \hat{a}_x$,这时对矢量场 $\vec{E}$ 的线积分变为

$$\int_C \vec{E} \cdot \mathrm{d}\vec{L} = \int_C (E_x \hat{a}_x + E_y \hat{a}_y + E_z \hat{a}_z) \cdot \mathrm{d}x \hat{a}_x =$$
$$\int_{x_1}^{x_2} E_x(x, y_0, z_0) \mathrm{d}x \qquad (2-1-26)$$

这里假设了起始点为 (x_1, y_0, z_0),而终点为 (x_2, y_0, z_0)。即使式(2-1-26)中的线积分是沿着 x 轴的负向进行的,微分长度元仍必须是 $\mathrm{d}\vec{L} = \mathrm{d}x \hat{a}_x$,而不是 $\mathrm{d}\vec{L} = -\mathrm{d}x \hat{a}_x$,但调换积分限意味着调转方向,也即从 x_2 到 x_1。式(2-1-26)所示的积分和定积分不同。用图形来表示定积分的意义是曲线下的净面积,因而其积分上限总是大于积分下限的。

在闭合路径 C 上的运行方向被称为曲线 C 的正方向。闭合路径总是包围着一个表面 S,该表面不一定是一个平面。曲线 C 的正方向,或者是曲线上的微分长度矢量的方向 $\mathrm{d}\vec{L}$ 和曲面 S 上微分面积矢量 $\mathrm{d}\vec{S}$ 的方向满足右手规则,如图 2-1-4 所示,即当右手四指指向曲线的正向时,大拇指竖起指向为曲面上 $\mathrm{d}\vec{S}$ 的方向。当一个闭合线积分沿着 C 的负方向时,最好是调换积分限,而不是改变 $\mathrm{d}\vec{L}$ 的方向,如从 $\phi_1=0$ 到 $\phi_1=2\pi$ 调换到从 $\phi_1=2\pi$ 到 $\phi_1=0$。换句话说,不管曲线 C 的方向是顺时针还是逆时针,$\mathrm{d}\vec{L}$ 总是取式(1-3-12)、式(1-3-24)和式(1-3-42)中的某一个。

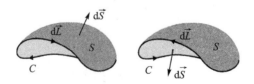

图 2-1-4 $\mathrm{d}\vec{L}$ 和 $\mathrm{d}\vec{S}$ 满足的右手规则

例 2-1-2 对矢量场 $\vec{E} = y^2 \hat{a}_x + (2xy + 4y)\hat{a}_y$ 线积分,积分从点 $A:(2,0,0)$ 到点 $B:(0,2,0)$,积分路径如图 2-1-5 所示,分别为:(a) 沿着 $x+y=2$ 的直线;(b) 沿着 $x^2+y^2=4$ 圆上的圆弧逆时针方向。

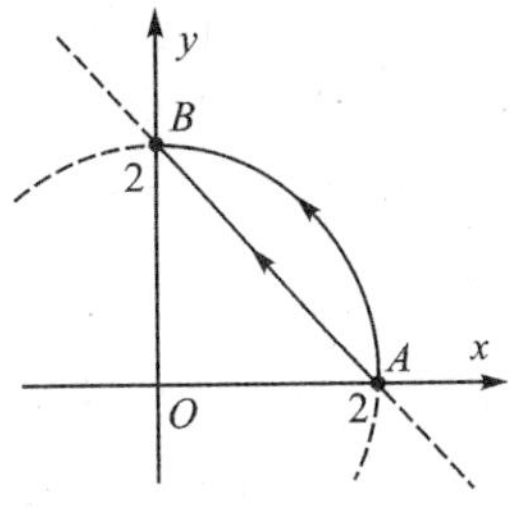

解

(a) 对矢量场的线积分可以写成：

$$\int_C \vec{E} \cdot d\vec{L} = \int_C [y^2 \hat{a}_x + (2xy+4y)\hat{a}_y] \cdot (dx\hat{a}_x + dy\hat{a}_y + dz\hat{a}_z) =$$
$$\int_2^0 y^2 dx + \int_0^2 (2xy+4y) dy \qquad (2-1-27)$$

把 $x+y=2$ 代入式(2-1-27)可得：

$$\int_C \vec{E} \cdot d\vec{L} = \int_2^0 (2-x)^2 dx + \int_0^2 (2y(2-y)+4y) dy = 8$$

图 2-1-5 例 2-1-2 的两条积分路径

当然，可以直接利用式(2-1-21)来求解线积分。首先把积分路径写成以 x 为参数的位置矢量函数：

$$\vec{r}(x) = x\hat{a}_x + (2-x)\hat{a}_y, \qquad x \text{ 从 } 2 \text{ 到 } 0$$

那么

$$d\vec{L} = \vec{r}'(x) dx = (\hat{a}_x - \hat{a}_y) dx \qquad (2-1-28)$$

然后把式(2-1-28)和 $y=2-x$ 都代入式(2-1-21)中求解。

$$\int_C \vec{E} \cdot d\vec{L} = \int_2^0 \{(2-x)^2 \hat{a}_x + [2x(2-x)+4(2-x)]\hat{a}_y\} \cdot (\hat{a}_x - \hat{a}_y) dx =$$
$$\int_2^0 \{(2-x)^2 - [2x(2-x)+4(2-x)]\} dx = 8$$

(b) 把 $x^2+y^2=4$ 代入式(2-1-27)可得：

$$\int_C \vec{E} \cdot d\vec{L} = \int_2^0 (4-x^2) dx + \int_0^2 (2y\sqrt{4-y^2}+4y) dy = 8$$

下面同样利用式(2-1-21)来求解线积分。首先把积分路径写成参数方程：

$$\vec{r}(\phi) = 2\cos\phi \hat{a}_x + 2\sin\phi \hat{a}_y, \qquad \phi \text{ 从 } 0 \text{ 到 } \pi/2 \qquad (2-1-29)$$

那么

$$d\vec{L} = \vec{r}'(\phi) d\phi = (-2\sin\phi \hat{a}_x + 2\cos\phi \hat{a}_y) d\phi \qquad (2-1-30)$$

$$\int_C \vec{E} \cdot d\vec{L} = \int_0^{\pi/2} [4\sin^2\phi \hat{a}_x + (8\cos\phi\sin\phi + 8\sin\phi)\hat{a}_y] \cdot (-2\sin\phi \hat{a}_x + 2\cos\phi \hat{a}_y) d\phi =$$
$$\int_0^{\pi/2} (-8\sin^3\phi + 16\cos^2\phi\sin\phi + 16\sin\phi\cos\phi) d\phi = 8$$

对比(a)和(b)发现两者结果一样，即对矢量场沿着不同路径进行线积分，结果相等。我们把具有此种性质的矢量场称为保守场。

例 2-1-3 计算矢量场 $\vec{E} = \rho^2 \hat{a}_\rho + 3\sin\phi \hat{a}_\phi + 5z \hat{a}_z$ 沿着如图 2-1-6 所示的闭合路径上的线积分。

解

把积分路径分成三部分，分别为

第一部分 C_1 是从点 A 经过圆弧到达 B 点，$\rho=2$，ϕ 从 0 到 π，$z=0$，微分长度矢量为

$$d\vec{L} = 2 d\phi \hat{a}_\phi$$

第二部分 C_2 是从点 B 到原点的直线，$\phi=\pi$，ρ 从 2 到 0，$z=0$，微分长度矢量为

$$d\vec{L} = d\rho \hat{a}_\rho$$

第三部分 C_3 从原点到 A 点，$\phi=0$，ρ 从 0 到 2，$z=0$，微分长度矢量为

$$d\vec{L} = d\rho \hat{a}_\rho$$

在这三条路径上对矢量场的线积分分别为

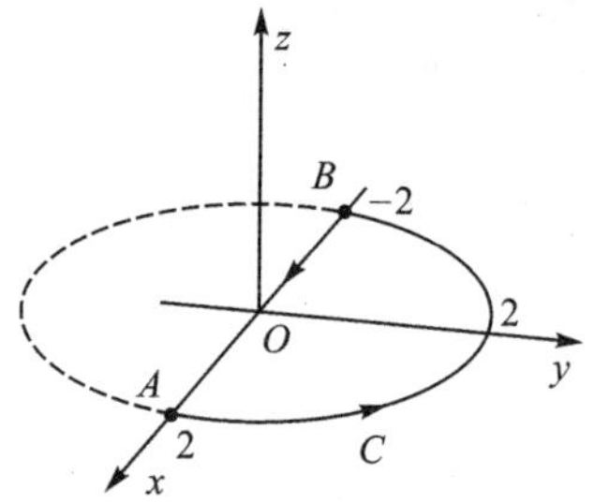

$$\int_{C_1} \vec{E} \cdot d\vec{L} = \int_0^\pi (\rho^2 \hat{a}_\rho + 3\sin\phi \hat{a}_\phi + 5z \hat{a}_z) \cdot 2 d\phi \hat{a}_\phi =$$

$$\int_0^\pi 6\sin\phi d\phi = 12$$

$$\int_{C_2} \vec{E} \cdot d\vec{L} = \int_2^0 (\rho^2 \hat{a}_\rho + 3\sin\phi \hat{a}_\phi + 5z \hat{a}_z) \cdot d\rho \hat{a}_\rho =$$

$$\int_2^0 \rho^2 d\rho = -\frac{8}{3}$$

$$\int_{C_3} \vec{E} \cdot d\vec{L} = \int_0^2 (\rho^2 \hat{a}_\rho + 3\sin\phi \hat{a}_\phi + 5z \hat{a}_z) \cdot d\rho \hat{a}_\rho =$$

$$\int_0^2 \rho^2 d\rho = \frac{8}{3}$$

$$\oint_C \vec{E} \cdot d\vec{L} = \int_{C_1} \vec{E} \cdot d\vec{L} + \int_{C_2} \vec{E} \cdot d\vec{L} + \int_{C_3} \vec{E} \cdot d\vec{L} = 12 - \frac{8}{3} + \frac{8}{3} = 12$$

图 2-1-6 例 2-1-3 的积分路径

2.1.3 面积分

在三维空间中，一个开放面一般可以表示成 $z=f(x,y)$，或者 $g(x,y,z)=k$，k 是一个常数。因此，可以写出面上任何一点的位置矢量，即

$$\vec{r} = x\hat{a}_x + y\hat{a}_y + f(x,y)\hat{a}_z \quad (2-1-31)$$

式(2-1-31)称为面的参数化表示。

如图 2-1-7 所示，让我们来考察一个平面表面 S。表面上的两条直线 L_1 和 L_2 分别为面 S 与 $y=y_1$，$x=x_1$ 的两个面相交的线，这里 x_1 和 y_1 分别为面上 p_1 点的两个坐标值。使用空间坐标 x 和 y 作为参数，我们可以获得 L_1 和 L_2 两条线的参数化表示：

$$\vec{r}(x) = x\hat{a}_x + y_1\hat{a}_y + f(x,y_1)\hat{a}_z \quad (L_1)$$
$$(2-1-32a)$$

$$\vec{r}(y) = x_1\hat{a}_x + y\hat{a}_y + f(x_1,y)\hat{a}_z \quad (L_2)$$
$$(2-1-32b)$$

在式(2-1-32a)中 y_1 是常数，同样在式(2-1-32b)中 x_1 是常数。从式(2-1-32)可以得到在 p_1 点处与两条曲线 L_1 和 L_2 指向一致的微分长度矢量：

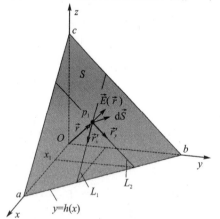

图 2-1-7 在一般表面上的微分面积矢量

$$\mathrm{d}\vec{L}_1 = \frac{\partial \vec{r}(x)}{\partial x}\bigg|_{y=y_1} \mathrm{d}x = \vec{r}'(x)\mathrm{d}x \qquad (2\text{-}1\text{-}33\mathrm{a})$$

$$\mathrm{d}\vec{L}_2 = \frac{\partial \vec{r}(y)}{\partial y}\bigg|_{x=x_1} \mathrm{d}y = \vec{r}'(y)\mathrm{d}y \qquad (2\text{-}1\text{-}33\mathrm{b})$$

这里下标 1 和 2 分别指线 L_1 和 L_2，$\vec{r}'(x)$ 和 $\vec{r}'(y)$ 表示两条曲线的位置矢量分别对 x 和 y 的偏导数。两个微分长度矢量 $\mathrm{d}\vec{L}_1$ 和 $\mathrm{d}\vec{L}_2$ 在面 S 上构成一个面积为 $|\mathrm{d}\vec{L}_1 \times \mathrm{d}\vec{L}_2|$ 的平行四边形的微分面积。至此，我们在一般面 S 上定义了微分面积矢量：

$$\mathrm{d}\vec{S} = \mathrm{d}\vec{L}_1 \times \mathrm{d}\vec{L}_2 = \vec{r}'(x) \times \vec{r}'(y)\mathrm{d}x\mathrm{d}y \qquad (2\text{-}1\text{-}34)$$

需要指出的是，在第 1 章中定义的三个坐标系中的微分面积矢量都是式(2-1-34)的特例。如对于 $z=C$ 的平面，式(2-1-34)可简化为 $\mathrm{d}\vec{S}=\mathrm{d}x\mathrm{d}y\,\hat{a}_z$，这和第 1 章中定义的一致。我们还必须指出，这只适合光滑面，但不一定必须是平面。

对一个矢量场 $\vec{E}(\vec{r})$ 在面 S 上的面积分定义为

$$\int_S \vec{E}(\vec{r}) \cdot \mathrm{d}\vec{S} = \int_S E_n \mathrm{d}S \qquad (2\text{-}1\text{-}35)$$

这里 E_n 是 $\vec{E}(\vec{r})$ 在面 S 方向上的法向分量，$\mathrm{d}\vec{S}$ 是面 S 上的微分面积矢量。因此在一个面 S 上对一个矢量场 $\vec{E}(\vec{r})$ 进行面积分等于对矢量场在面 S 法向上分量的积分。

利用式(2-1-31)、式(2-1-34)和式(2-1-35)，可以把在面 S 上对矢量场 $\vec{E}(\vec{r})$ 的面积分写为

$$\int_S \vec{E}(\vec{r}) \cdot \mathrm{d}\vec{S} = \int_{x=0}^{x=a} \int_{y=0}^{y=h(x)} \vec{E}(x,y,f(x,y)) \cdot [\vec{r}'(x) \times \vec{r}'(y)] \mathrm{d}x\mathrm{d}y \qquad (2\text{-}1\text{-}36)$$

从式(2-1-36)可以看出，面积分被转换成一个二重积分，其积分区间为由 x 轴、y 轴和 xy 平面上的直线 $y=h(x)$ 围成的一个三角形区域。同时，该三角形区域也是面 S 在 xy 平面上的投影。

如果面 S 是一个在 $z=z_0$ 平面上的矩形区域，且边分别平行于 x 轴和 y 轴，则式(2-1-36)可以进一步简化为

$$\int_S \vec{E}(\vec{r}) \cdot \mathrm{d}\vec{S} = \int_{x=x_1}^{x=x_2} \int_{y=y_1}^{y=y_2} E_z(x,y,z_0) \mathrm{d}x\mathrm{d}y \qquad (2\text{-}1\text{-}37)$$

这里使用了 $\mathrm{d}\vec{S}=\mathrm{d}x\mathrm{d}y\,\hat{a}_z$。式(2-1-37)中的两个空间坐标 x 和 y 是相互独立的，而式(2-1-36)中两个变量满足 $y=h(x)$。

例 2-1-4 参考图 2-1-7，计算面 S 的面积。

解

根据题意，可知平面的方程为

$$\frac{x}{a} + \frac{y}{b} + \frac{z}{c} = 1 \qquad (2\text{-}1\text{-}38)$$

该面的参数方程可写为

$$\vec{r} = x\hat{a}_x + y\hat{a}_y + c\left(1 - \frac{x}{a} - \frac{y}{b}\right)\hat{a}_z \qquad (2\text{-}1\text{-}39)$$

参数方程对 x 和 y 的偏导数分别为

$$\vec{r}'_x = \hat{a}_x - \frac{c}{a}\hat{a}_z \qquad (2\text{-}1\text{-}40\mathrm{a})$$

$$\vec{r}'_y = \hat{a}_y - \frac{c}{b}\hat{a}_z \quad (2-1-40b)$$

把式(2-1-40a)和式(2-1-40b)代入式(2-1-34)可得：

$$d\vec{S} = \vec{r}'_x \times \vec{r}'_y = \left(\hat{a}_x - \frac{c}{a}\hat{a}_z\right) \times \left(\hat{a}_y - \frac{c}{b}\hat{a}_z\right) dxdy =$$

$$\left(\frac{c}{a}\hat{a}_x + \frac{c}{b}\hat{a}_y + \hat{a}_z\right) dxdy \quad (2-1-41)$$

面 S 在 xy 平面内的投影是一个三角形 S'，三角形的三条边分别为 $x=0, y=0$ 和 $\frac{x}{a} + \frac{y}{b} = 1$，因此平面 S 的面积为

$$S = \int_S |d\vec{S}| = \frac{\sqrt{(ac)^2 + (ab)^2 + (bc)^2}}{ab} \int_{S'} dxdy =$$

$$\frac{\sqrt{(ac)^2 + (ab)^2 + (bc)^2}}{ab} \cdot \frac{ab}{2} = \frac{\sqrt{(ac)^2 + (ab)^2 + (bc)^2}}{2}$$

讨论 1

从式(2-1-41)可以看出：

$$(d\vec{S} \cdot \hat{a}_z)\hat{a}_z = dxdy\,\hat{a}_z \quad (2-1-42a)$$

式(2-1-42a)说明了斜面上微分面积矢量 $d\vec{S}$ 的 $\hat{a}_z$ 上的分量等于 $d\vec{S}$ 在 xy 平面上的投影。同理，有

$$(d\vec{S} \cdot \hat{a}_y)\hat{a}_y = dxdz\,\hat{a}_y \quad (2-1-42b)$$

$$(d\vec{S} \cdot \hat{a}_x)\hat{a}_x = dydz\,\hat{a}_x \quad (2-1-42c)$$

因此可得：

$$d\vec{S} = dydz\,\hat{a}_x + dxdz\,\hat{a}_y + dxdy\,\hat{a}_z \quad (2-1-43)$$

对式(2-1-43)两边进行积分可得：

$$\vec{S} = \int d\vec{S} = \int dydz\,\hat{a}_x + \int dxdz\,\hat{a}_y + \int dxdy\,\hat{a}_z =$$

$$S_x\hat{a}_x + S_y\hat{a}_y + S_z\hat{a}_z \quad (2-1-44)$$

式(2-1-44)说明任何一个平面矢量都可以用其在三个坐标平面上的投影矢量来表示。回到图 2-1-7，并根据式(2-1-44)可得：

$$\vec{S} = \frac{bc}{2}\hat{a}_x + \frac{ac}{2}\hat{a}_y + \frac{ab}{2}\hat{a}_z \quad (2-1-45)$$

根据式(2-1-45)可同样计算出面的面积：

$$S = |\vec{S}| = \frac{\sqrt{ac + ab + bc}}{2}$$

讨论 2

把式(2-1-44)进行变形，可得：

$$\vec{S} + (-S_x\hat{a}_x) + (-S_y\hat{a}_y) + (-S_z\hat{a}_z) = 0 \quad (2-1-46)$$

式(2-1-46)中的四项分别是四面体的四个面矢量，其中四面体是由斜面 $S, x=0, y=0$ 和 $z=0$ 四个面围成的，体的面矢量方向指向体外。因此式(2-1-46)可写成：

$$\sum_{i=1}^{4} \vec{S}_i = 0 \qquad (2-1-47)$$

式(2-1-47)适合任何形状的四面体。又因为 N 面体都可以分解成四面体,所以该结论可以推广到任何多面体:

$$\sum_{i=1}^{N} \vec{S}_i = 0 \qquad (2-1-48)$$

任何形状的体(其表面可以是曲面),其表面都可以用 N 个微小平面矢量来近似,这时式(2-1-48)可表示为

$$\sum_{i=1}^{N} \Delta \vec{S}_i = 0 \qquad (2-1-49)$$

式(2-1-49)中 $\Delta \vec{S}_i$ 为每一个小多面体。当 N 趋于无限大,而每个 $\Delta \vec{S}_i$ 都趋近于零时,式(2-1-49)就可写为

$$\lim_{\substack{N \to \infty \\ \Delta \vec{S}_i \to 0}} \sum_{i=1}^{N} \Delta \vec{S}_i = 0 \to \oint_S d\vec{S} = 0 \qquad (2-1-50)$$

式(2-1-50)说明了任何一个封闭面的面矢量之和等于零。

例 2-1-5 在如图 2-1-8 所示的半径为 5 的半球面上对矢量场 $\vec{A} = 2\hat{a}_z$ 求面积分,微分面的方向指向外球面。

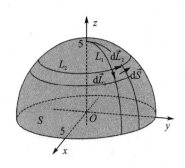

图 2-1-8 半径为 5 的半球面

解

球面上的微分面积矢量为

$$d\vec{S} = d\vec{L}_1 \times d\vec{L}_2 = 5d\theta \hat{a}_\theta \times 5\sin\theta d\phi \hat{a}_\phi = 25\sin\theta d\theta d\phi \hat{a}_r \qquad (2-1-51)$$

$$\int_S \vec{A} \cdot d\vec{S} = \int_S 2\hat{a}_z \cdot 25\sin\theta d\theta d\phi \hat{a}_r = 50\int_S \sin\theta \cos\theta d\theta d\phi = 50\pi \qquad (2-1-52)$$

式(2-1-52)中使用了 $\hat{a}_z \cdot \hat{a}_r = \cos\theta$。

2.2 方向导数和梯度

房子中的温度或者电荷的电势等实际物理量都是典型的标量场。标量场在数学上可表示成一定空间区域内的光滑标量函数 $V(\vec{r})$(即在定义空间区域内的每一点处该函数对坐标变量都是可微的)。在空间每点,$V(\vec{r})$ 在每一个方向上都存在空间变化率。在点 p 处 $\hat{a}_L$ 方向上的标量场 V 的空间变化率称为在点 p 处 $\hat{a}_L$ 方向上标量场 V 的方向导数。在给定点处最大的方向导数有特殊意义,常把它抽象成一个被称为"梯度"的算子。

标量场 $V(\vec{r})$ 的方向导数用 dV/dL 表示,它表示在微分长度矢量方向上标量场 V 的空间变化率。在位置矢量 $\vec{r}_1$ 所在的点,标量场在 $\hat{a}_L$ 方向上的方向导数可以写成:

$$\left.\frac{dV}{dL}\right|_{\vec{r}_1, \hat{a}_L} = \lim_{dL \to 0} \frac{V(\vec{r}_1 + dL\hat{a}_L) - V(\vec{r}_1)}{dL} \qquad (2-2-1)$$

这里 dL 是在单位矢量 $\hat{a}_L$ 方向上的微分长度。从式(2-1-1)可以看出:方向导数不仅与位置有关,还与选择的方向有关。因此,在给定点处,存在无数多个方向导数,其中必然存在一个最

大的方向导数。

在点 p 处标量场 V 的梯度被定义为一个矢量，其大小等于在 p 点处的最大方向导数，方向为最大方向导数的方向，在数学上表示式为

$$\text{grad}V \equiv \nabla V = \frac{\text{d}V}{\text{d}n}\hat{a}_n \quad (2-2-2)$$

这里单位矢量 $\hat{a}_n$ 指向微分长度 $\text{d}n$ 增大的方向，或者说是指向最大方向导数的方向。标量场 $V(\vec{r})$ 的梯度的符号表示为 $\text{grad}V$ 或者 ∇V（∇ 读作"del"）。

若在空间某区域定义了一个标量场 $V(\vec{r})$，总能够找到一系列空间的点使得 $V(\vec{r}_i)=V_0$，（V 是一个常实数）把这些点 $\vec{r}_i(i=1,2,\cdots)$ 构成的面称为势等于 V 的等势面。每取一个不同的势 V，都存在一个等势面。对于一个标量场，等势面可以很形象地描述一个标量场的结构。若标量场对应成一个真实的物理场，则每一个等势面在三维空间中是光滑的。

下面讨论方向导数、梯度和等势面之间的关系。先取一个势等于 V_1 的等势面，再取一个势等于 $V_1+\text{d}V$ 的等势面，如图 2-2-1 所示。因为 $V(\vec{r})$ 是位置的单值函数，所以两个面不会相交。在图 2-2-1 中，假设想把在 V_1 等势面上的 p_1 点移到 $V_1+\text{d}V$ 面上的 p_2、p_3、p_4 点。在这三种情况下，虽然势的变化都为 $\text{d}V$，但移动的距离显然不同。如果线段 $\overline{p_1p_2}$ 垂直于两个面，那么这必然是从点 p_1 到邻近面的最小距离，因此在这个线段 $\overline{p_1p_2}$ 方向上，$V(\vec{r})$ 在点 p_1 处的方向导数最大。从以上分析可以得出以下结论：标量场 $V(\vec{r})$ 在空间一点处的梯度的方向总是垂直于经过该点的等势面（$V(\vec{r})=V_1$）。

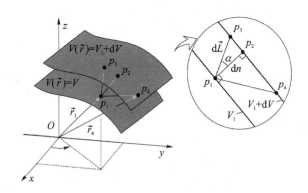

图 2-2-1 标量场的等势面

标量场在空间中某点处的梯度对于确定在该点处沿任意方向的方向导数非常有用。从式（2-2-2）可以推导出：

$$\frac{\text{d}V}{\text{d}L} = \frac{\text{d}V}{\text{d}n} \cdot \frac{\text{d}n}{\text{d}L} = \frac{\text{d}V}{\text{d}n}\cos\alpha = \frac{\text{d}V}{\text{d}n}\hat{a}_n \cdot \hat{a}_L \quad (2-2-3)$$

这里使用了 $\text{d}n/\text{d}L=\cos\alpha$ 和 $\hat{a}_n \cdot \hat{a}_L=\cos\alpha$，这两个关系式可以从图 2-2-1 中得到。单位矢量 $\hat{a}_n$ 垂直于 V 等势面（$V(\vec{r})=V$），而 $\hat{a}_L$ 沿着 $\text{d}L$ 增大的方向。结合式（2-2-3）和式（2-2-2）可以得到在 $\hat{a}_L$ 方向上 $V(\vec{r})$ 的方向导数公式为

$$\left.\frac{\text{d}V}{\text{d}L}\right|_{\hat{a}_L} = \text{grad}V \cdot \hat{a}_L \equiv \nabla V \cdot \hat{a}_L \quad (2-2-4)$$

式（2-2-4）的含义是：标量场 $V(\vec{r})$ 在 $\hat{a}_L$ 方向上的方向导数等于梯度 ∇V 和 $\hat{a}_L$ 的点乘。

从式(2-2-3)还可以得到：

$$dV = \nabla V \cdot dL\hat{a}_L \equiv \nabla V \cdot d\vec{L} \qquad (2-2-5)$$

式(2-2-5)的含义是：标量场 $V(\vec{r})$ 在 $\hat{a}_L$ 方向上的微分量等于梯度和在 $\hat{a}_L$ 方向上的微分长度矢量的点乘。

下面论述利用微积分中的全微分公式和式(2-2-5)来确定在三种坐标系下标量场梯度的具体计算式。

直角坐标系中应用微积分对标量场 $V(\vec{r})=V(x,y,z)$ 求全微分，可得：

$$dV = \frac{\partial V}{\partial x}dx + \frac{\partial V}{\partial y}dy + \frac{\partial V}{\partial z}dz =$$
$$\left(\frac{\partial V}{\partial x}\hat{a}_x + \frac{\partial V}{\partial y}\hat{a}_y + \frac{\partial V}{\partial z}\hat{a}_z\right) \cdot (dx\,\hat{a}_x + dy\,\hat{a}_y + dz\,\hat{a}_z) =$$
$$\left(\frac{\partial V}{\partial x}\hat{a}_x + \frac{\partial V}{\partial y}\hat{a}_y + \frac{\partial V}{\partial z}\hat{a}_z\right) \cdot d\vec{L} \qquad (2-2-6)$$

在式(2-2-6)中，右边的式子分成两个部分，而第二部分写成在直角坐标系中的微分长度矢量。对比式(2-2-6)和式(2-2-5)，可得到在直角坐标系下梯度的计算公式为

$$\nabla V = \frac{\partial V}{\partial x}\hat{a}_x + \frac{\partial V}{\partial y}\hat{a}_y + \frac{\partial V}{\partial z}\hat{a}_z \qquad (2-2-7)$$

在式(2-2-7)中，定义直角坐标系下的"∇"算子为

$$\nabla = \left(\frac{\partial}{\partial x}\hat{a}_x + \frac{\partial}{\partial y}\hat{a}_y + \frac{\partial}{\partial z}\hat{a}_z\right) \qquad (2-2-8)$$

按此套路，也可得到圆柱坐标系中标量场 $V(\vec{r})=V(\rho,\phi,z)$ 的梯度的计算公式。应用微积分对圆柱坐标系中的标量场 $V(\vec{r})=V(\rho,\phi,z)$ 求全微分可得：

$$dV = \frac{\partial V}{\partial \rho}d\rho + \frac{\partial V}{\partial \phi}d\phi + \frac{\partial V}{\partial z}dz =$$
$$\left(\frac{\partial V}{\partial \rho}\hat{a}_\rho + \frac{1}{\rho}\cdot\frac{\partial V}{\partial \phi}\hat{a}_\phi + \frac{\partial V}{\partial z}\hat{a}_z\right) \cdot (d\rho\,\hat{a}_\rho + \rho d\phi\,\hat{a}_\phi + dz\,\hat{a}_z) =$$
$$\left(\frac{\partial V}{\partial \rho}\hat{a}_\rho + \frac{1}{\rho}\cdot\frac{\partial V}{\partial \phi}\hat{a}_\phi + \frac{\partial V}{\partial z}\hat{a}_z\right) \cdot d\vec{L} \qquad (2-2-9)$$

式(2-2-9)中右边第一项就是圆柱坐标系下标量场梯度的表达式。

同理可得到球坐标系下标量场的 $V(\vec{r})=V(r,\theta,\phi)$ 梯度的表达式：

$$dV = \frac{\partial V}{\partial r}dr + \frac{\partial V}{\partial \theta}d\theta + \frac{\partial V}{\partial \phi}d\phi =$$
$$\left(\frac{\partial V}{\partial r}\hat{a}_r + \frac{1}{r}\cdot\frac{\partial V}{\partial \theta}\hat{a}_\theta + \frac{1}{r\sin\theta}\cdot\frac{\partial V}{\partial \phi}\hat{a}_\phi\right) \cdot (dr\,\hat{a}_r + rd\theta\,\hat{a}_\theta + r\sin\theta d\phi\,\hat{a}_\phi) =$$
$$\left(\frac{\partial V}{\partial r}\hat{a}_r + \frac{1}{r}\cdot\frac{\partial V}{\partial \theta}\hat{a}_\theta + \frac{1}{r\sin\theta}\cdot\frac{\partial V}{\partial \phi}\hat{a}_\phi\right) \cdot d\vec{L} \qquad (2-2-10)$$

式(2-2-10)中右边第一项就是球坐标系下标量场梯度的表达式。

尽管只是在直角坐标系下定义了"∇"算子，但通常也用 ∇V 表示其他坐标系下标量场的梯度。在三个坐标系中标量场的梯度公式分别为

$$\nabla V = \frac{\partial V}{\partial x}\hat{a}_x + \frac{\partial V}{\partial y}\hat{a}_y + \frac{\partial V}{\partial z}\hat{a}_z \qquad \text{（直角坐标系）} \qquad (2-2-11a)$$

$$\nabla V = \frac{\partial V}{\partial \rho}\hat{a}_\rho + \frac{1}{\rho} \cdot \frac{\partial V}{\partial \phi}\hat{a}_\phi + \frac{\partial V}{\partial z}\hat{a}_z \qquad \text{(圆柱坐标系)} \qquad (2-2-11\text{b})$$

$$\nabla V = \frac{\partial V}{\partial r}\hat{a}_r + \frac{1}{r} \cdot \frac{\partial V}{\partial \theta}\hat{a}_\theta + \frac{1}{r\sin\theta} \cdot \frac{\partial V}{\partial \phi}\hat{a}_\phi \qquad \text{(球坐标系)} \qquad (2-2-11\text{c})$$

在一般坐标系中标量场 $V(\vec{r}) = V(u,v,w)$ 的梯度表达式为

$$\nabla V = \frac{1}{h_1} \cdot \frac{\partial V}{\partial u}\hat{a}_u + \frac{1}{h_2} \cdot \frac{\partial V}{\partial v}\hat{a}_v + \frac{1}{h_3} \cdot \frac{\partial V}{\partial w}\hat{a}_w \qquad (2-2-12)$$

其中，h_1、h_2、h_3 被称为度量系数，是从微分坐标向微分长度变换的系数。

在三个坐标系中，h_1、h_2、h_3 三个度量系数分别为

$$h_1 = 1, \quad h_2 = 1, \quad h_3 = 1 \qquad (u,v,w) = (x,y,z) \qquad (2-2-13\text{a})$$

$$h_1 = 1, \quad h_2 = \rho, \quad h_3 = 1 \qquad (u,v,w) = (\rho,\phi,z) \qquad (2-2-13\text{b})$$

$$h_1 = 1, \quad h_2 = r, \quad h_3 = r\sin\theta \qquad (u,v,w) = (r,\theta,\phi) \qquad (2-2-13\text{c})$$

需要指出的是，关于 V 的全微分 $\mathrm{d}V$ 不包含度量系数，这是因为全微分是定义在微分坐标上的，而不管该坐标是长度还是角度。

例 2-2-1 给定一个在直角坐标系中的标量场 $V(\vec{r}) = x^2 + 4yz$，在点 $p_1:(4,-1,3)$ 处，求：

(a) V 的梯度；

(b) 沿着矢量 $\vec{L} = 3\hat{a}_x - 2\hat{a}_y - \sqrt{3}\hat{a}_z$ 的方向导数。

解

(a) 根据直角坐标系下梯度的计算公式(2-2-11a)可得：

$$\nabla V = \frac{\partial V}{\partial x}\hat{a}_x + \frac{\partial V}{\partial y}\hat{a}_y + \frac{\partial V}{\partial z}\hat{a}_z = 2x\hat{a}_x + 4z\hat{a}_y + 4y\hat{a}_z \qquad (2-2-14)$$

把 p_1 点的坐标代入式(2-2-14)可得：

$$\nabla V = 8\hat{a}_x + 12\hat{a}_y - 4\hat{a}_z$$

(b) 矢量 $\vec{L}$ 的单位矢量为

$$\hat{a}_L = \frac{3}{4}\hat{a}_x - \frac{1}{2}\hat{a}_y - \frac{\sqrt{3}}{4}\hat{a}_z$$

根据式(2-2-4)可知，p_1 点处 $\hat{a}_L$ 方向上的方向导数为

$$\left.\frac{\mathrm{d}V}{\mathrm{d}L}\right|_{\vec{r}_1,\hat{a}_L} = \nabla V \cdot \hat{a}_L = (8\hat{a}_x + 12\hat{a}_y - 4\hat{a}_z) \cdot \left(\frac{3}{4}\hat{a}_x - \frac{1}{2}\hat{a}_y - \frac{\sqrt{3}}{4}\hat{a}_z\right) = \sqrt{3}$$

例 2-2-2 在直角坐标系中求解 $\nabla \frac{1}{R}$，$R = |\vec{r} - \vec{r}'|$。

解

在不带撇和带撇坐标系中，位置矢量分别为

$$\vec{r} = x\hat{a}_x + y\hat{a}_y + z\hat{a}_z$$

$$\vec{r}' = x'\hat{a}_x + y'\hat{a}_y + z'\hat{a}_z$$

因此距离矢量为

$$\vec{R} = \vec{r} - \vec{r}' = (x-x')\hat{a}_x + (y-y')\hat{a}_y + (z-z')\hat{a}_z \qquad (2-2-15)$$

$$\frac{1}{R} = [(x-x')^2 + (y-y')^2 + (z-z')^2]^{-1/2} \qquad (2-2-16)$$

$$\frac{\partial}{\partial x} \cdot \frac{1}{R} = -(x-x')[(x-x')^2 + (y-y')^2 + (z-z')^2]^{-3/2}$$

$$\frac{\partial}{\partial y} \cdot \frac{1}{R} = -(y-y')[(x-x')^2 + (y-y')^2 + (z-z')^2]^{-3/2}$$

$$\frac{\partial}{\partial z} \cdot \frac{1}{R} = -(z-z')[(x-x')^2 + (y-y')^2 + (z-z')^2]^{-3/2}$$

综合上式可得：

$$\nabla \frac{1}{R} = \frac{\partial}{\partial x} \cdot \frac{1}{R} \hat{a}_x + \frac{\partial}{\partial y} \cdot \frac{1}{R} \hat{a}_y + \frac{\partial}{\partial z} \cdot \frac{1}{R} \hat{a}_z = \frac{-[(x-x')\hat{a}_x + (y-y')\hat{a}_y + (z-z')\hat{a}_z]}{[(x-x')^2 + (y-y')^2 + (z-z')^2]^{3/2}}$$

因此有：

$$\nabla \frac{1}{R} = -\frac{\vec{R}}{R^3} = -\frac{1}{R^2} \hat{a}_R \qquad (2-2-17)$$

式(2-2-17)中 $\hat{a}_R$ 是距离矢量的单位矢量，$\hat{a}_R = \vec{R}/R$。

讨论 1

求解 ∇R：

$$\nabla R = \frac{\partial R}{\partial x} \hat{a}_x + \frac{\partial R}{\partial y} \hat{a}_y + \frac{\partial R}{\partial z} \hat{a}_z = \frac{(x-x')\hat{a}_x + (y-y')\hat{a}_y + (z-z')\hat{a}_z}{[(x-x')^2 + (y-y')^2 + (z-z')^2]^{1/2}} =$$

$$\frac{\vec{R}}{R} = \hat{a}_R \qquad (2-2-18)$$

讨论 2

求解 $\nabla f(R)$：

$$\nabla f(R) = \frac{\partial}{\partial x} f(R) \hat{a}_x + \frac{\partial}{\partial y} f(R) \hat{a}_y + \frac{\partial}{\partial z} f(R) \hat{a}_z =$$

$$f'(R) \left(\frac{\partial R}{\partial x} \hat{a}_x + \frac{\partial R}{\partial y} \hat{a}_y + \frac{\partial R}{\partial z} \hat{a}_z \right) =$$

$$f'(R) \nabla R \qquad (2-2-19)$$

应用式(2-2-19)和式(2-2-18)，可以方便地求解出式(2-2-17)。

讨论 3

求解 $\nabla' R$：

∇ 算子都是对不带撇坐标 (x,y,z) 进行微分运算的，而和带撇坐标 (x',y',z') 无关。这里引进 ∇' 算子，它作用在带撇坐标 (x',y',z')，而和不带撇坐标 (x,y,z) 无关。仿照式(2-2-18)可以求出：

$$\nabla' R = -\hat{a}_R = -\nabla R \qquad (2-2-20)$$

例 2-2-3 已知标量场 $V = (x^2+3)y^2$，路径为在 $z=0$ 平面上的圆心在原点、半径为 1 的圆。求解：

(a) 在圆上从 $p_1:(1,0,0)$ 到 $p_2:(0,1,0)$ 沿逆时针方向计算 $\int_C \nabla V \cdot \mathrm{d}\vec{L}$；

(b) 验证 $\int_C \nabla V \cdot \mathrm{d}\vec{L} = V(p_2) - V(p_1)$。

解

(a) 先计算 V 的梯度：

$$\nabla V = 2xy^2 \hat{a}_x + 2y(x^2+3)\hat{a}_y$$

在圆弧上，$x=\cos\phi$，$y=\sin\phi$，$\mathrm{d}\vec{L}=\mathrm{d}\phi\hat{a}_\phi=\mathrm{d}\phi(-\sin\phi\hat{a}_x+\cos\phi\hat{a}_y)$，因此：

$$\int_C \nabla V \cdot \mathrm{d}\vec{L} = \int_0^{\pi/2} [2\cos\phi\sin^2\phi\hat{a}_x + 2\sin\phi(\cos^2\phi+3)\hat{a}_y] \cdot \mathrm{d}\phi(-\sin\phi\hat{a}_x+\cos\phi\hat{a}_y) = 3$$

(b)

$$\int_{p_1}^{p_2} \nabla V \cdot \mathrm{d}\vec{L} = \int_{p_1}^{p_2} \mathrm{d}V = V(p_2) - V(p_1) \qquad (2-2-21)$$

式(2-2-21)中使用了式(2-2-5)：$\mathrm{d}V = \nabla V \cdot \mathrm{d}\vec{L}$。式(2-2-21)说明：一个标量场的梯度的线积分与积分路径无关，只与路径的起始点和结束点有关。由一个标量场的梯度得到一个矢量场，得到的这个矢量场是保守场。保守场的标志就是线积分与积分路径无关。

应用式(2-2-21)，可求得：

$$\int_{p_1}^{p_2} \nabla V \cdot \mathrm{d}\vec{L} = V(p_2) - V(p_1) = 3 - 0 = 3$$

2.3 通量和通量密度

通量通常用来表示"流"，定义为单位时间内在参考点处穿过一个面"流速"，它是一个标量。当通量的概念用在电磁学中时，通量可以表示通过一个面的场线数量。穿过单位面积内场线的数量称为"通量密度"。通量密度是一个矢量场，通常是三维空间中的关于空间位置的光滑矢量函数。

在上一节中提到过用等势面可以很好地描述一个标量场结构。在描述矢量场结构时，场线图是一个非常好的图形工具。物理中的矢量场是光滑的（矢量的大小和方向不会随着空间位置突然变化），因此可以在矢量场中画出这样一条光滑曲线：曲线上每一点处矢量场的矢量都和曲线相切，这样的线称为场线（也称通量线）。我们用场线的切线方向来表示该点矢量的方向，用该点处单位截面内场线的数量来表示该矢量的大小。图2-3-1是几种矢量场的通量线图。电磁学中涉及两个通量密度：电通量密度$\vec{D}$，单位是库仑每平方米（C/m^2）；磁通量密度$\vec{B}$，单位是韦伯每平方米（Wb/m^2）。

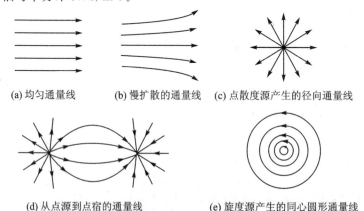

(a) 均匀通量线　　(b) 慢扩散的通量线　　(c) 点散度源产生的径向通量线

(d) 从点源到点宿的通量线　　(e) 旋度源产生的同心圆形通量线

图 2-3-1　通量线

穿过一个面的通量等于这个面上通量密度的面积分。作为一个例子，我们考虑一团电子云，其密度是 $n_e(\mathrm{m}^{-3})$，运动速度为 $\vec{v}(\mathrm{m/s})$。这样的电子流可以方便地用通量密度来描述，可以定义为：在单位时间内穿过单位截面内的电子个数。这里截面指的是与电子的速度方向垂直的面。电子流的通量密度 $\vec{N}$ 等于电子密度和速度的乘积，即

$$\vec{N} = n_e \vec{v} \quad (\mathrm{m}^{-2}\,\mathrm{s}^{-1}) \tag{2-3-1}$$

参考图 2-3-2，面 S 上的微分面积 $|\mathrm{d}\vec{S}|$ 的截面面积等于 $|\mathrm{d}\vec{S}|\cos\alpha$。因此，穿过微分面积 $|\mathrm{d}\vec{S}|$ 上的微分通量（即单位时间内穿过微分面积 $|\mathrm{d}\vec{S}|$ 的电子数量）为

$$\mathrm{d}\Psi = |\vec{N}||\mathrm{d}\vec{S}|\cos\alpha = |\vec{N}||\mathrm{d}\vec{S}|\hat{a}_N \cdot \hat{a}_S = \vec{N}\cdot\mathrm{d}\vec{S} \tag{2-3-2}$$

这里 $\cos\alpha$ 用 $\hat{a}_N \cdot \hat{a}_S$ 来代替，$\hat{a}_N$、$\hat{a}_S$ 分别为 $\vec{N}$ 和 $\mathrm{d}\vec{S}$ 的单位矢量。因此穿过面 S 的通量为

$$\Psi = \int_S \mathrm{d}\Psi = \int_S \vec{N}\cdot\mathrm{d}\vec{S} \tag{2-3-3}$$

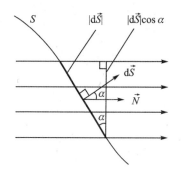

图 2-3-2 穿过微分面上的微分通量

从式(2-3-3)可以看出：通量密度矢量的大小就等于穿过单位截面的流量。

2.4 散度和散度定理

散度是一个矢量算子，常作用于一个矢量场（通量密度），该矢量场的面积分是一个标量物理量。一个通量密度的散度通常被定义为通过一个封闭曲面的"净"外通量，而该通量直接和这个封闭面内所包围的源有关。散度是基于这样一个假设，即在三维空间中从一个源所发出的总通量是守恒的。只要是封闭曲面内包含的源是一样的，那么通过封闭面向外流出的总通量就一样多。同样道理，如果封闭面内没有包含源，那么向封闭面外的通量等于向内的通量，净外通量等于零。从散度的定义出发，可以推导出散度定理。利用散度定理，可以将通量密度的面积分和体积分相互转换。

2.4.1 通量密度的散度

通量密度 $\vec{D}$ 的散度（用 $\mathrm{div}\vec{D}$ 表示），是定义在空间中某一点的一个标量，其定义为：在给定点处 $\vec{D}$ 的散度等于以该点为中心封闭面的净通量和这个封闭体体积的比值，并取该封闭体的体积缩小到零的比值极限，其数学表达式为

$$\mathrm{div}\vec{D} \equiv \lim_{\Delta V \to 0} \frac{\oint_S \vec{D}\cdot\mathrm{d}\vec{S}}{\Delta V} \tag{2-4-1}$$

式(2-4-1)中分子表示的是对 $\vec{D}$ 以给定点为中心的一个封闭面 S 的面积分，ΔV 是封闭面 S 所包围的体积，$\mathrm{d}\vec{S}$ 是封闭面 S 上的微分面矢量，方向指向体的外面。

参考图 2-4-1，根据散度定义式(2-4-1)来定义一个长方体微分体积元 $\Delta V = \Delta x \Delta y \Delta z$，该体积元以点 p_1 为中心且棱边分别和三个轴平行。当存在一个通量密度场 $\vec{D} = D_x \hat{a}_x + D_y \hat{a}_y + D_z \hat{a}_z$ 时，如果需要对 $\vec{D}$ 计算封闭曲面的面积分，就必须知道六个面处的通量密度。由于该长方体最终缩小到 p_1 点，那么把六个封闭面处的通量密度用泰勒级数在 p_1 点展开会非常方便。把式(2-4-1)中对 $\vec{D}$ 的面积分分解成六个面积分，这样就有：

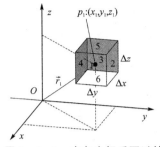

图 2-4-1 直角坐标系下以某点为中心的微分体积元

$$\lim_{\Delta V \to 0} \oint_S \vec{D} \cdot d\vec{S} =$$

$$\lim_{\Delta V \to 0} \left[\int_{S_1} \vec{D} \cdot d\vec{S} + \int_{S_2} \vec{D} \cdot d\vec{S} + \int_{S_3} \vec{D} \cdot d\vec{S} + \int_{S_4} \vec{D} \cdot d\vec{S} + \int_{S_5} \vec{D} \cdot d\vec{S} + \int_{S_6} \vec{D} \cdot d\vec{S} \right] =$$

$$\lim_{\Delta V \to 0} [\vec{D}_1 \cdot d\vec{S}_1 + \vec{D}_2 \cdot d\vec{S}_2 + \vec{D}_3 \cdot d\vec{S}_3 + \vec{D}_4 \cdot d\vec{S}_4 + \vec{D}_5 \cdot d\vec{S}_5 + \vec{D}_6 \cdot d\vec{S}_6]$$

$$(2-4-2)$$

式(2-4-2)中 $\vec{D}_i$ 的下标 i 表示面 i 中心处的 $\vec{D}$ 值。把每个面中心的 $\vec{D}_i$ 都在中心点 p_1 处泰勒级数展开，可得六个面向外的通量，分别为

$$\vec{D}_1 \cdot d\vec{S}_1 = \left[\vec{D} + \frac{\Delta x}{2} \cdot \frac{\partial \vec{D}}{\partial x} \right]_{p_1} \cdot \Delta y \Delta z \hat{a}_x = D_x(\vec{r}_1) \Delta y \Delta z + \frac{1}{2} \cdot \left. \frac{\partial D_x}{\partial x} \right|_{p_1} \Delta x \Delta y \Delta z$$

$$(2-4-3a)$$

$$\vec{D}_2 \cdot d\vec{S}_2 = \left[\vec{D} + \frac{\Delta y}{2} \cdot \frac{\partial \vec{D}}{\partial y} \right]_{p_1} \cdot \Delta x \Delta z \hat{a}_y = D_y(\vec{r}_1) \Delta x \Delta z + \frac{1}{2} \cdot \left. \frac{\partial D_y}{\partial y} \right|_{p_1} \Delta x \Delta y \Delta z$$

$$(2-4-3b)$$

$$\vec{D}_3 \cdot d\vec{S}_3 = \left[\vec{D} - \frac{\Delta x}{2} \cdot \frac{\partial \vec{D}}{\partial x} \right]_{p_1} \cdot (-\Delta y \Delta z \hat{a}_x) = -D_x(\vec{r}_1) \Delta y \Delta z + \frac{1}{2} \cdot \left. \frac{\partial D_x}{\partial x} \right|_{p_1} \Delta x \Delta y \Delta z$$

$$(2-4-3c)$$

$$\vec{D}_4 \cdot d\vec{S}_4 = \left[\vec{D} - \frac{\Delta y}{2} \cdot \frac{\partial \vec{D}}{\partial y} \right]_{p_1} \cdot (-\Delta x \Delta z \hat{a}_y) = -D_y(\vec{r}_1) \Delta x \Delta z + \frac{1}{2} \cdot \left. \frac{\partial D_y}{\partial y} \right|_{p_1} \Delta x \Delta y \Delta z$$

$$(2-4-3d)$$

$$\vec{D}_5 \cdot d\vec{S}_5 = \left[\vec{D} + \frac{\Delta z}{2} \cdot \frac{\partial \vec{D}}{\partial z} \right]_{p_1} \cdot \Delta x \Delta y \hat{a}_z = D_z(\vec{r}_1) \Delta x \Delta y + \frac{1}{2} \cdot \left. \frac{\partial D_z}{\partial z} \right|_{p_1} \Delta x \Delta y \Delta z$$

$$(2-4-3e)$$

$$\vec{D}_6 \cdot d\vec{S}_6 = \left[\vec{D} - \frac{\Delta z}{2} \cdot \frac{\partial \vec{D}}{\partial z} \right]_{p_1} \cdot (-\Delta x \Delta y \hat{a}_z) = -D_z(\vec{r}_1) \Delta x \Delta y + \frac{1}{2} \cdot \left. \frac{\partial D_z}{\partial z} \right|_{p_1} \Delta x \Delta y \Delta z$$

$$(2-4-3f)$$

这里省略了泰勒级数的高阶项，$\vec{r}_1$ 是 p_1 点的位置矢量，$\frac{\partial \vec{D}}{\partial x} = \frac{\partial D_x}{\partial x} \hat{a}_x + \frac{\partial D_y}{\partial y} \hat{a}_y + \frac{\partial D_z}{\partial z} \hat{a}_z$。把

式(2-4-3a)～(2-4-3f)相加可得：

$$\vec{D}_1 \cdot \mathrm{d}\vec{S}_1 + \vec{D}_2 \cdot \mathrm{d}\vec{S}_2 + \vec{D}_3 \cdot \mathrm{d}\vec{S}_3 + \vec{D}_4 \cdot \mathrm{d}\vec{S}_4 + \vec{D}_5 \cdot \mathrm{d}\vec{S}_5 + \vec{D}_6 \cdot \mathrm{d}\vec{S}_6 =$$
$$\Delta x \Delta y \Delta z \left(\frac{\partial D_x}{\partial x}\bigg|_{P_1} + \frac{\partial D_y}{\partial y}\bigg|_{P_1} + \frac{\partial D_z}{\partial z}\bigg|_{P_1} \right) \tag{2-4-4}$$

把式(2-4-4)、式(2-4-2)和 $\Delta V = \Delta x \Delta y \Delta z$ 代入式(2-4-1)，可得直角坐标系中矢量场 $\vec{D}$ 的散度计算公式：

$$\mathrm{div}\vec{D} = \frac{\partial D_x}{\partial x} + \frac{\partial D_y}{\partial y} + \frac{\partial D_z}{\partial z} \tag{2-4-5}$$

$\vec{D}$ 的散度是一个标量，该量属于计算 $\vec{D}$ 偏导数的空间点。用 ∇ 算子来表示 $\vec{D}$ 的散度，即

$$\mathrm{div}\vec{D} = \nabla \cdot \vec{D} \tag{2-4-6}$$

按照同样的思路，可以求得其他坐标系下 $\mathrm{div}\vec{D}$ 的表达式。在一般坐标系 (u,v,w) 中 $\mathrm{div}\vec{D}$ 的计算公式为

$$\nabla \cdot \vec{D} = \frac{1}{h_1 h_2 h_3} \left[\frac{\partial}{\partial u}(h_2 h_3 D_u) + \frac{\partial}{\partial v}(h_1 h_3 D_v) + \frac{\partial}{\partial w}(h_1 h_2 D_w) \right] \tag{2-4-7}$$

式(2-4-7)中 h_1、h_2 和 h_3 为式(2-2-13)定义的度量系数。在三个坐标系中，$\vec{D}$ 的散度可以写成：

$$\nabla \cdot \vec{D} = \frac{\partial D_x}{\partial x} + \frac{\partial D_y}{\partial y} + \frac{\partial D_z}{\partial z} \quad \text{(直角坐标系)} \tag{2-4-8a}$$

$$\nabla \cdot \vec{D} = \frac{1}{\rho} \cdot \frac{\partial}{\partial \rho}(\rho D_\rho) + \frac{1}{\rho} \cdot \frac{\partial D_\phi}{\partial \phi} + \frac{\partial D_z}{\partial z} \quad \text{(圆柱坐标系)} \tag{2-4-8b}$$

$$\nabla \cdot \vec{D} = \frac{1}{r^2} \cdot \frac{\partial}{\partial r}(r^2 D_r) + \frac{1}{r\sin\theta} \cdot \frac{\partial}{\partial \theta}(\sin\theta D_\theta) + \frac{1}{r\sin\theta} \cdot \frac{\partial D_\phi}{\partial \phi} \quad \text{(球坐标系)}$$
$$\tag{2-4-8c}$$

以上 ∇ 算子是定义在直角坐标系下的，我们也可用 $\nabla \cdot \vec{D}$ 来表示圆柱坐标系和球坐标系下的 $\mathrm{div}\vec{D}$。但此时 $\nabla \cdot \vec{D}$ 不能直接理解为 ∇ 和 $\vec{D}$ 的点乘，还需回到式(2-2-13)中的度量系数。

例 2-4-1 球坐标系中在 $r>0$ 的区域内，计算下列矢量场的散度：

(a) $\vec{D} = \frac{1}{r^2}\hat{a}_r$；　　(b) $\vec{A} = \frac{1}{r}\hat{a}_r$。

解

(a) 根据式(2-4-8c)有

$$\nabla \cdot \vec{D} = \frac{1}{r^2} \cdot \frac{\partial}{\partial r}(r^2 D_r) + \frac{1}{r\sin\theta} \cdot \frac{\partial}{\partial \theta}(\sin\theta D_\theta) + \frac{1}{r\sin\theta} \cdot \frac{\partial D_\phi}{\partial \phi} =$$
$$\frac{1}{r^2} \cdot \frac{\partial}{\partial r}\left(r^2 \frac{1}{r^2}\right) = 0$$

(b) 根据式(2-4-8c)有

$$\nabla \cdot \vec{A} = \frac{1}{r^2} \cdot \frac{\partial}{\partial r}(r^2 D_r) + \frac{1}{r\sin\theta} \cdot \frac{\partial}{\partial \theta}(\sin\theta D_\theta) + \frac{1}{r\sin\theta} \cdot \frac{\partial D_\phi}{\partial \phi} =$$
$$\frac{1}{r^2} \cdot \frac{\partial}{\partial r}\left(r^2 \frac{1}{r}\right) = \frac{1}{r^2}$$

我们把散度等于零的场称为管形场或者无散场。$\vec{D}$ 和 $\vec{A}$ 的通量线都如图 2-3-1(c)所示,但两者的散度不同,$\nabla \cdot \vec{D}=0$ 而 $\nabla \cdot \vec{A} \neq 0$。从 $\nabla \cdot \vec{D}=0$ 可以看出,在 $r>0$ 的区域内不存在散度源或者汇。在包含坐标原点的任何封闭球面上对 $\vec{D}$ 进行积分不等于零,从而可以推断出该通量场的源是位于坐标原点的一个点源。$\vec{A}$ 是一个有散场,从 $\nabla \cdot \vec{A} \neq 0 (r>0)$ 可以看出,矢量场 $\vec{A}$ 具有分布形式的源。

例 2-4-2 在直角坐标系中验证矢量恒等式

$$\nabla \cdot (V\vec{A}) = (\nabla V) \cdot \vec{A} + V(\nabla \cdot \vec{A}) \tag{2-4-9}$$

解

$$\nabla \cdot (V\vec{A}) = \frac{\partial VA_x}{\partial x} + \frac{\partial VA_y}{\partial y} + \frac{\partial VA_z}{\partial z} =$$

$$\frac{\partial V}{\partial x}A_x + \frac{\partial V}{\partial y}A_y + \frac{\partial V}{\partial z}A_z + V\left(\frac{\partial A_x}{\partial x} + \frac{\partial A_y}{\partial y} + \frac{\partial A_z}{\partial z}\right) =$$

$$\left(\frac{\partial V}{\partial x}\hat{a}_x + \frac{\partial V}{\partial y}\hat{a}_y + \frac{\partial V}{\partial z}\hat{a}_z\right)(A_x\hat{a}_x + A_y\hat{a}_y + A_z\hat{a}_z) + V\left(\frac{\partial A_x}{\partial x} + \frac{\partial A_y}{\partial y} + \frac{\partial A_z}{\partial z}\right) =$$

$$(\nabla V) \cdot \vec{A} + V(\nabla \cdot \vec{A})$$

2.4.2 散度定理

场的面积分和散度的体积分之间有何联系呢?这可由散度定理来阐释。矢量场的散度是由场的偏导数给出的,其内含着一个封闭的面、被包裹的体和场的面积分。散度定理的表述和场散度的定义类似,即在体 V 中 $\nabla \cdot \vec{D}$ 的体积分等于矢量场 $\vec{D}$ 在包围这个体的封闭面 S 上的面积分。**注意**:散度定理中的"体"是封闭面 S 包围的任意的体,而场散度定义中的体要趋于无穷小。在数学上散度定理可以表示为

$$\int_V \nabla \cdot \vec{D} dV = \oint_S \vec{D} \cdot d\vec{S} \tag{2-4-10}$$

式(2-4-10)中 S 是体 V 的表面,$d\vec{S}$ 是面 S 上的微分面积元,它指向体的外面。

为了证明散度定理,考虑如图 2-4-2 中所示的一个有限大小的体 V,它被表面 S 包裹。我们把体 V 分解成大量无限小的体积元。如图 2-4-2 中所示,我们用 ΔV_{k-1}、ΔV_k、ΔV_{k+1} 分别表示三个相邻的体积元,且它们都有一个表面和面 S 重合。可以看到,体积元 ΔV_k 和其他相邻的体积元都有共享面,而只有和表面 S 重合的那个面(即 ΔV_k 的上表面)被共享。考虑这些因素,如果把 ΔV_k 的右面看成属于 ΔV_k,那么在该面的微分面积矢量 $d\vec{S}$ 的方向朝右,但如果该面属于 ΔV_{k+1},那么微分面积矢量 $d\vec{S}$ 的方向就朝左。这里我们考虑每一个 ΔV_k 中心点处场的散度 $\nabla \cdot \vec{D}$ 为

$$(\nabla \cdot \vec{D})_{\Delta V_k} = \lim_{\Delta V_k \to 0} \frac{\oint_{\Delta S_k} \vec{D} \cdot d\vec{S}}{\Delta V_k} \tag{2-4-11}$$

这里 ΔS_k 是 ΔV_k 的表面,重写式(2-4-11):

$$\lim_{\Delta V_k \to 0} [(\nabla \cdot \vec{D})_{\Delta V_k} \Delta V_k] = \lim_{\Delta S_k \to 0} \oint_{\Delta S_k} \vec{D} \cdot d\vec{S} \tag{2-4-12}$$

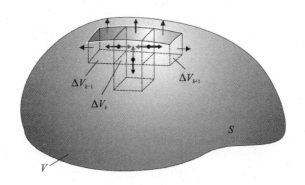

图 2-4-2 一个由面 S 包围的有限体 V 被分成大量无限小的体积元

式(2-4-11)中右边表示的是流出体 ΔV_k 的净通量。考虑到通量的守恒性,这个通量最终会穿出面 S,因此穿过面 S 总的通量等于穿出每个体积元的通量的和。根据式(2-4-12)可以写出穿出面 S 的总通量为

$$\lim_{\substack{N\to\infty \\ \Delta V_k\to 0}} \left[\sum_{k=1}^{N}(\nabla\cdot\vec{D})_{\Delta V_k}\Delta V_k\right] = \lim_{\substack{N\to\infty \\ \Delta S_k\to 0}}\sum_{k=1}^{N}\oint_{\Delta S_k}\vec{D}\cdot d\vec{S} \qquad (2-4-13)$$

式(2-4-13)中左边等于在体 V 上对 $\nabla\cdot\vec{D}$ 的体积分,而右边是在所有面元上对场 $\vec{D}$ 面积分的和。如果一个面被两个相邻的微分体共用,那么由于这个面在两个体上的方向相反,从而使得对总体的通量没有贡献,因此式(2-4-13)右边可以简化成 $\vec{D}$ 在面 S 上的面积分。至此证明了式(2-4-10)所示的散度定理。

例 2-4-3 给定通量场 $\vec{A}=x^2y\,\hat{a}_x-x^2y\,\hat{a}_y+z\,\hat{a}_z$,在如图 2-4-3 所示的以坐标原点为中心的立方体区域中验证散度定理。

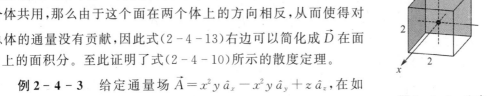

图 2-4-3 立方体

解

$$\int_{S_1}\vec{A}\cdot d\vec{S} = \int_{y=-1}^{y=1}\int_{z=-1}^{z=1}(x^2y\,\hat{a}_x-x^2y\,\hat{a}_y+z\,\hat{a}_z)\cdot dydz\,\hat{a}_x =$$

$$\int_{y=-1}^{y=1}\int_{z=-1}^{z=1}1^2y\,dydz = 0 \qquad (x=1\text{ 的面})$$

$$\int_{S_2}\vec{A}\cdot d\vec{S} = \int_{y=-1}^{y=1}\int_{z=-1}^{z=1}(x^2y\,\hat{a}_x-x^2y\,\hat{a}_y+z\,\hat{a}_z)\cdot(-dydz\,\hat{a}_x) =$$

$$\int_{y=-1}^{y=1}\int_{z=-1}^{z=1}-(-1)^2y\,dydz = 0 \qquad (x=-1\text{ 的面})$$

$$\int_{S_3}\vec{A}\cdot d\vec{S} = \int_{x=-1}^{x=1}\int_{z=-1}^{z=1}(x^2y\,\hat{a}_x-x^2y\,\hat{a}_y+z\,\hat{a}_z)\cdot dxdz\,\hat{a}_y =$$

$$\int_{y=-1}^{y=1}\int_{z=-1}^{z=1}-x^2 1 dxdz = -\frac{4}{3} \qquad (y=1\text{ 的面})$$

$$\int_{S_4}\vec{A}\cdot d\vec{S} = \int_{x=-1}^{x=1}\int_{z=-1}^{z=1}(x^2y\,\hat{a}_x-x^2y\,\hat{a}_y+z\,\hat{a}_z)\cdot(-dxdz\,\hat{a}_y) =$$

$$\int_{y=-1}^{y=1}\int_{z=-1}^{z=1}x^2(-1)dxdz = -\frac{4}{3} \qquad (y=-1\text{ 的面})$$

$$\int_{S_5} \vec{A} \cdot d\vec{S} = \int_{x=-1}^{x=1} \int_{y=-1}^{y=1} (x^2 y \hat{a}_x - x^2 y \hat{a}_y + z \hat{a}_z) \cdot dx dy \hat{a}_z =$$

$$\int_{y=-1}^{y=1} \int_{z=-1}^{z=1} 1 dx dy = 4 \qquad (z=1 \text{ 的面})$$

$$\int_{S_6} \vec{A} \cdot d\vec{S} = \int_{x=-1}^{x=1} \int_{y=-1}^{y=1} (x^2 y \hat{a}_x - x^2 y \hat{a}_y + z \hat{a}_z) \cdot (-dx dy \hat{a}_z) =$$

$$\int_{y=-1}^{y=1} \int_{z=-1}^{z=1} 1 dx dy = 4 \qquad (z=-1 \text{ 的面})$$

综合以上结果,可得 $\vec{A}$ 在立方体全表面上的面积分为

$$\oint_S \vec{A} \cdot d\vec{S} = \frac{16}{3} \tag{2-4-14}$$

下面计算 $\vec{A}$ 的散度:

$$\nabla \cdot \vec{A} = \frac{\partial}{\partial x}(x^2 y) + \frac{\partial}{\partial y}(-x^2 y) + \frac{\partial}{\partial z}(z) = 2xy - x^2 + 1$$

对 $\nabla \cdot \vec{A}$ 体积分:

$$\int_V \nabla \cdot \vec{A} dV = \int_{x=-1}^{x=1} \int_{y=-1}^{y=1} \int_{z=-1}^{z=1} (2xy - x^2 + 1) dx dy = \frac{16}{3} \tag{2-4-15}$$

对比式(2-4-14)和式(2-4-15),可知两者结论相等,从而验证了散度定理。

例 2-4-4 试证明:

$$\nabla \cdot \frac{\vec{R}}{R^3} = 4\pi \delta(\vec{r} - \vec{r}') \tag{2-4-16}$$

其中 $\vec{R} = \vec{r} - \vec{r}'$, $R = |\vec{r} - \vec{r}'|$。$\delta(\vec{r} - \vec{r}')$ 具有如下典型性质:

$$\delta(\vec{r} - \vec{r}') = 0, \qquad \vec{r} \neq \vec{r}' \tag{2-4-17a}$$

$$\int_\infty \delta(\vec{r} - \vec{r}') dV = 1 \qquad (\text{归一性}) \tag{2-4-17b}$$

证明

当 $\vec{R} = \vec{r} - \vec{r}' \neq 0$ 时,有

$$\frac{\vec{R}}{R^3} = \frac{[(x-x')\hat{a}_x + (y-y')\hat{a}_y + (z-z')\hat{a}_z]}{[(x-x')^2 + (y-y')^2 + (z-z')^2]^{3/2}}$$

对 $\frac{\vec{R}}{R^3}$ 求散度:

$$\nabla \cdot \frac{\vec{R}}{R^3} = \frac{[-2(x-x')^2 + (y-y')^2 + (z-z')^2]}{[(x-x')^2 + (y-y')^2 + (z-z')^2]^{\frac{5}{2}}} +$$

$$\frac{[(x-x')^2 - 2(y-y')^2 + (z-z')^2]}{[(x-x')^2 + (y-y')^2 + (z-z')^2]^{\frac{5}{2}}} +$$

$$\frac{[(x-x')^2 + (y-y')^2 - 2(z-z')^2]}{[(x-x')^2 + (y-y')^2 + (z-z')^2]^{\frac{5}{2}}} = 0$$

这证明 $\vec{r} \neq \vec{r}'$ 时 $\nabla \cdot (\vec{R}/R^3) = 0$,这和式(2-4-17a)所示的 $\delta(\vec{r} - \vec{r}')$ 性质相同。

下面在整个空间对 $\nabla \cdot (\vec{R}/R^3)$ 求体积分,以证明它和 $\delta(\vec{r} - \vec{r}')$ 一样具有式(2-4-17b)所

示的归一性。参见图 2-4-4,定义积分区间。先定义一个半径为 $b\to\infty$ 的球体,其外表球面用 S 表示。另外定义一个以 $\vec{r}'$ 为中心、半径为 $a\to 0$ 的球体,其球面用 S' 表示。整个空间 V 就可分成两个部分:一部分是 S 面和 S' 面之间的空间,用 V_1 表示;另一部分是 S' 面内部的空间,用 V_2 表示。于是

$$\int_V \nabla \cdot (\vec{R}/R^3)\mathrm{d}V = \int_{V_1} \nabla \cdot (\vec{R}/R^3)\mathrm{d}V + \int_{V_2} \nabla \cdot (\vec{R}/R^3)\mathrm{d}V \qquad (2-4-18)$$

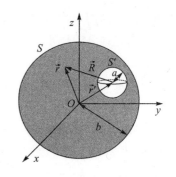

图 2-4-4 例 2-4-4 的积分区间

式(2-4-18)中右边的第 1 项等于零,因为在 V_1 区域内 $\nabla \cdot (\vec{R}/R^3)=0$;右边的第 2 项可以应用散度定理来求解,即

$$\int_{V_2} \nabla \cdot (\vec{R}/R^3)\mathrm{d}V = \oint_{S'} (\vec{R}/R^3)\cdot \mathrm{d}\vec{S} = \frac{1}{a^2}\oint_{S'}\mathrm{d}S = 4\pi$$

因此可得:

$$\int_V \nabla \cdot (\vec{R}/R^3)\mathrm{d}V = 4\pi$$

显然 $\nabla \cdot (\vec{R}/R^3)$ 也具有归一性。

2.5 旋度和斯托克斯定理

旋度源产生同心圆的场线。例如,一条通直流电的无限长载流直导线产生的磁力线就是围绕导线的同心圆,参见图 2-3-1(e)。如前所述,沿以一个点 P_1 为中心的封闭曲线 C 对矢量场 $\vec{H}(\vec{r})$ 的线积分定义为在 p_1 点绕 C 的环量。就像在空间中从散度源出发的通量守恒一样,从一个环量源出发的环量也是守恒的。也就是说,沿着同一个源的不同封闭线的环量都相等。如果封闭曲线没有包含源,而不管积分线的方向和形状如何,那么环量都等于零。如何描述环量的这种特性呢?需要导入"旋度"这一物理量旋度是作用在一个矢量场上的,而该矢量场在空间距离上的积分是标量物理量。一个矢量场的旋度与由积分路径所包围的旋度源有关。从旋度的定义可以推导出斯托克斯定理。利用斯托克斯定理(Stokes's theorem),可以方便地对一个矢量场的线积分和面积分进行互相转化。

2.5.1 矢量场的旋度

一个矢量场 $\vec{H}$ 在空间中某一点的旋度(用 $\mathrm{curl}\vec{H}$ 或者 $\nabla \times \vec{H}$ 表示)会产生一个新的矢量。$\vec{H}$ 旋度的分量可定义为:在点 p_1 处 $\mathrm{curl}\vec{H}$ 在 $\hat{a}_k$ 方向上的分量是 $\vec{H}$ 在以 p_1 点为中心一个闭合曲线上的环量和闭合曲线所围面积之比,条件是面与 $\hat{a}_k$ 垂直,并且封闭曲线所围的面积缩小并趋向点 p_1。在数学上表示为

$$\mathrm{curl}\vec{H}\cdot \hat{a}_k = \lim_{\Delta S\to 0}\frac{\oint_C \vec{H}\cdot \mathrm{d}\vec{L}}{\Delta S} \qquad (2-5-1)$$

式中,C 表示的是以 p_1 点为中心一个闭合曲线,并且其所围成面的法向单位矢量为 $\hat{a}_k$;ΔS 是

封闭曲线所围面的面积。面的 $\hat{a}_k$ 方向和曲线 C 上的 $\mathrm{d}\vec{L}$ 满足右手规则，即大拇指竖起指向 $\hat{a}_k$，而其他手指指向 $\mathrm{d}\vec{L}$ 方向。

在点 p_1 处 $\mathrm{curl}\vec{H}$ 是一个矢量，矢量大小是单位面积上最大的环量，方向就垂直于出现最大环量时的环面，条件是环面缩小到 p_1。一个矢量的旋度可表示为

$$\mathrm{curl}\vec{H} = \lim_{\Delta S \to 0} \frac{\oint_C \vec{H} \Delta \mathrm{d}\vec{L}}{\Delta S} \hat{a}_n \qquad (2-5-2)$$

式中，C 是以 p_1 点为中心的一个闭合曲线（环线），这是出现单位面积上最大的环量；ΔS 是曲线 C 所围成面（环面）的面积；$\hat{a}_n$ 是环面的方向，它和曲线上 $\mathrm{d}\vec{L}$ 的方向满足右手规则。

$\mathrm{curl}\vec{H}$ 是一个矢量，那么它就可以用分量的形式来展开：

$$\mathrm{curl}\vec{H} = (\mathrm{curl}\vec{H})_x \hat{a}_x + (\mathrm{curl}\vec{H})_y \hat{a}_y + (\mathrm{curl}\vec{H})_z \hat{a}_z \qquad (2-5-3)$$

$(\mathrm{curl}\vec{H})_z$ 指的是 $\mathrm{curl}\vec{H}$ 在 $\hat{a}_z$ 上的投影量，即 $(\mathrm{curl}\vec{H})_z = \mathrm{curl}\vec{H} \cdot \hat{a}_z$，即等于和 xy 面平行的平面上单位面积上的环量，条件还是该环面面积缩小到零。

根据式（2-5-1）计算 $\mathrm{curl}\vec{H} \cdot \hat{a}_z$，即

$$(\mathrm{curl}\vec{H})_z = \mathrm{curl}\vec{H} \cdot \hat{a}_z = \lim_{\Delta S \to 0} \frac{\oint_C \vec{H} \cdot \mathrm{d}\vec{L}}{\Delta S} \qquad (2-5-4)$$

参考图 2-5-1，定义了一个以 $p:(x,y,z)$ 点为中心的矩形，该矩形的边分别平行于 x 轴和 y 轴，其面积 $\Delta S = \Delta x \Delta y$，该面的法向为 $\hat{a}_z$，因此矩形边缘线的方向为逆时针方向。当存在一个矢量场 $\vec{H} = H_x \hat{a}_x + H_y \hat{a}_y + H_z \hat{a}_z$ 时，要对它在矩形边缘线上计算线积分，因此需要知道四条边上的场量。当该矩形面积缩小到 p 点时，四条边上的场可用在 p 点 $\vec{H}$ 的泰勒级数表示。把式（2-5-4）中的线积分分解成四个线积分，即

$$\lim_{\Delta S \to 0} \oint_C \vec{H} \cdot \mathrm{d}\vec{L} = \lim_{\Delta S \to 0} \left[\int_{C_1} \vec{H}_1 \cdot \mathrm{d}\vec{L} + \int_{C_2} \vec{H}_2 \cdot \mathrm{d}\vec{L} + \int_{C_3} \vec{H}_3 \cdot \mathrm{d}\vec{L} + \int_{C_4} \vec{H}_4 \cdot \mathrm{d}\vec{L} \right]$$

$$(2-5-5)$$

式（2-5-5）中 $\vec{H}_i$ 的下标 i 表示的是线 $C_i(1,2,3,4)$ 中心处的场量。把每个线中心的 $\vec{H}_i$ 都在中心点 p 处泰勒级数展开，可得四条线的线积分，分别为

$$\int_{C_1} \vec{H}_1 \cdot \mathrm{d}\vec{L} = \left[\vec{H} - \frac{\Delta y}{2} \cdot \frac{\partial \vec{H}}{\partial y} \right]_p \cdot \Delta x \hat{a}_x = H_x(\vec{r}) \Delta x - \frac{1}{2} \cdot \frac{\partial H_x}{\partial y} \bigg|_p \Delta x \Delta y$$

$$(2-5-6a)$$

$$\int_{C_2} \vec{H}_2 \cdot \mathrm{d}\vec{L} = \left[\vec{H} + \frac{\Delta x}{2} \cdot \frac{\partial \vec{H}}{\partial x} \right]_p \cdot \Delta y \hat{a}_y = H_y(\vec{r}) \Delta y + \frac{1}{2} \cdot \frac{\partial H_y}{\partial x} \bigg|_p \Delta x \Delta y$$

$$(2-5-6b)$$

$$\int_{C_3} \vec{H}_3 \cdot \mathrm{d}\vec{L} = \left[\vec{H} + \frac{\Delta y}{2} \cdot \frac{\partial \vec{H}}{\partial y} \right]_p \cdot (-\Delta x \hat{a}_x) = -H_x(\vec{r}) \Delta x - \frac{1}{2} \cdot \frac{\partial H_x}{\partial y} \bigg|_p \Delta x \Delta y$$

$$(2-5-6c)$$

$$\int_{C_4} \vec{H}_4 \cdot \mathrm{d}\vec{L} = \left[\vec{H} - \frac{\Delta x}{2} \cdot \frac{\partial \vec{H}}{\partial x} \right]_p \cdot (-\Delta y \hat{a}_y) = -H_y(\vec{r}) \Delta y + \frac{1}{2} \cdot \frac{\partial H_y}{\partial x} \bigg|_p \Delta x \Delta y$$

$$(2-5-6d)$$

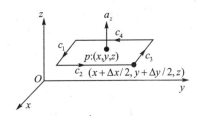

图 2-5-1 平行于 xy 平面的一个矩形，矩形的边分别平行于 x 轴和 y 轴

这里省略了泰勒级数的高阶项，$\vec{r}$ 是 P 点的位置矢量，$\dfrac{\partial \vec{H}}{\partial x} = \dfrac{\partial H_x}{\partial x}\hat{a}_x + \dfrac{\partial H_y}{\partial y}\hat{a}_y + \dfrac{\partial H_z}{\partial z}\hat{a}_z$。把式(2-5-6a)～(2-5-6d)相加可得：

$$\vec{H}_1 \cdot d\vec{L}_1 + \vec{H}_2 \cdot d\vec{L}_2 + \vec{H}_3 \cdot d\vec{L}_3 + \vec{H}_4 \cdot d\vec{L}_4 = \left(\dfrac{\partial H_y}{\partial x}\bigg|_p - \dfrac{\partial H_x}{\partial y}\bigg|_p\right)\Delta x \Delta y \qquad (2-5-7)$$

把式(2-5-7)和 $\Delta S = \Delta x \Delta y$ 代入式(2-5-4)，可求得在直角坐标系下 $\operatorname{curl}\vec{H}$ 的 z 分量：

$$\operatorname{curl}\vec{H} \cdot \hat{a}_z = \dfrac{\partial H_y}{\partial x} - \dfrac{\partial H_x}{\partial y} \qquad (2-5-8a)$$

式(2-5-8a)中省略了位置点下标。

用同样方法可以得到 $\operatorname{curl}\vec{H}$ 的 x 分量和 y 分量，分别如下：

$$\operatorname{curl}\vec{H} \cdot \hat{a}_x = \dfrac{\partial H_z}{\partial y} - \dfrac{\partial H_y}{\partial z} \qquad (2-5-8b)$$

$$\operatorname{curl}\vec{H} \cdot \hat{a}_y = \dfrac{\partial H_x}{\partial z} - \dfrac{\partial H_z}{\partial x} \qquad (2-5-8c)$$

根据式(2-5-3)，可得到在直角坐标系中矢量场 $\vec{H}$ 的旋度表达式为

$$\operatorname{curl}\vec{H} = \left(\dfrac{\partial H_z}{\partial y} - \dfrac{\partial H_y}{\partial z}\right)\hat{a}_x + \left(\dfrac{\partial H_x}{\partial z} - \dfrac{\partial H_z}{\partial x}\right)\hat{a}_y + \left(\dfrac{\partial H_y}{\partial x} - \dfrac{\partial H_x}{\partial y}\right)\hat{a}_z \qquad (2-5-9)$$

应用 ∇ 算子，由式(2-5-9)可把 $\operatorname{curl}\vec{H}$ 写成矩阵的行列式：

$$\operatorname{curl}\vec{H} = \nabla \times \vec{H} = \begin{vmatrix} \hat{a}_x & \hat{a}_y & \hat{a}_z \\ \dfrac{\partial}{\partial x} & \dfrac{\partial}{\partial y} & \dfrac{\partial}{\partial z} \\ H_x & H_y & H_z \end{vmatrix} \qquad (2-5-10)$$

在一般坐标系 (u,v,w) 中，$\vec{H}$ 的旋度可以写成：

$$\operatorname{curl}\vec{H} = \nabla \times \vec{H} = \dfrac{1}{h_1 h_2 h_3}\begin{vmatrix} h_1\hat{a}_u & h_2\hat{a}_v & h_3\hat{a}_w \\ \dfrac{\partial}{\partial u} & \dfrac{\partial}{\partial v} & \dfrac{\partial}{\partial w} \\ h_1 H_u & h_2 H_v & h_3 H_w \end{vmatrix} \qquad (2-5-11)$$

式(2-5-11)中 h_1、h_2 和 h_3 为式(2-2-13)定义的度量系数。

在常用的三个坐标系中，$\vec{H}$ 的旋度可以分别写成：

$$\text{curl}\vec{H} = \nabla \times \vec{H} = \begin{vmatrix} \hat{a}_x & \hat{a}_y & \hat{a}_z \\ \dfrac{\partial}{\partial x} & \dfrac{\partial}{\partial y} & \dfrac{\partial}{\partial z} \\ H_x & H_y & H_z \end{vmatrix} \quad \text{（直角坐标系）} \quad (2-5-12\text{a})$$

$$\text{curl}\vec{H} = \nabla \times \vec{H} = \dfrac{1}{\rho}\begin{vmatrix} \hat{a}_\rho & \rho\hat{a}_\phi & \hat{a}_z \\ \dfrac{\partial}{\partial \rho} & \dfrac{\partial}{\partial \phi} & \dfrac{\partial}{\partial z} \\ H_\rho & \rho H_\phi & H_z \end{vmatrix} \quad \text{（圆柱坐标系）} \quad (2-5-12\text{b})$$

$$\text{curl}\vec{H} = \nabla \times \vec{H} = \dfrac{1}{r^2\sin\theta}\begin{vmatrix} \hat{a}_r & r\hat{a}_\theta & r\sin\theta\hat{a}_\phi \\ \dfrac{\partial}{\partial r} & \dfrac{\partial}{\partial \theta} & \dfrac{\partial}{\partial \phi} \\ H_r & rH_\theta & r\sin\theta H_\phi \end{vmatrix} \quad \text{（球坐标系）} \quad (2-5-12\text{c})$$

在圆柱坐标系和球坐标系中，$\vec{H}$ 的旋度也被表示成 $\nabla \times \vec{H}$，但不表示算子 ∇ 和 $\vec{H}$ 的叉乘（与直角坐标系的定义有所差别）。

例 2-5-1 在圆柱坐标系中 $\rho > 0$ 的区域内，计算下列矢量场的旋度：

(a) $\vec{A}_1 = \dfrac{1}{\rho^2}\hat{a}_\rho$； (b) $\vec{A}_2 = \dfrac{1}{\rho}\hat{a}_\phi$； (c) $\vec{A}_3 = \hat{a}_\phi$； (d) $\vec{A}_4 = \rho^2 \hat{a}_\phi$。

解

根据式(2-5-12b)计算：

(a) $$\text{curl}\vec{A}_1 = \dfrac{1}{\rho}\begin{vmatrix} \hat{a}_\rho & \rho\hat{a}_\phi & \hat{a}_z \\ \dfrac{\partial}{\partial \rho} & \dfrac{\partial}{\partial \phi} & \dfrac{\partial}{\partial z} \\ 0 & \rho\dfrac{1}{\rho^2} & 0 \end{vmatrix} = -\dfrac{1}{\rho^3}\hat{a}_z$$

(b) $$\text{curl}\vec{A}_2 = \dfrac{1}{\rho}\begin{vmatrix} \hat{a}_\rho & \rho\hat{a}_\phi & \hat{a}_z \\ \dfrac{\partial}{\partial \rho} & \dfrac{\partial}{\partial \phi} & \dfrac{\partial}{\partial z} \\ 0 & \rho\dfrac{1}{\rho} & 0 \end{vmatrix} = 0$$

(c) $$\text{curl}\vec{A}_3 = \dfrac{1}{\rho}\begin{vmatrix} \hat{a}_\rho & \rho\hat{a}_\phi & \hat{a}_z \\ \dfrac{\partial}{\partial \rho} & \dfrac{\partial}{\partial \phi} & \dfrac{\partial}{\partial z} \\ 0 & \rho\dfrac{1}{\rho^2} & 0 \end{vmatrix} = \dfrac{1}{\rho}\hat{a}_z$$

(d) $$\text{curl}\vec{A}_4 = \dfrac{1}{\rho}\begin{vmatrix} \hat{a}_\rho & \rho\hat{a}_\phi & \hat{a}_z \\ \dfrac{\partial}{\partial \rho} & \dfrac{\partial}{\partial \phi} & \dfrac{\partial}{\partial z} \\ 0 & \rho\dfrac{1}{\rho^2} & 0 \end{vmatrix} = 3\rho\hat{a}_z$$

例 2-5-1 中四个场的场线如图 2-5-2 所示。在 $\rho > 0$ 的区域内 $\vec{A}_2$ 的旋度等于零。旋度等于零的矢量场称为保守场，也称为无旋场。沿着包含 z 轴的任何封闭曲线对 $\vec{A}_2$ 求环量不等于零,说明封闭曲线内包含旋度源,而在 $\rho>0$ 的区域内不存在旋度源,因而只能是在 $\rho=0$ 的 z 轴上存在旋度源。其他场由于其旋度不等于零,说明它们是由分布在 $\rho>0$ 区域内的旋度源产生的。而在 $\rho=0$ 的 z 轴上也可能存在或者不存在旋度源。如 $\lim\limits_{\delta\to 0}\oint_C \vec{A}_3 \cdot d\vec{L} = \lim\limits_{\delta\to 0}\hat{a}_\phi \cdot 2\pi\delta\hat{a}_\phi = 0$,这里 δ 为曲线 C 的半径,因此可知在 $\rho=0$ 的 z 轴上不存在旋度源。

可以用叶轮的例子来形象地说明某个区域内的旋度源。叶轮的转动指示了该处场的旋度不等于零。叶轮转动的方向和场旋度满足右手定律:大拇指竖起指向场旋度的方向,其他手指指向叶轮旋转的方向。

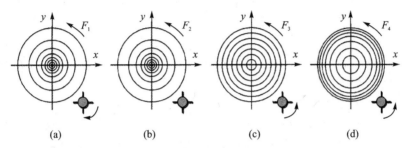

注:矢量场的方向在 $\hat{a}_\phi$,叶轮表示场旋度的方向。

图 2-5-2 例 2-5-1 中四个矢量场的场线

例 2-5-2 在直角坐标系中验证矢量恒等式:

$$\nabla \times (V\vec{A}) = (\nabla V) \times \vec{A} + V(\nabla \times \vec{A}) \quad (2-5-13)$$

证

$$\nabla \times (V\vec{A}) = \begin{vmatrix} \hat{a}_x & \hat{a}_y & \hat{a}_z \\ \dfrac{\partial}{\partial x} & \dfrac{\partial}{\partial y} & \dfrac{\partial}{\partial z} \\ VA_x & VA_y & VA_z \end{vmatrix} =$$

$$\left(\frac{\partial(VA_z)}{\partial y} - \frac{\partial(VA_y)}{\partial z}\right)\hat{a}_x + \left(\frac{\partial(VA_x)}{\partial z} - \frac{\partial(VA_z)}{\partial x}\right)\hat{a}_y +$$

$$\left(\frac{\partial(VA_y)}{\partial x} - \frac{\partial(VA_x)}{\partial y}\right)\hat{a}_z = \left(\frac{\partial V}{\partial y}A_z - \frac{\partial V}{\partial z}A_y\right)\hat{a}_x +$$

$$\left(\frac{\partial V}{\partial z}A_x - \frac{\partial V}{\partial x}A_z\right)\hat{a}_y + \left(\frac{\partial V}{\partial x}A_y - \frac{\partial V}{\partial y}A_x\right)\hat{a}_z +$$

$$V\left(\frac{\partial A_z}{\partial y} - \frac{\partial A_y}{\partial z}\right)\hat{a}_x + V\left(\frac{\partial A_x}{\partial z} - \frac{\partial A_z}{\partial x}\right)\hat{a}_y + V\left(\frac{\partial A_y}{\partial x} - \frac{\partial A_x}{\partial y}\right)\hat{a}_z$$

把上式重写可得:

$$\nabla \times (V\vec{A}) = \begin{vmatrix} \hat{a}_x & \hat{a}_y & \hat{a}_z \\ \dfrac{\partial V}{\partial x} & \dfrac{\partial V}{\partial y} & \dfrac{\partial V}{\partial z} \\ A_x & A_y & A_z \end{vmatrix} + V\begin{vmatrix} \hat{a}_x & \hat{a}_y & \hat{a}_z \\ \dfrac{\partial}{\partial x} & \dfrac{\partial}{\partial y} & \dfrac{\partial}{\partial z} \\ A_x & A_y & A_z \end{vmatrix} = (\nabla V) \times \vec{A} + V(\nabla \times \vec{A})$$

因此式(2-5-13)得证。

2.5.2 斯托克斯定理

尽管矢量场的旋度是用场的偏导数给出的,但其内含着一个封闭环路、环面和对场的线积分。斯托克斯定理可以仿照旋度的定义来表述:在一个开放面上对 $\nabla \times \vec{H}$ 所求的面积分等于在该开放面的封闭边界上对场 $\vec{H}$ 求线积分。用数学语言可表示为

$$\int_S \nabla \times \vec{H} \cdot \mathrm{d}\vec{S} = \oint_C \vec{H} \cdot \mathrm{d}\vec{L} \qquad (2-5-14)$$

式中表面 S 被封闭曲线 C 包围,在 C 上 $\mathrm{d}\vec{L}$ 的方向和 S 上 $\mathrm{d}\vec{S}$ 的方向满足右手规则,即大拇指竖起指向 $\mathrm{d}\vec{S}$ 方向,而其他手指指向 $\mathrm{d}\vec{L}$ 方向。

为了证明斯托克斯定理,让我们考虑如图 2-5-3 中所示的一个开放面 S,它被曲线 C 所包围。我们把该表面分成大量无限小的面元。图 2-5-3 中用 ΔS_{k-1}、ΔS_k、ΔS_{k+1} 表示三个相邻的面元,它们的上边都和 C 重合。当曲线 C 的正向和面 S 的法向 $\hat{a}_S$ 满足右手规则时,每一面积元的方向 $\hat{a}_k$ 也要和面 S 的法向 $\hat{a}_S$ 一致。根据右手规则,ΔS_k 面元的封闭曲线 ΔC_k 的方向就如图 2-5-3 中所示的逆时针方向。我们可以观察到 ΔS_k 的右边和 ΔS_{k+1} 右边共用,但计算线积分时两者的方向是相反的。即如果这条边属于 ΔS_k,那么其方向就朝上;如果其属于 ΔS_{k+1},那么其方向就朝下。根据旋度的定义,在 ΔS_k 面元的中心,我们都可以得到:

$$\lim_{\Delta S_k \to 0} [\nabla \times \vec{H} \cdot \hat{a}_k \Delta S_k] = \lim_{\Delta C_k \to 0} \oint_{\Delta C_k} \vec{H} \cdot \mathrm{d}\vec{L} \qquad (2-5-15)$$

把所有面元上的环量都加起来,可得:

$$\lim_{\substack{N \to \infty \\ \Delta S_k \to 0}} \left[\sum_{k=1}^{k=N} \nabla \times \vec{H} \cdot \hat{a}_k \Delta S_k \right] = \lim_{\Delta c_k \to 0} \sum_{k=1}^{k=N} \oint_{\Delta c_k} \vec{H} \cdot \mathrm{d}\vec{L} \qquad (2-5-16)$$

根据微积分知识,可以看出式(2-5-16)中左边就是在表面 S 上 $\nabla \times \vec{H}$ 的面积分。右边是在所有面环上对场 $\vec{H}$ 线积分的和。如果边界被两个相邻的面源所共有,由于方向相反使得对场进行线积分相互抵消,因此式(2-5-16)右边的线积分只剩下沿着曲线 C 对 $\vec{H}$ 的线积分。至此证明了斯托克斯定理。

例 2-5-3 在圆柱坐标系下给定矢量场 $\vec{A} = \rho\cos\phi\, \hat{a}_\phi$,在如图 2-5-4 所示的一个半径为 a 的四分之一圆盘上验证斯托克斯定理。

证

利用圆柱坐标系下旋度公式求解 $\vec{A}$ 的旋度:

$$\nabla \times \vec{A} = \frac{1}{\rho} \begin{vmatrix} \hat{a}_\rho & \rho\hat{a}_\phi & \hat{a}_z \\ \dfrac{\partial}{\partial \rho} & \dfrac{\partial}{\partial \phi} & \dfrac{\partial}{\partial z} \\ 0 & \rho(\rho\cos\phi) & 0 \end{vmatrix} = 2\cos\phi\, \hat{a}_z$$

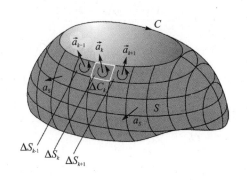

图 2-5-3 开放表面上分布的面元   图 2-5-4 四分之一圆盘

对 $\nabla \times \vec{A}$ 在面 S 上求面积分：

$$\int_S \nabla \times \vec{A} \cdot d\vec{S} = \int_{\rho=0}^{\rho=a}\int_{\phi=0}^{\phi=\pi/2} (2\cos\phi \hat{a}_z) \cdot (\rho d\rho d\phi \hat{a}_z) = a^2 \qquad (2-5-17)$$

然后在面的边上计算 $\vec{A}$ 的环量：

$$\oint_C \vec{A} \cdot d\vec{L} = \int_{C_1} \vec{A} \cdot d\vec{L} + \int_{C_2} \vec{A} \cdot d\vec{L} + \int_{C_3} \vec{A} \cdot d\vec{L}$$

其中，

$$\int_{C_1} \vec{A} \cdot d\vec{L} = \int_{\rho=0}^{\rho=a} (\rho\cos 0\, \hat{a}_\phi) \cdot (d\rho \hat{a}_\rho) = 0$$

$$\int_{C_2} \vec{A} \cdot d\vec{L} = \int_{\phi=0}^{\phi=\pi/2} (a\cos\phi\, \hat{a}_\phi) \cdot (ad\phi \hat{a}_\rho) = a^2$$

$$\int_{C_3} \vec{A} \cdot d\vec{L} = \int_{\rho=a}^{\rho=0} \left(\rho\cos\frac{\pi}{2}\, \hat{a}_\phi\right) \cdot (d\rho \hat{a}_\rho) = 0$$

因此可得：

$$\oint_C \vec{A} \cdot d\vec{L} = a^2 \qquad (2-5-18)$$

式(2-5-17)和式(2-5-18)的结果一致，因而验证了斯托克斯定理。

2.6 双∇算子

梯度、散度和旋度这三个矢量算子都是某种形式的偏导数，都具有特定的物理意义。梯度表示标量场在空间给定点处最大的方向导数。如果在给定区域内某点存在散度源，那么在某点对场求散度就不会等于零。同样如果存在旋度源，那么对场求旋度也会不等于零。这些矢量算子可以方便地用∇算子作用在标量场或者矢量场表示。

第二个∇算子可以作用在梯度、散度和旋度上。尽管∇算子仅是定义在直角坐标系中，但在其他坐标系下把∇算子可理解成另外的梯度、散度和旋度。作用在矢量场或者标量场上的双∇算子会涉及二次偏微分。有些双∇算子虽然没有具体的物理意义，但在数学上表达电磁问题的处理过程非常有用。下面列出电磁场中经常用的双∇算子。

1. 标量场 V 的梯度的散度，结果是一个标量场

在直角坐标系下可表示为

$$\nabla^2 = \nabla \cdot \nabla V = \nabla \cdot \left(\frac{\partial V}{\partial x} \hat{a}_x + \frac{\partial V}{\partial y} \hat{a}_y + \frac{\partial V}{\partial z} \hat{a}_z \right) = \frac{\partial^2 V}{\partial x^2} + \frac{\partial^2 V}{\partial y^2} + \frac{\partial^2 V}{\partial z^2} \qquad (2-6-1)$$

这也称为标量场 V 的拉普拉斯。在直角坐标系中定义拉普拉斯算子(Laplacian operator)为

$$\nabla^2 = \frac{\partial^2}{\partial x^2} + \frac{\partial^2}{\partial y^2} + \frac{\partial^2}{\partial z^2} \qquad (2-6-2)$$

在一般坐标系 (u,v,w) 中定义拉普拉斯算子为

$$\nabla^2 = \nabla \cdot \nabla = \frac{1}{h_1 h_2 h_3} \left[\hat{a}_u \frac{\partial}{\partial u}(h_2 h_3) + \hat{a}_v \frac{\partial}{\partial v}(h_1 h_3) + \hat{a}_w \frac{\partial}{\partial w}(h_1 h_2) \right] \cdot$$

$$\left(\frac{1}{h_1} \frac{\partial}{\partial u} \hat{a}_u + \frac{1}{h_2} \frac{\partial}{\partial v} \hat{a}_v + \frac{1}{h_3} \frac{\partial}{\partial w} \hat{a}_w \right) \qquad (2-6-3)$$

在三个坐标系中，V 的拉普拉斯可以分别写成如下形式：

$$\nabla^2 V = \frac{\partial^2 V}{\partial x^2} + \frac{\partial^2 V}{\partial y^2} + \frac{\partial^2 V}{\partial z^2} \qquad \text{（直角坐标系）} \quad (2-6-4a)$$

$$\nabla^2 V = \frac{1}{\rho} \cdot \frac{\partial}{\partial \rho} \left(\rho \frac{\partial V}{\partial \rho} \right) + \frac{1}{\rho^2} \cdot \frac{\partial^2 V}{\partial \phi^2} + \frac{\partial^2 V}{\partial z^2} \qquad \text{（圆柱坐标系）} \quad (2-6-4b)$$

$$\nabla^2 V = \frac{1}{r^2} \cdot \frac{\partial}{\partial r} \left(r^2 \frac{\partial V}{\partial r} \right) + \frac{1}{r^2 \sin\theta} \cdot \frac{\partial}{\partial \theta} \left(\sin\theta \frac{\partial V}{\partial \theta} \right) + \frac{1}{r^2 \sin^2\theta} \cdot \frac{\partial^2 V}{\partial \phi^2} \qquad \text{（球坐标系）} \quad (2-6-4c)$$

三个坐标下的三个度量系数分别为

$h_1 = 1, \quad h_2 = 1, \quad h_3 = 1 \qquad (u,v,w)=(x,y,z) \qquad \text{（直角坐标系）}$

$h_1 = 1, \quad h_2 = \rho, \quad h_3 = 1 \qquad (u,v,w)=(\rho,\phi,z) \qquad \text{（圆柱坐标系）}$

$h_1 = 1, \quad h_2 = r, \quad h_3 = r\sin\theta \qquad (u,v,w)=(r,\theta,\phi) \qquad \text{（球坐标系）}$

在拉普拉斯算子中点乘优先于求偏导。例如：

$$\hat{a}_v \frac{\partial}{\partial v}(h_1 h_3) \cdot \frac{1}{h_1} \frac{\partial}{\partial u} \hat{a}_u = \hat{a}_v \cdot \hat{a}_u \frac{\partial}{\partial v} \left(h_1 h_3 \cdot \frac{1}{h_1} \frac{\partial}{\partial u} \right) = 0 \neq \hat{a}_v \cdot \left(\frac{\partial}{\partial v} h_1 h_3 \cdot \frac{1}{h_1} \frac{\partial}{\partial u} \hat{a}_u \right)$$
$$(2-6-5)$$

2. 标量场梯度的旋度恒等于零

$$\nabla \times (\nabla V) \equiv 0 \qquad (2-6-6)$$

在直角坐标系中，式(2-6-6)可以直接用旋度和梯度来验证。另外，该式可以用斯托克斯定理来证明。任意取一个开放面 S，对式(2-6-6)的左边求面积分，应用斯托克斯定理可得：

$$\int_S \nabla \times (\nabla V) \cdot \mathrm{d}\vec{S} = \oint_C \nabla V \cdot \mathrm{d}\vec{L} = \oint_C \mathrm{d}V \qquad (2-6-7)$$

在式(2-6-7)中，应用了式(2-2-5)，线 C 是面 S 的闭合边。式(2-6-7)中右边的封闭线积分显然是零，因为在封闭线上起点和终点始终相等。因为面 S 是任意取的，所以要使得式(2-6-7)始终等于零，只能使式(2-6-6)成立。因此得证。

3. 矢量场旋度的散度恒等于零

$$\nabla \cdot (\nabla \times \vec{A}) \equiv 0 \qquad (2-6-8)$$

式(2-6-8)可以直接用旋度和散度的公式来证明。另外，式(2-6-8)可以用散度定理和斯托克斯定理来证明。取任何一个体 V，对式(2-6-8)中左边项求体积分，然后分别应用散度定理和斯托克斯定理，可得：

$$\int_V \nabla \cdot (\nabla \times \vec{A}) \mathrm{d}V = \oint_S (\nabla \times \vec{A}) \cdot \mathrm{d}\vec{S} = \oint_C \vec{A} \cdot \mathrm{d}\vec{L} \qquad (2-6-9)$$

式(2-6-9)中面 S 是体 V 的封闭面，但封闭面没有边界线，所以 $C=0$，因而式(2-6-9)等于零。因为体 V 是任意的，所以要使得式(2-6-9)恒等于零，只能使式(2-6-8)成立。因而得证。

4. 矢量场的拉普拉斯是一个矢量场

拉普拉斯算子也可以作用于矢量场，有

$$\nabla^2 \vec{E} = \frac{\partial^2 \vec{E}}{\partial x^2} + \frac{\partial^2 \vec{E}}{\partial y^2} + \frac{\partial^2 \vec{E}}{\partial z^2} = (\nabla^2 E_x)\hat{a}_x + (\nabla^2 E_y)\hat{a}_y + (\nabla^2 E_z)\hat{a}_z \qquad (2-6-10)$$

5. 矢量场散度的梯度是一个矢量场

$$\nabla \nabla \cdot \vec{E} = \left(\frac{\partial}{\partial x}\hat{a}_x + \frac{\partial}{\partial y}\hat{a}_y + \frac{\partial}{\partial z}\hat{a}_z\right)\left(\frac{\partial E_x}{\partial x} + \frac{\partial E_y}{\partial y} + \frac{\partial E_z}{\partial z}\right) =$$

$$\left(\frac{\partial^2 E_x}{\partial x^2} + \frac{\partial^2 E_y}{\partial x \partial y} + \frac{\partial^2 E_z}{\partial x \partial z}\right)\hat{a}_x + \left(\frac{\partial^2 E_x}{\partial x \partial y} + \frac{\partial^2 E_y}{\partial y^2} + \frac{\partial^2 E_z}{\partial y \partial z}\right)\hat{a}_y +$$

$$\left(\frac{\partial^2 E_x}{\partial x \partial z} + \frac{\partial^2 E_y}{\partial y \partial z} + \frac{\partial^2 E_z}{\partial z^2}\right)\hat{a}_z \qquad (2-6-11)$$

6. 矢量场旋度的旋度是一个矢量场

$$\nabla \times \nabla \times \vec{E} = \nabla \nabla \cdot \vec{E} - \nabla^2 \vec{E} \qquad (2-6-12)$$

式(2-6-12)可以直接用旋度的公式来证明。

7. 格林公式

$$\oint_S V \nabla V \cdot \mathrm{d}\vec{S} = \int_V (|\nabla V|^2 + V \nabla^2 V) \mathrm{d}V \qquad (2-6-13)$$

证明

根据式(2-4-9)，$\nabla \cdot (V\vec{A}) = (\nabla V) \cdot \vec{A} + V(\nabla \cdot \vec{A})$ 来计算 $V\nabla V$ 的散度：

$$\nabla \cdot (V \nabla V) = \nabla V \cdot \nabla V + V(\nabla \cdot \nabla V) = |\nabla V|^2 + V \nabla^2 V \qquad (2-6-14)$$

式(2-6-14)中利用了拉普拉斯算子$\nabla^2 = \nabla \cdot \nabla$。对式(2-6-14)两边求体积分：

$$\int_V \nabla \cdot (V \nabla V) \mathrm{d}V = \int_V (|\nabla V|^2 + V \nabla^2 V) \mathrm{d}V \qquad (2-6-15)$$

对式(2-6-15)的左边应用散度定理，转换成面积分即得到式(2-6-13)。证毕。

2.7 亥姆霍兹定理

亥姆霍兹定理(Helmholtz's Theorem)可以表述为：如果在一个区域内矢量场所有点处的散度和旋度都确定，并且在区域边界上矢量场的法向分量确定，那么该矢量场是唯一的。如果边界是无限的，且矢量场在无限边界处为零，那么该矢量场就被散度和旋度唯一确定。

证明

这里采用反证法。假设存在两个不同的矢量场 $\vec{A}$ 和 $\vec{B}$，但它们的散度和旋度及边界面上的法向分量都相等，也就是：

$$\nabla \cdot \vec{A} = \nabla \cdot \vec{B} \tag{2-7-1}$$

$$\nabla \times \vec{A} = \nabla \times \vec{B} \tag{2-7-2}$$

$$\vec{A} \cdot d\vec{S} = \vec{B} \cdot d\vec{S} \quad (边界面上) \tag{2-7-3}$$

设 $\vec{C} = \vec{A} - \vec{B}$，根据式(2-6-13)、式(2-6-14)和式(2-7-1)分别可得：

$$\nabla \cdot \vec{C} = 0 \tag{2-7-4}$$

$$\nabla \times \vec{C} = 0 \tag{2-7-5}$$

$$\vec{C} \cdot d\vec{S} = 0 \quad (边界面上) \tag{2-7-6}$$

根据式(2-7-2)和式(2-6-6)可令：

$$\vec{C} = \nabla V \tag{2-7-7}$$

把式(2-7-4)分别代入式(2-7-1)和式(2-7-3)可得：

$$\nabla^2 V = 0 \tag{2-7-8}$$

$$\nabla V \cdot d\vec{S} = 0 \quad (边界面上) \tag{2-7-9}$$

把式(2-7-8)和式(2-7-9)代入格林公式(2-6-13)，可得：

$$0 = \int_V |\nabla V|^2 dV \tag{2-7-10}$$

根据式(2-7-10)可知：

$$|\nabla V|^2 = 0 \tag{2-7-11}$$

根据式(2-7-11)，可知 $|\vec{C}|^2 = 0$，进一步可得 $\vec{C}$，因此可得 $\vec{A} = \vec{B}$。这就说明了不存在两个不同的矢量场。因此得证。

亥姆霍兹定理在区域边界上矢量场的切向分量确定时也成立。其证明思路与上完全一样，只是式(2-7-3)所示边界条件变为

$$\vec{A} \cdot \hat{a}_t = \vec{B} \cdot \hat{a}_t \quad (边界面上) \tag{2-7-12}$$

式(2-7-12)中 $\hat{a}_t$ 表示场在边界面的切向单位矢量。因此式(2-7-6)变为

$$\vec{C} \cdot \hat{a}_t = 0 \quad (边界面上) \tag{2-7-13}$$

式(2-7-9)变为

$$\nabla V \cdot \hat{a}_t = 0 \quad (边界面上) \tag{2-7-14}$$

式(2-7-14)说明了 V 在边界面的切向上方向导数等于零，因此在边界面上 V 处是相等的，是一个常数，不妨令它等于 V_S。因此格林公式(2-6-13)的左式会等于零，即

$$\oint_S V \nabla V \cdot d\vec{S} = V_S \oint_S \nabla V \cdot d\vec{S} = V_S \int_V \nabla \cdot \nabla V dV = V_S \int_V \nabla^2 V dV = 0 \tag{2-7-15}$$

式(2-7-15)中使用了散度定理和式(2-7-8)。式(2-7-10)仍然成立。因此得证。

完整的亥姆霍兹定理可表述为：如果在一个区域内矢量场的散度和旋度都确定，并且在区域边界上矢量场的法向分量(或者切向分量)确定，那么该矢量场是唯一的。

根据矢量场旋度和散度是否存在，把矢量场分成四类：

(1) $\nabla \cdot \vec{A} = 0, \nabla \times \vec{A} = 0$； (2-7-16a)

(2) $\nabla \cdot \vec{A} = 0, \nabla \times \vec{A} \neq 0$； (2-7-16b)

(3) $\nabla \cdot \vec{A} \neq 0, \nabla \times \vec{A} = 0$; (2-7-16c)

(4) $\nabla \cdot \vec{A} \neq 0, \nabla \times \vec{A} \neq 0$。 (2-7-16d)

如果场的散度等于零,那么该场称为管线场;如果旋度为零,那么该场称为保守场。由静电荷所产生的静态电场是第 3 种情况所示的保守场;而由恒定电流产生的静态磁场是第二种情况所示的管线场;而时变电磁场是第四种情况,这种场同时存在散度源和旋度源。

2.8 习 题

2-8-1 已知椭圆 $(x^2/16) + (y^2/4) = 1$,用参数方程的方法求椭圆上一点 $p_1:(2,\sqrt{3},0)$ 处的单位线矢量。

(a) 用 $t, \cos t, \sin t$ 来表示;

(b) 用坐标 x 表示;

(c) (a) 中的 t 和图 2-8-1 中的 ϕ 角相等吗?

2-8-2 求下列标量场的梯度:

(a) $U = 3z\,e^{2x+y} + 10$;

(b) $V = 5\rho \sin \phi - \ln(z^2 + 1)$;

(c) $W = \dfrac{\sin \theta \cos \phi}{r^2}$。

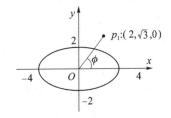

图 2-8-1 习题 2-8-1 用图

2-8-3 用题 2-8-2 中给出的标量场 $U、V$ 和 W,确定每个场从笛卡尔坐标上的点 $p_1:(2,2,0)$ 到点 $p_2:(0,0,2)$ 沿着坐标轴在曲面 $x^2 + y^2 + 2z^2 = 8$ 和 $45°$ 平面之间的梯度的线积分。

(a) $\int_{p_1}^{p_2} \nabla U \cdot d\vec{L}$ 在笛卡尔坐标系上;

(b) $\int_{p_1}^{p_2} \nabla V \cdot d\vec{L}$ 在圆柱坐标系上;

(c) $\int_{p_1}^{p_2} \nabla W \cdot d\vec{L}$ 在球面坐标系上。

2-8-4 在柱坐标上定义一个矢量场 $\vec{A} = \rho \sin \phi (\sin \phi\, \hat{a}_\rho + \cos \phi\, \hat{a}_\phi)$,在由 $\rho = 2, \rho = 4, z = 0, z = 3$ 四个表面所围成的封闭面上通过计算验证散度定理。

(a) 求封闭曲面积分 $\oint_S \vec{A} \cdot d\vec{S}$;

(b) 求柱坐标上的体积分 $\int_V \nabla \cdot \vec{A}\, dV$。

2-8-5 用下列两种不同的方法求矢量场 $\vec{A} = x^2 \hat{a}_x - z \hat{a}_z$ 的旋度并做比较。

(a) 在笛卡尔坐标系中求 $\nabla \times \vec{A}$;

(b) 把 $\vec{A}$ 转换到柱坐标系中并求旋度。

2-8-6 在无旋场 $\vec{E}$ 中,证明线积分与积分路径无关。

2-8-7 有矢量场 $\vec{A} = (x - 2y^2) \hat{a}_x + (2xy + y^2) \hat{a}_y$,证明斯托克斯定理在图 2-8-2 中的 xy 平面的三角形里成立。

2-8-8 已知在圆柱坐标系中 $\vec{B}=(3\rho)^{-1}\hat{a}_\rho + \rho\cos^2\phi\,\hat{a}_\phi + \rho(1+\sin\phi)\hat{a}_z$，对于如图 2-8-3 所示的一个顶部开一圆形口的圆柱面，验证斯托克斯定理。

2-8-9 空间球坐标系中有一矢量场 $\vec{H}=r\hat{a}_r + 3r\sin\theta\,\hat{a}_\phi$。对于如图 2-8-4 所示的面进行斯托克斯公式计算：

(a) 对边界进行线积分 $\oint_C \vec{H}\cdot\mathrm{d}\vec{L}$；

(b) 对其表面进行面积分 $\int_S (\nabla\times\vec{H})\cdot\mathrm{d}\vec{S}$。

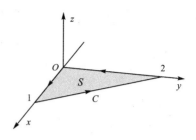

图 2-8-2 习题 2-8-7 用图

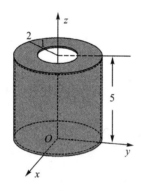

图 2-8-3 习题 2-8-8 用图

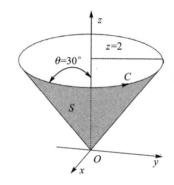

图 2-8-4 习题 2-8-9 用图

第 3 章　静电场

在前 2 章中,我们详细地讨论了学习电磁场理论非常重要的数学工具,如矢量代数、坐标系和矢量微积分。从本章开始我们讨论电磁学的基本概念及其应用。本章重点讨论由静电荷所产生的静电场。静电场和静电荷不随时间变化,但它们在不同空间位置可以不同。在本章,可以看到所有关于静电场的问题都会归结于电场散度和旋度。根据亥姆霍茨定理和这两个基本关系,就可以确定一个给定区域中的静电场。

第 4 章会讨论稳恒电流。第 5 章讨论由稳恒电流产生的静磁场。我们同样会发现,关于静磁场的讨论都会集中到磁场的散度和旋度。第 6 章会讨论在时变条件下如何修正静电场和静磁场中的两个旋度方程。这两个修正后的旋度方程和两个散度方程就构成了 Maxwell 方程组。Maxwell 方程组是整个电磁场理论的基础。第 7 章将讨论由时变电场和时变磁场耦合形成的电磁波。

电磁学中的基本定律都是建立在实验基础上并经过通用化扩展而来的,它们通常表现为一个数学公式。尽管电磁场中的一些辅助关系可以通过基本定律推导出,但这也绝非意味着一条电磁学定律都可由另一条定律仅仅经过数学变换就可以导出。解决电磁场问题时采取的步骤往往反映了物理定律和数学定理的源头。这些解决问题的步骤对于搞清楚谁是本源及对更深入地理解基本概念非常重要。

尽管可以认为静电学是电磁学中的一个简单特例,然而完整地掌握静电学不仅对更好地理解电磁学非常有帮助,而且可以解决许多实际应用问题,如激光打印、液晶显示(LCD)和微机电(MEMS)中的静电陀螺等。

本章首先讨论库仑定律(Coulomb's Law)和电场强度的基本概念。接着介绍高斯定律(Gauss's Law)和定义电势。在特定问题中,它们可以用来确定电场。然后继续讨论介质中的静电场并定义电通量密度。我们还要计算电场所存储的能量和电容中所存储的电能。最后通过静电场的旋度和散度方程推导出泊松方程和拉普拉斯方程,然后利用这两个方程讨论边界值问题。

3.1　库仑定律

电子一词在希腊语中就是琥珀。古希腊人观察到用毛皮或丝绸摩擦过琥珀后,琥珀会吸引草屑、棉花或者羽毛等小物体,这其实就是静电现象。当然,把这一现象和静电荷联系起来却经历了好多个世纪。在简单原子模型中,一个原子由带正电的原子核和围绕着核在轨道上运行的带负电的电子组成。用毛皮摩擦琥珀,是把毛皮上的外层电子传到了琥珀,从而使得毛皮带了正电荷而琥珀带了负电荷。于是,产生了静电力的作用。描述这一现象要用到如下的库仑定律。

库仑定律(Coulomb's Law)是一个实验物理定律,它通过精密的实验来宏观确定自由空间中两个静电荷之间作用力的关系,可以表述为:一个电荷施加在另一个电荷上的作用力与两

个电荷的乘积成正比，与两者之间的距离的平方成反比。数学上库仑定律可表示为

$$F = \frac{1}{4\pi\varepsilon_0} \cdot \frac{q_1 q_2}{R^2} \quad (3-1-1)$$

式中，q_1 和 q_2 是电荷电量，单位为库仑(C)；R 是两个电荷之间的距离，单位是米(m)。常数 ε_0 称为自由空间(真空)的介电常数，单位为法每米(F/m)，其值为

$$\varepsilon_0 = 8.854 \times 10^{-12} \text{ F/m}$$

在实际应用中，可取 $\varepsilon_0 \approx 1/(36\pi) \times 10^{-9}$ (F/m)。在非真空介质中，式(3-1-1)中的 ε_0 需要用介质的介电常数来代替。关于介质的介电常数会在 3.5 节中专门讨论。

两个极性相同的点电荷会在两者连线方向上相互排斥，而两个极性相反的点电荷会相互吸引。库仑力的另一种解释为：一个电荷产生的电场对另一个电荷上产生的作用力。用数学语言，我们可以把 q_2 对 q_1 产生的库仑力表述为

$$\vec{F}_1 = \frac{1}{4\pi\varepsilon_0} \cdot \frac{q_1 q_2}{R_{1-2}^2} \hat{a}_{1-2} \quad (3-1-2)$$

式中，R_{1-2} 和 $\hat{a}_{1-2}$ 是距离矢量的大小和单位矢量，距离矢量为

$$\vec{R}_{1-2} = \vec{r}_1 - \vec{r}_2 = R_{1-2} \hat{a}_{1-2} \quad (3-1-3)$$

这个距离矢量的下标 1-2 表示矢量是从 2 到 1，而该矢量定义在 1 点处。根据矢量定义，可得：

$$R_{1-2} = |\vec{r}_1 - \vec{r}_2| \quad (3-1-4a)$$

$$\hat{a}_{1-2} = \frac{\vec{r}_1 - \vec{r}_2}{|\vec{r}_1 - \vec{r}_2|} \quad (3-1-4b)$$

把式(3-1-4)代入式(3-1-2)可得电荷 2 对电荷 1 所施加的库仑力为

$$\vec{F}_1 = \frac{q_1 q_2}{4\pi\varepsilon_0} \cdot \frac{\vec{r}_1 - \vec{r}_2}{|\vec{r}_1 - \vec{r}_2|^3} \quad (3-1-5)$$

这里 $\vec{r}_1$ 和 $\vec{r}_2$ 分别为点电荷 q_1 和 q_2 的位置矢量。

式(3-1-5)中矢量的关系如图 3-1-1 所示，其中电荷 q_1 在位置矢量 $\vec{r}_1$ 处，q_2 在 $\vec{r}_2$ 处。式(3-1-5)表示的是在空间 p_1 点处，观察到电场力 $\vec{F}_1$，该点成为场点。同时空间 p_2 点表示的是源电荷所在地方，这个点称为源点。从现在开始，距离矢量表示的是从源点到场点的矢量。一般地，用 $\vec{r}$ 表示场点的位置矢量，而用 $\vec{r}'$ 表示源点的位置矢量。因为库仑力是在场点观察的，因此 $\vec{F}_1$、$\vec{r}_1$、$\vec{R}_{1-2}$ 和 $\hat{a}_{1-2}$ 这些矢量可以在场点 p_1 处的基矢量上分解。需要指出的是，这些分量都是源点和场点坐标的函数。

库仑力是相互作用力，即电荷 q_1 产生的场作用在电荷 q_2 上的力和 $\vec{F}_1$ 在幅度上是相等的，但方向相反。

$$\vec{F}_2 = \frac{q_2 q_1}{4\pi\varepsilon_0} \cdot \frac{\vec{r}_2 - \vec{r}_1}{|\vec{r}_2 - \vec{r}_1|^3} = -\vec{F}_1 \quad (3-1-6)$$

需要再次强调的是，$\vec{F}_2$ 是在 p_2 点观察到的，它需要用 p_2 点的基矢量来描述。

例 3-1-1 在直角坐标系中，确定在点 $(1,1,3)$ 处源电荷 q_2 对在点 $(2,3,5)$ 处 q_1 所施加的作用力。

解

第 3 章 静电场

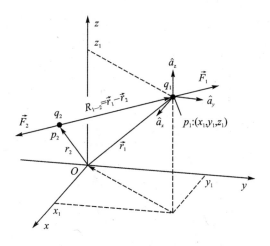

图 3-1-1 分别在 $\vec{r}_1$ 和 $\vec{r}_2$ 位置矢量处的两个点电荷

源点的位置矢量和场点的位置矢量分别为
$$\vec{r}_1 = 2\hat{a}_x + 3\hat{a}_y + 5\hat{a}_z$$
$$\vec{r}_2 = \hat{a}_x + \hat{a}_y + 3\hat{a}_z$$
从源点到场点的距离矢量及其幅度分别表示为
$$\vec{R}_{1-2} = \vec{r}_1 - \vec{r}_2 = \hat{a}_x + 2\hat{a}_y + 2\hat{a}_z \tag{3-1-7a}$$
$$|\vec{R}_{1-2}| = \sqrt{1 + 2^2 + 2^2} = 3 \tag{3-1-7b}$$
把式(3-1-7)代入式(3-1-5)可得：
$$\vec{F}_1 = \frac{q_1 q_2}{4\pi\varepsilon_0} \cdot \frac{\vec{r}_1 - \vec{r}_2}{|\vec{r}_1 - \vec{r}_2|^3} = \frac{q_1 q_2}{4\pi\varepsilon_0} \cdot \frac{1}{3^3}(\hat{a}_x + 2\hat{a}_y + 2\hat{a}_z)$$

例 3-1-2 坐标原点存在源电荷 q_2，对点 $(x,y,z)=(2,3,\sqrt{3})$ 处 q_1 施加作用力，确定该作用力在三种情况下的表达式：(a) 直角坐标系下；(b) 圆柱坐标系下；(c) 球坐标系下。

解

(a) 直角坐标系下，场点和源点的位置矢量分别为
$$\vec{r}_1 = 2\hat{a}_x + 3\hat{a}_y + \sqrt{3}\hat{a}_z$$
$$\vec{r}_2 = 0$$
距离矢量及其幅度分别为
$$\vec{R}_{1-2} = \vec{r}_1 - \vec{r}_2 = 2\hat{a}_x + 3\hat{a}_y + \sqrt{3}\hat{a}_z$$
$$|\vec{R}_{1-2}| = \sqrt{2^2 + 3^2 + (\sqrt{3})^2} = 4$$
根据式(3-1-5)得：
$$\vec{F}_1 = \frac{q_1 q_2}{4\pi\varepsilon_0} \cdot \frac{\vec{r}_1 - \vec{r}_2}{|\vec{r}_1 - \vec{r}_2|^3} = \frac{q_1 q_2}{4\pi\varepsilon_0} \cdot \frac{1}{4^3}(2\hat{a}_x + 3\hat{a}_y + \sqrt{3}\hat{a}_z)$$

(b) 圆柱坐标系下，场点位置矢量为
$$\vec{r}_1 = \sqrt{13}\hat{a}_\rho + \sqrt{3}\hat{a}_z$$
因为源点在原点，所以距离矢量 $\vec{R}_{1-2}$ 就等于 $\vec{r}_1$，距离矢量的幅度 $|\vec{R}_{1-2}|=4$，因此根据式(3-1-5)可得：

$$\vec{F}_1 = \frac{q_1 q_2}{4\pi\varepsilon_0} \cdot \frac{\vec{r}_1 - \vec{r}_2}{|\vec{r}_1 - \vec{r}_2|^3} = \frac{q_1 q_2}{4\pi\varepsilon_0} \cdot \frac{1}{4^3}(\sqrt{13}\,\hat{a}_\rho + \sqrt{3}\,\hat{a}_z)$$

(c) 圆柱坐标系下,场点位置矢量为

$$\vec{r}_1 = 4\,\hat{a}_r$$

因为源点在原点,所以距离矢量 $\vec{R}_{1-2}$ 也就等于 $\vec{r}_1$,因此根据式(3-1-5)可得:

$$\vec{F}_1 = \frac{q_1 q_2}{4\pi\varepsilon_0} \cdot \frac{\vec{r}_1 - \vec{r}_2}{|\vec{r}_1 - \vec{r}_2|^3} = \frac{q_1 q_2}{4\pi\varepsilon_0} \cdot \frac{1}{4^3}4\,\hat{a}_r = \frac{q_1 q_2}{4\pi\varepsilon_0} \cdot \frac{1}{4^2}\,\hat{a}_r$$

3.2 电场强度

电场强度定义为:作用在单位测试电荷上的电场力。如果一个点电荷 q 位于位置矢量为 $\vec{r}'$ 的自由空间,那么在位置矢量 $\vec{r}$ 处的电场强度为

$$\vec{E}(\vec{r}) = \frac{q}{4\pi\varepsilon_0} \cdot \frac{\vec{r} - \vec{r}'}{|\vec{r} - \vec{r}'|^3} \qquad (3-2-1)$$

电场强度的单位是伏每米(V/m)。式(3-2-1)中的 $\vec{E}(\vec{r})$ 是一个矢量函数。$\vec{E}(\vec{r})$ 确定了在 $\vec{r}$ 点处单位点电荷所受到的电场力,而产生电场的源电荷 q 位于 $\vec{r}'$ 处。这个矢量函数定义了一个由源电荷所产生的矢量场,称为电场。例如,由点电荷 q 产生的电场,如图 3-2-1 所示。

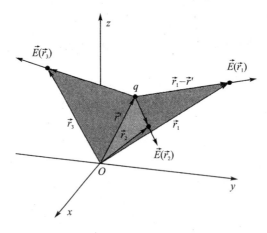

图 3-2-1 在 $\vec{r}'$ 处点电荷 q 产生的电场

例 3-2-1 确定在坐标原点处点电荷 q 产生的电场在两种情况下的表达式:
(a) 直角坐标系下; (b) 球坐标系下。

解

(a) 直角坐标系下任意场点的位置矢量为

$$\vec{r} = x\,\hat{a}_x + y\,\hat{a}_y + z\,\hat{a}_z$$

原点的位置矢量为 $\vec{r}' = 0$,所以距离矢量及其幅度分别为

$$\vec{R} = \vec{r}_1 - \vec{r}_2 = x\,\hat{a}_x + y\,\hat{a}_y + z\,\hat{a}_z$$

$$|\vec{R}| = \sqrt{x^2 + y^2 + z^2}$$

根据式(3-2-1)可得电场表达式为

$$\vec{E}(\vec{r}) = \frac{q}{4\pi\varepsilon_0} \cdot \frac{x\hat{a}_x + y\hat{a}_y + z\hat{a}_z}{(x^2 + y^2 + z^2)^{3/2}} \tag{3-2-2}$$

(b) 对于位于原点处的点电荷,球坐标下的距离矢量为

$$\vec{R} = r\vec{a}_r$$

根据式(3-2-1)可得电场表达式为

$$\vec{E}(\vec{r}) = \frac{q}{4\pi\varepsilon_0} \cdot \frac{\vec{r}}{|\vec{r}|^3} = \frac{q}{4\pi\varepsilon_0 r^2}\vec{a}_r \tag{3-2-3}$$

对比式(3-2-2)和式(3-2-3)可知,在坐标原点的点电荷所产生的电场,在球坐标系下表述更为简洁,这是因为这个电场本身是球对称的。该矢量场的场线如图 2-3-1(c)所示。

例 3-2-2 求解在坐标原点处电荷 q 产生的电场 $\vec{E}(\vec{r})$ 的散度和旋度。

解

直角坐标系下电场如式(3-2-2)所示,读者可以应用式(2-5-12a)求得电场 $\vec{E}(\vec{r})$ 的旋度等于零,应用式(2-4-8a)求得 $\vec{r} \neq 0$ 处 $\vec{E}(\vec{r})$ 散度等于零,即

$$\nabla \times \vec{E}(\vec{r}) = 0 \tag{3-2-4a}$$

$$\nabla \cdot \vec{E}(\vec{r}) = 0, \quad \vec{r} \neq 0 \tag{3-2-4b}$$

从式(3-2-4)可以看出:在不包括电荷所在位置(原点)的区域,静电场是保守场和管形场,也就是没有旋度源和散度源。

读者可以采用球坐标系下电场的表达式(3-2-3),分别应用球坐标系下求解旋度和散度的公式,求解得到同样的结论。

讨论 1

在 $\vec{r} = 0$ 处,即在源所在位置电场的散度等于什么呢?

这里不妨从任意位置的电荷产生电场的一般表达式(3-2-1)来求解其散度:

$$\nabla \cdot \vec{E}(\vec{r}) = \nabla \cdot \frac{q}{4\pi\varepsilon_0} \cdot \frac{\vec{r}-\vec{r}'}{|\vec{r}-\vec{r}'|^3} = \frac{q}{4\pi\varepsilon_0} \cdot \nabla \cdot \frac{\vec{r}-\vec{r}'}{|\vec{r}-\vec{r}'|^3} = \frac{q}{\varepsilon_0}\delta(\vec{r}-\vec{r}') \tag{3-2-5}$$

式(3-2-5)中使用了式(2-4-16)。从式(3-2-5)可以看出,静电场只有在源所在位置存在散度源,而其他位置的散度都等于零。在源位置处的散度源是一个冲击函数,而冲击函数的强度为 q/ε_0。因此,位于坐标原点的电场散度为

$$\nabla \cdot \vec{E}(\vec{r}) = \frac{q}{\varepsilon_0}\delta(\vec{r}) \tag{3-2-6}$$

3.2.1 离散电荷产生的电场

电场强度满足叠加原理,即多个电荷产生的总电场强度等于每个电荷产生的电场强度的矢量和。电场强度的叠加原理是基于一个电荷产生的场不受其他电荷或其他电场影响这样一个事实的。根据叠加原理,N 个不同点电荷在 $\vec{r}$ 处的总电场 $\vec{E}(\vec{r})$ 可表示为

$$\vec{E}(\vec{r}) = \sum_{j=1}^{N} \frac{q_j}{4\pi\varepsilon_0} \cdot \frac{\vec{r}-\vec{r}_j}{|\vec{r}-\vec{r}_j|^3} \tag{3-2-7}$$

式中 q_j 是在 $\vec{r}_j$ 处的点电荷。例如,图 3-2-2 中所示电荷量分别为 q_1 和 q_2 的两个点电荷在 $\vec{r}$

处产生的总电场为 q_1 和 q_2 两个电荷产生电场的叠加。

例 3 - 2 - 3 确定如图 3 - 2 - 3 所示的电偶极子所产生的电场。电偶极子：由间隔微小距离 $|\vec{d}|$ 的两个极性相反电荷 $+q$ 和 $-q$ 组成。这里求的是远场，也就是说场点离坐标原点的距离要远大于电偶极子的距离，或者说从场点处看电偶极子，可以把电偶极子看成一个点。

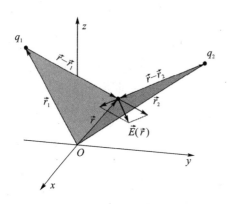 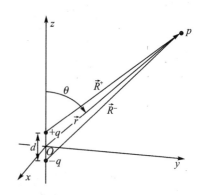

图 3 - 2 - 2　电场强度的叠加原理　　　　图 3 - 2 - 3　电偶极子

解

直角坐标系下，场点的位置矢量为
$$\vec{r} = x\hat{a}_x + y\hat{a}_y + z\hat{a}_z$$

正电荷和负电荷的位置矢量分别为
$$\vec{r}^+ = (d/2)\hat{a}_z$$
$$\vec{r}^- = -(d/2)\hat{a}_z$$

因此场点分别和正负电荷的距离矢量为
$$\vec{R}^+ = \vec{r} - \vec{r}^+ = x\hat{a}_x + y\hat{a}_y + (z - d/2)\hat{a}_z \tag{3-2-8a}$$
$$\vec{R}^- = \vec{r} - \vec{r}^- = x\hat{a}_x + y\hat{a}_y + (z + d/2)\hat{a}_z \tag{3-2-8b}$$

这里用三角形的余弦定理求解两个距离矢量的幅度，分别为
$$|\vec{R}^+| = \sqrt{r^2 + (d/2)^2 - rd\cos\theta} \tag{3-2-9a}$$
$$|\vec{R}^-| = \sqrt{r^2 + (d/2)^2 + rd\cos\theta} \tag{3-2-9b}$$

式(3-2-9)中，r 是场点离坐标原点的距离，θ 是场点的极角。根据式(3-2-7)写出两个电荷产生的合成场：
$$\vec{E}(\vec{r}) = \frac{q}{4\pi\varepsilon_0}\left(\frac{\vec{R}^+}{|\vec{R}^+|^3} - \frac{\vec{R}^-}{|\vec{R}^-|^3}\right) \tag{3-2-10}$$

远场的假设条件是 $r \gg d$，$|\vec{R}^+|^{-3}$ 和 $|\vec{R}^-|^{-3}$ 可以分别作如下近似：
$$|\vec{R}^+|^{-3} = [r^2 + (d/2)^2 - rd\cos\theta]^{-3/2} = r^{-3}[1 + (d/2r)^2 - (d/r)\cos\theta]^{-3/2} \approx$$
$$r^{-3}\left(1 + \frac{3d}{2r}\cos\theta\right) \tag{3-2-11a}$$

式(3-2-11a)中省略了二阶小量 $(d/2r)^2$，并且使用了近似式 $(1+a)^x \approx 1+ax(|a| \ll 1, x$ 为实数)。同理可得：

$$|\vec{R}^-|^{-3} \approx r^{-3}\left(1 - \frac{3d}{2r}\cos\theta\right) \quad (3-2-11b)$$

把式(3-2-11)和式(3-2-8)代入式(3-2-10)可得电场表达式为

$$\vec{E}(\vec{r}) = \frac{q}{4\pi\varepsilon_0 r^3}\left[-d\hat{a}_z + (x\hat{a}_x + y\hat{a}_y + z\hat{a}_z)3\frac{d}{r}\cos\theta\right] \quad (3-2-12)$$

把 $\vec{E}(\vec{r})$ 从直角坐标系下转换到球坐标系下：

$$\vec{r} = x\hat{a}_x + y\hat{a}_y + z\hat{a}_z = r\hat{a}_r \quad (3-2-13a)$$

$$\hat{a}_z = -\cos\theta\hat{a}_r + \sin\theta\hat{a}_\theta \quad (3-2-13b)$$

把式(3-2-13)代入式(3-2-12)，并化简可得

$$\vec{E}(\vec{r}) = \frac{qd}{4\pi\varepsilon_0 r^3}[2\cos\theta\hat{a}_r + \sin\theta\hat{a}_\theta] \quad (3-2-14)$$

3.2.2 连续分布电荷产生的电场

当大量的离散电荷集中分布在一个小区域内，并且电荷之间的距离相比场点到电荷的距离又非常小时，就可忽略电荷本身的离散特性，而把这些电荷看成是在这个区域内的连续分布的电荷。这样，这个给定区域就可以被分成很多无限小的体积元，而每个体积元中又有非常多的电荷，从场点处看这些体积元就可以看成点电荷源。在场点处总的电荷强度就是这些点电荷源产生的电场叠加。

为了描述一个体内电荷的分布，我们定义体电荷密度 ρ_V，即单位体积中的电荷，单位为库仑每立方米(C/m^3)。当定义了体电荷密度后，计算总的电场强度时，就可以使用体积分而不是加法运算。同样，当电荷被束缚在一个表面上时，我们可以定义面电荷密度 ρ_S，即单位面积上的电荷，单位为库仑每平方米(C/m^2)。如果电荷被束缚在一条线上，我们可以定义线电荷密度 ρ_L，即单位长度上的电荷，单位为库仑每米(C/m)。由面分布电荷 ρ_S 和线分布电荷 ρ_L 所产生的总电场，可以分别通过面积分和线积分来计算。

设以位置矢量 $\vec{r}'$ 为中心定义一个小体积元 ΔV，在这体积元中有电荷 Δq，那么在这一点处的体电荷密度定义为

$$\rho_V(\vec{r}') = \lim_{\Delta V \to 0} \frac{\Delta q}{\Delta V} \quad (3-2-15a)$$

这里 ΔV 必须足够小，这时从场点处看这个体积元，可近似认为是一个点，但又确保从宏观上看电量是连续的。通常体电荷密度 $\rho_V(\vec{r}')$ 在三维空间中是位置的光滑函数，因此具有连续的偏微分。

同样可定义面电荷密度：

$$\rho_S(\vec{r}') = \lim_{\Delta S \to 0} \frac{\Delta q}{\Delta S} \quad (3-2-15b)$$

式(3-2-15b)中 $\vec{r}'$ 表示的是面上某点的位置矢量，而 ΔS 是以 $\vec{r}'$ 点为中心的面元，Δq 是面元中的电荷量。面元的选择同样既要足够小，又要足够大。

定义线电荷密度为

$$\rho_L(\vec{r}') = \lim_{\Delta L \to 0} \frac{\Delta q}{\Delta L} \quad (3-2-15c)$$

式(3-2-15c)中$\vec{r}'$表示的是线上某点的位置矢量,而ΔL是以$\vec{r}'$点为中心的线元,Δq是线元中的电荷量。

当空间中的一定区域内存在电荷密度ρ_V(C/m³)时,在计算电荷产生电场之前,我们首先把该区域分解成N个体积元(见图3-2-4)。每个体积元中心的位置矢量为$\vec{r}_j$,这个体积元可表示为$\Delta V(\vec{r}_j)$,所带电荷为$q_j = \Delta V(\vec{r}_j)\rho_V(\vec{r}_j)$。然后我们应用库仑定律计算每个体积元的电场强度,再运用叠加原理合成所有体积元的电场。最后取极限$N \to \infty$,$\Delta V \to 0$,就可以得到场点$\vec{r}$处的电场。

$$\vec{E}(\vec{r}) = \lim_{\substack{N \to \infty \\ \Delta V \to 0}} \sum_{j=1}^{N} \frac{\Delta V(\vec{r}_j)\rho_V(\vec{r}_j)}{4\pi\varepsilon_0} \cdot \frac{\vec{r} - \vec{r}_j}{|\vec{r} - \vec{r}_j|^3} \quad (3-2-16)$$

须指出的是,虽然$\rho_V(\vec{r}_j)$体电荷密度是位置的连续函数,但$\Delta V(\vec{r}_j)$中电荷量$\Delta V(\vec{r}_j)\rho_V(\vec{r}_j)$认为是点电荷,这与式(3-2-7)中的点电荷有明显不同。根据微积分的知识,我们可以知道式(3-2-16)就是一个体积分的定义式。因此,由体电荷密度ρ_V产生的电场公式为

$$\vec{E}(\vec{r}) = \frac{1}{4\pi\varepsilon_0} \int_{V'} \rho_V(\vec{r}') \frac{\vec{r} - \vec{r}'}{|\vec{r} - \vec{r}'|^3} dV' \quad (3-2-17)$$

式(3-2-17)中$\vec{r}$和$\vec{r}'$分别为场点和源点的位置矢量,在直角坐标系中$\vec{r} - \vec{r}' = (x-x')\hat{a}_x + (y-y')\hat{a}_y + (z-z')\hat{a}_z$。

这里需要指出的是,式(3-2-17)中使用了混合坐标系:带撇坐标系用来表示源点处的量,而不带撇的坐标系用来表示场点处的量。其实这两个坐标系的坐标轴都一样,只是叫法不同而已。式(3-2-17)的体积分是在带撇坐标系中进行的,这时不带撇的坐标可以看成常数。

按照同样的思路也可以将带面电荷密度ρ_S的面分成若干个面元,那么每个面元所带电荷为$\rho_S(\vec{r}')dS'$,这个电荷被认为是在$\vec{r}'$处的点电荷。对这些面元应用库仑定律,就能够得到带面电荷密度ρ_S表面所产生的电场的计算公式:

$$\vec{E}(\vec{r}) = \frac{1}{4\pi\varepsilon_0} \int_{S'} \rho_S(\vec{r}') \frac{\vec{r} - \vec{r}'}{|\vec{r} - \vec{r}'|^3} dS' \quad (3-2-18)$$

同样式(3-2-18)中$\vec{r}$和$\vec{r}'$分别为场点和源点的位置矢量,在直角坐标系中$\vec{r} - \vec{r}' = (x-x')\hat{a}_x + (y-y')\hat{a}_y + (z-z')\hat{a}_z$。面积分在带撇坐标系中进行,不带撇的坐标看成常数。

按照同样的思路可以获得线电荷密度为ρ_L的一段线所产生的电场。一个线元dL'所带电荷为$\rho_L(\vec{r}')dL'$,它可以看成是在$\vec{r}'$处的点电荷。在这些面元上应用库仑定律,然后用线积分获得带电直导线上的电场计算公式:

$$\vec{E}(\vec{r}) = \frac{1}{4\pi\varepsilon_0} \int_{L'} \rho_L(\vec{r}') \frac{\vec{r} - \vec{r}'}{|\vec{r} - \vec{r}'|^3} dL' \quad (3-2-19)$$

例3-2-4 确定在z轴上放置的电荷密度为ρ_{L_0}的无限长线所产生的电场,如图3-2-5所示。

解

电荷的分布是圆柱对称的,因而其电场分布也是圆柱对称的,所以这里使用圆柱坐标系。在圆柱坐标系中,场点和源点的位置矢量为

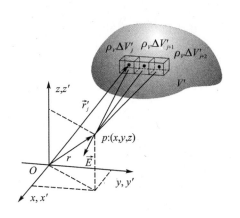 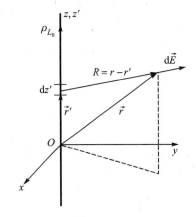

图 3-2-4 体分布电荷所产生的电场   图 3-2-5 在 z 轴上无限长的带电直导线的电场

$$\vec{r} = \rho \hat{a}_\rho + z \hat{a}_z$$
$$\vec{r}' = z' \hat{a}_z'$$

距离矢量是在场点处的基矢量处分解的，在圆柱坐标系中 $\hat{a}_z = \hat{a}_z'$，因而距离矢量和其幅度为

$$\vec{R} = \vec{r} - \vec{r}' = \rho \hat{a}_\rho + (z-z') \hat{a}_z$$
$$|\vec{R}| = [\rho^2 + (z-z')^2]^{1/2}$$

在源点 $\vec{r}'$ 处的微分电荷为

$$dq = \rho_L(\vec{r}')dL' = \rho_{L_0}dz'$$

根据式(3-2-19)有

$$\vec{E}(\vec{r}) = \frac{\rho_{L_0}}{4\pi\varepsilon_0}\int_{-\infty}^{+\infty}\frac{\rho\hat{a}_\rho + (z-z')\hat{a}_z}{[\rho^2 + (z-z')^2]^{3/2}}dz' \tag{3-2-20}$$

令 $k = (z-z')$，对式(3-2-20)做积分变换：

$$\vec{E}(\vec{r}) = \frac{\rho_{L_0}}{4\pi\varepsilon_0}\int_{-\infty}^{+\infty}\frac{\rho\hat{a}_\rho + k\hat{a}_z}{(\rho^2 + k^2)^{3/2}}dk =$$

$$\frac{\rho_{L_0}\rho\hat{a}_\rho}{4\pi\varepsilon_0}\int_{-\infty}^{+\infty}\frac{1}{(\rho^2 + k^2)^{3/2}}dk =$$

$$\frac{\rho_{L_0}\rho\hat{a}_\rho}{4\pi\varepsilon_0}\left[\frac{k/\rho^2}{(\rho^2 + k^2)^{1/2}}\bigg|_{k=-\infty}^{k=-\infty}\right] \tag{3-2-21}$$

因此无限长沿 z 轴放置的线电荷产生的静电场为

$$\vec{E}(\vec{r}) = \frac{\rho_{L_0}}{4\pi\varepsilon_0\rho}\hat{a}_\rho \tag{3-2-22}$$

式(3-2-22)所示的静电场如图 1-3-8(a)所示。

3.3 电通量密度和高斯定律

在上节中，点电荷的电场可根据式(3-2-1)获得。我们可以看到点电荷是电场的最简单的源。图 3-3-1(a)显示了点电荷在空间不同点产生的电场。图 3-3-1(b)用电场线来描述电场,该电场线也称电通量线。电通量线从正电荷出发而终止于负电荷。在某一点的电场矢量和电通量线相切,电场的大小用该点处单位截面内电通量线的数量来表示。扩展到分布电荷的电场,在某一点的电场强度是所有单个电荷在该点产生电场的叠加。在自由空间中,无论是单个还是多个电荷产生的电场的大小和方向都不会出现突变。因而,在单一介质中电荷产生的电通量线都是光滑曲线。

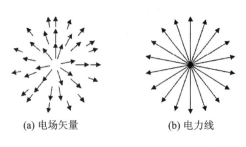

(a) 电场矢量　　　　(b) 电力线

图 3-3-1　点电荷

3.3.1　电场通量密度

现在我们考察一下如图 3-3-2 所示的静电感应实验。两个同心理想导体球中间由电介质(绝缘材料)隔离,即这两个导体之间没有自由电荷能够转移。假设把 $+Q$ 的净电荷传输到内部的球上,这些电荷会均匀分布在内导体的表面以确保内球球体内没有电场;否则内部的电场会加速电荷,产生无限大的导体电流,从而促使电荷重新分布直到内电场为零。只要外导体接触到大地放电的瞬间,在外导体上就会感应出 $-Q$ 的电荷,而不管两个导体之间填充电介质的特性如何。早前的物理学家解释静电感应现象是电位移或者称为电通量,它们起于内导体而终于外导体。

来自于内导体总的电通量 Ψ 等于内导体所带净电荷,即

$$\Psi = +Q \tag{3-3-1}$$

电通量的单位为库仑(C)。这里,我们定义电通量密度矢量 $\vec{D}$ 为单位截面上的电通量,其单位是 C/m^2。电通量密度是一个矢量场,它是位置的光滑函数。这里需要着重指出的是,$\vec{D}$ 表示的是穿过单位截面(垂直于 $\vec{D}$ 的面)的净通量。

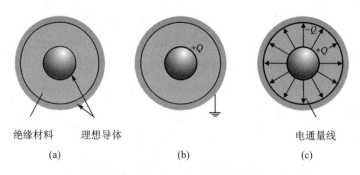

图 3-3-2　静电感应,总的电通量等于 $+Q$

我们先来考察一下理想导体均匀分布电荷的对称性。显然,在球体表面均匀分布的电荷是球对称的,因为绕任意过球心的轴旋转球体,球体表面的电荷分布不变。于是根据电荷分布

的球对称性，可以推测出其产生的电通量密度场 $\vec{D}$ 也具有球对称性，因此该场在球坐标系下具有 $\vec{D}=D(r)\vec{a}_r$ 的形式。

从图 3-3-2 中可以看出，这两个同心球是球对称的，导体表面均匀分布的电荷也是球对称的，因此 $\vec{D}=D_r(r)\vec{a}_r$。为了计算电通量密度，我们取半径等于 R 的球面（该球面位于两个导体之间），在该球面上对 $\vec{D}$ 求面积分，有

$$\Psi = \oiint_S \vec{D} \cdot d\vec{S} = \int_{\theta=0}^{\pi}\int_{\phi=0}^{2\pi} D_r(R)R^2 \sin\theta d\theta d\phi = D_r(R)4\pi R^2 \qquad (3-3-2)$$

根据假设总的电通量 $\Psi=+Q$，因此可以得到在半径 R 的球面上的电通量密度为

$$\vec{D} = D_r(R)\vec{a}_r = \frac{+Q}{4\pi R^2}\vec{a}_r \qquad (3-3-3)$$

式(3-3-3)给出的是一般结论，它不会随着两个导电球体中间介质的不同而改变，即使中间的球缩减到原点处的一点，外面的球扩展到无穷大，式(3-3-3)仍成立。因此，位于坐标原点的点电荷 q，产生的电通量密度在球坐标系中可表示为

$$\vec{D} = \frac{q}{4\pi r^2}\vec{a}_r \qquad (3-3-4)$$

需要指出的是，不管电荷周围的电介质特性如何，式(3-3-4)总成立。回顾 3.2 节，位于坐标原点处的点电荷 q 产生的电场为

$$\vec{E} = \frac{q}{4\pi\varepsilon_0 r^2}\vec{a}_r \qquad (3-3-5)$$

比较式(3-3-4)和式(3-3-5)，可以得到电场 $\vec{E}$ 和电通量密度 $\vec{D}$ 之间的关系

$$\vec{D} = \varepsilon_0 \vec{E} \quad (\text{C}/\text{m}^2) \qquad (3-3-6)$$

式(3-3-6)中 ε_0 是自由空间的介电常数。式(3-3-6)称为自由空间中电场 $\vec{E}$ 和电通量密度 $\vec{D}$ 的本构关系。

根据式(3-3-6)和点电荷电场强度公式(3-2-1)，可得到位于 $\vec{r}'$ 点电荷所产生的电通量密度公式：

$$\vec{D}(\vec{r}) = \frac{q}{4\pi} \cdot \frac{\vec{r}-\vec{r}'}{|\vec{r}-\vec{r}'|^3} \qquad (3-3-7)$$

式(3-3-7)中 $\vec{r}$ 是场点位置矢量。

同样可得离散多点电荷的电通密度公式：

$$\vec{D}(\vec{r}) = \sum_{j=1}^{N} \frac{q_j}{4\pi} \cdot \frac{\vec{r}-\vec{r}_j}{|\vec{r}-\vec{r}_j|^3} \qquad (3-3-8)$$

根据求解连续分布电荷电场同样的步骤，可得到分布电荷产生电通密度的表达式：

$$\vec{D}(\vec{r}) = \frac{1}{4\pi}\int_{V'}\rho_V(\vec{r}')\frac{\vec{r}-\vec{r}'}{|\vec{r}-\vec{r}'|^3}dV' \quad (\text{体分布电荷}) \qquad (3-3-9a)$$

$$\vec{D}(\vec{r}) = \frac{1}{4\pi}\int_{S'}\rho_S(\vec{r}')\frac{\vec{r}-\vec{r}'}{|\vec{r}-\vec{r}'|^3}dS' \quad (\text{面分布电荷}) \qquad (3-3-9b)$$

$$\vec{D}(\vec{r}) = \frac{1}{4\pi}\int_{L'}\rho_L(\vec{r}')\frac{\vec{r}-\vec{r}'}{|\vec{r}-\vec{r}'|^3}dL' \quad (\text{线分布电荷}) \qquad (3-3-9c)$$

同样，式(3-3-9)中使用了混合坐标系，带撇的坐标表示源的位置，而不带撇的坐标表示场的位置。

当电荷周围的空间存在介质时,关于电通量密度 $\vec{D}$ 的表达式(3-3-4)、式(3-3-7)、式(3-3-8)、式(3-3-9)不变;但电场和电通量密度的本构关系与式(3-3-6)不一样。在外界电场作用下电介质的性质在3.5节中具体讨论。

3.3.2 高斯定律

在坐标原点处点电荷所产生的电通量密度由式(3-3-4)给出,对式(3-3-4)的两边求散度可得 $\nabla \cdot \vec{D} = 0 (r > 0)$。这意味着在一个不包含原点的封闭曲面上对 $\vec{D}$ 求面积分等于零。从式(3-3-4)可以轻易地验证,在一个以原点为中心的封闭球面上对 $\vec{D}$ 求面积分等于 q。那么这是否暗示着在任意包含原点的封闭面上对 $\vec{D}$ 求面积分始终等于 q 呢?

为了解答这个问题,我们把由曲面 S 所包围的体分成两个部分:一个是以原点为中心的小球,另一个是在球和曲面 S 之间的剩余部分。因为在剩余部分表面上对 $\vec{D}$ 求面积分总是等于零,所以在曲面 S 上对 $\vec{D}$ 的面积分就等于在小球球面上对 $\vec{D}$ 的面积分。因此,就证明了在任意包含原点的封闭面上对 $\vec{D}$ 求面积分始终等于 q。把点电荷的电通量扩展到任意分布电荷的电通量,从而得到高斯定律:穿出一个封闭面的净通量等于该面所包围的总电荷。高斯定律的数学表达式为

$$\oint_S \vec{D} \cdot d\vec{S} = Q \qquad (3-3-10)$$

高斯定律也可以写成体电荷密度的形式:

$$\oint_S \vec{D} \cdot d\vec{S} = \int_V \rho_V dV \qquad (3-3-11)$$

式(3-3-11)中的 V 是封闭面 S 所包围的体积。

库仑定律是静电场中的基本定律,在任何时候都可以根据电荷分布来确定电场强度 $\vec{E}$;高斯定律对于确定具有某种对称性电荷分布所产生电通量密度 $\vec{D}$ 时非常方便。运用高斯定律,需要确定合适的封闭表面 S,该表面一般称为高斯面。需要指出的是,该面是数学意义上所假设的面,而非必须是实际存在的表面。在高斯面上对 $\vec{D}$ 求面积分可以简化为代数运算。选取的高斯面还需使得 $\vec{D}$ 在高斯面上大小恒定且方向垂直于高斯面($\vec{D} \cdot d\vec{S} = DdS = \text{Const.}$),或者 $\vec{D}$ 和一部分高斯面相切($\vec{D} \cdot d\vec{S} = 0$)。

为了获得微分形式的高斯定律(或者称为点形式的高斯定律),对式(3-3-11)的两边都除以一个体积元 ΔV,其表面为 S,并且在 $\Delta V \to 0$ 时取极限,得到:

$$\lim_{\Delta V \to 0} \frac{\oint_S \vec{D} \cdot d\vec{S}}{\Delta V} = \lim_{\Delta V \to 0} \frac{Q}{\Delta V} \qquad (3-3-12)$$

式(3-3-12)的左边是 $\vec{D}$ 的散度,而右边是电荷体密度,因此得到微分形式的高斯定律,即

$$\nabla \cdot \vec{D} = \rho_V \quad (\text{C/m}^3) \qquad (3-3-12)$$

当然,可以利用散度定理把微分形式的高斯定律再转化到积分形式的高斯定律。例如:

$$\int_V \nabla \cdot \vec{D} dV = \int_V \rho_V dV \qquad (3-3-13)$$

式(3-3-13)中体积 V 是任意取的,左边运用散度定律就可得到式(3-3-11)。

讨论1 离散点电荷的电通量密度的微分表达式。

离散点电荷有三种情况:第一种是位于坐标原点 $\vec{r}'=0$ 的点电荷;第二种是位于 $\vec{r}'\neq 0$ 的点电荷;第三种是位于 $\vec{r}'_j(j=1,2,\cdots,N)$ 的离散分布点电荷。当然,第三种情况是最一般的情况,其他两种情况仅是特例。这里就从第三种情况开始讨论。

对离散多点电荷电通量密度公式(3-3-8)两边直接求散度,可得:

$$\nabla \cdot \vec{D}(\vec{r}) = \nabla \cdot \sum_{j=1}^{N} \frac{q_j}{4\pi} \frac{\vec{r}-\vec{r}_j}{|\vec{r}-\vec{r}_j|^3} = \sum_{j=1}^{N} \frac{q_j}{4\pi} \nabla \cdot \frac{\vec{r}-\vec{r}_j}{|\vec{r}-\vec{r}_j|^3} \quad (3-3-14)$$

在式(3-3-14)中应用式(2-4-16),可得:

$$\nabla \cdot \vec{D}(\vec{r}) = \sum_{j=1}^{N} q_j \delta(\vec{r}-\vec{r}_j) \quad (3-3-15)$$

从式(3-3-15)可以看出,离散点电荷所产生的电通量密度的散度,只在存在电荷的位置存在散度源,而在其他地方都为零。

根据式(3-3-15)可以得到位于 $\vec{r}'$ 点电荷的电通量密度和位于原点处点电荷的电通量密度分别为

$$\nabla \cdot \vec{D}(\vec{r}) = q\delta(\vec{r}-\vec{r}') \quad (3-3-16)$$

$$\nabla \cdot \vec{D}(\vec{r}) = q\delta(\vec{r}) \quad (3-3-17)$$

讨论2 直接利用连续分布电荷电通量,密度公式推导高斯定律的微分形式。

对式(3-3-9a)的两边直接求散度,有

$$\nabla \cdot \vec{D}(\vec{r}) = \nabla \cdot \left[\frac{1}{4\pi}\int_{V'}\rho_V(\vec{r}')\frac{\vec{r}-\vec{r}'}{|\vec{r}-\vec{r}'|^3}dV'\right] =$$

$$\frac{1}{4\pi}\int_{V'} \nabla \cdot \left[\rho_V(\vec{r}')\frac{\vec{r}-\vec{r}'}{|\vec{r}-\vec{r}'|^3}\right]dV' =$$

$$\frac{1}{4\pi}\int_{V'} \rho_V(\vec{r}') \nabla \cdot \frac{\vec{r}-\vec{r}'}{|\vec{r}-\vec{r}'|^3}dV' =$$

$$\frac{1}{4\pi}\int_{V'} \rho_V(\vec{r}') 4\pi\delta(\vec{r}-\vec{r}')dV' =$$

$$\rho_V(\vec{r}) \quad (3-3-18)$$

式(3-3-18)中调换了散度和积分顺序,这是因为散度是对场点的运算,而积分是对源点的运算。式(3-3-18)还应用了式(2-4-16)和 δ 函数的积分性质。

虽然从讨论2可以看出,高斯定律可以直接应用矢量运算来导出,但其前提是有了电通量密度的计算公式。电通量密度的计算公式是在电场和电通量密度存在本构关系式(3-3-6)的基础上得到的;本构关系是通过静电感应实验推断的高斯定律而推断的。因此,根据静电感应而得到的高斯定律还是本源。应用高斯定律的积分形式(3-3-10)可以方便地求解具有某种对称性电荷分布所产生的电场或者电通量密度,应用的关键就是如何取高斯面。

例3-3-1 应用高斯定律求解在 z 轴上无限长带电导线的电场分布,导线上的线电荷密度为 ρ_{L_0}。

解
首先注意到该电荷分布是圆柱对称、z 轴上的移动对称和在任意水平轴上的翻转对称的,

因而可以推定其产生的场也必然具有这种对称性。在圆柱坐标系统,同时具有这三种对称性的场函数形式只能是 $\vec{D}=D_\rho(\rho)\hat{a}_\rho$。考虑到这些因素,我们取一个半径为 ρ_1,高度为 L 的圆柱体表面为高斯表面(见图 3-3-3)。

在圆柱的侧面 S_s 上微分面积矢量为 $\mathrm{d}\vec{S}=\rho_1\mathrm{d}\phi\mathrm{d}z\,\hat{a}_\rho$,因此

$$\vec{D}\cdot\mathrm{d}\vec{S}=D_\rho(\rho_1)\mathrm{d}\phi\mathrm{d}z$$

在底面 S_b 和顶面 S_t,微分面积矢量的方向和电通量密度的方向垂直,所以有

$$\vec{D}\cdot\mathrm{d}\vec{S}=0$$

净流出高斯面的电通量为:

$$\oint_S\vec{D}\cdot\mathrm{d}\vec{S}=\int_{S_s}\vec{D}\cdot\mathrm{d}\vec{S}+\int_{S_b}\vec{D}\cdot\mathrm{d}\vec{S}+\int_{S_t}\vec{D}\cdot\mathrm{d}\vec{S}=$$

$$\int_{\phi=0}^{2\pi}\int_{z=0}^{L}D_\rho(\rho_1)\mathrm{d}\phi\mathrm{d}z=2\pi D_\rho(\rho_1)\rho_{L_0}$$

$$(3-3-19)$$

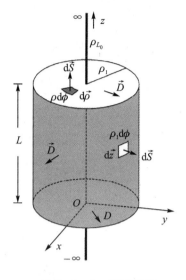

图 3-3-3 高斯表面

然后计算高斯面所包围的电荷:

$$Q=\int_{z'=0}^{z=L}\rho_{L_0}\mathrm{d}z'=\rho_{L_0}L \qquad(3-3-20)$$

根据式(3-3-19)、式(3-3-20)和高斯定律公式(3-3-10)可得:

$$D_\rho(\rho_1)=\frac{\rho_{L_0}}{2\pi\rho_1}\hat{a}_\rho$$

省略下标,通用化可得电通量密度和电场强度:

$$\vec{D}=D_\rho(\rho)\hat{a}_\rho=\frac{\rho_{L_0}}{2\pi\rho}\hat{a}_\rho$$

$$\vec{E}=D_\rho(\rho)\hat{a}_\rho=\frac{\rho_{L_0}}{2\pi\rho}\hat{a}_\rho \qquad(3-2-21)$$

该结论与式(3-2-22)相同。

3.4 电 势

在上一章中论述了根据库仑定律和高斯定律可以确定给定电荷分布的电场。库仑定律是一种直接的方法,它利用矢量加法;而高斯定律只能够应用于某些对称的电荷分布情况下。为了寻找一种间接计算电场的方法,这里根据电场力和所做功之间的关系来定义电势。电势是一个标量物理量,它可以根据电荷分布用更加简单的方法来求得。不仅如此,电势还有物理意义,它是在电场中用外力把一个单位正电荷从一点移动到另一点所做的功。它在边界值问题中也有重要作用。边界值问题是已知边界上电荷分布或者电势求解空间区域内电场的问题。

3.4.1 移动电荷所做的功

当空间存在电场时,如果我们需要把电荷从一个地方移动到另一个地方,那么就必须施加

外力来抵消电场力。考虑如下场景,在空间中存在电场 $\vec{E}$,把点电荷 q 沿着 $\vec{a}_L$ 方向移动,先计算电荷所受到的电场力为

$$\vec{F}_e = q\vec{E}$$

为了抵消电场力,必须在电荷上施加外力 $\vec{F}_{ext}$,该外力必须满足 $\vec{F}_{ext} + \vec{F}_e = 0$,因此:

$$\vec{F}_{ext} = -q\vec{E}$$

当把电荷在 $\vec{a}_L$ 方向上移动 dL 距离时,外力所做的功为

$$dW = \vec{F}_{ext} \cdot \vec{a}_L dL = -q(\vec{E} \cdot \vec{a}_L)dL \quad (3-4-1)$$

把 $d\vec{L} = \vec{a}_L dL$ 代入式(3-4-1)中,可得外力将电荷 q 移动 $d\vec{L}$ 所做的功为

$$dW = -q\vec{E} \cdot d\vec{L} \quad (3-4-2)$$

如果把电荷从 B 点移动到 A 点,那么外力所做的总功可以写成:

$$W = -q\int_B^A \vec{E} \cdot d\vec{L} \quad (3-4-3)$$

尽管功是一个标量,但它有正负:正的功表示的是外力所做的功,而负功表示的是电场力所做的功。

3.4.2 静电荷的电势

电势差 V_{A-B} 为外力把单位正电荷从 B 点移动到 A 点所做的功。在电场 $\vec{E}$ 中,A 和 B 两点之间的电势差为

$$V_{A-B} = -\int_B^A \vec{E} \cdot d\vec{L} \quad (3-4-4)$$

电势差的单位是伏特(V)。

电势(绝对电势)是指空间给定点和参考零点之间的电势差,参考零点一般选择在无穷远处。在具体系统中,参考零点可指定在一个点、一条线或者一个面上。因此,空间中给定点 A 处的电势为

$$V_A = -\int_\infty^A \vec{E} \cdot d\vec{L} \quad (3-4-5)$$

电势差可以用绝对电势来表示:

$$V_{A-B} = -\int_\infty^A \vec{E} \cdot d\vec{L} - \left(-\int_\infty^B \vec{E} \cdot d\vec{L}\right) = V_A - V_B \quad (3-4-6)$$

电势通常是位置的函数,它是一个标量场。

下面来确定位于坐标系原点的点电荷 q 的电势。

把式(3-2-3)代入式(3-4-5),可得点 $A:(r_1, \theta_1, \phi_1)$ 的电势:

$$V_A = -\int_\infty^A \frac{q}{4\pi\varepsilon_0 r^2}\hat{a}_r \cdot d\vec{L} = -\int_\infty^{r_1} \frac{q}{4\pi\varepsilon_0 r^2}dr = \frac{q}{4\pi\varepsilon_0 r_1} \quad (3-4-7)$$

这里使用了 $d\vec{L} = dr\hat{a}_r + rd\theta\hat{a}_\theta + r\sin\theta\hat{a}_\phi$。省略下标 1 得到在坐标原点处点电荷的电势公式:

$$V(r,\theta,\phi) = \frac{q}{4\pi\varepsilon_0 r} \quad (3-4-8)$$

从式(3-4-8)中可以看出:场点 $\vec{r}$ 处的电势只与场点和源点 $|\vec{r} - \vec{r}'|$ 的距离有关,而与积分

路径无关。把式(3-4-8)所示的结论推广到在$\vec{r}'$电荷所产生的电势，即

$$V(\vec{r}) = \frac{q}{4\pi\varepsilon_0 |\vec{r} - \vec{r}'|} \tag{3-4-9}$$

电势和电场一样满足叠加定理，因此 N 个分别位于 $\vec{r}_1, \vec{r}_2, \cdots, \vec{r}_N$ 的点电荷 $q_1, q_2, \cdots, q_N$ 所产生的电势为

$$V(\vec{r}) = \frac{1}{4\pi\varepsilon_0} \sum_{j=1}^{N} \frac{q_j}{|\vec{r} - \vec{r}_j|} \tag{3-4-10}$$

如果在 $N \to \infty$ 时取极限，用 $\rho_V(\vec{r}')\mathrm{d}V'$、$\rho_S(\vec{r}')\mathrm{d}S'$、$\rho_L(\vec{r}')\mathrm{d}L'$ 代替 q_j，就得到连续分布的电荷所产生的电势公式：

$$V(\vec{r}) = \frac{1}{4\pi\varepsilon_0} \int_{V'} \rho_V(\vec{r}') \frac{1}{|\vec{r} - \vec{r}'|} \mathrm{d}V' \quad (\text{体分布电荷}) \tag{3-4-11a}$$

$$V(\vec{r}) = \frac{1}{4\pi\varepsilon_0} \int_{S'} \rho_S(\vec{r}') \frac{1}{|\vec{r} - \vec{r}'|} \mathrm{d}S' \quad (\text{面分布电荷}) \tag{3-4-11b}$$

$$V(\vec{r}) = \frac{1}{4\pi\varepsilon_0} \int_{L'} \rho_L(\vec{r}') \frac{1}{|\vec{r} - \vec{r}'|} \mathrm{d}L' \quad (\text{线分布电荷}) \tag{3-4-11c}$$

注意式(3-4-8)、式(3-4-9)、式(3-4-10)和式(3-4-11)的电势公式都是取无穷远处为参考零点。

注意：点电荷的电势随着 $1/|\vec{r} - \vec{r}'|$ 变化，而电场强度随着 $1/|\vec{r} - \vec{r}'|^2$ 变化。

3.4.3 电场强度是电势的负梯度

自由空间中 $\vec{r}'$ 处点电荷 q 的电场为

$$\vec{E}(\vec{r}) = \frac{q}{4\pi\varepsilon_0} \frac{\vec{r} - \vec{r}'}{|\vec{r} - \vec{r}'|^3} \tag{3-4-12}$$

根据式(2-2-17)

$$\nabla \frac{1}{R} = -\frac{\vec{R}}{R^3} = -\frac{\vec{r} - \vec{r}'}{|\vec{r} - \vec{r}'|^3}$$

式(3-4-12)可以表示成：

$$\vec{E}(\vec{r}) = -\frac{q}{4\pi\varepsilon_0} \nabla \frac{1}{R} = -\nabla \left(\frac{q}{4\pi\varepsilon_0 |\vec{r} - \vec{r}'|} \right) \tag{3-4-13}$$

观察式(3-4-13)括号中的式子，该式就是点电荷的电势公式(3-4-10)。重写式(3-4-13)可得：

$$\vec{E}(\vec{r}) = -\nabla V(\vec{r}) \tag{3-4-14}$$

因此我们得到了电势和电场之间的重要关系：静电荷的电场强度是电势的负梯度。式(3-4-14)给了我们求解电场的另外一种途径，即可以先根据电荷分布求解电势，然后求电势的负梯度。

电势具有做功的物理意义，它是位置的光滑函数；否则，它的偏微分或者电场力就会随位置的出现突然变化。将电势场 $V(\vec{r})$，那么电势值等于同一个电势 V_0 的所有空间点组成的面，称为 V_0 等势面，该面总是垂直于电场线，这是因为在等势面上不做功，如图3-4-1所示。

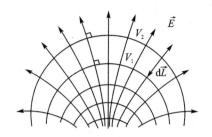

图 3-4-1 等势面垂直于电场线 $V_1 - V_2 = -\vec{E} \cdot d\vec{L}$

3.4.4 静电场是保守场

根据矢量恒等式 $\nabla \times \nabla V = 0$ 和 $\vec{E} = -\nabla V$，可以直接得到：

$$\nabla \times \vec{E} = 0 \tag{3-4-15}$$

取任意一个封闭线 C，封闭线围成的面为 S。对式(3-4-15)两边取面积分：

$$\int_S \nabla \times \vec{E} \cdot d\vec{S} = 0 \tag{3-4-16}$$

应用斯托克斯定律，式(3-4-16)变为

$$\oint_C \vec{E} \cdot d\vec{L} = 0 \tag{3-4-17}$$

式(3-4-15)和式(3-4-17)都表示静电场是保守场，这是静电场的一个基本性质。

静电场的保守性来源于静电场是一个标量势场 $V(\vec{r})$ 的负梯度。这就决定了：场空间中任意两点之间的电势差只与这两点位置有关，而与电场的线积分的路径选择无关。如图 3-4-2 所示，空间中的任意两点 A 和 B，任意取两条不同的路径①和②对静电场求线积分来计算电势差 $V_{A-B}^{①}$ 和 $V_{A-B}^{②}$，那么 $V_{A-B}^{①} = V_{A-B}^{②}$。

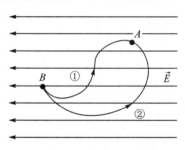

图 3-4-2 电势差与积分路径无关

证明

根据电势差的定义：

$$V_{A-B}^{①} = -\int_B^{①A} \vec{E} \cdot d\vec{L}$$

$$V_{A-B}^{②} = -\int_B^{②A} \vec{E} \cdot d\vec{L}$$

计算这两个不同路径的电势差的差为

$$V_{A-B}^{①} - V_{A-B}^{②} = -\int_B^{①A} \vec{E} \cdot d\vec{L} + \int_B^{②A} \vec{E} \cdot d\vec{L} =$$

$$\int_A^{①B} \vec{E} \cdot d\vec{L} + \int_B^{②A} \vec{E} \cdot d\vec{L} = \oint_C \vec{E} \cdot d\vec{L} = 0 \tag{3-4-18}$$

式(3-4-18)应用了式(3-4-17)。根据式(3-4-18)可得 $V_{A-B}^{①} = V_{A-B}^{②}$，得证。

需要注意的是，式(3-4-15)和式(3-4-17)只是对静电场成立；在时变条件下，在封闭路径上对 $\vec{E}$ 的线积分或者 $\vec{E}$ 的旋度都不等于零。

例 3 - 4 - 1 在 z 轴上无限长的带电导线,导线上的线电荷密度为 ρ_{L_0},求解 $A:(\rho_A,\phi_A,z_A)$ 和 $B:(\rho_B,\phi_B,z_B)$ 两点之间的电势差 V_{A-B}。

解

根据电势差的定义式(3-4-4)和电场式(3-2-21),计算电势差:

$$V_{A-B} = -\int_B^A \vec{E} \cdot \mathrm{d}\vec{L} = -\int_B^A \frac{\rho_{L_0}}{2\pi\rho}\hat{a}_\rho \cdot (\mathrm{d}\rho\,\hat{a}_\rho + \rho\mathrm{d}\phi\,\hat{a}_\phi + \mathrm{d}z\,\hat{a}_z) =$$

$$-\int_{\rho=\rho_B}^{\rho_A} \frac{\rho_{L_0}}{2\pi\rho}\mathrm{d}\rho = \frac{\rho_{L_0}}{2\pi}\ln\left(\frac{\rho_B}{\rho_A}\right) \tag{3-4-19}$$

式(3-4-19)中 ρ_A、ρ_B 分别是这两个点距导线的距离。

例 3 - 4 - 2 参考例 3-2-3 和图 3-2-3,计算在自由空间位于坐标原点电偶极子的电势和电场。

解

根据多电荷电势的定义式(3-4-10),即正负电荷和场点的距离,可得:

$$V(\vec{r}) = \frac{q}{4\pi\varepsilon_0|\vec{r}-\vec{r}^+|} + \frac{-q}{4\pi\varepsilon_0|\vec{r}-\vec{r}^-|} \tag{3-4-20}$$

远场的假设的条件是 $r \gg d$,$|\vec{R}^+|^{-1}$ 和 $|\vec{R}^-|^{-1}$ 可以分别作如下近似:

$$|\vec{R}^+|^{-1} = |\vec{r}-\vec{r}^+|^{-1} = [r^2+(d/2)^2-rd\cos\theta]^{-1/2} = r^{-1}[1+(d/2r)^2-(d/r)\cos\theta]^{-1/2} \approx$$

$$r^{-1}\left(1+\frac{d}{2r}\cos\theta\right) \tag{3-4-21a}$$

式(3-4-21a)中省略了二阶小量 $(d/2r)^2$,并且使用了近似式 $(1+a)^x \approx 1+ax$($|a| \ll 1$,x 为实数)。同理可得:

$$|\vec{R}^-|^{-1} = |\vec{r}-\vec{r}^-| \approx r^{-1}\left(1-\frac{d}{2r}\cos\theta\right) \tag{3-4-21b}$$

把式(3-4-21)代入式(3-4-20)中并整理可得:

$$V(\vec{r}) = \frac{qd\cos\theta}{4\pi\varepsilon_0 r^2} \tag{3-4-22}$$

这里我们定义电偶极矩 $\vec{p} = q\vec{d}$,这里 $\vec{d}$ 是从负电荷指向正电荷的长度矢量,矢量的幅度为负电荷和正电荷之间的距离。注意到在本例中电偶极矩的方向为 $\hat{a}_z$,所以电偶极矩为 $\vec{p} = qd\,\hat{a}_z$,在球坐标系中场点位置矢量的方向为 $\hat{a}_r$。根据直角坐标系和球坐标系中基矢量之间的关系,可知 $\vec{p} \cdot \hat{a}_r = qd\,\hat{a}_z \cdot \hat{a}_r = qd\cos\theta$,把该结论代入偶极子电势场公式(3-2-22)中,可得到点偶极子电势的矢量通用表达式:

$$V(\vec{r}) = \frac{\vec{p} \cdot \hat{a}_r}{4\pi\varepsilon_0 r^2} \tag{3-4-23}$$

对电势求负梯度可得电场:

$$\vec{E}(\vec{r}) = -\nabla V = -\left(\frac{\partial}{\partial r}\hat{a}_r + \frac{1}{r}\frac{\partial}{\partial \theta}\hat{a}_\theta + \frac{1}{r\sin\theta}\frac{\partial}{\partial \phi}\hat{a}_\phi\right)\left(\frac{qd\cos\theta}{4\pi\varepsilon_0 r^2}\right)$$

在原点处的电偶极子的电场为

$$\vec{E}(\vec{r}) = \frac{q}{4\pi\varepsilon_0 r^3}[2\cos\theta\,\hat{a}_r + \sin\theta\,\hat{a}_\theta] \tag{3-4-24}$$

对比式(3-4-23)和式(3-4-24)可以看出:电偶极子的电势随着距离的平方衰减,而电场强度随着距离的三次方衰减。

根据式(3-4-23)和式(3-4-24)在 yz 平面上分别画出等势面和电场线。从图 3-4-3 中可以看出等势线和电场线两者始终垂直。注意到在 $z=0$ 的平面内($\theta=90°$时),电势 $V=0$ ($\cos\theta=0$)。

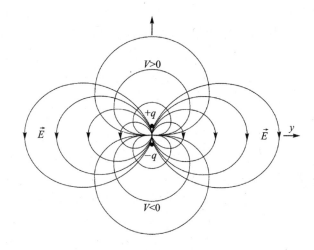

图 3-4-3 电偶极子的电场线和等势面

例 3-4-3 在自由空间中,证明:

$$\nabla^2 V = -\frac{\rho_V}{\varepsilon_0} \tag{3-4-25}$$

证明

$$\nabla^2 V = \nabla \cdot \nabla V = \nabla \cdot (-\vec{E}) = -\frac{\nabla \cdot \vec{D}}{\varepsilon_0} = -\frac{\rho_V}{\varepsilon_0}$$

式(3-4-25)可以扩展到一般介质中,只需要把 ε_0 换成具体物质的介电常数 ε,于是有

$$\nabla^2 V = -\frac{\rho_V}{\varepsilon} \tag{3-4-26}$$

式(3-4-26)中物质的介电常数 ε 在 3.5 节中具体介绍。

3.5 静电场中的电介质

前面我们都是在自由空间中讨论静电场,现在讨论在外部电场作用下的物质。在原子模型中,物质是大量原子在自由空间中的排列和集结。在原子壳模型中,电子以有序的方式在原子核各层中运动。最外层的电子,也称为价电子,决定了物质的电特性。根据电特性的不同,把物质分为三类:导体、半导体和绝缘体。在导体中,价电子的结合力非常弱,因而电子可以脱离原子而在原子之间转移。这些电子称为自由电子或者导电电子。当有外界电场存在时,自由电子会在原子的空隙处被加速,直到和物质中的杂质或者原子相碰撞而向各个方向飞散。每个电子都会在外电场的作用下重复着加速和碰撞飞散的过程,但从宏观角度看自由电子会有一个恒定的平均移动速度,从而形成导体中的稳恒(直流)导体电流。在绝缘体或者称为电介质中,价电子所受的原子力很强,在外界中等强度电场作用下,电子无法摆脱原子。然而,外部的力使得价电子相对于较重的带正电荷的原子核发生偏移,这种微观效应会在宏观上表现出物质边界上产生束缚的电荷。尽管这些束缚电荷不能够形成导体电流,但它们形成了物质中的电偶极子。电偶极子的存在会产生电场。半导体中包含相对少量的自由电荷,因而其导电性介于导体和半导体之间。

在正常情况下电介质的原子是电中性,但当存在外部电场时,物质中就会被激发出电偶极子。在宏观尺度上,电偶极子的离散特性可以被忽略,所有电偶极子产生电场的总和形成极化电场。极化电场总是和外部电场的方向相反,由两者叠加形成的物质的内部场总是小于外部电场。外电场和内电场的比值定义为物质的相对介电常数。该常数是表征物质电特性的特征参数。

即使在没有外部电场的情况下,一些电介质的极化分子也存在天然的电偶极矩。电偶极矩来源于一个分子中不同原子非等量的共享价电子。例如水分子就是极化分子,其中每个氢氧对构成极化共价键。当不存在外界电场时,极化分子是随机朝向的,因而在物质中不存在净的电偶极矩。然而当存在外界电场时,分子电偶极矩按电场方向排列,在物质中产生了净的电偶极矩。而当外界电场消失时,非极化分子回到原来的中性状态,而极化分子回到原来的随机分布状态。

3.5.1 电极化

一个电偶极子由间隔微小距离 d 的两个极性相反电荷 $+q$ 和 $-q$ 组成。定义偶极矩为

$$\vec{p} = q\vec{d} \quad (\text{C} \cdot \text{m}) \quad (3-5-1)$$

式(3-5-1)中 $\vec{d}$ 是一个从 $-q$ 所在位置指向 $+q$ 所在位置的矢量。宏观尺度上,可以忽略电偶极矩本质上是离散的特性,这样就可以方便地定义电极化矢量(也称电偶极矩密度):

$$\vec{P}(\vec{r}) = \lim_{\Delta V \to 0} \frac{1}{\Delta V} \sum_{j=1}^{n\Delta V} \vec{p}_j \quad (\text{C} \cdot \text{m})^2 \quad (3-5-2)$$

式(3-5-2)中,n 是电偶极子的密度(单位体积中的电偶极子个数);ΔV 是以 $\vec{r}$ 为中心的体积元。尽管在 ΔV 中电偶极矩 $\vec{p}_j$ 都是离散的,但 $\vec{P}(\vec{r})$ 是位置的光滑函数。

电极化矢量会在电介质表面产生极化表面电荷。在图 3-5-1 中,电介质在外部电场的激励下产生了电偶极子。电偶极子的电偶极矩的方向为 $\hat{a}_P$,它和介质外表面法向矢量 $\hat{a}_n$ 的夹角为 θ。在图中,黑点表示电偶极子的中心,+和-代表电偶极子的正负电荷,正负电荷相距 d。为了讨论问题的方便,把电介质分成厚度为 $1/2 d\cos\theta$ 的不同层。从图 3-5-1(a)中可以看出,第二层中包含等量的正电荷和负电荷,它们分别是来自第三层和第一层中的电偶极子。相反,从图 3-5-1(b)中可以看出,在第一层和自由空间中有净的正电荷,它们分别来自于第一层或者第二层。第一层和自由空间中的正电荷组成了电介质的表面电荷。

在电介质表面的一个面积元 ΔS 上包含的静电荷量为

$$\Delta Q = qn(d\Delta S\cos\theta) =$$
$$qnd\Delta S \hat{a}_P \Delta \hat{a}_n = \vec{P} \Delta \hat{a}_n \Delta S \quad (3-5-3)$$

式(3-5-3)括号中的项表示的是体积,包括第一层和第二层两层;q 是电偶极子的电荷量;n 是电偶极子的密度,电极化矢量为 $\vec{P}=(qnd)\hat{a}_P$。把式(3-5-3)中的两边同时除以 ΔS,并当

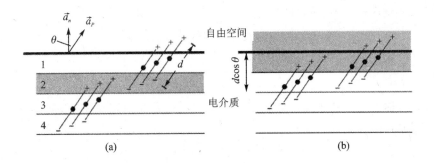

图 3-5-1 电极化矢量所诱发的极化表面电荷

$\Delta S \to 0$ 时求极限,可以定义极化面电荷密度:

$$\rho_{PS} \equiv \vec{P} \cdot \hat{a}_n \quad (3-5-4)$$

式(3-5-4)中 $\vec{P}$ 是电极化矢量,$\hat{a}_n$ 是电介质表面的外法向单位矢量。在电介质表面上总的极化表面电荷为

$$Q_{PS} = \oint_S \rho_{PS} \mathrm{d}S = \oint_S \vec{P} \cdot \hat{a}_n \mathrm{d}S = \oint_S \vec{P} \cdot \mathrm{d}\vec{S} \quad (3-5-5)$$

式(3-5-5)中 S 是电介质的表面。

因为电介质是电中性的,没有净电荷存在,所以极化表面电荷 Q_{PS} 和电介质内部的体电荷 Q_{PV} 必须互相抵消,也就是:

$$Q_{PV} = -Q_{PS} = -\oint_S \vec{P} \cdot \mathrm{d}\vec{S} = \int_V -\nabla \cdot \vec{P} \mathrm{d}V \quad (3-5-6)$$

式(3-5-6)中应用了散度定理。根据式(3-5-6)中的体积分,定义极化体电荷密度 ρ_{PV} 为

$$\rho_{PV} = -\nabla \cdot \vec{P} \quad (\mathrm{C/m^3}) \quad (3-5-7)$$

如果电介质中电极化矢量 $\vec{P}$ 是常数,即 $\nabla \cdot \vec{P} = 0$,那么在电介质内部就有 $\rho_{PV} = 0$,极化表面电荷和极化体电荷都等于零,即 $Q_{PV} = 0 = Q_{PS}$。尽管净极化体电荷和极化表面电荷可能为零,但是在电介质表面的极化表面电荷密度 ρ_{PS} 一般不为零。

极化表面电荷密度 ρ_{PS} 和极化体电荷密度 ρ_{PV} 都会在电介质中产生极化电场:

$$\vec{E}_P = \frac{1}{4\pi\varepsilon_0} \oint_{S'} \frac{\rho_{PS'}}{R^2} \hat{a}_R \mathrm{d}S' + \frac{1}{4\pi\varepsilon_0} \int_{V'} \frac{\rho_{PV'}}{R^2} \hat{a}_R \mathrm{d}V' \quad (3-5-8)$$

这里 R 和 $\hat{a}_R$ 分别是 $\vec{R} = \vec{r} - \vec{r}'$ 矢量的大小和单位矢量。式(3-5-8)中使用了 ε_0,意味着极化表面电荷密度 ρ_{PS} 和极化体电荷密度 ρ_{PV} 都是在自由空间中产生的极化电场 $\vec{E}_P$。

3.5.2 介电常数

假设电介质中分布着自由电荷,其体电荷密度 ρ_V,它所产生的静电场作为外电场。该外电场会在电介质内部激发出电极化矢量 $\vec{P}$ 和极化体电荷密度 ρ_{PV}。由 ρ_V 产生的外部电场和由 ρ_{PV} 产生的极化电场两者构成了电介质内部的总电场。根据高斯定律,可知内部电场和电介质中总电荷的关系:

$$\nabla \cdot (\varepsilon_0 \vec{E}) = \rho_V + \rho_{PV} = \rho_V - \nabla \cdot \vec{P} \quad (3-5-9)$$

这里使用了式(3-5-7)。需要注意的是,计算内部场时,认为自由电荷和电解质极化电荷都

在自由空间。重写式(3-5-9),可得:

$$\nabla \cdot (\varepsilon_0 \vec{E} + \vec{P}) = \rho_V \qquad (3-5-10)$$

重新定义电介质中的电通量密度 $\vec{D}$ 为

$$\vec{D} = \varepsilon_0 \vec{E} + \vec{P} \quad (C/m^2) \qquad (3-5-11)$$

它的另一名称为电位移密度。如果用式(3-5-11)定义电通量密度,那么电介质中的高斯定律可以写成:

$$\nabla \cdot \vec{D} = \rho_V \quad (C/m^3) \qquad (3-5-12)$$

需要指出的是,式(3-5-12)中 $\vec{D}$ 是电介质中的电通量密度,它只与外部注入到电介质中的自由电荷体密度 ρ_V 有关,而与极化体电荷无关。因此,高斯定律与电介质无关。应用散度定理,可得高斯定律的积分形式:

$$\oint_S \vec{D} \cdot d\vec{S} = Q \qquad (3-5-13)$$

高斯定律强调的是穿出一个封闭曲面的净电通量等于这个封闭曲面所包围的净电荷,而不管电荷周围的物质如何。

在均匀、线性和各向同性的电介质(也称简单介质)中,电极化矢量正比于物质中的电场,即

$$\vec{P} = \varepsilon_0 \chi_e \vec{E} \quad (C/m^2) \qquad (3-5-14)$$

式(3-5-14)中 ε_0 是自由空间的介电常数,常数 χ_e 称为电极化率。通常,χ_e 可能会随着位置的改变而改变(非均匀),或者与电场 $\vec{E}$ 的幅度(非线性)和方向有关(各向异性)。在本书中,我们只处理 χ_e 为常数的简单介质,且它与电场 $\vec{E}$ 的大小和方向都无关。把式(3-5-14)代入式(3-5-11)中可得:

$$\vec{D} = \varepsilon_0 (1 + \chi_e) \vec{E} = \varepsilon_0 \varepsilon_r \vec{E} \quad (C/m^2) \qquad (3-5-15)$$

式(3-5-15)引入了电介质的相对介电常数 ε_r 和介电常数 ε:

$$\varepsilon_r = 1 + \chi_e \qquad (3-5-16)$$

$$\varepsilon = \varepsilon_0 \varepsilon_r \qquad (3-5-17)$$

于是电介质中电场和电通量密度的本构关系可表示为

$$\vec{D} = \varepsilon \vec{E} \qquad (3-5-18)$$

介电常数是物质电特性的一个重要参数。如果一个物质的相对介电常数 ε_r 给定,那么根据式(3-5-16)就可以算出的电极化系数 $\chi_e = \varepsilon_r - 1$。

参考图3-5-2,一个电介质放置在外电场 $\vec{E}_0$ 中。尽管所激发出的电极化矢量 $\vec{P}$ 的方向和电场方向一致,但由电极化矢量所产生的极化电场和外部电场相反,使得介质内部总场小于外部电场。相对介电常数就是外部电场和介质内电场之间的比例关系。越大的相对介电常数意味着该物质的原子越容易被电极化,产生更强的极化电场,使得介质内部的电场越小。

例3-5-1 半径为 a、相对介电常数为 ε_r 的绝缘球体,球心处有一个电量为 q 的点电荷。求:

(a) 空间内每一点的 $\vec{D}$、$\vec{E}$、$\vec{P}$;

(b) 绝缘球的 ρ_{PV} 和 ρ_{PS};

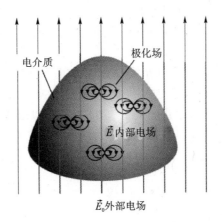

图 3-5-2 内部电场等于外部电场和极化电场的和

(c) 极化电荷。

解

(a) 根据高斯定律,在球体内外的电通量密度为

$$\vec{D} = \frac{q}{4\pi r^2} \hat{a}_r \tag{3-5-19}$$

因而,在球体内外的电场强度为

$$\vec{E} = \frac{q}{4\pi \varepsilon_0 \varepsilon_r r^2} \hat{a}_r, \qquad r < a \tag{3-5-20a}$$

$$\vec{E} = \frac{q}{4\pi \varepsilon_0 r^2} \hat{a}_r, \qquad r > a \tag{3-5-20b}$$

在球体内外的极化矢量为

$$\vec{P} = \varepsilon_0 \chi_e \vec{E} = \frac{q(\varepsilon_r - 1)}{4\pi \varepsilon_r r^2} \hat{a}_r, \qquad r < a \tag{3-5-21a}$$

$$\vec{P} = 0, \qquad r > a \tag{3-5-21b}$$

(b) 根据式(3-5-7),求得体内极化体电荷密度为

$$\rho_{PV} = -\nabla \cdot \vec{P} = -\frac{(\varepsilon_r - 1)}{\varepsilon_r} \delta(\vec{r}) \tag{3-5-22}$$

式(3-5-22)中用了 $\nabla \cdot (\hat{a}_r/r^2) = 4\pi\delta(\vec{r})$。式(3-5-22)表明在 $0 < r < a$ 的区域内不存在极化体电荷,而在 $r=0$ 的球心处存在极化电荷。

绝缘体外表面的极化面电荷密度为

$$\rho_{PS} = \vec{P} \cdot \hat{a}_n = \frac{q(\varepsilon_r - 1)}{4\pi \varepsilon_r r^2} \hat{a}_r \cdot \hat{a}_r = \frac{q(\varepsilon_r - 1)}{4\pi \varepsilon_r r^2} \tag{3-5-23}$$

(c) 对式(3-5-22)在包含 $r=0$ 的邻域求体积分,可求得在圆心的极化体电荷:

$$\int_{r=0^+ 球体} -\frac{(\varepsilon_r - 1)}{\varepsilon_r} \delta(\vec{r}) \mathrm{d}V = -\frac{(\varepsilon_r - 1)q}{\varepsilon_r} \tag{3-5-24a}$$

对式(3-5-23)在 $r=a$ 的球面上求面积分,得到球体表面的极化面电荷为

$$\oint_{r=a 球面} \frac{q(\varepsilon_r - 1)}{4\pi \varepsilon_r a^2} \mathrm{d}S = \frac{(\varepsilon_r - 1)q}{\varepsilon_r} \tag{3-5-24b}$$

讨论 1 绝缘体上的极化电荷总和等于零。

从式(3-5-24a)和式(3-5-24b)可以看出,两者相加等于零,说明绝缘体总体不带电荷。

讨论 2 极化电荷的存在,减小了电介质内的电场,而在介质外部不产生影响。

原先在原点处存在自由电荷 q,产生的外部电场导致在球心和球体表面出现了极化电荷。如果把自由电荷和极化电荷都看成自由空间的电荷,同样可以求得球体内和球体外的电荷为

$$\vec{E} = \frac{q - \frac{(\varepsilon_r - 1)q}{\varepsilon_r}}{4\pi\varepsilon_0 r^2} \hat{a}_r = \frac{q}{4\pi\varepsilon_0\varepsilon_r r^2} \hat{a}_r, \qquad r < a \qquad (3-5-25a)$$

$$\vec{E} = \frac{q - \frac{(\varepsilon_r - 1)q}{\varepsilon_r} + \frac{(\varepsilon_r - 1)q}{\varepsilon_r}}{4\pi\varepsilon_0 r^2} \hat{a}_r = \frac{q}{4\pi\varepsilon_0 r^2} \hat{a}_r, \qquad r > a \qquad (3-5-25b)$$

3.6 静电场的边界条件

至此,我们已得到了静电场的两个基本关系:$\oint_S \vec{D} \cdot d\vec{S} = Q$ 和 $\oint_C \vec{E} \cdot d\vec{L} = 0$,它们分别是静电场的高斯定律和静电场的保守性。根据亥姆霍兹定理,我们可利用这两个基本关系的微分形式来确定任意物质中的静电场。高斯定律可以适用于任何物质,因为高斯定律中 $\vec{D}$ 是重新在具体物质中定义的,它已经考虑了物质的电极化特性;而 $\vec{E}$ 的保守性与具体物质无关,它本质上是由能量守恒决定的。

在均匀介质中,静电场是空间位置的光滑函数,意味着电场 $\vec{E}$ 的方向和大小都不能从一点到另一点而突然变化。这是很显然的,因为点电荷产生的电场是光滑的并且静电场满足叠加原理。但是,在介电常数不相同的两个物质分界面上的电场不是这种情况。在分界面上的电场 $\vec{E}$ 和电通量密度 $\vec{D}$ 满足的条件称为边界条件。

为了获得 $\vec{E}$ 和 $\vec{D}$ 的边界条件,让我们来考虑如图 3-6-1 所示的场景,分界面两侧物质的介电常数分别为 ε_1 和 ε_2。首先计算沿着矩形路径 $abcda$ 对 $\vec{E}$ 进行环路积分。这里假设在积分路径的上面边和下面边上的电场分别为 $\vec{E}_1$ 和 $\vec{E}_2$。当 Δh 趋于零时,$\vec{E}_1$ 和 $\vec{E}_2$ 分别代表分界面两侧的电场强度。根据静电场 $\vec{E}$ 的保守性,对 $\vec{E}$ 进行封闭线积分必须等于零,即

$$\oint_{abcd} \vec{E} \cdot d\vec{L} = \int_a^b \vec{E} \cdot d\vec{L} + \int_b^c \vec{E} \cdot d\vec{L} + \int_c^d \vec{E} \cdot d\vec{L} + \int_d^a \vec{E} \cdot d\vec{L} =$$

$$E_{1t}\Delta w + \int_b^c \vec{E} \cdot d\vec{L} + (-E_{2t})\Delta w + \int_d^a \vec{E} \cdot d\vec{L} = 0 \qquad (3-6-1)$$

这里 t 代表切向分量。当 Δh 趋于零时,对积分路径中左右边,bc 和 da 的积分项都趋于零。因此式(3-6-1)会变成:

$$E_{1t}\Delta w + (-E_{2t})\Delta w = 0$$

从而得到分界面两边 $\vec{E}$ 的切向分量满足:

$$E_{1t} = E_{2t} \qquad (\text{V/m}) \qquad (3-6-2)$$

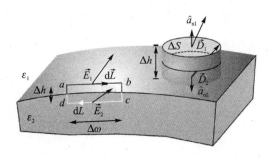

图 3-6-1 介电常数分别为 ε_1 和 ε_2 的两个物质形成的分界面

两个不同电介质分界面两侧的电场 $\vec{E}$ 的切向分量连续。把式(3-5-18)应用到式(3-6-2)中,可得:

$$\frac{D_{1t}}{\varepsilon_1} = \frac{D_{2t}}{\varepsilon_2} \tag{3-6-3}$$

两个不同电介质分界面两侧的电通量密度 $\vec{D}$ 的切向分量不连续。

然后在一个圆柱封闭面上应用高斯定律。场景如图 3-6-1 所示,圆柱的截面积为 ΔS,高为 Δh,并假设圆柱底面和顶面上的电通量密度分别为 $\vec{D}_1$ 和 $\vec{D}_2$。当 Δh 趋于零时,$\vec{D}_1$ 和 $\vec{D}_2$ 代表分界面两侧的电通量密度。对 $\vec{D}$ 在圆柱面上的面积分必须等于分界面上的总电荷,即

$$\oint_S \vec{D} \cdot d\vec{S} = \int_{top} \vec{D} \cdot d\vec{S} + \int_{bottom} \vec{D} \cdot d\vec{S} + \int_{side} \vec{D} \cdot d\vec{S} = \\ D_{1n}\Delta S - D_{2n}\Delta S + \int_{side} \vec{D} \cdot d\vec{S} = \rho_S \Delta S \tag{3-6-4}$$

这里下标 n 代表法向分量。在式(3-6-4)中,ρ_S 是分界面上的净面电荷密度,因此当 Δh 趋于零时,$\rho_S \Delta S$ 就是圆柱面所包围的总电荷。当 Δh 趋于零时,在圆柱侧面上对 $\vec{D}$ 求面积分等于零。因而式(3-6-4)会变成:

$$D_{1n}\Delta S - D_{2n}\Delta S = \rho_S \Delta S$$

从而得到分界面两边 $\vec{D}$ 的切向分量满足:

$$D_{1n} - D_{2n} = \rho_S \tag{3-6-5}$$

当分界面上没有面电荷时,即 $\rho_S = 0$,那么可得:

$$D_{1n} = D_{2n} \tag{3-6-6}$$

当分界面上没有面电荷时,两个不同物质分界面两侧的电通量密度 $\vec{D}$ 的法向分量连续。把式(3-5-18)应用到式(3-6-6)时,电场法向分量的边界条件为

$$\varepsilon_1 E_{1n} = \varepsilon_2 E_{2n} \tag{3-6-7}$$

两个不同物质分界面两侧的电场 $\vec{E}$ 的法向分量不连续。

例 3-6-1 矢量 $\vec{E}_1$ 和 $\vec{E}_2$ 分别表示两个介质分界面上的电场强度,这两个介质的介电常数分别为 ε_1 和 ε_2,分界面上不存在自由电荷。根据 E_1、ε_1、ε_2 和 θ_1,求解 E_2 和 θ_2,如图 3-6-2 所示。

解

$\vec{E}_1$ 的法向和切线分量分别为

$$E_{1n} = E_1 \cos\theta_1, \quad E_{1t} = E_1 \sin\theta_1$$

在分界面两边切向电场强度连续,因此有

$$E_{2t} = E_{1t} = E_1 \sin\theta_1 \quad (3-6-8)$$

在分界面两边法向电通量密度连续,因此有

$$D_{2n} = D_{1t} = \varepsilon_1 E_{1n} = \varepsilon_1 E_1 \cos\theta_1 \quad (3-6-9)$$

根据 $D_{2n} = \varepsilon_2 E_{2n}$,重写式(3-6-9),可得:

$$E_{2n} = \frac{\varepsilon_1}{\varepsilon_2} E_1 \cos\theta_1 \quad (3-6-10)$$

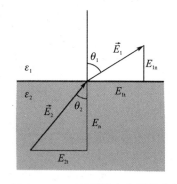

图 3-6-2 两相邻电介质的分界面

根据式(3-6-8)和式(3-6-10),可得:

$$E_2 = \sqrt{(E_{2t})^2 + (E_{2n})^2} = E_1 \sqrt{\sin^2\theta_1 + (\varepsilon_1/\varepsilon_2)^2 \cos^2\theta_1} \quad (3-6-11)$$

$\vec{E}_2$ 和法向夹角 θ_2 为

$$\theta_2 = \arctan\frac{E_{2t}}{E_{2n}} = \arctan\left(\frac{\varepsilon_2}{\varepsilon_1}\tan\theta_1\right) \quad (3-6-12)$$

重写式(3-6-12)可得:

$$\frac{\tan\theta_1}{\tan\theta_2} = \frac{\varepsilon_1}{\varepsilon_2} \quad (3-6-13)$$

从式(3-6-13)可以看出:当 $\varepsilon_1 > \varepsilon_2$ 时,$\theta_1 > \theta_2$。

3.7　静电场中的理想导体

尽管导体中存在大量的自由电子,但在通常情况下它还是电中性的。自由电子所带的负电荷被离子化的晶格原子所带的正电荷所抵消,因此在导体上没有净电荷存在。在没有外部电场存在时,自由电子会被导体中的杂质或者缺陷晶格所碰撞而向各个方向散射。因此,在导体中自由电子不存在净的运动。但是当存在外部电场时,自由电子会在平均碰撞时间内得到净的速度,从而在导体中产生导体电流。电导率是衡量导体在外部电场作用下产生导体电流能力的指标。理想导体的电导率无穷大,而理想电介质的电导率为零。

如果净外部电荷被注入到理想导体上,电荷会分布到导体边界面上,确保导体内部没有电场。否则,内部电场将会产生无穷大的电流,这些电流又会使得电荷重新分布直到导体内部不存在电场。在理想导体中:

$$\vec{E} = 0 \quad (3-7-1)$$
$$\rho_V = 0 \quad (3-7-2)$$

这里 ρ_V 是指导体内的净体电荷密度。

参考图 3-6-1,考虑如下场景:分界面上方的物质1是电介质(或者自由空间),分界面下方的物质2是理想导体。根据理想导体中电场等于零,可知 $E_{2t} = 0$ 和 $D_{2n} = 0$。

根据分界面两边切向电场强度连续条件,$E_{1t} = E_{2t}$ 和 $E_{2t} = 0$,可得:

$$E_{1t} = 0 \quad (3-7-3)$$

式(3-7-3)表明:在理想导体表面上电场的切向分量总等于零。这意味着沿着导体表面移动电荷时不做功。理想导体表面是一个等势面。

根据分界面两边电通量密度之差等于分界面上电荷面密度条件 $D_{1n}-D_{2n}=\rho_S$ 和 $D_{2n}=0$，可得：

$$D_{1n} = \rho_S \tag{3-7-4}$$

式(3-7-4)表明：理想导体表面上电通量密度 $\vec{D}$ 的法向分量等于导体上的面电荷密度。需要注意的是，式(3-7-4)中 ρ_S 是导体上自由的面电荷密度，不包括电解质上的极化电荷。

3.8 静电场的势能

前面已经介绍过，空间某点的电势等于克服电场力把单位正电荷从无穷远处移到该点外力所做的功。换句话说，电荷电量和电势的乘积就是该电荷在该点所具有的势能。为了让电荷保持在一点上，必须施加一个诸如机械力等的外力来平衡电荷所受到的电场力。如果去除外力，那么势能就会转化为电荷的动能，它会加速该电荷让它回到无穷远处。把这个思想扩展到电荷系统中，建立电荷系统所做的功等于电荷系统内部的势能。

为了计算由同极性电荷组成的电荷系统的势能，可把每个电荷从无穷远处移动当前位置所做的功累加起来。当把第一个电荷 q_1 从无穷远处移动到自由空间中一点，不需要做功，即

$$W_1 = 0 \tag{3-8-1}$$

当移动第二个电荷 q_2 到电荷 q_1 的附近时，就必须克服电荷 q_1 所产生的电场力，这过程中消耗的能量为

$$W_2 = q_2 \left(\frac{q_1}{4\pi\varepsilon_0 R_{2-1}} \right) \tag{3-8-2}$$

这就是 q_2 和电荷 q_1 所产生电势的乘积。式(3-8-2)中 $R_{2-1}=|\vec{R}_{2-1}|=|\vec{r}_2-\vec{r}_1|$，即从点 1 ($q_1$ 所在位置) 到点 2 (q_2 所在位置)的距离矢量，显然 $R_{1-2}=|\vec{R}_{1-2}|=|\vec{r}_1-\vec{r}_2|=R_{2-1}$。因此式(3-8-2)也可写成：

$$W_2 = \frac{1}{2} \cdot \frac{q_2 q_1}{4\pi\varepsilon_0 R_{2-1}} + \frac{1}{2} \cdot \frac{q_1 q_2}{4\pi\varepsilon_0 R_{1-2}} \tag{3-8-3}$$

和计算 W_2 同样的思路，为了克服由 q_1 和 q_2 的电场力，把电荷 q_3 移动来需要消耗的能量为

$$W_3 = q_3 \left(\frac{q_1}{4\pi\varepsilon_0 R_{3-1}} + \frac{q_2}{4\pi\varepsilon_0 R_{3-2}} \right) =$$
$$\frac{1}{2} \left(\frac{q_3 q_1}{4\pi\varepsilon_0 R_{3-1}} + \frac{1}{2} \cdot \frac{q_3 q_2}{4\pi\varepsilon_0 R_{3-2}} \right) + \frac{1}{2} \cdot \left(\frac{q_1 q_3}{4\pi\varepsilon_0 R_{1-3}} + \frac{1}{2} \cdot \frac{q_2 q_3}{4\pi\varepsilon_0 R_{2-3}} \right) \tag{3-8-4}$$

同样，W_3 是电荷 q_3 和 q_1、q_2 产生的电势和的乘积。式(3-8-4)中使用了 $R_{a-b}=R_{b-a}$。接着我们把 W_1、W_2 和 W_3 加起来得到建立由这三个电荷组成电荷系统所消耗的总能量：

$$W_1 + W_2 + W_3 = \frac{q_1}{2} \left(\frac{q_2}{4\pi\varepsilon_0 R_{1-2}} + \frac{q_3}{4\pi\varepsilon_0 R_{1-3}} \right) + \frac{q_2}{2} \left(\frac{q_1}{4\pi\varepsilon_0 R_{2-1}} + \frac{q_3}{4\pi\varepsilon_0 R_{2-3}} \right) +$$
$$\frac{q_3}{2} \left(\frac{q_1}{4\pi\varepsilon_0 R_{3-1}} + \frac{q_2}{4\pi\varepsilon_0 R_{3-2}} \right) = \frac{1}{2} (q_1 V_1 + q_2 V_2 + q_3 V_3) \tag{3-8-5}$$

式(3-8-5)中三个括号里的项分别代表 q_1、q_2 和 q_3 三个电荷所在位置处的电势 U_1、U_2 和 U_3。

按照同样的思路,可以得到由 N 个电荷的电荷系统的总储能为

$$W_E = \frac{1}{2}\sum_{j=1}^{N} q_j U_j \quad (\text{J}) \tag{3-8-6}$$

式(3-8-6)中 U_j 是电荷 q_j 所在位置的电势,该电势是由除了 q_j 以外所有其他电荷在电荷 q_j 所在位置处产生的总电势。

按照上述求解离散电荷系储能的思路,也可得到体电荷密度为 ρ_V 连续分布电荷系中的电储能。用 $\rho_V \Delta V_j$ 代替式(3-8-6)中的 q_j,并且让 $N \to \infty$ 和 $\Delta V \to 0$ 时取极限,我们可以把体电荷密度为 ρ_V 的储能写成:

$$W_E = \lim_{\substack{N \to \infty \\ \Delta V \to 0}} \frac{1}{2}\sum_{j=1}^{N} \rho_V \Delta V_j U_j \tag{3-8-7}$$

根据微积分的知识,可以看出式(3-8-7)的右边是对 $\rho_V V$ 的体积分。因此,体电荷密度为 ρ_V 的电荷体系的静电储能为

$$W_E = \frac{1}{2}\int_V \rho_V V \mathrm{d}V \tag{3-8-8}$$

这里 V 是体电荷密度为 ρ_V 的带电体,U 是在带电体中给定点的电势。

用电场强度 $\vec{E}$ 和电通量密度 $\vec{D}$ 往往比用电荷密度 ρ_V 来表示电势更加方便。用高斯定律,式(3-8-8)可变为

$$W_E = \frac{1}{2}\int_V (\nabla \cdot \vec{D}) V \mathrm{d}V \tag{3-8-9}$$

利用矢量恒等式 $\nabla \cdot (U\vec{D}) = \nabla V \cdot \vec{D} + U\nabla \cdot \vec{D}$,式(3-8-9)可重写为

$$W_E = \frac{1}{2}\int_V \nabla \cdot (U\vec{D}) \mathrm{d}V - \frac{1}{2}\int_V \nabla U \cdot \vec{D} \mathrm{d}V =$$

$$\frac{1}{2}\oint_S U\vec{D} \cdot \mathrm{d}\vec{S} + \frac{1}{2}\int_V \vec{E} \cdot \vec{D} \mathrm{d}V \tag{3-8-10}$$

这里我们应用了散度定理和 $\vec{E} = -\nabla U$ 这个关系。式(3-8-10)中的 S 是带电体 V 的表面,但可以取任意形状,只要能够包括所有电荷。让我们来讨论式(3-8-10)中右边第一个积分式。让封闭表面 S 取半径 R 趋于无限大的球面。那么,当 $R \to \infty$ 时,U、$\vec{D}$ 和 $|\mathrm{d}\vec{S}| (= R^2 \sin\theta \mathrm{d}\theta \mathrm{d}\phi)$ 分别按照 $1/R$、$1/R^2$ 和 R^2 变化。鉴于此,我们可以看到积分项按照 $1/R$ 变化,且当 $R \to \infty$ 时,积分项趋于零。因此式(3-8-10)中右边第一个积分式等于零。电势能的表达式为

$$W_E = \frac{1}{2}\int_V \vec{E} \cdot \vec{D} \mathrm{d}V \tag{3-8-11}$$

当满足本构关系式 $\vec{D} = \varepsilon \vec{E}$ 时,式(3-8-11)变为

$$W_E = \frac{1}{2}\int_V \varepsilon E^2 \mathrm{d}V \tag{3-8-12}$$

根据式(3-8-11),我们可以定义电能密度 w_e 为

$$w_e = \frac{1}{2}\vec{E} \cdot \vec{D} \quad (\text{J/m}^3) \tag{3-8-13}$$

例 3-8-1 放置在坐标原点的一个半径为 a 的带电金属球壳,面电荷密度为 ρ_{S_0}。用两

种方法求解带电体的电势能。

解 鉴于电荷分布的球对称性,电场分布也是球对称的,因此电通量密度只能是 $\vec{D}=D_r(r)\hat{a}_r$ 形式。取半径 $(r>a)$ 的球面 S 作为高斯面,应用高斯定律:

$$\oint_S D_r \hat{a}_r \cdot r^2 \sin\theta d\theta d\phi \hat{a}_r = D_r 4\pi r^2 = Q = 4\pi a^2 \rho_{S_0} \tag{3-8-14}$$

根据式(3-8-14)可求得:

$$D_r = \frac{a^2 \rho_{S_0}}{r^2}$$

因此可得电场强度和电通量密度为

$$\vec{D} = D_r(r)\hat{a}_r = \frac{a^2 \rho_{S_0}}{r^2} \hat{a}_r \tag{3-8-15}$$

$$\vec{E} = \frac{\vec{D}}{\varepsilon_0} = \frac{a^2 \rho_{S_0}}{\varepsilon_0 r^2} \hat{a}_r \tag{3-8-16}$$

方法一 根据式(3-8-16)先求得带电体的电势:

$$U = \int_\infty \vec{E} \cdot d\vec{L} = \int_\infty^a \frac{a^2 \rho_{S_0}}{\varepsilon_0 r^2} \hat{a}_r \cdot (dr\hat{a}_r + rd\theta\hat{a}_\theta + r\sin\theta d\phi\hat{a}_\phi) = \frac{a\rho_{S_0}}{\varepsilon_0} \tag{3-8-17}$$

因此,电储能

$$W_E = \frac{1}{2}qU = \frac{1}{2} \cdot \frac{a\rho_{S_0}}{\varepsilon_0} 4\pi a^2 \rho_{S_0} = \frac{2\pi (\rho_{S_0})^2 a^3}{\varepsilon_0} \tag{3-8-18}$$

方法二

$$w_E = \frac{1}{2}\vec{E} \cdot \vec{D} = \frac{1}{2} \cdot \frac{a^2 \rho_{S_0}}{\varepsilon_0 r^2} \hat{a}_r \cdot \frac{a^2 \rho_{S_0}}{r^2} \hat{a}_r = \frac{(\rho_{S_0})^2 a^4}{2\varepsilon_0 r^4}$$

$$W_E = \frac{1}{2}\int_V \vec{E} \cdot \vec{D} dV = \int_V \frac{(\rho_{S_0})^2 a^4}{2\varepsilon_0 r^4} dV = \frac{2\pi (\rho_{S_0})^2 a^3}{\varepsilon_0} \tag{3-8-19}$$

3.9 习 题

3-9-1 三个点电荷被放在 x 轴,在 $x=L$ 上的 $q_1=Q$ 和在 $x=2L$ 的 $q_2=-Q$,一个未知电荷量的 q_1 在 $x=3L$ 上,为了使 q_1 所受合力为 0,求 q_3 的电荷量。

3-9-2 在 $y=0$ 的平面内定义一个狭长区域,其中 $-a \leqslant x \leqslant a$ 和 $-\infty \leqslant z \leqslant \infty$。该区域内均匀分布着面电荷,面电荷密度 ρ_S。确定在 $(x,y,z)=(0,b,0)$ 的电场强度 $\vec{E}$。

3-9-3 自由空间中,在原点放置两个半径分别为 a 和 b ($a<b$) 的球壳(假设厚度可忽略不计),其表面均匀分布着面电荷,面电荷密度分别为 ρ_{S_1} 和 ρ_{S_2},求空间任何一点处的电通量密度 $\vec{D}$。

3-9-4 已知在球坐标系中,自由空间中存在电通量密度 $\vec{D}=\dfrac{\hat{a}_r}{r}$,找出中心在原点,内径 a 到外径 b 的同心球内的总电荷。

3-9-5 如图 3-9-1 所示,在 $z=0$ 的平面上放置一个无限大的厚度为 d 的绝缘平板,

绝缘平板位于电场 $\vec{E}_1 = 5\,\hat{a}_y + 5\sqrt{3}\,\hat{a}_z$ 内，在绝缘平板内部电场 $\vec{E}_2$ 与 z 轴方向成 45° 的位置。求：

（a）在绝缘平板内部的 $\vec{E}_2$ 和 ε_r；

（b）在 $z=0$ 和 $z=d$ 上的 ρ_{PS}。

3-9-6 参见图 3-9-2，在自由空间中一个内径和外径分别为 a 和 b 的空壳，其中均匀分布着体电荷，电荷密度为 ρ_{V_0}。用两种方法确定该带电体的电势。

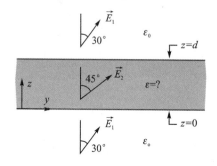

图 3-9-1 无限大的厚度为 d 的绝缘板

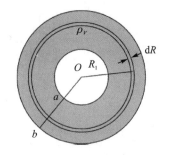

图 3-9-2 均匀分布体电荷的球壳

第 4 章 稳恒电流

在前一章,我们讨论了空间位置固定而且不随时间变化的静电荷。另外还假设电荷会在瞬时就分布到平稳的状态。然而,电荷会在电场的作用下移动,这些移动电荷就形成了电流,在导体中形成了传导电流,而在介质中就会形成运流电流。根据基本的电路理论,读者一定非常熟悉在简单电路中的电流服从欧姆定律(Ohm's Law)。该定律表明了一个电阻上的电压等于阻值和流过该电阻的电流的乘积。根据电荷守恒原理,电荷不能够产生,也不会消失。这个原理揭示了电磁学中的连续性方程和电路理论中的基尔霍夫电流定律(Kirchhoff's current law)。基尔霍夫电流定律指的是在电路中流进一个节点的所有电流的和为零。在宏观的尺度上,我们讨论流过导线上的电流指的是单位时间流过参考点的电荷量。在微观的尺度上,一个给定区域内不同位置电流的大小和方向都不同,因而我们定义了电流密度矢量,其大小为在参考点上单位时间和单位截面积上流过的电荷。

在电磁学中,我们经常碰到三种类型的电流:传导电流、运流电流和位移电流。在导体中,外围的松散价电子可以轻易地脱离原子而形成电子云(也称自由电子或者导体电子)。当存在外部的电场时,自由电子就能够获得一个平均速度(飘移速度)而形成传导电流。与此类似,在真空中或稀薄气体中带电粒子会形成运流电流。在阴极射线管中的电子束、光电倍增管中的加速电子和闪电中的放电都是典型的运流电流。传导电流和运流电流直接与电荷的运动有关,但位移电流是一种等效电流,它与电荷的运动无关。在涉及产生时变磁场时,位移电流与传导电流、运流电流所起的作用是一样的。

4.1 运流电流

在真空中运动的电荷形成了运流电流。为了描述电流的空间变化,定义电流密度为在单位时间内通过单位截面的电荷量。根据这个定义,电流密度可以看成一种通量密度。电流密度的单位是安培每平方米(A/m^2),或者是库仑每平方米每秒($C/m^2 \cdot s$)。电流是一个标量,电流密度是一个矢量,它随着空间位置变化,从而在空间中形成了一个矢量场。需要指出的是,电流密度矢量定义为通过截面(垂直于电流方向的平面)的电流。

参考图 4-1-1,体电荷密度 ρ_V(C/m^3)的均匀分布电荷以恒定速度 $\vec{v}$ 穿过表面 S。在小段时间 Δt 内通过微小面积 ΔS 的总电量为

$$\Delta Q = \rho_V |\vec{v}| \Delta t \Delta S \cos\theta \qquad (4-1-1)$$

式(4-1-1)中,$\Delta S \cos\theta$ 表示的是 ΔS 在横截面(与运动速度垂直的面)上的投影面积。利用 $\cos\theta = \hat{a}_v \cdot \hat{a}_S$,$\hat{a}_v$ 是速度 $\vec{v}$ 的单位矢量,$\hat{a}_S$ 是面 ΔS 的法向矢量,式(4-1-1)可变为

$$\Delta Q = \rho_V |\vec{v}| \Delta t \Delta S \hat{a}_v \cdot \hat{a}_S = \rho_V \Delta t \vec{v} \cdot \Delta \vec{S} \qquad (4-1-2)$$

这里 $\vec{v} = |\vec{v}| \hat{a}_v$,$\Delta \vec{S} = \Delta S \hat{a}_S$。流过 ΔS 的增量电流为

$$\Delta I = \frac{\Delta Q}{\Delta t} = \rho_V \vec{v} \cdot \Delta \vec{S} = \vec{J} \cdot \Delta \vec{S} \qquad (4-1-3)$$

根据式(4-1-3),电流密度定义为

$$\vec{J} = \rho_V \vec{v} \quad (\text{A}/\text{m}^2) \tag{4-1-4}$$

这里 ρ_V 是体电荷密度,$\vec{v}$ 是电荷流的运动速度。电流密度是的方向是电流的方向,大小是单位时间内流过单位截面积的电流。流过面 S 的总电流等于在 S 上对电流密度 $\vec{J}$ 的面积分:

$$\vec{I} = \int_S \vec{J} \cdot \mathrm{d}\vec{S} \tag{4-1-5}$$

电流的单位是安培(A)。

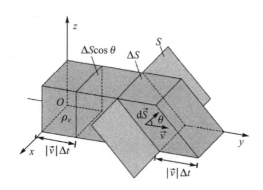

图 4-1-1 电荷密度为 ρ_V 的体电荷以速度 $\vec{v}$ 运动

4.2 导体电流和欧姆定律

固体铜是一种电导率非常高的典型良导体。铜原子排列成立方体晶体结构,它具有单一价电子;具有弱束缚价电子,很容易摆脱原子晶格而在铜导体中形成电子云。在带负电的电子云和带正电的铜离子之间的静电力是铜保持固态的最原始力。在铜固体内部,由于内能,自由电子可以在原子之间迁移。在迁移过程中,电子会和晶格缺陷、杂质等碰撞,但大部分是在晶格中振荡。没有外部电场时,自由电子的运动方向是随机的,不会产生净位移。但存在外部电场时,自由电荷在碰撞到晶格之前会被外电场在一个方向上加速运动。在加速-碰撞这样无限循环运动中,自由电子获得一个称为"漂移速度"的固定速度,从而在物质中形成称为"传导电流"的稳恒电流。

在外部电场 $\vec{E}$ 的作用下,电子在碰撞到晶格之间被加速到速度为 $\vec{v}$,即

$$\vec{v} = \vec{v}_0 + \frac{e\vec{E}}{m_e} t_0 \tag{4-2-1}$$

这里 $\vec{v}_0$ 是刚碰撞后电子的速度,t_0 是两次碰撞之间时间间隔,e 和 m_e 分别是电子的电荷量和电子质量。所有电子的平均速度都可以表示为

$$\bar{v}_a = \frac{1}{N} \sum_{j=1}^{N} \left(\vec{v}_{0j} + \frac{e\vec{E}}{m_e} t_{0j} \right) = \frac{e\vec{E}}{m_e} \bar{t}_0 \tag{4-2-2}$$

因为在刚碰撞后,电子的运动速度 $\vec{v}_{0j}$ 在速度和方向上都是随机的,所以式(4-2-2)中对电子初始速度求平均等于零。式(4-2-2)中 $\bar{t}_0$ 是电子碰撞间隔的平均时间,$\bar{v}_a$ 表示平均速度,也

称为自由电子漂移速度。

从式(4-2-2)可以看出,电子的漂移速度和金属导体中的电场成正比,也就是

$$\vec{v}_e = -\mu_e \vec{E} \tag{4-2-3}$$

这里 μ_e 是电子的迁移率,单位为平方米每伏特每秒($m^2/V \cdot s$)。例如,铜的 μ_e 为 0.003 2 $m^2/V \cdot s$,银的 μ_e 为 0.005 6$m^2/V \cdot s$。

把式(4-2-3)代入式(4-1-4)可以得到导体的体电流密度:

$$\vec{J} = -\rho_e \mu_e \vec{E} \quad (A/m^2) \tag{4-2-4}$$

这里 ρ_e 是自由电子的电荷体密度:

$$\rho_e = n_e e \tag{4-2-5}$$

这里 n_e 是自由电子的密度(单位体积中的电子个数),e 是电子的电量,$e = -1.602 \times 10^{-19}$ C。在金属导体中,$\vec{J}$ 总是和 $\vec{E}$ 的方向一致的。式(4-2-4)中的符号用来抵消电荷密度的负号。把式(4-2-5)代入式(4-2-4)可得欧姆定律(微分形式):

$$\vec{J} = \sigma \vec{E} \quad (A/m^2) \tag{4-2-6}$$

式中 σ 是金属导体的电导率,其定义为

$$\sigma = -n_e e \mu_e \quad (S/m) \tag{4-2-7}$$

电导率的单位是西门子每米(S/m),或者安培每伏特每米(A/V·m)。需要注意的是,电导率始终是正的。例如,铜的 σ 为 5.80×10^7 S/m,银的 σ 为 6.17×10^7 S/m。

半导体包含两种电荷:电子和空穴。它们都对半导体的电导率有贡献,即

$$\sigma = n_e |e| \mu_e + n_h |e| \mu_h \tag{4-2-8}$$

这里 $|e|$ 是电子电荷量的绝对值,n_e 和 n_h 分别是电子和空穴的密度,μ_e 和 μ_h 分别是电子和空穴的迁移率。本征半导体的电导率随着温度的升高而增大,然而金属的电导率随着温度的升高电导率反而减小。这是因为温度升高,本征半导体中的电子和空穴的密度都会增加,而在金属中,温度升高时电子的迁移率会减小。在半导体中,电导率在 $10 \sim 10^{-10}$ 之间。例如,本征硅,$\mu_e = 0.14 \, m^2/V \cdot s, \mu_h = 0.045 \, m^2/V \cdot s$,在 300 K 时 $n_e = n_h = 1.0 \times 10^{16} \, m^3$。对于锗而言,$\mu_e = 0.39 \, m^2/V \cdot s, \mu_h = 0.19 \, m^2/V \cdot s$,在 300 K 时 $n_e = n_h = 2.3 \times 10^{16} \, m^3$。

例 4-2-1 参见图 4-2-1,一段均匀的有限电导率 σ 的金属导体,其长度为 L,截面积为 S,求这段导体的电阻。

解

假设导体内存在静电场 $\vec{E}$,那么可以求得导体中的电流和导体两端的电流分别为

$$I = \int_S \vec{J} \cdot d\vec{S} = JS = \sigma ES \tag{4-2-9}$$

$$V_{a-b} = -\int_b^a \vec{E} \cdot d\vec{L} = EL \tag{4-2-10}$$

因而这段均匀导体的电阻为

$$R = \frac{V_{a-b}}{I} = \frac{L}{\sigma S} = \frac{\rho L}{S} \quad (\Omega) \tag{4-2-11}$$

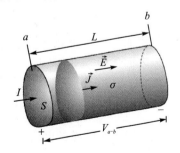

图 4-2-1 有限电导率的均匀导体

式(4-2-11)中 σ 是电导率,电阻率 $\rho=1/\sigma$,单位为 $\Omega \cdot m$。

注：电阻率、电荷密度和圆柱坐标中的坐标都用了 ρ,请注意应用场合,不要混淆。

4.3 连续性方程

根据电荷守恒定律,电荷不能产生也不能够消失。电荷只能够以正电荷和负电荷成对地出现。因此在电中性的导体中,自由电子所带的负电荷会被晶格离子的正电荷所抵消,因此放电以后的导体净电荷为零。电子和离子的复合一定是消耗一个负的电荷和一个正的电荷,不会改变导体中的净电荷。电荷守恒定律是一个自然规律,也被称为电磁学中的连续性方程。

来考察流出一个封闭面 S 的净电流,该电流可以通过在封闭面 S 对电流密度 $\vec{J}$ 求积分获得,即

$$I = \oint_S \vec{J} \cdot d\vec{S} \qquad (4-3-1)$$

为了描述问题的简单化,假设电流是由正电荷的流动所产生的。如果流出封闭面 S 的净电流不等于零,那么根据电荷守恒定律,被封闭面所包围的总电荷 Q 就会减少,即

$$I = -\frac{dQ}{dt} = -\frac{d}{dt}\int_V \rho_v dV \qquad (4-3-2)$$

这里 ρ_v 是体电荷密度,V 是封闭面 S 所包围的体积。应用散度定理并结合式(4-3-1)和式(4-3-2)可得：

$$\int_V \nabla \cdot \vec{J} dV = -\frac{d}{dt}\int_V \rho_v dV = \int_V \left(-\frac{d\rho_v}{dt}\right) dV \qquad (4-3-3)$$

在式(4-3-3)中,对时间的偏导数移到了体积分里,这是因为体积 V 与时间无关。另外,体积 V 是包含所有电荷的任意体积,因此式(4-3-3)中的积分项处处相等,即

$$\nabla \cdot \vec{J} = -\frac{d\rho_v}{dt} \qquad (4-3-4)$$

式(4-3-4)就是连续性方程,可描述为：流出一个封闭面的净电流等于封闭面所包含电荷随时间的减少率。式(4-3-4)中的 $\vec{J}$ 可以是传导电流密度、运流电流密度或者两者的混合。

在静态条件下,电荷密度 ρ_v 不随时间变化,因此式(4-3-4)变为

$$\nabla \cdot \vec{J} = 0 \qquad (4-3-5)$$

对式(4-3-5)进行体积分,然后应用散度定律,可得：

$$\int_V \nabla \cdot \vec{J} dV = \oint_S \vec{J} \cdot d\vec{S} = 0 = \int_{S_1} \vec{J} d\vec{S} + \int_{S_2} \vec{J} d\vec{S} + \int_{S_3} \vec{J} d\vec{S} + \cdots \qquad (4-3-6)$$

这里把在封闭面 S 上对 $\vec{J}$ 的面积分分解成若干个面积分。式(4-3-6)中右边的每一项都代表流过部分表面的电流,如图 4-3-1 所示。重写式(4-3-6),可得基尔霍夫电流定律(Kirchhoff's Current Law)为

$$\sum_j I_j = 0 \qquad (4-3-7)$$

它表示的是流出一个结点的电流和等于零。

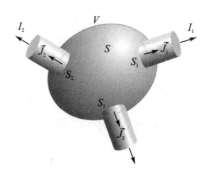

图 4-3-1 基尔霍夫电流定律

4.4 功率损耗和焦耳定律

简要回顾一下：一个外电场会在碰撞间隔平均时间内加速电子，然后自由电子就会撞击晶格原子而四周飞散；在加速和撞击这个过程中，自由电子从电场中获得了动能，然后把动能又转换为晶格原子的热能。这一过程，实际是把电场的电势能转换成了自由电子的动能，然后又以热的形式耗散。

在电路理论中，我们已经非常熟悉用电压和电流乘积所表示的电功率。然而在这部分，我们将从能量和力这个更一般的关系出发来推导电功率。假设电场 $\vec{E}$ 在一个自由电子上施加库仑力，导致这个电子在 $d\vec{L}$ 方向上移动了 dL 距离，如果这个过程是在 dt 中完成的，那么电场对电子所做的功为

$$p = \frac{e\vec{E} \cdot d\vec{L}}{dt} = e\vec{E} \cdot \vec{v} \quad (\text{W}) \tag{4-4-1}$$

这里 e 是电子的电荷量，$\vec{v} = d\vec{L}/dt$ 表示电子在物质中的迁移速度。根据式(4-4-1)，在一个微分体积元中电场对所有自由电子所做的功可以表示为

$$dP = (n_e dV)p = (n_e dV)e\vec{E} \cdot \vec{v} = \vec{E} \cdot \vec{J} dV \tag{4-4-2}$$

这里 n_e 和 $\vec{v}$ 分别为电子的密度和电子的迁移速度，而 $\vec{J}$ 是电流密度，参见式(4-1-4)。

在体积 V 中损耗的总功率等于 dP 在给定体积上的体积分，即

$$P = \int_V \vec{E} \cdot \vec{J} dV \tag{4-4-3}$$

式(4-4-3)就是焦耳定律(Joules's Law)，功率的单位是瓦(W)或者是焦耳每秒。

从式(4-4-3)可以定义体功率密度为

$$\frac{dP}{dV} = \vec{E} \cdot \vec{J} \quad (\text{W/m}^3) \tag{4-4-4}$$

式(4-4-4)称为焦耳定律的微分形式。它可以转化为更常见的形式，即 $P=VI$。

考虑一个直导线，其微分体积元可表示为 $dV = dLdS$，其中 dL 和 dS 分别是沿着导线的微分长度和截面上的微分面积。假设电场强度 $\vec{E}$ 是平行于导线的，并且在横截面内是均匀的，那么式(4-4-4)可写成：

$$P = \int_V \vec{E} \cdot \vec{J} \, dV = \int_L E \, dL \int_S J \, dS = VI \qquad (4-4-5)$$

把 $V=RI$ 代入式(4-4-5)可以导出非常熟悉的功率损耗公式,即

$$P = I^2 R \qquad (4-4-6)$$

它就是在电阻 R 上损耗的功率。

4.5 习 题

4-5-1 给定电流密度 $\vec{J} = 0.3\,\hat{a}_y + 0.4\,\hat{a}_z$,计算穿过柱面的总电流。柱面如图 4-5-1 所示,$\rho = a = 2$ cm,$0 < \phi \leqslant \pi$,$0 \leqslant z \leqslant b = 2$ cm。

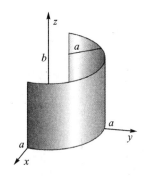

图 4-5-1 习题 4-5-1 用图

第 5 章　静磁场

在第 3 章中我们讨论的静电学问题、理论,它主要关注的是电场强度 $\vec{E}$ 和电通量密度 $\vec{D}$。它们都是从自由空间中两个分离的静电荷之间的作用力来引出电场的;然后通过外界电场和介质的相互作用来定义电通量密度。能够通过定义介电常数 ε 来建立 $\vec{E}$ 和 $\vec{D}$ 的关系。可以看到一定空间区域内的静电场完全由 $\nabla \cdot \vec{D} = \rho_v$ 和 $\nabla \times \vec{E} = 0$ 这两个基本方程决定。

在这一章我们讨论静磁学,它主要关注磁场强度 $\vec{H}$ 和磁通量密度 $\vec{B}$。就像在简单介质中 $\vec{E}$ 和 $\vec{D}$ 可以用本构关系 $\vec{D} = \varepsilon \vec{E}$ 来联系一样,在简单磁介质中,$\vec{H}$ 和 $\vec{B}$ 也有本构关系 $\vec{B} = \mu \vec{H}$。像静电场一样,一定空间区域内的静磁场也服从两个基本的关系:$\nabla \cdot \vec{B} = 0$ 和 $\nabla \times \vec{H} = \vec{J}$。从这些关系可以看出,$\vec{E}$ 和 $\vec{D}$ 的关系与 $\vec{H}$ 和 $\vec{B}$ 的关系非常相似。尽管这种相似性可以在一定程度上帮助我们理解静磁学,但我们不能够完全依赖这种相似性来学习静磁学。例如,$\vec{B}$ 是对运动电荷产生磁力的原因,而 $\vec{E}$ 对电荷施加电场力;同样 $\vec{D}$ 是在电介质中定义的,而 $\vec{H}$ 是在磁介质中定义的。

磁性首先是由古代先人在磁石中发现的,它们能够吸引铁片。磁石是天然被磁化的磁铁矿碎片,它首先在 Magnesia 被发现。磁石就是取名自希腊词 Magnesian 的石头。1819 年,Hans Christian Oersted(奥斯特)观察到通电电线附近的磁针会发生偏转这一现象。在这之前大家认为磁和电是相互独立的,奥斯特这一发现建立了电场和磁场之间的联系,也就是电场在导线中产生电流,电流产生磁场。然而这个联系是不全面的,因为静的磁场是不产生静电场的。我们在第 6 章中会学习时变的 $\vec{B}$ 会激发时变的 $\vec{E}$,即在时变的条件下建立磁场和电场完整的联系。

稳恒电流(直流电)产生静磁场。从毕奥-萨伐尔定律(Biot – Savart law)开始讨论,该定律把稳恒电流和静磁场联系起来。然后,讨论安培环路定律(Ampere's circuital law),它是毕奥-萨伐尔定律的一个特例,就像高斯定律(Gauss's law)是库仑(Coulomb's law)定律的一个特例一样,它在处理对称性几何体时非常有用。我们在讨论外部磁场和磁物质相互作用时引入磁化矢量。在磁介质中由于磁化而产生磁通量的变化,必须对磁场强度 $\vec{H}$ 进行重新定义。这个磁化效应就反映在磁介质的本构关系 $\vec{B} = \mu \vec{H}$,其中磁导率 μ 反映了介质的特征。在讨论静磁场中的两个基本方程 $\nabla \cdot \vec{B} = 0$ 和 $\nabla \times \vec{H} = \vec{J}$ 之后,再讨论在两个不同磁介质界面上 $\vec{H}$ 和 $\vec{B}$ 的边界条件,最后讨论磁能和洛伦兹力。

5.1　毕奥-萨伐尔定律

毕奥-萨伐尔定律是一个实验定律,它是指在微分长度矢量 $d\vec{L}'$ 上的稳恒电流 I 所产生的

微分磁场强度矢量 $\mathrm{d}\vec{H}$ 为

$$\mathrm{d}\vec{H} = \frac{I\mathrm{d}\vec{L}' \times \hat{a}_R}{4\pi R^2} \quad \text{(A/m)} \tag{5-1-1}$$

微分磁场强度矢量 $\mathrm{d}\vec{H}$ 定义在位置矢量 $\vec{r}$ 处,而微分电流元 $I\mathrm{d}\vec{L}'$ 定义在源的位置,它的位置矢量是 $\vec{r}'$。微分电流元 $I\mathrm{d}\vec{L}'$ 对应于一小段可以忽略粗细的导线,导线上的电流为 I。以后就用细导线来表示可以忽略粗细的导线。在式(5-1-1)中 R 和 $\hat{a}_R$ 分别表示距离矢量 $\vec{R}=\vec{r}-\vec{r}'$ 的长度和单位矢量。细导线上电流的单位是安培(A),磁场强度的单位是(A/m)。

在式(5-1-1)中,矢量的叉乘可以方便地表示磁场强度的方向,该方向垂直于由 $\mathrm{d}\vec{L}'$ 和 $\hat{a}_R$ 两个矢量构成的面。需要指出的是,$\mathrm{d}\vec{L}' \times \hat{a}_R$ 所得的矢量位于场点(即不带撇坐标系中),其表达式中可能会有带撇的坐标。从式(5-1-1)可以看出,磁场强度反比于电流元和场点之间距离的平方,与 $\vec{E}$ 反比于电荷和场点之间距离的平方是一致的。不同的是,电场 $\vec{E}$ 的方向在距离矢量 $\vec{R}$ 的方向上,而 $\mathrm{d}\vec{H}$ 的方向垂直于距离矢量 $\vec{R}$。

电流为 I 的细导线产生的磁感应强度 $\vec{H}$ 等于导线上所有电流元产生磁场的总和,即

$$\vec{H} = \int_{C'} \frac{I\mathrm{d}\vec{L}' \times \hat{a}_R}{4\pi R^2} = \int_{C'} \frac{I\mathrm{d}\vec{L}' \times \vec{R}}{4\pi R^3} \tag{5-1-2}$$

这里积分路径 C' 代表细导线的路径。

在第 4 章中讨论过,如果一个电流分布在体 V 中,那么它可以用电流密度 $\vec{J} = \rho_V \vec{v}$ 表示,ρ_V 和 $\vec{v}$ 分别是体电荷密度和电荷的速度矢量。同样,如果电流被束缚在表面上,那么就可用面电流密度 $\vec{J}_S = \rho_S \vec{v}$ 来描述,ρ_S 是面电荷密度。对于体电流和面电流,等效的电流元可定义为

$$I\mathrm{d}\vec{L}' = \vec{J}' \mathrm{d}V' \quad \text{或} \quad I\mathrm{d}\vec{L} = \vec{J}'_S \mathrm{d}S' \tag{5-1-3}$$

式(5-1-3)的"'"代表这个量定义在源处。把式(5-1-3)代入式(5-1-2)中,可得:

$$\vec{H} = \int_{V'} \frac{\vec{J}' \times \hat{a}_R}{4\pi R^2} \mathrm{d}V' \tag{5-1-4}$$

$$\vec{H} = \int_{S'} \frac{\vec{J}'_S \times \hat{a}_R}{4\pi R^2} \mathrm{d}S' \tag{5-1-5}$$

这里 R 和 $\hat{a}_R$ 分别表示距离矢量 $\vec{R}=\vec{r}-\vec{r}'$ 的长度和单位矢量。再次强调,尽管 $\vec{J}'$ 和 $\hat{a}_R$ 可以在带撇坐标系中表示,但 $\vec{J}' \times \hat{a}_R$ 必须在场点的基矢量上分解。

尽管式(5-1-2)、式(5-1-4)和式(5-1-5)给出的毕奥-萨伐尔定律中使用混合坐标系,但这两个坐标系是重合的,仅仅是取了两个不同的名称而已。在计算 $\vec{H}$ 时使用混合坐标系可以方便地区分源点的坐标变量、常量或者场点的坐标值。

$\vec{r}'$ 处的电流元 $I\mathrm{d}\vec{L}'$ 在 $\vec{r}$ 处所产生的 $\mathrm{d}\vec{H}$ 如图 5-1-1 所示。

例 5-1-1 沿 z 轴放置一根无限长细导线,导线电流大小为 I,方向朝 $+z$ 轴,如图 5-1-2所示,求导线周围磁场强度 $\vec{H}$。

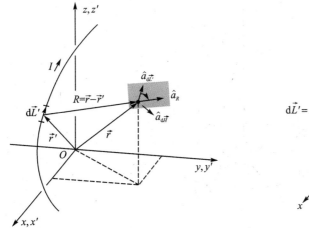 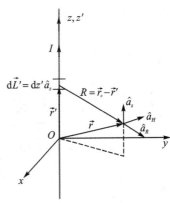

图 5-1-1 $\vec{r}'$ 处的电流元 $Id\vec{L}'$ 在 $\vec{r}$ 处所产生的 $d\vec{H}$　　图 5-1-2 放置在 z 轴上无限长的通电细导线

解

在圆柱坐标系中，场点 $\vec{r} = \rho \hat{a}_\rho + z \hat{a}_z$，源点 $\vec{r}' = z' \hat{a}'_z, \hat{a}_z = \hat{a}'_z$，所以距离矢量和距离矢量的幅度分别为

$$\vec{R} = \vec{r} - \vec{r}' = \rho \hat{a}_\rho + (z - z') \hat{a}_z \tag{5-1-6}$$

$$R = |\vec{R}| = [\rho^2 + (z-z')^2]^{\frac{1}{2}} \tag{5-1-7}$$

电流元为

$$Id\vec{L}' = Idz' \hat{a}'_z = Idz' \hat{a}_z \tag{5-1-8}$$

把式(5-1-6)、式(5-1-7)和式(5-1-8)代入式(5-1-2)，可得：

$$\vec{H} = \int_{C'} \frac{Id\vec{L}' \times \vec{R}}{4\pi R^3} = \int_{C'} \frac{Idz' \hat{a}_z \times [\rho \hat{a}_\rho + (z-z') \hat{a}_z]}{4\pi [\rho^2 + (z-z')^2]^{\frac{3}{2}}} =$$

$$\int_{-\infty}^{\infty} \frac{I\rho \hat{a}_\phi dz'}{4\pi [\rho^2 + (z-z')^2]^{\frac{3}{2}}} \tag{5-1-9}$$

在式(5-1-9)中 $\hat{a}_\phi$ 与 z' 坐标无关，因此可简化为

$$\vec{H} = \frac{I\rho \hat{a}_\phi}{2\pi} \int_0^\infty \frac{dz'}{(\rho^2 + z'^2)^{\frac{3}{2}}} = \frac{I\rho \hat{a}_\phi}{2\pi} \cdot \frac{z'/\rho^2}{(\rho^2 + z'^2)^{\frac{1}{2}}} \bigg|_0^\infty = \frac{I}{2\pi\rho} \hat{a}_\phi \tag{5-1-10}$$

例 5-1-2 参见图 5-1-3，在 xy 平面上放置一个半径为 a 的细导线圆环，导线上电流大小为 I，方向为逆时针，求 z 轴上场点 $(0,0,z)$ 处的磁场强度。

解

在圆柱坐标系中，场点 $\vec{r} = z \hat{a}_z$，源点 $\vec{r}' = a \hat{a}'_\rho, \hat{a}_z = \hat{a}'_z$，所以距离矢量和距离矢量的幅度分别为

$$\vec{R} = \vec{r} - \vec{r}' = -a \hat{a}'_\rho + z \hat{a}_z \tag{5-1-11}$$

$$R = |\vec{R}| = (a^2 + z^2)^{\frac{1}{2}} \tag{5-1-12}$$

电流元为

$$Id\vec{L}' = Ia d\phi' \hat{a}'_\phi \tag{5-1-13}$$

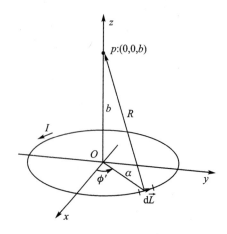

图 5-1-3 放置在 xy 平面内半径为 a 的通电圆环

把式(5-1-11)、式(5-1-12)和式(5-1-13)代入式(5-1-2),可得:

$$\vec{H} = \int_{C'} \frac{I\,d\vec{L}' \times \vec{R}}{4\pi R^3} = \int_{C'} \frac{d\phi'\, \hat{a}'_\phi \times (-a\hat{a}'_\rho + z\hat{a}_z)}{4\pi (a^2 + z^2)^{\frac{3}{2}}} =$$

$$\frac{Ia}{4\pi (a^2 + z^2)^{\frac{3}{2}}} \int_0^{2\pi} (a\hat{a}'_z + z\hat{a}'_\rho)\,d\phi' \tag{5-1-14}$$

上式中 $\int_0^{2\pi} a\hat{a}'_z\,d\phi' = a\,\hat{a}'_z \int_0^{2\pi} d\phi' = 2\pi a\hat{a}'_z = 2\pi a\hat{a}_z$,$\int_0^{2\pi} z\hat{a}'_\rho\,d\phi' = 0$,所以式(5-1-14)简化为

$$\vec{H} = \frac{Ia^2}{2(a^2 + z^2)^{\frac{3}{2}}} \hat{a}_z \tag{5-1-15}$$

5.2 磁通密度

与电场强度 $\vec{E}$ 由单位点电荷受电场力定义相类似,磁通量密度 $\vec{B}$ 也可以根据运动电荷在 $\vec{B}$ 中所受到的磁场力来定义。实验发现,一个电荷 q 以速度 $\vec{v}$ 在磁通量密度矢量场 $\vec{B}$ 中运动时会受到磁场力 $\vec{F}_m$。其数学语言可表达为

$$\vec{F}_m = q\vec{v} \times \vec{B} \quad (\text{N}) \tag{5-2-1}$$

其中,磁通量密度 $\vec{B}$ 的单位是特斯拉(T)或者是韦伯每平方米(Wb/m^2)。从式(5-2-1)可以看出:$\vec{B}$ 的大小等于 1 C 电荷以 1 m/s 的速度在垂直于磁场方向上运动时所受到的力,其方向由电荷所受磁场力和运动方向共同确定 $\hat{a}_F \times \hat{a}_v$。

如果一个电荷 q 以速度 $\vec{v}$ 在同时存在电场 $\vec{E}$ 和磁通量密度矢量场 $\vec{B}$ 的空间中运动时,所受到总的力为

$$\vec{F} = q\vec{E} + q\vec{v} \times \vec{B} \tag{5-2-2}$$

式(5-2-2)就是洛伦兹力方程(Lorentz force equation)。

需要指出的是,电荷受到的电场力为 $\vec{F}_e$ 的作用,该电荷可以是运动或静止的,但磁场力 $\vec{F}_m$ 只对运动电荷起作用。因为 $\vec{F}_m$ 总是垂直于电荷的运动方向的($\vec{v}$ 的方向),因此不消耗

磁场能量,在 $\vec{B}$ 中所储存的磁场能不会转换成电荷的动能,因为磁场不能够改变电荷的运动速度的大小,只能够改变电荷运动的方向。

在自由空间中,电通量密度 $\vec{D}$ 和电场强度 $\vec{E}$ 由本构关系 $\vec{D}=\varepsilon_0\vec{E}$ 联系,同样在自由空间中磁通量密度 $\vec{B}$(也称磁感应强度)和磁场强度 $\vec{H}$ 也有本构关系:

$$\vec{B} = \mu_0 \vec{H} \tag{5-2-3}$$

系数 μ_0 称为自由空间的磁导率,其值为

$$\mu_0 = 4\pi \times 10^{-7} \text{ H/m} \tag{5-2-4}$$

通过一个面 S 的磁通量等于在这个面上对 $\vec{B}$ 进行面积分,即

$$\Phi = \int_s \vec{B} \cdot d\vec{S} \tag{5-2-5}$$

磁通量 Φ 的单位是韦伯(Wb)。式(5-2-5)中的点乘是为了把 $|d\vec{S}|$ 转换为在 $\vec{B}$ 横截面上的投影面积。因而 $\vec{B}$ 的幅度也被定义为"穿过单位横截面积上的磁通量"。

在静电场中我们已经知道电通量线总是从正电荷出发,而结束于负电荷。因此,如果一个封闭面包含净电荷,那么穿过这个面的电通量就不为零。相反,磁通量线总是自身封闭的,因为没有孤立的磁荷或者磁极。例如,即使试图把一个永磁体分解到原子尺度来获取单独的磁极,每一小块依然有南极和北极。

从式(5-1-2)给出的毕奥-萨伐尔定律可以看出,微分电流元 $Id\vec{L}$ 产生的是同心圆式的磁力线。根据磁场的叠加原理,我们能够推测出:不管电流分布如何,其产生的磁场线总是封闭的线。这可由下面的高斯定律来阐释。

磁场的高斯定律:穿过一个封闭面的静磁通量总等于零,即

$$\oint_s \vec{B} \cdot d\vec{S} = 0 \tag{5-2-6}$$

式(5-2-6)可以认为是描述不存在单独磁荷的数学表达式,并且表明磁通量是守恒的。对式(5-2-6)应用散度定理,能够得到磁场的高斯定律的微分形式为

$$\nabla \cdot \vec{B} = 0 \tag{5-2-7}$$

式(5-2-7)是静磁场满足的两个基本方程之一。

5.3 矢量磁势

如第 3 章所述,由电场 $\vec{E}$ 的保守性,即 $\nabla \times \vec{E}=0$,可利用 $\vec{E}=-\nabla V$ 来定义电势 V。电势 V 是标量场,它比 $\vec{E}$ 处理起来要简单得多。例如,可以先根据电荷分布来计算电势 V,然后取电势的梯度负值来确定电场 $\vec{E}$。根据同样的思路,可以利用 $\vec{H}=-\nabla V_m$ 定义标量磁势 V_m。然而,$\vec{H}$ 不是保守场,故 V_m 具有多值性。例如,由电流为 I 的无限长细导线产生的磁场 $\vec{H}$,可以得到标量磁势为 $V_m=-I\phi/(2\pi)$。显然,每当 ϕ 增加 2π 时,在同一个地方就会出现不同的值。根据关系 $\nabla \times \vec{H}=\nabla \times (-\nabla V_m)=\vec{J}$,那么 V_m 只能够用于电流密度等于零($\vec{J}=0$)的区域,所以定义标量磁势意义不大。下面把标量变为矢量,我们定义矢量磁势 $\vec{A}$,可以看到它很

方便地确定 $\vec{B}$，而不管该区域内电流的分布情况如何。

磁通密度 $\vec{B}$ 的无旋性可表示为 $\nabla \cdot \vec{B} = 0$。根据矢量恒等式(2-6-8) $\nabla \cdot (\nabla \times \vec{A}) = 0$，能够定义矢量磁势为

$$\vec{B} = \nabla \times \vec{A} \tag{5-3-1}$$

$\vec{A}$ 的单位是韦伯每米(Wb/m)。如果能够根据电流分布先确定 $\vec{A}$，那么只要对 $\vec{A}$ 求旋度就可以确定磁感应强度 $\vec{B}$。

我们能够根据毕奥-萨伐尔定律来确定矢量磁势和电流密度之间的关系。重写关于 $\vec{B}$ 的毕奥-萨伐尔定律，可得：

$$\vec{B} = \frac{\mu_0 I}{4\pi} \int_{C'} \frac{d\vec{L}' \times \hat{a}_R}{R^2} \tag{5-3-2}$$

我们在第 2 章中得到：

$$\nabla \frac{1}{R} = -\frac{\hat{a}_R}{R^2} \tag{5-3-3}$$

这里 $R = |\vec{R}|$，$\vec{R} = \vec{r} - \vec{r}'$。把式(5-3-3)代入(5-3-2)可得：

$$\vec{B} = -\frac{\mu_0 I}{4\pi} \int_{C'} I d\vec{L}' \times \nabla \frac{1}{R} \tag{5-3-4}$$

用 $U = 1/R$ 和 $\vec{L} = d\vec{L}'$ 代入恒等式 $\nabla \times (U\vec{L}) = (\nabla U) \times \vec{L} + U(\nabla \times \vec{L})$，并且代入(5-3-4)得：

$$\vec{B} = \frac{\mu_0 I}{4\pi} \int_{C'} \left[\nabla \times \left(\frac{d\vec{L}'}{R} \right) - \frac{1}{R} \nabla \times d\vec{L}' \right] = \frac{\mu_0 I}{4\pi} \int_{C'} \nabla \times \left(\frac{d\vec{L}'}{R} \right) \tag{5-3-5}$$

在式(5-3-5)中应用了 $\nabla \times d\vec{L}' = 0$，因为 ∇ 只作用在不带撇的坐标系。在式(5-3-5)的右式中旋度算子可以和积分号调换顺序，因为旋度算子与积分路径 C' 没有关系。因此式(5-3-5)可简化为

$$\vec{B} = \nabla \times \int_{C'} \frac{\mu_0 I d\vec{L}'}{4\pi R} \tag{5-3-6}$$

比较式(5-3-6)和式(5-3-1)，给出 $\vec{A}$ 的表达式：

$$\vec{A} = \int_{C'} \frac{\mu_0 I d\vec{L}'}{4\pi R} \quad \text{(Wb/m)} \quad \text{(线电流)} \tag{5-3-7a}$$

这里线积分的路径是通电细导线。如果电流分布在一个体 V 中或者面 S 上，那么可以根据 $\vec{J}$ 和 $\vec{J}_s$ 计算 $\vec{A}$ 的表达式。用式(5-2-3)中的等效电流元代入式(5-3-7a)可得：

$$\vec{A} = \int_{V'} \frac{\mu_0 \vec{J}'}{4\pi R} dV' \quad \text{(体电流)} \tag{5-3-7b}$$

$$\vec{A} = \int_{S'} \frac{\mu_0 \vec{J}'_s}{4\pi R} dS' \quad \text{(面电流)} \tag{5-3-7c}$$

这里 $R = |\vec{R}|$，$\vec{R} = \vec{r} - \vec{r}'$。

相比毕奥-萨伐尔定律来说式(5-3-7)要简单得多，因为式中不涉及旋度计算。由于没有确定 $\nabla \cdot \vec{A}$，矢量磁势 $\vec{A}$ 仍然是一个空间多值函数。例如，当用 $\vec{A} + \nabla \varphi$ 代替 $\vec{A}$ 时，$\vec{B}$ 会保

持不变。我们设定 φ 等于零,在静态条件下可以验证 $\nabla \cdot \vec{A}$ 等于零。

矢量磁势 $\vec{A}$ 也有物理意义:在封闭路径上对 $\vec{A}$ 的线积分等于穿过以该封闭路径为边界面的磁通量。通过面 S 的磁通量 Φ 为

$$\Phi = \int_S \vec{B} \cdot d\vec{S}$$

应用 $\vec{B} = \nabla \times \vec{A}$ 和斯托克斯公式,可得:

$$\Phi = \int_S (\nabla \times \vec{A}) \cdot d\vec{S} = \oint_C \vec{A} \cdot d\vec{L} \tag{5-3-8}$$

式(5-3-8)表明: $\vec{A}$ 在封闭路径 C 上的环量等于该路径所包围的磁通量。

例 5-3-1 证明

$$\nabla \cdot \vec{A} = 0 \tag{5-3-9}$$

式(5-3-9)中 $\vec{A}$ 是静磁场的矢量磁位, $\vec{A}$ 定义式为式(5-3-7)。

证明

对式(5-3-7b)的两边都取散度,可得:

$$\nabla \cdot \vec{A} = \nabla \cdot \int_{V'} \frac{\mu_0 \vec{J}'}{4\pi R} dV' = \frac{\mu_0}{4\pi} \int_{V'} \nabla \cdot \left(\frac{\vec{J}'}{R}\right) dV' \tag{5-3-10}$$

在式(5-3-10)中把散度算子放到了积分号里面,这是因为散度算子与 V' 无关。下面证明式(5-3-10)中的体积分等于零。

$$\nabla \cdot \left(\frac{\vec{J}'}{R}\right) = \nabla \left(\frac{1}{R}\right) \cdot \vec{J}' + \frac{1}{R} \nabla \cdot \vec{J}' = \nabla \left(\frac{1}{R}\right) \cdot \vec{J}' \tag{5-3-11a}$$

$$\nabla' \cdot \left(\frac{\vec{J}'}{R}\right) = \nabla' \left(\frac{1}{R}\right) \cdot \vec{J}' + \frac{1}{R} \nabla' \cdot \vec{J}' = \nabla' \left(\frac{1}{R}\right) \cdot \vec{J}' \tag{5-3-11b}$$

式(5-3-11a)中使用了 $\nabla \cdot \vec{J}' = 0$,这是因为 ∇ 与带撇坐标系无关。在式(5-3-11b)使用了 $\nabla' \cdot \vec{J}' = 0$,这是因为稳恒电流满足连续性方程。应用矢量恒等式(2-2-21), $\nabla \cdot (1/R) = -\nabla' \cdot (1/R)$,综合式(5-3-11a)和式(5-3-11b)可得:

$$\nabla \cdot \left(\frac{\vec{J}'}{R}\right) = -\nabla' \cdot \left(\frac{\vec{J}'}{R}\right) \tag{5-3-12}$$

把式(5-3-12)代入式(5-3-10),并应用散度定理可得:

$$\nabla \cdot \vec{A} = -\frac{\mu_0}{4\pi} \int_{V'} \nabla' \cdot \left(\frac{\vec{J}'}{R}\right) dV' = -\frac{\mu_0}{4\pi} \oint_{S'} \frac{\vec{J}' \cdot d\vec{S}}{R} \tag{5-3-13}$$

式(5-3-13)中体积 V' 选取包含所有存在电流 $\vec{J}'$ 的区域和该电流 $\vec{J}'$ 区域外围的一个自由空间。因此在体积 V' 的表面 S' 上不存在电流,式(5-3-13)右边的面积分等于零,从而证明了 $\nabla \cdot \vec{A} = 0$,因此矢量磁势 $\vec{A}$ 是管形场。

例 5-3-2 在自由空间中,证明:

$$\nabla^2 \vec{A} = -\mu_0 \vec{J} \tag{5-3-14}$$

式(5-3-14)中 $\vec{A}$ 是静磁场的矢量磁位, $\vec{A}$ 定义式为式(5-3-7)。

证明

对 $\vec{A}$ 作用拉普拉斯算子，有

$$\nabla^2 \vec{A} = \nabla^2 \int_{V'} \frac{\mu_0 \vec{J}'}{4\pi R} dV' = \int_{V'} \frac{\mu_0 \vec{J}'}{4\pi} \nabla^2 \frac{1}{R} dV' \quad (5-3-15)$$

式(5-3-15)中，调换了拉普拉斯算子和积分的顺序，这是因为拉普拉斯算子对场点运算，而积分是对源点运算。式(5-3-15)中：

$$\nabla^2 \frac{1}{R} = \nabla \cdot \left(\nabla \frac{1}{R} \right) = \nabla \cdot \left(-\frac{\hat{a}_R}{R^2} \right) = -4\pi \delta(\vec{r} - \vec{r}') \quad (5-3-16)$$

式(5-3-16)中应用了式(2-2-17)和式(2-4-16)。把式(5-3-16)代入式(5-3-15)可得：

$$\nabla^2 \vec{A} = \int_{V'} \frac{\mu_0 \vec{J}'}{4\pi} [-4\pi \delta(\vec{r} - \vec{r}')] dV' = -\mu_0 \vec{J}(\vec{r}) \quad (5-3-17)$$

得证。该式适用于任何介质，只要用介质的磁导率 μ 替换式(5-3-17)中的 μ_0，即可得到更一般的公式：

$$\nabla^2 \vec{A} = -\mu \vec{J}(\vec{r}) \quad (5-3-18)$$

式(5-3-18)中介质的磁导率 μ 将在 5.5 节中论述。

磁偶极子

磁偶极子是一个小的电流环，其直径相对电流环与场点之间的距离来说很小。磁偶极子可以看成是原子的最简单的磁学模型。它提供一种研究介质磁特性的简单方法。为了研究磁偶极子，如图 5-3-1 所示的模型，它是一个半径为 a 的细线导体环，通电电流为 I，放置于 $z=0$ 的平面上且中心置于坐标原点处。不失一般性，我们把场点 p 设置在 yz 平面上，电流元 $Id\vec{L}$ 在源点 p' 处。

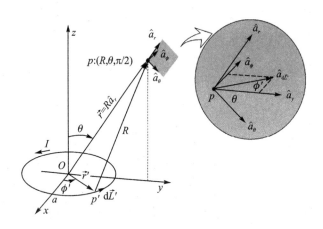

图 5-3-1 磁偶极子

根据式(5-3-7a)，在场点 p 处的矢量磁势为

$$\vec{A} = \frac{\mu_0 I}{4\pi} \int_{C'} \frac{d\vec{L}'}{R} \quad (5-3-19)$$

应用混合坐标系,把 $\vec{r}$、$\vec{r}'$ 和 R 都转换到直角坐标下,有

$$\vec{r} = r\sin\theta\hat{a}_y + r\cos\theta\hat{a}_z$$

$$\vec{r}' = a\cos\phi'\hat{a}_x + a\sin\phi'\hat{a}_y$$

$$R^{-1} = |\vec{r} - \vec{r}'|^{-1} = [r^2 + a^2 - 2ar\sin\theta\sin\phi']^{-1/2}$$

应用远场条件,即 $r \gg a$,R^{-1} 可简化为

$$R^{-1} = \frac{1}{r}\left(1 + \frac{a^2}{r^2} - 2\frac{a}{r}\sin\theta\sin\phi'\right)^{-1/2} \approx \frac{1}{r}\left(1 + \frac{a}{r}\sin\theta\sin\phi'\right) \quad (5-3-20)$$

在式(5-3-20)中,忽略了高阶无穷小项 a^2/r^2。

微分长度矢量 $\mathrm{d}\vec{L}' = a\mathrm{d}\phi'\hat{a}_{\phi'}$ 是位于圆环上的 p' 点,把它转换成直角坐标系下:

$$\mathrm{d}\vec{L}' = a\mathrm{d}\phi'(-\sin\phi'\hat{a}_x + \cos\phi'\hat{a}_y) \quad (5-3-21)$$

把式(5-3-20)和式(5-3-21)代入式(5-3-19)可得:

$$\vec{A} = \frac{\mu_0 I}{4\pi}\int_0^{2\pi}\frac{1}{r}\left(1 + \frac{a}{r}\sin\theta\sin\phi'\right)a\,\mathrm{d}\phi'(-\sin\phi'\hat{a}_x + \cos\phi'\hat{a}_y) =$$

$$\frac{\mu_0 I}{4\pi}\int_0^{2\pi} -\frac{a^2}{r^2}\sin\theta\sin^2\phi'\hat{a}_x\mathrm{d}\phi' = -\frac{\mu_0 I a^2}{4r^2}\sin\theta\hat{a}_x \quad (5-3-22)$$

在 yz 平面上 p 点处,$\hat{a}_x = -\hat{a}_\phi$,因此式(5-3-22)可以在球坐标系下表示成:

$$\vec{A} = \frac{\mu_0 I a^2}{4r^2}\sin\theta\hat{a}_\phi \quad (5-3-23)$$

由磁偶极矩为 $\vec{m}$ 的磁偶极子的矢量磁位可表示为

$$\vec{A} = \frac{\mu_0 \vec{m} \times \hat{a}_r}{4\pi r^2} \quad (5-3-24)$$

式(5-3-24)中磁偶极矩 $\vec{m}$ 定义为

$$\vec{m} = I\pi a^2\hat{a}_z = IS\hat{a}_z \quad (5-3-25)$$

磁偶极矩 $\vec{m}$ 是一个矢量,它的大小等于环面积和电流的乘积,方向垂直于环面,并且满足右手定则:大拇指是 $\vec{m}$ 的方向,其他手指顺着电流方向。对比式(5-3-24)和式(3-2-23)可以看出,磁偶极子的矢量磁位与电偶极子的电势表达式极为相似。这两个式子对于研究天线辐射极为重要。

在球坐标系中取 $\vec{A}$ 的旋度,就可以得到磁通量密度:

$$\vec{B} = \frac{\mu_0 m}{4\pi r^3}(2\cos\theta\hat{a}_r + \sin\theta\hat{a}_\theta) \quad (\mathrm{T}) \quad (5-3-26)$$

式(5-3-26)中,$m = |\vec{m}|$。对比式(5-3-26)和式(3-2-14)发现磁偶极子的 $\vec{B}$ 和电偶极子的 $\vec{E}$ 很相似,只要把 m 和 μ_0 替换成 p 和 $1/\varepsilon_0$ 即可。式(5-3-26)和式(3-2-14)都是远场公式,即分别是在 $r \gg a$ 和 $r \gg d$ 的条件下得到的。由式(5-2-3),易得:

$$\vec{H} = \frac{IS}{4\pi r^3}(2\cos\theta\hat{a}_r + \sin\theta\hat{a}_\theta) \quad (5-3-27)$$

电偶极子的电场线和磁偶极子的磁场线如图 5-3-2 所示。偶极子场线的近场可通过数值积分来计算。

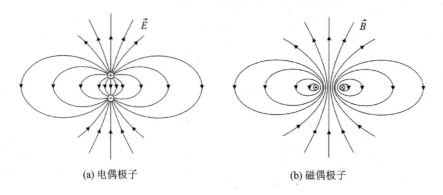

(a) 电偶极子　　　　　　　(b) 磁偶极子

图 5-3-2　偶极子场线的近场图

5.4　安培环路定律

安培环路定律(Ampere's Circuital Law)与电场中的高斯定律类似,让我们能够用代数的方法来解决一类具有某种对称性的问题。安培环路定律是毕奥-萨伐尔定律的一个特例。高斯定律的微分形式建立了 $\vec{D}$ 的散度和电荷密度 ρ_V 之间的关系,安培环路定律建立了 $\vec{H}$ 的旋度和电流密度 $\vec{J}$ 之间的关系。

安培环路定律:在一个封闭曲线上对 $\vec{H}$ 的线积分等于该路径所包围的电流。安培环路定律的数学表达为

$$\oint_C \vec{H} \cdot d\vec{L} = I \tag{5-4-1}$$

这里路径 C 的方向和 I 的方向满足右手规则,即大拇指指向 I 的方向,四指指向路径的方向。

参考图 5-4-1,在式(5-4-1)中的包围电流 I 等于电流密度在由封闭曲线 C 为边界的面上的积分。面 S 可以是任意的,只要其封闭边界为封闭曲线 C 即可。因此,可把安培环路定律写成:

$$\oint_C \vec{H} \cdot d\vec{L} = \int_S \vec{J} \cdot d\vec{S} \tag{5-4-2}$$

式(5-4-2)中封闭路径 C 是面 S 的边界。$d\vec{L}$ 在封闭路径 C 上的方向和 $d\vec{S}$ 的方向满足右手规则,即大拇指指向 $d\vec{S}$ 的方向,而四指指向 $d\vec{L}$ 的方向。因此安培环路定律也可描述为:在一个封闭路径上对 $\vec{H}$ 的线积分等于流过以该封闭路径为边界的面上的电流,如图 5-4-1 所示。

对式(5-4-2)的左边应用斯托克斯定理,可得:

$$\int_S \nabla \times \vec{H} \cdot d\vec{S} = \int_S \vec{J} \cdot d\vec{S} \tag{5-4-3}$$

因为式(5-4-3)中的面 S 是任意的,所以左右两边的积分项必须相等,从而得到了安培环路定律的微分形式:

$$\nabla \times \vec{H} = \vec{J} \tag{5-4-4}$$

必须指出的是,式(5-4-1)、式(5-4-2)和式(5-4-4)所示的安培环路定律只适合静磁场。在时变条件下,安培环路定律需要考虑法拉第发现的电磁感应定律,这会在第6章中讨论。式(5-4-4)和式(5-2-3)是静磁场的两个基本方程。

安培环路定律非常适用于某种特定场合确定 $\vec{H}$,即在封闭路径 C 上每一点处 $\vec{H}$ 的大小都相等,并且方向和路径 C 相切。这样的路径为安培路径。

例 5-4-1 沿 z 轴放置一根无限长细导线,导线电流大小为 I,方向朝 $+z$ 轴,用安培环路定律求导线周围的磁场强度 $\vec{H}$,如图 5-4-2 所示。

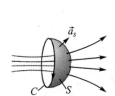

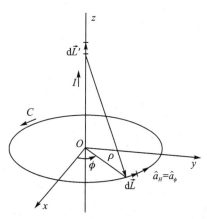

图 5-4-1 被 C 包围的电流等于流过面的电流

图 5-4-2 无限长通电导线和安培路径

解

无限长通电导线具有圆柱对称性和沿 z 轴的移动对称性,另外根据毕奥-萨伐尔定律,从 $Id\vec{L}\times\vec{R}$ 项中可知 $\vec{H}$ 的方向为 $\hat{a}_\phi$,因此可知 $\vec{H}$ 具有 $\vec{H}=H_\phi(\rho)\hat{a}_\phi$ 的形式。根据 $\vec{H}$ 的特点,可取以 z 轴上某点为圆心,半径为 ρ 的圆作为安培路径。

在安培路径上应用安培环路定律,有

$$\oint_C \vec{H}\cdot d\vec{L} = \int_{\phi=0}^{2\pi} H_\phi(\rho)\hat{a}_\phi \cdot (\rho d\phi \hat{a}_\phi) = H_\phi(\rho) 2\pi\rho = I$$

因此可得:

$$\vec{H} = H_\phi(\rho)\hat{a}_\phi = \frac{I}{2\pi\rho}\hat{a}_\phi \tag{5-4-5}$$

式(5-4-5)所示的结论与直接用毕奥-萨伐尔定律得到的公式(5-1-10)一致。

例 5-4-2 根据毕奥-萨伐尔定律证明安培环路定律。

证明

根据自由空间中磁场强度 $\vec{H}$ 和磁通量密度 $\vec{B}$ 之间的本构关系 $\vec{B}=\mu_0\vec{H}$ 和 $\vec{B}=\nabla\times\vec{A}$,重写 $\vec{H}$ 的旋度公式:

$$\nabla\times\vec{H} = \frac{1}{\mu_0}\nabla\times\vec{B} = \frac{1}{\mu_0}\nabla\times\nabla\times\vec{A} \tag{5-4-6}$$

应用矢量恒等式 $\nabla\times\nabla\times\vec{A}=\nabla(\nabla\cdot\vec{A})-\nabla^2\vec{A}$,式(5-4-6)可重写为

$$\nabla \times \vec{H} = \frac{1}{\mu_0}[\nabla(\nabla \cdot \vec{A}) - \nabla^2 \vec{A}] \qquad (5-4-7)$$

把式(5-3-9)即 $\nabla \cdot \vec{A} = 0$ 代入式(5-4-7),可得：

$$\nabla \times \vec{H} = -\frac{1}{\mu_0}\nabla^2 \vec{A} \qquad (5-4-8)$$

把式(5-3-17)即 $\nabla^2 \vec{A} = -\mu_0 \vec{J}(\vec{r})$ 代入式(5-4-8),可得：

$$\nabla \times \vec{H} = \vec{J}(\vec{r})$$

得证。

5.5 磁物质

最简单的原子模型包括一个带正电的原子核和带负电绕核做轨道运动的电子。做轨道运动的电子产生原子的磁偶极矩。根据量子理论,电子和原子核的自旋也会产生磁偶极矩。但原子核自旋产生的磁偶极矩相比电子轨道运动和电子自旋要小三个量级,因此经常被忽略。

物质的磁特性由原子晶格和外部磁场相互作用决定。没有外部磁场时,抗磁物质中原子的电子轨道运动和电子自旋所产生的磁偶极矩会相互抵消,因此原子对外没有净电偶极矩。然而,外部磁场会对轨道电子产生离心力或者向心力。电子轨道是量子化的而没法改变,因此电子只能够减小速度来抵消作用在轨道电子上的磁场力。外部场导致了电子轨道运动和电子自旋的不平衡,因此在抗磁物质中产生了净磁偶极矩,它和外部磁场的方向相反。例如金、银、铜、铅和硅具有量级为 -10^{-5} 这样量级的负磁化率,因此相对磁导率会略小于1。超导体是一个理想的抗磁物质,其磁化率 $\chi_m = -1$,相对磁导率 $\mu_r = 0$。因此在超导体内部不存在磁通量密度($\vec{B} = 0$)。这意味着超导体完全排斥磁场,因此可在磁场中飘浮。所有的物质都有抗磁性,但在某些物质中,抗磁效应会被其他更强的磁效应超过。

在顺磁物质中,由电子轨道运动和电子自旋引起的磁偶极矩是没法完全抵消的。然而在抗磁物质中偶极矩只有在外部磁场存在时才存在,而顺磁物质中即使没有外部磁场时,原子的磁偶极矩照样存在。在正常情况下,顺磁物质中的这种永久磁偶极矩是随机朝向的,因而总体上不表现出净磁偶极矩。当外部磁场存在时,永久磁偶极矩会顺着外部磁场排列,从而产生了净的磁偶极矩,磁偶极矩又反过来增强物质中的总磁场。例如空气、铝、铂、钛和钨等的顺磁物质,它们的磁化率都在 10^{-5} 这样的量级而相对磁导率会略大于1。在实际应用中,不管是抗磁物质还是顺磁物质,都把它们看成无磁物质,设定磁导率 $\mu = \mu_0$。

铁磁物质中的原子由于超强的自旋而有很大的永久磁偶极矩。当不存在外部磁场时,铁磁物质中电子自旋由于强大的原子之间作用力而耦合在一起,在被称为磁畴的一个微观小区域内每个原子的磁偶极矩都朝同一个方向排列。如果在一个磁畴内,所有原子的磁偶极矩都朝同一个方向,那么该磁畴是完全磁化的。在正常情况下,铁磁体中不同磁畴的自旋方向是随机的,因而在总体上不会产生净磁偶极矩。然而,当外部磁场存在时,铁磁体中磁畴的自旋方向都会和外部磁场平行,从而在物质内部产生大的净磁偶极矩。铁磁材料如铁、钴和镍等都有很大的相对磁导率 μ_r,范围为 250~5 000。这些物质的合金材料如镍铁导磁合金和高磁导率合金的相对磁导率 μ_r 可达 10^5。与顺磁和抗磁物质不同的是,铁磁物质的相对磁导率 μ_r 具有非线性,它不仅取决于当前磁场强度,它还与物质过去的磁状态有关系。

5.5.1 磁化和等效电流密度

根据简单的原子模型,磁化物质可以被认为是自由空间中离散磁偶极子在各自原子晶格处的聚集物。为了描述物质的宏观磁特性,我们定义单位体积中磁偶极矩为磁极化矢量 $\vec{M}$:

$$\vec{M}(\vec{r}) = \lim_{\Delta V \to 0} \frac{1}{\Delta V} \sum_{j=1}^{n\Delta V} \vec{m}_j \quad (\text{A/m}) \tag{5-5-1}$$

这里 n 是原子(或者磁偶极子)密度,$\vec{m}_j$ 表示在微小体积 ΔV 中每一个电偶极矩。尽管 $\vec{m}_j$ 是分布在离散的空间点上,但我们认为 $\vec{M}$ 是空间位置的连续函数。磁极化矢量的单位是安培每米 (A/m)。物质的磁极化矢量不等于零,说明该物质被磁化了。

磁极化矢量激发了物质的表面电流。为了研究磁化表面电流,我们考察磁化物质的表面,如图 5-5-1 所示,分界面是 xy 平面,物质在 $z<0$ 的区域,在 $z>0$ 的区域是自由空间。为了描述简单,磁偶极子用边长为 a、电流为 I 的正方形电流环代替。图 5-5-1 中电流环的中心用点表示。电流环的磁偶极矩 $\vec{m}$ 的方向 $\hat{a}_m$ 和分界面的外表面法向 $\hat{a}_n(\hat{a}_n = \hat{a}_z)$ 的夹角为 θ。假设物质完全被外部磁场所磁化,磁极化矢量为 $\vec{M}$。为了讨论问题的方便,把物质分割成厚度为 $(a/2)\sin\theta$ 的(假设性的)层。在侧视图 5-5-1(a) 中,带圈的点(或圈)表示的是上边框(下边框)电流的方向。从图 5-5-1(a) 中可以看出:中心在第 1 层的磁偶极子贡献了在空气中的净电流,方向是流出纸面。同样,中心在第 2 层的偶极子贡献的净电流在第 1 层中,方向是流出纸面。但中心分别在第 1 层和第 3 层中的磁偶极子在第 2 层中不产生净电流。在空气中和第 1 层中的电流就组成了由磁极化矢量激发的表面电流。

下面计算由磁极化矢量所激发的表面电流的面电流密度。图 5-5-1(b) 给出了前视图。图中相对于表面法向 $\hat{a}_n$ 倾斜的磁偶极矩 $\vec{m}$,其正方形环的投影面积为 $a \times a\sin\theta$。前面分析过,只有中心在第 1 层和第 2 层中磁偶极子会贡献表面电流。更具体地说,表面电流是由磁偶极子长度为 a 的上边框电流所产生的。因此,中心在图 5-5-1(b) 阴影部分的磁偶极子在 $z=0$(参考面) 上产生在 $\hat{a}_x$ 方向上的表面电流。鉴于此,此处的表面电流是在 $z=0$ 平面上,流过 y 轴上单位长度的电流。因此表面电流为

$$\vec{J} = In(a^2 \sin\theta) = n|\vec{m}|\sin\theta \tag{5-5-2}$$

式 (5-5-2) 中,n 是磁偶极子的数量密度,括号部分是图 5-5-1(b) 的阴影部分的面积。应用 $\vec{M} = n\vec{m}$(完全极化),并且考虑到面电流的方向是 $\hat{a}_x$,所以面电流密度为

$$\vec{J}_{mS} = \vec{M} \times \hat{a}_n \tag{5-5-3}$$

式 (5-5-3) 中 $\hat{a}_n$ 是物质表面的单位法向矢量。$\vec{J}_{mS}$ 的单位是安培每米 (A/m),注意与 $\vec{H}$ 的单位一样,但物理意义不同。磁极化矢量 $\vec{M}$ 也可在物质内部激发磁极化体电流 $\vec{J}_m$,其单位是安培每平方米 (A/m²)。参见图 5-5-2,磁极化面电流密度是由在 $z<0$ 的区域内物质中磁极化矢量所激发的。根据连续性方程,如果穿出封闭路径 C(该路径在表面上)上的面电流总和不等于零,那么必然有体内的净电流流向表面。该电流被定义为极化(体)电流。极化电流和极化面电流都是磁偶极子引起的。图 5-5-2 中,在正方形框上的电流展示了物质内部的磁化电流和磁化表面电流。

参考图 5-5-2,封闭路径 C 上穿出微分长度 $|\vec{dL}|$ 上的微分面电流 dI_{mS} 为

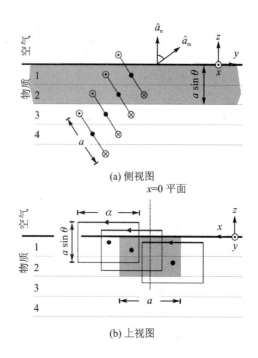

(a) 侧视图

(b) 上视图

图 5-5-1 磁化表面电流(磁偶极子用正方形的电流环代替)

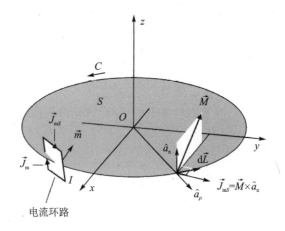

图 5-5-2 磁极化体电流和磁极化面电流

$$dI_{mS} = \vec{J}_{mS} \cdot (|d\vec{L}|\hat{a}_\rho) = (\vec{M} \times \hat{a}_n) \cdot \hat{a}_\rho dL \quad (5-5-4)$$

而 $\hat{a}_\rho$ 代表垂直于 $d\vec{L}$(封闭路径 C)的方向。应用矢量恒等式 $(\vec{A} \times \vec{B}) \cdot \vec{C} = \vec{A} \cdot (\vec{B} \times \vec{C})$,穿出 $d\vec{L}$ 的面电流可表示为

$$dI_{mS} = \vec{M} \cdot (\hat{a}_n \times \hat{a}_\rho) dL = \vec{M} \cdot d\vec{L} \quad (5-5-5)$$

式(5-5-5)中,利用了 $\hat{a}_n \times \hat{a}_\rho = \hat{a}_\phi$, $\hat{a}_\phi$ 表示 $d\vec{L}$ 的方向。因此,穿出整个封闭路径 C 的净电流为

$$I_{mS} = \oint_C \vec{M} \cdot d\vec{L} = \int_S (\nabla \times \vec{M}) \cdot d\vec{S} \qquad (5-5-6)$$

式(5-5-6)中 S 是物质表面上封闭路径所围的面,并且使用了斯托克斯公式。根据连续性方程,式(5-5-6)中的净面电流等于穿出面 S 的磁化电流 I_m,该电流等于体电流密度 $\vec{J}_m$(磁化电流密度)在面 S 上的面积分,因此可得:

$$I_{mS} = I_m = \int_S \vec{J}_m \cdot d\vec{S} \qquad (5-5-7)$$

根据式(5-5-6)和式(5-5-7),并且封闭路径 C 和封闭面 S 都是任意的,因此两个面积分中的积分项必须相等,故得:

$$\vec{J}_m = \nabla \times \vec{M} \qquad (5-5-8)$$

从式(5-5-3)和式(5-5-8)可以看到,被磁化的物质内磁极化矢量 $\vec{M}$ 产生了磁化面电流 $\vec{J}_{mS}$ 和磁化体电流 $\vec{J}_m$。由于 $\vec{M}$ 是一个常值,因此 $\vec{J}_m$ 可以为零,但表面电流 $\vec{J}_S$ 总是存在的。

5.5.2 磁导率

在第 3 章静电场中,讨论了外部电场和电介质之间的相互作用。当外电场在物质中激发出电极化矢量,进而产生极化电场。外部电场和极化电场组成物质中的内部电场。在物质中重新定义了电通量密度 $\vec{D}$,使得 $\nabla \cdot \vec{D}$ 只与净电荷有关,该净电荷只是产生外部电场。电通密度 $\vec{D}$ 和电场强度 $\vec{E}$ 的关系决定了物质的介电常数。

磁物质中的磁通密度 $\vec{B}$ 与电介质中电场 $\vec{E}$ 相类似。当外部磁场激发磁物质中磁极化矢量 $\vec{M}$ 和磁化电流密度 $\vec{J}_m$ 时,外部磁通量与 $\vec{J}_m$ 产生的磁通量的和等于物质内部的磁通量 $\vec{B}$。我们重新定义物质中的 $\vec{H}$,让它只与自由电流 $\vec{J}$ 相关,而排除极化电流的影响,自由电流产生外部磁场。在磁物质中,内部 $\vec{B}$ 是自由电流和极化电流产生的磁通密度的和,也就是:

$$\nabla \times \frac{\vec{B}}{\mu_0} = \vec{J} + \vec{J}_m = \vec{J} + \nabla \times \vec{M} \qquad (5-5-9)$$

式中,$\vec{J}$ 是自由电流(导体或者运流电流),$\vec{J}_m$ 是物质中的极化电流。式(5-5-9)中使用的是自由空间的磁导率 μ_0,这是我们基于物质的原子模型,认为物质是在自由空间中由在原子晶格位置处的磁偶极子构成的。重写式(5-5-9),可得:

$$\nabla \times \left(\frac{\vec{B}}{\mu_0} - \vec{M} \right) = \vec{J} \qquad (5-5-10)$$

现在重新定义磁物质中的磁场强度 $\vec{H}$ 为

$$\vec{H} = \frac{\vec{B}}{\mu_0} - \vec{M} \qquad (5-5-11)$$

或者

$$\vec{B} = \mu_0 (\vec{H} + \vec{M}) \qquad (5-5-12)$$

新定义的磁场强度 $\vec{H}$ 使得在任何磁物质中的微分形式的安培环路定律总是正确的,即

$$\nabla \times \vec{H} = \vec{J} \qquad (5-5-13)$$

注意式(5-5-13)中的 $\vec{J}$ 是自由电流密度,不包括物质中的磁化电流。

通过对式(5-5-13)的两边取面积分,可获得积分形式的安培环路定律,即

$$\int_S \nabla \times \vec{H} \cdot d\vec{S} = \int_S \vec{J} \cdot d\vec{S} \quad (5-5-14)$$

对式(5-5-14)的左边应用斯托克斯定理,并注意到式(5-5-14)右边就是总电流,因此可得适用于任何磁介质的安培环路定律,即

$$\oint_C \vec{H} \cdot d\vec{L} = I \quad (5-5-15)$$

式(5-5-15)中 I 是路径 C 所围的总自由电流,或者是穿过以路径 C 为边界面的总自由电流。

磁极化矢量取决于磁场强度,即

$$\vec{M} = \chi_m \vec{H} \quad (5-5-16)$$

这里 χ_m 是磁极化系数。在均匀、线性、各向同性的物质中, χ_m 是一个独立于 $\vec{H}$ 的常数。

把式(5-5-16)代入式(5-5-12)可得到 $\vec{B}$ 和 $\vec{H}$ 之间的本构关系:

$$\vec{B} = \mu_0(1+\chi_m)\vec{H} = \mu_0\mu_r\vec{H} = \mu\vec{H} \quad (5-5-17)$$

这里 μ 是磁导率,单位是亨利每米(H/m)。μ_0 是自由空间的磁导率。μ_r 是相对磁导率,在简单介质(均匀、线性、各向同性的介质)中它是一个没有量纲的常数。

从式(5-5-17)可以获得 χ_m 和 μ 之间的关系,即

$$\chi_m = \frac{\mu}{\mu_0} - 1 = \mu_r - 1 \quad (5-5-18)$$

χ_m 是磁极化系数。在均匀、线性、各向同性的物质中,χ_m 是一个独立于 $\vec{H}$ 的常数。但一般情况下,χ_m 是位置的函数(非均匀介质),与 $\vec{H}$ 的大小相关(非线性介质)或者与 $\vec{H}$ 的方向有关(各向异性介质)。

根据 μ_r 的不同可把磁物质分成三类:

$$\mu_r \leqslant 1 \quad (逆磁物质) \quad (5-5-19a)$$
$$\mu_r \geqslant 1 \quad (顺磁物质) \quad (5-5-19b)$$
$$\mu_r \gg 1 \quad (铁磁物质) \quad (5-5-19c)$$

对于逆磁物质,χ_m 的典型值为 $-10^{-6} \sim -10^{-4}$ 量级。对于顺磁物质,χ_m 的典型值为 $10^{-5} \sim -10^{-3}$ 量级。对于铁磁物质,χ_m 通常在 $10^1 \sim -10^5$ 量级之间。

例 5-5-1 参见图 5-5-3,自由空间中,在 z 轴放置一条无限长通电导线,电流 I 朝 $+z$ 轴方向。它被一层空芯圆柱绝缘套包裹。绝缘套的内径和外径分别为 a 和 b,磁导率为 μ_1。求解:

(a) 根据安培环路定律求解 $\vec{H}$ 和 $\vec{B}$;
(b) 空心绝缘体中磁化体电流密度;
(c) 空心绝缘体内外表面的磁化面电流密度。

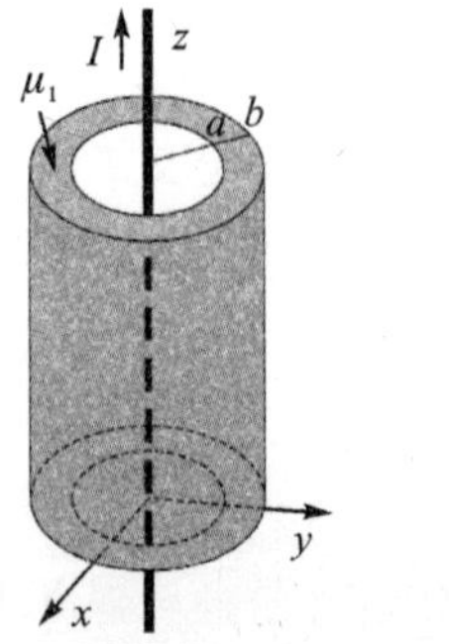

解

根据安培环路定律,求解 $\vec{H}$ 时,不用考虑空心绝缘层。考虑自由电流的对称性,可知 $\vec{H}$ 具有 $\vec{H} = H_\phi(\rho)\hat{a}_\phi$ 的形式。根据 $\vec{H}$ 的特点,可取以轴为圆心,半径为 ρ 的圆作为安培路径。

(a) 在 $0 < \rho < a$ 的区域,利用安培环路定律,可得:

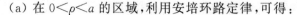

图 5-5-3 被空心绝缘层包裹的通电导线

$$\vec{H} = H_\phi(\rho)\hat{a}_\phi = \frac{I}{2\pi\rho}\hat{a}_\phi, \qquad \vec{B} = \mu_0\vec{H} = \frac{\mu_0 I}{2\pi\rho}\hat{a}_\phi \qquad (5-5-20\text{a})$$

在 $a<\rho<b$ 的区域：

$$\vec{H} = H_\phi(\rho)\hat{a}_\phi = \frac{I}{2\pi\rho}\hat{a}_\phi, \qquad \vec{B} = \mu_1\vec{H} = \frac{\mu_1 I}{2\pi\rho}\hat{a}_\phi \qquad (5-5-20\text{b})$$

在 $b<\rho$ 的区域：

$$\vec{H} = H_\phi(\rho)\hat{a}_\phi = \frac{I}{2\pi\rho}\hat{a}_\phi, \qquad \vec{B} = \mu_0\vec{H} = \frac{\mu_0 I}{2\pi\rho}\hat{a}_\phi \qquad (5-5-20\text{c})$$

式(5-5-20)中的 $\vec{H}$ 都相等，而不管是否存在空心绝缘层。

(b) 在 $a<\rho<b$ 的区域，把式(5-5-20b)代入式(5-5-16)，可得：

$$\vec{M} = \chi_m \vec{H} = \left(\frac{\mu}{\mu_0} - 1\right)\frac{I}{2\pi\rho}\hat{a}_\phi \qquad (5-5-21)$$

对式(5-5-21)求旋度，可得磁化体电流密度：

$$\vec{J}_m = \nabla \times \vec{M} = \left(\frac{\mu}{\mu_0} - 1\right)\frac{I}{2\pi}\nabla \times \left(\frac{1}{\rho}\hat{a}_\phi\right) = 0 \qquad (5-5-22)$$

式(5-5-22)中用到了例 2-5-1 中的结论。

(c) 在 $\rho=a$ 的绝缘体表面，根据式(5-5-21)可得：

$$\vec{M} = \chi_m \vec{H} = \left(\frac{\mu}{\mu_0} - 1\right)\frac{I}{2\pi a}\hat{a}_\phi \qquad (5-5-23)$$

在 $\rho=a$ 的绝缘体表面，外表面的法向矢量为 $\hat{a}_n = -\hat{a}_\rho$。根据式(5-5-3)可得：

$$\vec{J}_{mS} = \vec{M} \times \hat{a}_n = \left(\frac{\mu}{\mu_0} - 1\right)\frac{I}{2\pi a}\hat{a}_\phi \times (-\hat{a}_\rho) = \left(\frac{\mu}{\mu_0} - 1\right)\frac{I}{2\pi a}\hat{a}_z \qquad (5-5-24)$$

同样，在 $\rho=b$ 的绝缘体表面，根据式(5-5-21)可得：

$$\vec{M} = \chi_m \vec{H} = \left(\frac{\mu}{\mu_0} - 1\right)\frac{I}{2\pi b}\hat{a}_\phi \qquad (5-5-25)$$

在 $\rho=a$ 的绝缘体表面，外表面的法向矢量为 $\hat{a}_n = \hat{a}_\rho$。根据式(5-5-3)可得：

$$\vec{J}_{mS} = \vec{M} \times \hat{a}_n = \left(\frac{\mu}{\mu_0} - 1\right)\frac{I}{2\pi b}\hat{a}_\phi \times \hat{a}_\rho = -\left(\frac{\mu}{\mu_0} - 1\right)\frac{I}{2\pi b}\hat{a}_z \qquad (5-5-26)$$

从式(5-5-24)和式(5-5-26)可以看出，在空心绝缘体内外表面的磁化电流的大小相等，但方向相反。

5.6 静磁场的边界条件

由于穿过任意封闭表面的净磁通总等于零，所以磁场中的高斯定律也被称为磁通密度守恒定律。在任何物质中安培环路定律总是成立的，因此净磁场中的这两个基本关系在空间中的任何区域都成立，即在两个不同物质的分界面上也成立。我们按照求解 $\vec{D}$ 和 $\vec{E}$ 边界条件同样的思路来获得两个磁物质分界面上 $\vec{B}$ 和 $\vec{H}$ 的边界条件。

参考图 5-6-1，在矩形路径上应用安培环路定律，有

$$\oint_C \vec{H} \cdot \mathrm{d}\vec{L} = H_{1t}\Delta w - H_{2t}\Delta w + \int_b^c \vec{H} \cdot \mathrm{d}\vec{L} + \int_d^a \vec{H} \cdot \mathrm{d}\vec{L} = J_{Sn}\Delta w \qquad (5-6-1)$$

这里 t 代表的是切向分量，J_{Sn} 表示垂直于矩形框的表面电流。当 Δw 趋于零时，$\vec{H}$ 在矩形路径左右两边的积分等于零，但此时仍然存在被矩形框所包围的表面电流。因此，$\vec{H}$ 的切向分量满足的边界条件是：

$$H_{1t} - H_{2t} = J_{Sn} \tag{5-6-2}$$

在分界面上存在表面电流 J_{Sn} 时，穿过分界面的切线磁场不连续。如果定义 $\hat{a}_{1-2}$ 为从介质 2 指向介质 1 并且垂直于分界面的单位法向矢量，那么式(5-6-2)可以写成更通用的表达式，即

$$\hat{a}_{1-2} \times (\vec{H}_1 - \vec{H}_2) = \vec{J}_S \tag{5-6-3}$$

如果分界面由两个有限电导率的金属构成，那么边界面上就不能够形成面电流，面电流只能在理想导体表面上存在。在大多数实际情况中，分界面上的表面电流等于零，$\vec{J}_S = 0$，那么这时 $\vec{H}$ 切向分量满足的边界条件就变为

$$H_{1t} = H_{2t} \tag{5-6-4}$$

式(5-6-4)表达的是：不存在表面电流时，穿过分界面的磁场强度的切向分量连续。应用本构关系 $\vec{B} = \mu \vec{H}$，则根据式(5-6-4)可得：

$$\frac{B_{1t}}{\mu_1} = \frac{B_{2t}}{\mu_2} \tag{5-6-5}$$

式(5-6-5)表明穿过分界面的磁通密度的切向分量不连续。

如图 5-6-2 所示，在穿过分界面的圆柱上应用磁场中的高斯定理。和求 $\vec{D}$ 边界条件一样的流程，能够得到 $\vec{B}$ 法向分量的边界条件，即

$$B_{1n} = B_{2n} \tag{5-6-6}$$

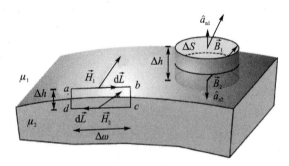

图 5-6-1 两个磁导率分别为 μ_1 和 μ_2 的磁介质的分界面

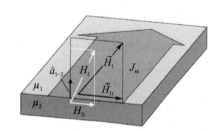

图 5-6-2 分界面上存在面电流时，$\vec{H}$ 切向分量满足的边界条件

式(5-6-6)表达的是：穿过分界面的磁通密度的法向矢量连续。应用本构关系 $\vec{B} = \mu \vec{H}$，则根据式(5-6-6)可得：

$$\mu_1 H_{1n} = \mu_2 H_{2n} \tag{5-6-7}$$

式(5-6-7)表明穿过分界面的磁场强度的法向矢量不连续。

例 5-6-1 考虑自由空间和铁的分界面(见图 5-6-3)，铁的磁导率 $\mu = 1\,000\mu_0$。在自由空间，让 $\vec{B}_1$ 的方向偏离 $1.0°$，求：(a) $\vec{B}_2$ 的方向；(b) B_2/B_1。

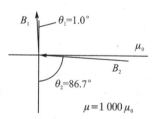

图 5-6-3 自由空间和铁的分界面

解

(a) 根据磁场的边界条件：

$$H_{2t} = H_{1t} = \frac{1}{\mu_0} B_1 \sin 1° \qquad (5-6-8a)$$

$$B_{2n} = B_{1n} = B_1 \cos 1° \qquad (5-6-8b)$$

在铁中，可知：

$$\tan \theta_2 = \frac{B_{2t}}{B_{2n}} = \frac{\mu H_{2t}}{B_{2n}} = \frac{\mu}{\mu_0} \cdot \frac{\sin 1°}{\cos 1°} = 17.46$$

$$\theta_2 = 86.7°$$

(b) 结合式(5-6-8a)和式(5-6-8b)，可得：

$$B_2 = \sqrt{(B_{2t})^2 + (B_{2n})^2} = \sqrt{\left(\frac{\mu}{\mu_0} B_1 \sin 1°\right)^2 + (B_1 \cos 1°)^2}$$

$$\frac{B_2}{B_1} = 17.5$$

5.7 磁 能

正如电能密度定义为 $w_e = (1/2)\varepsilon E^2$ 一样，磁能密度定义为 $w_m = (1/2)\mu H^2$，这就是本节要讨论的主题。在第 3 章中推导 w_e 时根据电荷的分布，通过计算把每个电荷从无穷远处到当前位置所做的功来定义电势能的。然而，导电系统的磁能无法采用象求解电能那样的过程来求解，这是因为不存在与离散电荷相对应的磁荷。鉴于导线上的稳恒电流产生了净磁场，有人可能试图通过计算把电流元从无穷远处移动到当前位置所做的功。通过考察载有大小相同但方向相反电流的两个平行导线这种例子可以发现，这种计算思路是行不通的，因为这两个导线相互接近时，外力必须克服作用在导线上的磁场力而做功。根据法拉第电磁感应定律，在这个过程中，两个导线之间的磁场强度增加，它反过来会在导线上产生感应电压来减小电流试图阻止磁场强度的改变。因此，为了维持导线上的电流，必须做额外的功。通过分析可知，磁场中的储能是外力移动电流元所做的功和电流源维持电流所做的功。

5.7.1 电感中的磁能

电感是一个通用器件，它具有自感并能够在磁场中储能。电路理论告诉我们，当电感中通交流电 i 时，电感中的电压为 $u = L di/dt$。（从现在起交流电压和电流分别用小写字母 u 和 i 表示。）电感中的电压和电流关系会在第 6 章中用法拉第电磁感应定律推导出来，这里先用这个关系来求解磁能的表达式。

先从一个电感量为 L 的通电环开始讨论。当我们把环中的电流从零增加到一个常值电流 I 时，电流不仅激发了环的磁通量，而且产生了方向相反的电压。电压和电流的乘积 ui，表示电流源对电流环所转移的功率，也等于单位时间中电流环磁储能的大小。因此，总的磁储能为

$$W_m = \int u i \, dt = \int i L \frac{di}{dt} dt = L \int_{i=0}^{i=I} i \, di \qquad (5-7-1)$$

根据式(5-7-1)可得电感中的磁储能为

$$W_m = \frac{1}{2}LI^2 \quad (J) \tag{5-7-2}$$

把线圈的电感公式 $L=\Lambda/I=N\Phi/I$ 代入式(5-7-2)中,则电感的磁能为

$$W_m = \frac{1}{2}\Lambda I = \frac{1}{2}NI\Phi \tag{5-7-3}$$

式(5-7-3)中 I 是线圈的直流电,N 是线圈的匝数,Φ 是单匝线圈的磁通量,Λ 是线圈的磁链。

下面讨论如图 5-7-1 所示的两个通电电流分别为 I_1 和 I_2 的线圈 C_1 和 C_2。每个线圈的磁链为

$$\Lambda_1 = N_1(\Phi_{11} + \Phi_{12}) \tag{5-7-4a}$$

$$\Lambda_2 = N_2(\Phi_{21} + \Phi_{22}) \tag{5-7-4b}$$

这里 N_1 和 N_2 分别是线圈 C_1 和 C_2 的匝数。式(5-7-4)中 Φ_{21} 是指由线圈 C_1 的电流 I_1 在线圈 C_2 上所产生的磁通量,Φ_{12} 是指由线圈 C_2 的电流 I_2 在线圈 C_1 上所产生的磁通量。同样,Φ_{11}(或者 Φ_{22})是指由线圈 C_1 的电流 I_1 在线圈 C_1 上所产生的磁通量。(请注意下标顺序。)

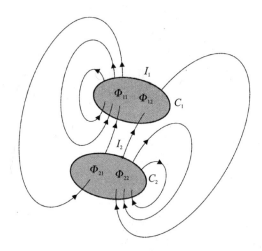

图 5-7-1 通电方向一致的两个相邻线圈

把式(5-7-4)代入式(5-7-3)可得到两个线圈总的磁储能为

$$W_m = \frac{1}{2}(\Lambda_1 I_1 + \Lambda_2 I_2) = \frac{1}{2}N_1 I_1(\Phi_{11} + \Phi_{21}) + \frac{1}{2}N_2 I_2(\Phi_{12} + \Phi_{22})$$

利用自感 $L_1=N_1\Phi_{11}/I_1$ 和 $L_2=N_2\Phi_{22}/I_2$,互感 $M_{21}=N_2\Phi_{21}/I_1$,$M_{12}=N_1\Phi_{12}/I_2$,互感关系式 $M_{12}=M_{21}$,可把两个线圈的磁储能写成:

$$W_m = \frac{1}{2}L_1 I_1^2 + \frac{1}{2}L_2 I_2^2 \pm M_{12} I_1 I_2 \tag{5-7-5}$$

当两个电流方向相同时,式(5-7-5)中取加号;当电流反向时,取减号。

为了检验式(5-7-5)中等号右式的物理意义,我们先假设在 $t=0$ 时两个线圈中的电流都等于零,$i_1=i_2=0$。然后让 i_1 维持在零,而让 i_2 在线圈 C_2 中电流从零增加到 I_2。在这种情况下,和线圈 C_2 相连的电流源所做的功是式(5-7-5)中右式的第 2 项。由于 $i_1=0$,因此在线圈 C_1 中不会做功。接着,让线圈 C_2 中的电流 i_1 维持在 I_2,把线圈 C_1 中电流从零增加到

I_1。这时和线圈 C_1 相连的电流源所做的功是式(5-7-5)中右式的第1项。然而在这种情况下，当电流 i_1 从零增大到 I_1 时，互磁通量 Φ_{21} 随时间变化从而在线圈 C_2 中激发出让电流 i_2 减小的电势，试图阻止线圈 C_2 中磁通量的增大。因此和线圈 C_2 相连的电流源必须做额外的功来维持电流等于 I_2。这个额外所做的功可利用 $u_{21}=M_{21}\mathrm{d}i_1/\mathrm{d}t$ 来计算：

$$W_{21}=\int u_{21}I_2\mathrm{d}t=M_{21}I_2\int_{i_1=0}^{i_1=I}\mathrm{d}i_1=M_{21}I_2I_1 \tag{5-7-6}$$

现在我们发现式(5-7-5)中右边第3项正是式(5-7-6)所表示的额外所做的功。

如果电流 I_1 和 I_2 的方向相反，那么互磁通 Φ_{21} 就试图减小线圈 C_2 的磁链。在这种情况下，在线圈 C_2 中会激发出增大电流的电势 u_{21}，因此额外所做的功为负值($W_{21}<0$)。

在计算 W_m 时即使先让线圈 C_2 中的电流 i_2 保持为零，而让线圈 C_1 中的电流 i_1 从零增加到 I_1，也会得到与式(5-7-5)同样的结论，只是 M_{21} 要用 M_{12} 来替代。两个线圈所组成系统的磁能都是相同的，无论哪个线圈中的电流先开始建立，因此这也证明了 $M_{12}=M_{21}$。

5.7.2 用磁场表示的磁能

像第3章中静电能可用场量 $\vec{D}$ 和 $\vec{E}$ 来表示一样，磁能也可用场量 $\vec{B}$ 和 $\vec{H}$ 来更方便地表示。参考图5-7-2，在 $z=0$ 平面上放置了一个通电矩形线圈 C'，通电电流为 I，电流方向是逆时针。显然，由线圈产生的所有磁力线都必须穿过由矩形线圈 C' 所包围的面 S'，并且磁力线自己必须封闭。我们假设通电线圈处于一个均匀、线性和各向同性的介质中。假设另一个封闭路径 C，它总是和磁力线吻合。因此，根据安培环路定律，沿着封闭路径 C 对磁场 $\vec{H}$ 的线积分：

$$\oint_C \vec{H}\cdot\mathrm{d}\vec{L}=NI \tag{5-7-7}$$

这里 N 是线圈的匝数。

穿过面 S' 的总通量等于磁通密度 $\vec{B}'$ 在该面上的面积分：

$$\phi=\int_{S'}\vec{B}'\cdot\mathrm{d}\vec{S}' \tag{5-7-8}$$

把式(5-7-8)代入式(5-7-3)可得：

$$W_\mathrm{m}=\frac{1}{2}NI\int_{S'}\vec{B}'\cdot\mathrm{d}\vec{S}' \tag{5-7-9}$$

式(5-7-9)中 S' 是由线圈 C' 所围成的区域，它在 $z=0$ 的平面内，而 $\vec{B}'$ 表示在 S' 中的磁通密度。把式(5-7-7)代入式(5-7-9)可得：

$$W_\mathrm{m}=\frac{1}{2}\oint_C\vec{H}\cdot\mathrm{d}\vec{L}\int_{S'}\vec{B}'\cdot\mathrm{d}\vec{S}'=\int_{S'}\frac{1}{2}\oint_C(\vec{B}'\cdot\mathrm{d}\vec{S}')\vec{H}\cdot\mathrm{d}\vec{L}=\int_{S'}\mathrm{d}W \tag{5-7-10}$$

式(5-7-10)中做了积分次序的变换，这是因为积分路径 C 和积分面 S' 是相互独立的，因此 $\mathrm{d}\vec{L}$ 和 $\mathrm{d}\vec{S}'$ 也是相互独立的。这里把式(5-7-10)中的积分项用 $\mathrm{d}W$ 表示。现在考察如图5-7-2所示的一个圆环，它是由所有穿过 $\mathrm{d}\vec{S}'$ 内的磁通线束组成的。该圆环周边都和磁通线吻合。根据磁通的守恒定律可知：

$$\mathrm{d}\phi=\vec{B}'\cdot\mathrm{d}\vec{S}'=\vec{B}\cdot\mathrm{d}\vec{S} \tag{5-7-11}$$

式(5-7-11)中 $\mathrm{d}\vec{S}'$ 的方向总是指向 $+z$ 轴的，但 $\mathrm{d}\vec{S}$ 的方向和大小在圆环中是变化的。

$|\mathrm{d}\vec{S}|$ 表示的是圆环中各点处的横截面。$\mathrm{d}\vec{S}$ 的方向总是和该点处 $\vec{B}$ 的方向一致的。把式(5-7-11)代入式(5-7-10)可得：

$$\mathrm{d}W = \frac{1}{2}\oint_C (\vec{B} \cdot \mathrm{d}\vec{D})\vec{H} \cdot \mathrm{d}\vec{L} \qquad (5-7-12)$$

注意式(5-7-12)到 $\vec{B}$、$\vec{H}$、$\mathrm{d}\vec{S}$ 和 $\mathrm{d}\vec{L}$ 的方向都路径 C 的切向，因此式(5-7-12)可重新写为

$$\mathrm{d}W = \frac{1}{2}\oint_C (\vec{B} \cdot \vec{H})\mathrm{d}\vec{S} \cdot \mathrm{d}\vec{L} = \oint_C \frac{1}{2}(\vec{B} \cdot \vec{H})\mathrm{d}S\mathrm{d}L \qquad (5-7-13)$$

式(5-7-13)中 $\mathrm{d}S\mathrm{d}L$ 是环的微分体积元，$(1/2)\vec{B} \cdot \vec{H}$ 是积分项。结合式(5-7-10)和式(5-7-13)可知，总磁能 W_m 等于在有磁力线存在的所有区域内对 $(1/2)\vec{B} \cdot \vec{H}$ 进行体积分，即

$$W_m = \frac{1}{2}\int_V \vec{B} \cdot \vec{H} \mathrm{d}V \qquad (5-7-14)$$

在简单物质中，μ 是一个独立于常数 $\vec{B}$ 的常数，因此式(5-9-4)可写为

$$W_m = \frac{1}{2\mu}\int_V |\vec{B}|^2 \mathrm{d}V = \frac{\mu}{2}\int_V |\vec{H}|^2 \mathrm{d}V \qquad (5-7-15)$$

在式(5-7-14)中 $(1/2)\vec{B} \cdot \vec{H}$ 被定义为磁能密度，它的单位是焦耳每立方米(J/m^3)。

如果一个通电装置的磁能可根据式(5-7-14)算出，那么根据式(5-7-2)可计算出该装置的电感值为

$$L = \frac{2W_m}{I^2} \qquad (5-7-16)$$

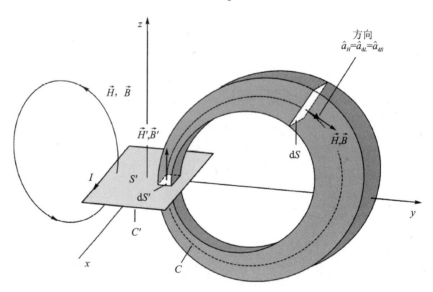

图 5-7-2 一束封闭成环的磁力线

迄今为止，我们已经获得了磁场 $\vec{H}$ 的旋度和磁通密度 $\vec{B}$ 的散度，根据亥姆霍兹定理可知，它们对确定一定空间区域内磁场非常重要。在第 3 章中，我们还获得了电场 $\vec{E}$ 的旋度和电通密度 $\vec{D}$ 的散度，它们对确定一定空间区域内电场非常重要。为了以后引用的方便，这里

把静电场和静磁场中的四个基本方程集合在这里：

$$\left.\begin{aligned}\nabla \times \vec{E} &= 0 \\ \nabla \cdot \vec{D} &= \rho_V \\ \nabla \times \vec{H} &= \vec{J} \\ \nabla \cdot \vec{B} &= 0\end{aligned}\right\} \quad (5-7-17)$$

应用散度定理和斯托克斯定理，可以得到四个基本方程的积分形式：

$$\left.\begin{aligned}\oint_C \vec{E} \cdot \mathrm{d}\vec{L} &= 0 \\ \oint_S \vec{D} \cdot \mathrm{d}\vec{S} &= \int_V \rho_V \mathrm{d}V \\ \oint_C \vec{H} \cdot \mathrm{d}\vec{L} &= \int_S \vec{J} \cdot \mathrm{d}\vec{S} \\ \oint_S \vec{B} \cdot \mathrm{d}\vec{S} &= 0\end{aligned}\right\} \quad (5-7-18)$$

$\vec{E}$ 和 $\vec{D}$ 满足本构关系：

$$\vec{D} = \varepsilon \vec{E} \quad (5-7-19)$$

$\vec{H}$ 和 $\vec{B}$ 满足本构关系：

$$\vec{B} = \mu \vec{H} \quad (5-7-20)$$

在静态场中分别引入标量电势 V 和矢量磁势 $\vec{A}$，它们分别满足：

$$\nabla^2 V = -\frac{\rho_V}{\varepsilon} \quad (5-7-21a)$$

$$\nabla^2 \vec{A} = -\mu \vec{J} \quad (5-7-21b)$$

这里需要指出的是，以上式(5-7-17)和式(5-7-21)都是在静态场条件下得到的。在时变条件下，电场和磁场会互相耦合，其中式(5-7-17)的两个旋度方程和式(5-7-21)都不再成立。在第 6 章中会详细讨论。

5.8 习　题

5-8-1　参考图 5-8-1，在 $z=0$ 的平面内，$-a \leqslant x \leqslant a$，$-\infty \leqslant x \leqslant \infty$ 范围内有面电流密度为 $\vec{J}_s = J_0 \hat{a}_y$，求 $p:(0,0,b)$ 处的 $\vec{H}$。

(a) 用毕奥-萨伐尔定律直接求解；

(b) 用无限长细导线等价求解；

(c) 当 $a \to \infty$ 时，确定无穷大平面上面电流所产生的 $\vec{H}$。

5-8-2　在一个半径为 $\rho = 0.4$ m，$0 < z \leqslant 0.2$ m 的圆形环区域上的表面电流密度 $\vec{J}_s = 3 \hat{a}_\phi$ A/m^2，如图 5-8-2 所示，请求出 z 轴上点 $(0,0,0.5$ m$)$ 的磁场强度 $\vec{H}$。

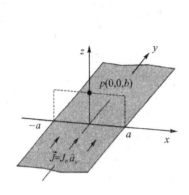
图 5-8-1 无限长条带上的面电流

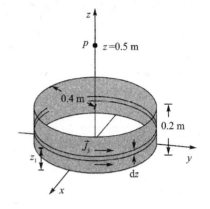
图 5-8-2 习题 5-8-2 用图

5-8-3 如图 5-8-3 所示,在半径分别为 a、b 的两个同轴的圆柱形纸片中间充满了两种不同的磁性材料(μ_1 在 $0<\phi<\pi$,μ_2 在 $\pi<\phi<2\pi$)两个圆在 $z=-\infty$ 和 $z=\infty$ 之间延伸,在相反的方向上载有电流 I。求:

(a) $\vec{B}$ 和 $\vec{H}$;

(b) 在 $\rho=a$ 表面上 I 的分布;

(c) 在 $\rho=a$ 表面上的磁化电流密度。

5-8-4 如图 5-8-4 所示,在 $z=0$ 的平面上有一个厚度为 d、磁导率为 μ 的无限长平板,在平板的下方($z<0$),磁通量密度 B_1 与 z 轴的夹角为 θ_1,依据给定的 B_1、θ_1、μ 求:

(a) B_2、θ_2、B_3、θ_3;

(b) 在 $z=0$ 和 $z=d$ 平面上的磁化表面电流密度。

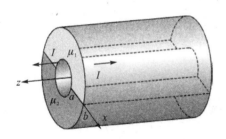
图 5-8-3 习题 5-8-3 用图

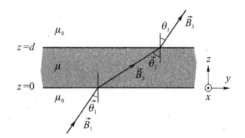
图 5-8-4 厚度为 d 的磁介质板

第6章 时变场和 Maxwell 方程

前面讨论静电场和静磁场,它们都不随着时间变化。概括一下,电场强度和电通量密度都是由分布在空间的静电荷产生的,两者由本构关系 $\vec{D}=\varepsilon\vec{E}$ 来联系,其中介电常数 ε 表征了物质的电特征。静电场的保守性用 $\nabla\times\vec{E}=0$ 来表示,它源于电能守恒原理;而高斯定律用 $\nabla\cdot\vec{D}=\rho_v$ 表示,它来源于电荷的离散本质。静电场中的这两条基本关系,可以确定一定区域内的 $\vec{E}$ 和 $\vec{D}$。同样,磁场强度和磁通量密度是由分布的稳恒电流产生的,它们由本构关系 $\vec{B}=\mu\vec{H}$ 联系,磁导率 μ 表征了物质的磁特征。$\vec{B}$ 的无散性用 $\nabla\cdot\vec{B}=0$ 来表征,直接来源于磁通量线的封闭特性,而安培环路定律 $\nabla\times\vec{H}=\vec{J}$ 基于稳恒电流,是磁场的涡旋源。它们是静磁场的两个基本关系,通过它们就可以确定一定空间区域内的 $\vec{H}$ 和 $\vec{B}$。

静电场和静磁场没有直接的联系。当存在导体时,两个场可以建立联系,也就是静电场产生导体中的稳恒电流,而稳恒电流又激发出静磁场;然而静磁场不能够产生静电场。但是在时变条件下,时变电流可以产生互相耦合的电场和磁场,从而形成了可以在自由空间和介质中传播的电磁波。

本章我们重点关注时变电场和磁场。第7章讨论空间中传播的电磁波。

除了时变特征,时变电磁场在很多方面都与静电场、静磁场不同:第一,时变电磁场由加速的电荷或者时变的电流产生;第二,时变电场和磁场互相耦合,也即时变电场激发时变磁场,时变磁场也能激发时变电场。与静态场一样,时变电场和磁场也由它们的散度和旋度决定。在时变的条件下,电学和磁学中的高斯定律保持不变,即 $\nabla\cdot\vec{D}=\rho_v$ 和 $\nabla\cdot\vec{B}=0$。然而,$\vec{E}$ 和 $\vec{H}$ 原有的两个旋度方程需要根据法拉第电磁感应定律(Faraday's electromagnetic induction)和麦克斯韦(Maxwell)引入的位移电流密度修正。关于时变电磁场的这四个方程称为 Maxwell 方程。在给定区域内的时变电磁场在任何时候都必须满足 Maxwell 方程。

6.1 法拉第定律

法拉第发现把永磁铁在线圈边移动或者把线圈在永磁铁边移动可观察到线圈中能够产生电动势(emf:electromotive force)。电动势就是线圈中感应出的电压。

法拉第电磁感应定律:在一个线圈中的电动势等于磁链的时间变化率的负数。

根据法拉第电磁感应定律,N 匝线圈的感应电动势可表示为:

$$\text{emf}=-\frac{\mathrm{d}\Lambda}{\mathrm{d}t}=-N\frac{\mathrm{d}\Phi}{\mathrm{d}t} \quad (\text{V}) \qquad (6-1-1)$$

式(6-1-1)中 Λ 是线圈的磁链,Φ 是单匝线圈的磁通量。电动势等于感应电场 $\vec{E}$ 对时间的积分,即

$$\text{emf}=\oint_c \vec{E}\cdot\mathrm{d}\vec{L} \qquad (6-1-2)$$

需要指出的是，emf 的符号不仅和感应电场的方向有关，还和积分路径 C 的方向有关。正的 emf 表示感应电场 $\vec{E}$ 和积分路径 C 的方向一致。尽管 emf 和 $\vec{E}$ 由时间变化的磁通量所激发，但 emf 和 $\vec{E}$ 可能是时变的，也可能是随着时间不变化的（电通量随着时间是线性变化时）。和静电场不一样的是，感应电场不是保守场，它在封闭路径上的线积分不等于零，因此感应电场也不能够表示成电势的负梯度。感应电动势在导体环中产生了电流 i，其方向和感应电场的方向相同。

现在虚拟一个封闭积分路径 C，该积分路径所包围的面为 S，那么根据法拉第电磁感应定律公式(6-1-1)、感应电场和感应电动势的关系式(6-1-2)以及磁通的定义式(5-2-5)可得：

$$\text{emf} = \oint_C \vec{E} \cdot d\vec{L} = -\frac{\partial}{\partial t}\int_S \vec{B} \cdot d\vec{S} \qquad (6-1-3)$$

当然，如果在虚拟的路径 C 处存在导体环，那么感应电场就会在导体中产生感应电流。式(6-1-3)面 S 上的 $d\vec{S}$ 和积分路径 C 上的 $d\vec{L}$ 必须满足右手规则（即大拇指指向 $d\vec{S}$ 方向，手指指向 $d\vec{L}$）。式(6-1-1)和式(6-1-3)中的负号是由洛伦兹定理决定的。**洛伦兹定理**：感应电动势激发的电流，电流产生的电通量必须和原电通量变化的方向相反。

式(6-1-3)虚拟封闭路径 C 和以该路径为边界的面 S 在三维空间中是任意的，但不随时间变化。因此，式(6-1-3)的右边可以把对时间求导和对面积求积分交换位置，可得：

$$\oint_C \vec{E} \cdot d\vec{L} = -\int_S \frac{\partial \vec{B}}{\partial t} \cdot d\vec{S} \qquad (6-1-4)$$

式(6-1-4)表示时间变化的磁场会产生非保守电场（涡旋电场），该电场可以是时变的，也可以是静态的，这由磁场随时间变化的具体情况决定。

对式(6-1-4)的左边应用斯托克斯定理，并且由于积分区间 S 的任意性，所以可得：

$$\nabla \times \vec{E} = -\frac{\partial \vec{B}}{\partial t} \qquad (6-1-5)$$

式(6-1-4)和式(6-1-5)称为法拉第定律，分别是法拉第定律的积分形式和微分形式。

6.2 位移电流密度

在 6.1 节中我们看到感应电场不是保守场。在时变条件下，电场的无旋性 $\nabla \times \vec{E} = 0$ 不再成立，而需要根据法拉第电磁感应定律修正成 $\nabla \times \vec{E} = -\partial \vec{B}/\partial t$。非常相似地，在时变条件下，安培环路定律 $\nabla \times \vec{H} = \vec{J}$ 也不再成立，也需要根据关于位移电流假说来修正。

在时变条件下，安培环路定律和连续性方程存在冲突。我们从安培环路定律开始说起。安培环路定律为

$$\nabla \times \vec{H} = \vec{J} \qquad (6-2-1)$$

对式(6-2-1)两边都取散度，可得：

$$\nabla \cdot (\nabla \times \vec{H}) = \nabla \cdot \vec{J} \qquad (6-2-2)$$

根据矢量恒等式 $\nabla \cdot (\nabla \times \vec{A}) = 0$ 可知，式(6-2-2)等号左边等于零，即 $\nabla \cdot \vec{J} = 0$。回顾第 4

章中的连续性方程,$\nabla \cdot \vec{J} = -\partial \rho_V/\partial t$,我们看到安培环路定律只是在静态条件下成立。

把安培环路定律应用到平板电容充电的例子中会导致矛盾。图 6-2-1 所示是一个平板电容,用一个随着时间不断增加的电流 i 给该电容充电。现围绕电容去取一个封闭路径 C,同时以该封闭路径 C 为边界取两个面:面 S_1 是一个平面,如图 6-2-1(a)所示,面 S_2 把平板电容的两个极板分开,如图 6-2-1(b)所示。我们可以看到对 $\vec{H}$ 的线积分不等于零,因为穿过 S_1 存在电流 i。然而,由于流过面 S_2 没有导体电流,所以根据安培环路定律可以得到对 $\vec{H}$ 的线积分等于零,因此产生了矛盾。

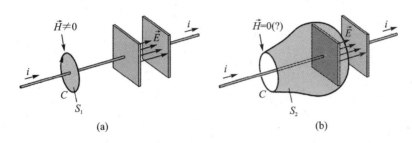

图 6-2-1 用电流给电容充电,边界线 C 的两个面 S_1 和 S_2

由此可见,导体电流不是磁场唯一的源。如果给电容充电的导体电流 i 在不断增加,电容板上的电荷也在不断增加。当电容板上的电荷为 $\pm Q$ 时,那么在电容中的电场强度为(这里忽略电容的边缘效应):

$$\vec{E}(t) = \frac{Q(t)}{\varepsilon_0 A} \hat{a}_z \tag{6-2-3}$$

注意这里 A 是平行板的面积。对式(6-2-3)两边同时对时间求导,并应用 $i = \mathrm{d}Q(t)/\mathrm{d}t$,可得:

$$\frac{\partial [\varepsilon_0 \vec{E}(t)]}{\partial t} = \frac{i}{A} \hat{a}_z \tag{6-2-4}$$

式(6-2-4)等号右边具有电流密度的量纲,等号左边括号中是电通量密度。根据式(6-2-4)定义位移电流密度为电通量密度对时间的导数,即

$$\vec{J}_D = \frac{\partial \vec{D}}{\partial t} \quad (\mathrm{A/m^2}) \tag{6-2-5}$$

尽管位移电流密度不涉及电荷的运动,但对于时变电磁场来说,其作用与导体电流、运流电流的作用是一样的。在平板电容中,导体电流负责激发导线周围的磁场,而位移电流负责激发电容极板之间的磁场。如果电容板中间填充了有限电导率的损耗电介质,那么在电容板之间的介质中就会同时存在导体电流和位移电流。在这种情况下,导体电流和位移电流之和等于电容极板上的充电电流。而在电容极板中由于极板电导率很大从而忽略位移电流。

在时变条件下,微分形式的安培环路定律必须修正为

$$\nabla \times \vec{H} = \vec{J} + \frac{\partial \vec{D}}{\partial t} \tag{6-2-6}$$

式(6-2-6)称为微分形式的安培定律。式(6-2-6)中的 $\vec{J}$ 指的是运流电流密度或者导体电

流密度。再应用斯托克斯定理,可得积分形式的安培定律:

$$\oint_C \vec{H} \cdot d\vec{L} = \int_S \left(\vec{J} + \frac{\partial \vec{D}}{\partial t} \right) \cdot d\vec{S} \qquad (6-2-7)$$

现在再让我们来检验一下式(6-2-6)是否满足连续性定律。对式(6-2-6)等号两边同时取散度,可得:

$$\nabla \cdot \nabla \times \vec{H} = \nabla \cdot \vec{J} + \frac{\partial \nabla \cdot \vec{D}}{\partial t} \qquad (6-2-8)$$

式(6-2-8)等号右边的交换了散度和时间微分运算的次序。应用矢量恒等式$\nabla \cdot \nabla \times \vec{A} = 0$和高斯定律$\nabla \cdot \vec{D} = \rho_v$,式(6-2-8)可以简化为

$$0 = \nabla \cdot \vec{J} + \frac{\partial \rho_v}{\partial t} \qquad (6-2-9)$$

式(6-2-9)就是**连续性方程**,因此验证了安培定律、高斯定律和连续性方程是协调的。

6.3 Maxwell 方程

在 1873 年,Maxwell 发表了关于电和磁的统一理论。该理论把库仑、高斯、安培和法拉第等人发现的实验结论公式化,然后引入位移电流的概念而形成。这个理论包括四个基本关系,也称为 Maxwell 方程。任何电场、磁场或者时变电磁场都满足 Maxwell 方程,而且 Maxwell 方程在任何物质介质中都成立。Maxwell 方程有微分和积分两种形式。积分形式的优势是物理概念明确,而微分形式的优点是确定给定空间区域内每一点处的电磁场的场强度。

6.3.1 微分形式的 Maxwell 方程

微分形式的 Maxwell 方程如下:

$$\nabla \times \vec{E} = -\frac{\partial \vec{B}}{\partial t} \qquad (6-3-1a)$$

$$\nabla \times \vec{H} = \vec{J} + \frac{\partial \vec{D}}{\partial t} \qquad (6-3-1b)$$

$$\nabla \cdot \vec{D} = \rho_v \qquad (6-3-1c)$$

$$\nabla \cdot \vec{B} = 0 \qquad (6-3-1d)$$

这些方程分别称为法拉第定律、安培定律、高斯定律和磁场的高斯定律。

对于解决电磁场问题,还需要一些辅助的方程。$\vec{E}$ 和 $\vec{D}$、$\vec{H}$ 和 $\vec{B}$ 之间关系称为物质的本构关系:

$$\vec{D} = \varepsilon \vec{E} \qquad (6-3-2a)$$

$$\vec{B} = \mu \vec{H} \qquad (6-3-2b)$$

这里 ε 和 μ 分别是介电常数和磁导率。

导体电流和运流电流分别定义为

$$\vec{J} = \sigma \vec{E} \qquad (6-3-3a)$$

$$\vec{J} = \rho_v \vec{v} \qquad (6-3-3b)$$

这里 σ 是电导率，ρ_v 是体电荷密度，$\vec{v}$ 是电荷的运动速度。

$\vec{E}$ 和 $\vec{B}$ 作用在运动电荷上的作用力为

$$\vec{F} = q(\vec{E} + \vec{v} \times \vec{B}) \qquad (6-3-4)$$

这里 $\vec{v}$ 为电荷运动的速度。式(6-3-4)称为洛伦兹力方程(Lorentz force equation)。

从电荷守恒定律导出的连续性方程为

$$\nabla \cdot \vec{J} = -\frac{\partial \rho_v}{\partial t} \qquad (6-3-5)$$

该方程可以从 Maxwell 方程中导出。

6.3.2 积分形式的 Maxwell 方程

应用散度定理和斯托克斯定理可以把微分形式的 Maxwell 方程转化成积分形式的 Maxwell 方程。因为积分形式的 Maxwell 方程中涉及线、面和体积分，所以这对确定两个不同介质分界面处电磁场的边界条件非常有用。

积分形式的 Maxwell 方程如下：

$$\oint_C \vec{E} \cdot d\vec{L} = -\frac{\partial \int_S \vec{B} \cdot d\vec{S}}{\partial t} \qquad (6-3-6a)$$

$$\oint_C \vec{H} \cdot d\vec{L} = \int_S \left(\vec{J} + \frac{\partial \vec{D}}{\partial t} \right) \cdot d\vec{S} = \vec{I} + \frac{\partial \int_S \vec{D} \cdot d\vec{S}}{\partial t} \qquad (6-3-6b)$$

$$\oint_S \vec{D} \cdot d\vec{S} = \int_V \rho_v dV = Q \qquad (6-3-6c)$$

$$\oint_S \vec{B} \cdot d\vec{S} = 0 \qquad (6-3-6d)$$

其中 $d\vec{L}$ 和 $d\vec{S}$ 的方向必须满足右手规则：面 S 上的 $d\vec{S}$ 方向在大拇指方向，而四指指向封闭线 C 的 $d\vec{L}$。总结一下 Maxwell 方程组的物理意义：

式(6-3-6a)是法拉第电磁感应定律：随时间变化的磁通量能够产生涡旋电场。
式(6-3-6b)是安培定律：电流和随时间变化的电通量能够产生涡旋磁场。
式(6-3-6c)表示的是高斯定律：电荷是电场的散度源。
式(6-3-6d)表示的是磁场中的高斯定律：磁场没有散度源，磁场线必须是闭合的。

6.4 电磁边界条件

在第 3 章和第 5 章中分别应用静电场和静磁场的基本方程得到了 $\vec{E}$ 和 $\vec{D}$、$\vec{H}$ 和 $\vec{B}$ 的边界条件。根据同样的思路，可获得时变条件下不同介质分界面处 $\vec{E}$ 和 $\vec{D}$、$\vec{H}$ 和 $\vec{B}$ 的边界条件。关于 $\vec{E}$ 和 $\vec{H}$ 的切向分量的边界条件，可通过在跨分界面的矩形积分路径上分别应用法拉第定律和安培定律来获得。关于 $\vec{D}$ 和 $\vec{B}$ 的法向边界条件，可通过在跨分界面的圆柱面上应用高斯定律和磁场的高斯定律来获得。在时变条件下，法拉第定律增加了 $\partial \vec{B}/\partial t$，而安培定律增加了 $\partial \vec{D}/\partial t$，但这两项都不会对边界条件产生影响，这是因为当矩形的高度趋于零时，这两项在封闭面上的面积分都等于零,因此在静电场和静磁场中获得的边界条件仍然有效。

这里再次总结一下,电场和磁场切向分量满足的边界条件为

$$E_{1t} = E_{2t} \tag{6-4-1a}$$

$$H_{1t} - H_{2t} = J_S \tag{6-4-1b}$$

这里 t 代表切向分量,J_s 代表表面电流密度,在分界面上面电流密度的方向和磁场切向分量垂直。

电通密度和磁通密度法向分量满足的边界条件为

$$D_{1n} - D_{2n} = \rho_S \tag{6-4-2a}$$

$$B_{1n} = B_{2n} \tag{6-4-2b}$$

式(6-4-2)中 n 代表法向分量,ρ_S 表示分界面上的面电荷密度。

定义分界面的法向矢量 $\hat{a}_{1-2}$,即从介质 2 指向介质 1 并且垂直于分界面的单位法向矢量,那么式(6-4-1)和式(6-4-2)可以写成更通用的矢量形式:

$$\hat{a}_{1-2} \times (\vec{E}_1 - \vec{E}_2) = 0 \tag{6-4-3a}$$

$$\hat{a}_{1-2} \times (\vec{H}_1 - \vec{H}_2) = \vec{J}_S \tag{6-4-3b}$$

$$\hat{a}_{1-2} \cdot (\vec{D}_1 - \vec{D}_2) = \rho_S \tag{6-4-3c}$$

$$\hat{a}_{1-2} \cdot (\vec{B}_1 - \vec{B}_2) = 0 \tag{6-4-3d}$$

现在我们讨论两种常见且非常重要的分界面:两种理想电介质的分界面;理想电介质和理想导体之间的分界面。

1. 两种理想电介质的分界面

理想电介质的电导率等于零,因而在两种理想电介质的分界面上不存在自由面电荷和自由面电流,即

$$J_S = 0 \tag{6-4-4a}$$

$$\rho_S = 0 \tag{6-4-4b}$$

因此在两种理想电介质的分界面上,时变电场或磁场满足边界条件:

$$E_{1t} = E_{2t} \tag{6-4-5a}$$

$$H_{1t} = H_{2t} \tag{6-4-5b}$$

$$D_{1n} = D_{2n} \tag{6-4-5c}$$

$$B_{1n} = B_{2n} \tag{6-4-5d}$$

式(6-4-5)分别指的是分界面上切向电场连续、切向磁场连续、法向电通连续和法向磁通连续。

2. 理想电介质和理想导体之间的分界面

理想导体无限大电导率($\sigma = \infty$)的金属,但在实际应用中,如银、金或铝等的电导率都在 10^7 量级,在确定边界条件时,可把它们看成理想导体。无限大电导率的理想导体内部不存在电场。因此,所有的净电荷都必须分布在导体的表面,任何电流也只能在导体表面流动。时变电磁场的相关性确定了在理想导体内部时变磁场也不能够存在。因此,被理想导体占据的区域 2 内部不存在电场和磁场,即

$$E_2 = 0 = D_2 \tag{6-4-6a}$$

$$H_2 = 0 = B_2 \tag{6-4-6b}$$

所以理想电介质(区域1)和理想导体(区域2)分界面上边界条件是：

$$E_{1t} = 0 \tag{6-4-7a}$$
$$H_{1t} = J_S \tag{6-4-7b}$$
$$D_{1n} = \rho_S \tag{6-4-7c}$$
$$B_{1n} = 0 \tag{6-4-7d}$$

这里 t 和 n 代表切向和法向分量。导体表面的法向矢量$\hat{a}_n$从导体指向介质，因此$\vec{D}_1$在导体表面的法向分量是指向导体外的。而表面电流的方向和切向电场的方向相互垂直，而且导体表面的法向矢量三者满足右手规则，如图6-4-1所示，即

$$\hat{a}_n \times \vec{H}_1 = \vec{J}_S \tag{6-4-8a}$$
$$\hat{a}_n \cdot \vec{D}_1 = \rho_S \tag{6-4-8b}$$

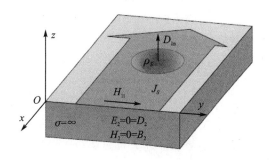

图6-4-1　理想导体和理想电介质的分界面

由于理想导体的电导率无限大，所以在理想导体内部的电场必须等于零，而不管静态或时变情况下。在时变条件下，电场和磁场是耦合的，因而在理想导体内部不存在时变磁场。但在静态条件下，理想导体中是可以存在静磁场的，因为静磁场和电场是无关的。在理想电介质和理想导体的分界面上存在的静态面电荷密度ρ_S，这个自由电荷可以被解释成产生表面电场的源，也可以被解释成外部电场入射到导体表面，并终止在导体表面形成的宿。尽管理想导体表面的稳态电流密度$\vec{J}_S$同是介质中和导体中静态磁场的源。但外部的静磁场不会在导体表面产生稳态电流密度$\vec{J}_S$，这是因为不存在表面电流时，无耗介质和理想导体分界面上切向磁场也能够连续。然而在时变条件下，从式(6-4-8a)可以看出，导体表面的时变电流可以被解释成时变电场和时变磁场的源，也可以被解释成外部电磁场入射到导体表面所激发的表面时变电流。同样从式(6-4-8b)可以看出，导体表面的时变ρ_S可以解释成在导体外部产生电磁波的源，也可以解释成外部电磁波入射到导体上而被激发的感应电荷。

6.5　推迟势

在第3章中给出了静电荷ρ_V所产生的电势V如式(3-4-11a)所示；在第5章中给出了在体V'中的稳态电流$\vec{J}_S$所产生的矢量磁势如式(5-3-7b)所示，重写如下：

$$V(\vec{r}) = \int_{V'} \frac{\rho_V(\vec{r}')}{4\pi\varepsilon R} dV' \tag{6-5-1a}$$

$$\vec{A}(\vec{r}) = \int_{V'} \frac{\mu \vec{J}(\vec{r}')}{4\pi R} dV' \qquad (6-5-1b)$$

这里 $R = |\vec{r} - \vec{r}'|$ 是场点 $\vec{r}$ 到源点 $\vec{r}'$ 的距离。当源电荷和电流随时间变化时,$\rho_V(\vec{r}')$ 和 $\vec{J}(\vec{r}')$ 就变成了 $\rho_V(\vec{r}',t)$ 和 $\vec{J}(\vec{r}',t)$,那么此时产生的电势和矢量磁势也为时变的。但对电势取负梯度得到的时变电场对矢量磁势求旋度得到的时变磁通密度不满足 Maxwell 方程。

如果源电荷或者电流随时间变化,则在远距离的电势或者磁势是不能立即变化的。例如,在 $\vec{r}$ 处观察到静电势 V_1,该电势是由在 $\vec{r}'$ 处静电荷 ρ_1 所产生的。如果静电荷突然从 ρ_1 变化为 ρ_2,那么在 $\vec{r}$ 处静电势从 V_1 变化到 V_2 是需要时间的。换句话说,$\vec{r}'$ 处的电荷变化所产生的影响需要一段时间后才能在 $\vec{r}$ 反映出来。这滞后的时间等于 R/v,R 是源和场点之间的距离,v 是电磁波传播的速度。因此在 $t=t_1$ 时刻,在 $\vec{r}$ 点处的 $V(\vec{r}',t_1)$ 和 $\vec{A}(\vec{r}',t_1)$ 是在 $t=t_1-R/v$ 时刻对应的 $\rho_V(\vec{r}',t_1-R/v)$ 和 $\vec{J}(\vec{r}',t_1-R/v)$ 所产生的效应。考虑到这样的作用时间,在 $\vec{r}$ 处的时变电势和矢量磁势可以写成:

$$V(\vec{r},t) = \int_{V'} \frac{\rho_V(\vec{r}',t-R/v)}{4\pi\varepsilon R} dV' \qquad (6-5-2a)$$

$$\vec{A}(\vec{r},t) = \int_{V'} \frac{\mu \vec{J}(\vec{r}',t-R/v)}{4\pi R} dV' \qquad (6-5-2b)$$

$V(\vec{r},t)$ 和 $\vec{A}(\vec{r},t)$ 分别被称为推迟电势和推迟矢量磁势(或称滞后位)。在自由空间,电磁波的传播速度 $v=c=1/\sqrt{\varepsilon_0\mu_0}$,这里 c 是自由空间的光速,ε_0 和 μ_0 分别为自由空间的介电常数和磁导率。

下面从 Maxwell 方程组严格推导时变电势、时变矢量磁势、时变电场和时变磁场、时变电荷源和时变电流源之间的关系。根据磁场的无散性 $\nabla \cdot \vec{B} = 0$ 和矢量恒等式(2-6-8) $\nabla \cdot (\nabla \times \vec{A}) = 0$,定义时变矢量磁势 $\vec{A}$ 为

$$\vec{B} = \nabla \times \vec{A} \qquad (6-5-3)$$

把式(6-5-3)代入法拉第定律中,可得:

$$\nabla \times \vec{E} = -\frac{\partial \vec{B}}{\partial t} = -\frac{\partial \nabla \times \vec{A}}{\partial t} \qquad (6-5-4)$$

把式(6-5-4)的右边项的时间求导和求旋度交换顺序,可得:

$$\nabla \times \left(\vec{E} + \frac{\partial \vec{A}}{\partial t} \right) = 0 \qquad (6-5-5)$$

根据矢量恒等式(2-6-2) $\nabla \times (\nabla V) = 0$,定义时变电势 V 为

$$\vec{E} + \frac{\partial \vec{A}}{\partial t} = -\nabla V \qquad (6-5-6)$$

或者

$$\vec{E} = -\frac{\partial \vec{A}}{\partial t} - \nabla V \qquad (6-5-7)$$

注意到,在静态条件下 $\frac{\partial \vec{A}}{\partial t} = 0$,式(6-5-7)就简化成 $\vec{E} = -\nabla V$。

接着把式(6-5-3)代入安培定律式(6-5-1b)中,可得:

$$\nabla \times \nabla \times \vec{A} = \mu \vec{J} + \mu \frac{\partial \vec{D}}{\partial t} \quad (6-5-8)$$

这里用了 $\vec{B}=\mu\vec{H}$。应用矢量恒等式(2-6-12),有 $\nabla \times \nabla \times \vec{A} = \nabla(\nabla \cdot \vec{A}) - \nabla^2 \vec{A}$,并把式(6-4-7)代入式(6-5-8),可得:

$$\nabla^2 \vec{A} - \mu\varepsilon \frac{\partial^2 \vec{A}}{\partial t^2} = -\mu \vec{J} + \nabla \left(\nabla \cdot \vec{A} + \mu\varepsilon \frac{\partial V}{\partial t} \right) \quad (6-5-9)$$

这里用了 $\vec{D}=\varepsilon\vec{E}$。

如果从式(6-5-9)中可以获得电势 V 和矢量磁势 $\vec{A}$,那么就可以根据式(6-5-7)和式(6-5-3)来确定 $\vec{E}$ 和 $\vec{B}$ 了。根据线性代数可知,要确定两个变量就必须有两个独立的方程。而且根据亥姆霍兹定理,要确定一个矢量场 $\vec{A}$,除了其旋度已确定,见式(6-5-3),还必须确定其散度。考虑到这些,令

$$\nabla \cdot \vec{A} = -\mu\varepsilon \frac{\partial V}{\partial t} \quad (6-5-10)$$

式(6-5-10)称为势的洛伦兹条件。应用该条件,式(6-4-9)可简化为

$$\nabla^2 \vec{A} - \mu\varepsilon \frac{\partial^2 \vec{A}}{\partial t^2} = -\mu \vec{J} \quad (6-5-11)$$

在静态条件下,式(6-5-10)退化为 $\nabla \cdot \vec{A} = 0$,如式(5-3-9),这样式(6-5-11)退化为矢量泊松方程 $\nabla^2 \vec{A} = -\mu \vec{J}$,如式(5-3-18)。

把式(6-5-7)代入高斯定理,可得:

$$\frac{\rho_v}{\varepsilon} = \nabla \cdot \left(-\frac{\partial \vec{A}}{\partial t} - \nabla V \right) = -\nabla^2 V - \frac{\partial \nabla \cdot \vec{A}}{\partial t} \quad (6-5-12)$$

把洛伦兹条件式(6-5-10)代入式(6-5-12),可得电势的非均匀波方程,即

$$\nabla^2 V - \mu\varepsilon \frac{\partial^2 V}{\partial t^2} = -\frac{\rho_v}{\varepsilon} \quad (6-5-13)$$

在静态条件下,式(6-5-13)会退化成泊松方程 $\nabla^2 V = -\rho_v/\varepsilon$,见式(3-2-26)。从式(6-4-11)和式(6-4-13)可以看出,在洛伦兹条件下,关于 V 和 $\vec{A}$ 的两个波方程是解耦的,而且两个方程是对称的。

如果式(6-5-11)和式(6-5-13)中 $\rho_v=0=\vec{J}$,则方程式(6-5-11)和式(6-5-13)就简化为均匀 V 和 $\vec{A}$ 的无源波动方程,它们的解分别具有形式 $\vec{U}(t \pm R/v)$ 和 $W(t \pm R/v)$。这些解代表着波在自由空间以速度 $v=1/\sqrt{\mu\varepsilon}$ 传播。

第 7 章　平面时谐电磁波

波是有固定形状的能够在空间传播的介质扰动,这种波一般也称机械波。我们在生活中经常碰到波的例子,如声波和水波等。我们将从一维波引入,看如何用数学的语言来描述波,波满足什么规律。然后我们用这样的概念和思路研究电磁波。从数学上讲,电磁波和大家熟悉的声波等没有区别,因为它们都满足波动方程。但从物理上讲,电磁波和声波等具有很多不同。两者的最大区别是机械波必须有介质,如水波的介质是水,而声波的介质是气体或者固体等,然而电磁波传播不需要介质,电磁波在自由空间传播得最好。

Maxwell 方程组能够组合成关于电场 $\vec{E}$ 和磁场 $\vec{H}$ 的波动方程。电场和磁场的波动方程是二阶偏微分方程。在一维空间中,其通解是两个传播方向相反的波的线性组合。在三维空间中,通解也是两个均匀平面波的线性组合,这两个波的波矢量有相同的大小但方向相反。在通解上应用两个边界条件,在给定区域内能够得到唯一解。

当电磁波在线性介质中传播时,波矢量和波的速度在不同的介质中是变化的,但波的频率不变。在这种情况下,可以把电场 $\vec{E}$ 和磁场 $\vec{H}$ 中空间坐标变量 x、y、z 和时间变量 t 分离,把电场 $\vec{E}$ 和磁场 $\vec{H}$ 中与时间无关的部分用相位复数矢量(简称相量)来表示,用 $e^{j\omega t}$ 来表示时间变化部分。我们在研究电磁波性质时一般只讨论单一频率的时谐电磁波。如果需要研究非时谐电磁波,如雷电电磁波、核爆电磁波等,可以把这些非时谐电磁波用傅立叶变化展开成多个时谐电磁波来研究。

这一章中,重点讨论时谐电磁波在自由空间、良导体、无耗介质和损耗电介质中的传播特性。还讨论电磁波的不同极化方式和电磁波的功率。最后讨论电磁波入射在不同介质分界面上的反射和折射。

7.1　波的基本概念

压缩的弹簧、湖面上的水波和空气中的声波都是波的典型例子。压缩弹簧中的波和空气中的声波就是介质扰动后密度变化,而波动弹簧和湖面上的水波是介质扰动后介质的空间偏移。波有两种,分别是纵波和横波。纵波指的是介质的位移方向和波的传播方向平行的波。如图 7-1-1(a)所示,弹簧压缩、还原的方向和波的方向都在 z 轴上,因此这个波是纵波。声波就是一种典型的纵波。横波指的是介质的位移方向和波的传播方向垂直。如图 7-1-1(b)所示,弹簧位移方向和波的传播方向是垂直的,因而这个波是横波。水波就是一种典型的横波。图 7-1-1 中的两种波是沿着水平方向在运动,这里指定沿着 $+z$ 轴运动。从图 7-1-1 中还可以看出,弹簧上密度变化或者空间变化只是随着空间坐标 z 变化。因此我们把只是一个空间自由度的波称为一维波。湖面上的水波会在一个面上传播,因此它有两个空间自由度,这样的波称为二维波。声波会在空间中向四周传播,这样的波称为三维波。通常电磁波也是三维波。

第 7 章 平面时谐电磁波

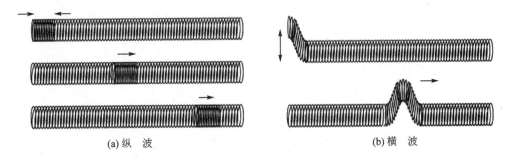

(a) 纵 波　　　　　　　　　　　(b) 横 波

图 7-1-1　弹簧上的波

7.1.1　一维波

波函数用于描述波(实际物理量)的变化过程。波函数通常是空间和时间的函数,如:

$$\Psi(z,t) \tag{7-1-1}$$

一般地,实际物理量都不会随着空间位置和时间做突变,因而波函数通常都是空间和时间的光滑函数。这就保证了波函数对空间和时间可以求微分。实际的波函数都是有量纲的,如压缩弹簧的波函数的量纲是圈数每米,而波动弹簧波函数的量纲是米。

波函数包括了波的所有信息,如波形、波的传播方向和传播速度等。波函数可以在数学上很好地描述波,但由于它同时随位置和时间变化,因此很难用图形来画出它。在实际中我们都是分别画波函数的两种图形。第一种,把时间变量保持在特定时刻,可以画出波函数随空间位置的变化,这种仅仅随空间变换的函数称为波的包络。包络图其实就是在某个时刻对波的一次快照。第二种,在某个固定空间位置处,画波函数随着时间变化的图,即振动。

参见图 7-1-2,图中分别画出了在 $t=0$ 和 $t=t_1$ 两个时刻波的包络。第一个包络用函数 $f(z)$ 表示,第二个包络用函数 $\overline{f}(z)$,即

$$\Psi(z,0) = f(z) \tag{7-1-2a}$$

$$\Psi(z,t_1) = \overline{f}(z) \tag{7-1-2b}$$

式(7-1-2)中 Ψ 是波函数的一般表示,而 $f(z)$ 和 $\overline{f}(z)$ 表示的是波在 $t=0$ 和 $t=t_1$ 两个时刻的包络。从图 7-1-2 中可以看出,第二个包络是第一个包络向右边移动了 vt_1,这里 v 是波的运动速度。鉴于此,第二个包络可写为

$$\Psi(z,t_1) = f(z-vt_1) \tag{7-1-3}$$

当式(7-1-3)中 t_1 从 0 变化到无穷,可得到波函数的一般表达式:

$$\Psi(z,t) = f(z-vt) \tag{7-1-4}$$

如果这个波沿着 $-z$ 轴传播,那么波函数可表示为

$$\Psi(z,t) = f(z+vt) \tag{7-1-5}$$

式(7-1-4)和式(7-1-5)所表示的波在 $t=0$ 时刻有相同包络。随着时间的增加,这两个波向相反方向移动,如图 7-1-3 所示。

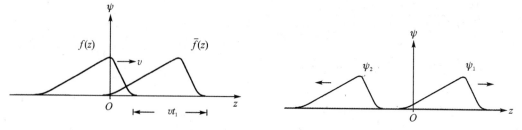

图 7-1-2 波在 $t=0$ 和 $t=t_1$ 两个时刻的包络   图 7-1-3 $\Psi_1(z,t)=f(z-vt)$ 和 $\Psi_2(z,t)=f(z+vt)$

在理想简单介质中，波动方程是一个常系数二阶线性偏微分方程。在一维空间中，波动方程是：

$$\frac{\partial^2 \Psi}{\partial z^2} = \frac{1}{v^2} \cdot \frac{\partial^2 \Psi}{\partial t^2} \qquad (7-1-6)$$

在均匀线性介质中波的运动速度 v 是一个常数。在后面内容中可以看到电磁波满足的三维波动方程。把式(7-1-4)和式(7-1-5)分别代入式(7-1-6)，可以验证这两个函数都是波动方程的解，而且两者相互独立。因此把式(7-1-6)的解写成：

$$\Psi(z,t) = f(z \pm vt) \qquad (7-1-7)$$

式(7-1-7)中，f 必须是二阶可微的，其具体形式不限。式(7-1-7)中"+"项代表着向 $-z$ 轴移动，而"-"项代表着向 $+z$ 轴方向传播。f 的具体形式是由产生波的激励源和边界条件共同确定的。

通过直接代入验证，下式同样是式(7-1-6)的解：

$$\Psi(z,t) = f(vt \pm z) \qquad (7-1-8)$$

式(7-1-8)中"+"项代表着向 $-z$ 方向移动，而"-"项代表着向 $+z$ 方向传播。注：关于波运动速度的讨论在以后章节还会介绍。

例 7-1-1 判断下列波能否在理想简单介质中传播。

(a) $\Psi(z,t) = e^{-(z-3t)^2}$；

(b) $\Psi(z,t) = \sin 2zt$。

解

(a)

$$\frac{\partial^2 \Psi}{\partial z^2} = -2e^{-(z-3t)^2} + 36(z-3t)^2 e^{-(z-3t)^2}$$

$$\frac{\partial^2 \Psi}{\partial t^2} = -18e^{-(z-3t)^2} + 36(z-3t)^2 e^{-(z-3t)^2}$$

根据式(7-1-6)可得：

$$v^2 = \frac{\partial^2 \Psi}{\partial t^2} \Big/ \frac{\partial^2 \Psi}{\partial z^2} = 9$$

这个波在介质中以恒定速度 $v=3$ 进行传播。

(b)

$$\frac{\partial^2 \Psi}{\partial z^2} = -(2t)^2 \sin 2zt$$

$$\frac{\partial^2 \Psi}{\partial t^2} = -(2x)^2 \sin 2zt$$

$$\frac{\partial^2 \Psi}{\partial t^2} \Big/ \frac{\partial^2 \Psi}{\partial z^2} = \left(\frac{x}{t}\right)^2 \neq \text{Const.}$$

因此该波不能够传播。

7.1.2 时谐波

如果波的包络是正弦或者余弦函数，那么称这种波为时谐波。通常用余弦函数来描述时谐波。时谐波的波函数一般可写为

$$\Psi(z,t) = A\cos[k(vt-z)+\varphi_0] = A\cos(\omega t - kz + \varphi_0) \quad (7-1-9)$$

式(7-1-9)中，A 是幅度($A>0$)，k 为传播常数(波数)，ω 是角频率。角频率和频率 f 的关系为 $\omega = 2\pi f$。式(7-1-9)中余弦函数括号中的式子称为相位，它是时间和空间的函数，即

$$\varphi = \omega t - kz + \varphi_0 \quad (7-1-10)$$

式(7-1-10)中 φ_0 称为初始相位，初始相位为常数，在工程应用中一般设定为零。因此谐波也通常被表示为

$$\Psi(z,t) = A\cos(\omega t - kz) \quad (7-1-11)$$

时谐波的**相速度**是固定相位对应点沿着 $+z$ 轴运动的速度，一般用 v_p 表示。因此我们令式(7-1-11)所表示的相位等于某个固定值，看这个相位对应点运动的速度，即

$$\omega t - kz + \varphi_0 = \text{Const.} \quad (7-1-12)$$

对式(7-1-12)等式两边的式子对时间 t 求微分，即可得：

$$\omega \mathrm{d}t - k\mathrm{d}z = 0 \quad (7-1-13)$$

对式(7-1-13)整理可得到固定相位对应点运动的速度：

$$v_p = \frac{\mathrm{d}z}{\mathrm{d}t} = \frac{\omega}{k} \quad (7-1-14)$$

时谐波的相速度等于角频率和传播常数之比。**注意**：$v_p > 0$，说明波朝 $+z$ 方向运动；$v_p < 0$，说明波朝 $-z$ 方向运动。可以自行验证 $\Psi(z,t) = A\cos(\omega t + kz + \varphi_0)$ 的相速度 $v_p < 0$。

时谐波在空间和时间上都呈现周期性变化：空间上的周期称为波长 λ，时间上的周期称为(时间)周期 T。固定时间变量，空间变量增加一个波长，包络重复，即

$$\Psi(z+\lambda, t) = \Psi(z,t) \quad (7-1-15)$$

式(7-1-15)给出了波长 λ 的定义。根据谐波的波函数，可得：

$$A\cos[\omega t - k(z+\lambda)] = A\cos(\omega t - kz) \quad (7-1-16)$$

根据式(7-1-16)可得：$k\lambda = 2\pi$。同样可以定义周期 T，固定空间变量，时间上增加一个周期，包络重复，即

$$\Psi(z, t+T) = \Psi(z,t) \quad (7-1-17)$$

式(7-1-17)给出了周期的定义。根据谐波的波函数，可得：

$$A\cos[\omega(t+T) - kz] = A\cos(\omega t - kz) \quad (7-1-18)$$

根据式(7-1-18)可得：$\omega T = 2\pi$。重写上述关系，可得到时谐波的波长 λ 和周期 T 分别为：

$$\lambda = \frac{2\pi}{k} \quad (7-1-19)$$

$$T = \frac{2\pi}{\omega} = \frac{1}{f} \qquad (7-1-20)$$

根据式(7-1-19)和式(7-1-20),可得时谐波相速度的另一种计算式:

$$v_p = \frac{\omega}{k} = \frac{2\pi/T}{2\pi/\lambda} = \frac{\lambda}{T} = \lambda f \qquad (7-1-21)$$

用余弦函数来表示时谐波,在有些场合会不方便。例如把简单的两个谐波信号相加,要用到三角函数运算,就很不方便。为了更加方便地处理时谐波,我们引入复指数。这样会带来几个非常明显的好处:①时间变量和空间变量可以很好地分离;②容易处理多个谐波信号的叠加操作;③可更好地处理时谐波的相位和阻抗。

根据复指数的定义,把式(7-1-9)所定义的谐波波函数写成如下形式:

$$\Psi(z,t) = A\cos(\omega t - kz + \varphi_0) = \mathrm{Re}[A\mathrm{e}^{\mathrm{j}(\omega t - kz + \varphi_0)}] \qquad (7-1-22)$$

式(7-1-22)中 $\mathrm{Re}[\cdot]$ 为取复数实部的运算。从现在开始,把 $\Psi(z,t)$ 称为时谐波的瞬时表达式,它是真实波函数,是实数;而把式(7-1-22)中 $[\cdot]$ 内的式子定义为时谐波的复数表达式(或称相量表示),即

$$\Psi = A\mathrm{e}^{\mathrm{j}(\omega t - kz + \varphi_0)} = \widetilde{A}\mathrm{e}^{\mathrm{j}\omega t - \mathrm{j}kz} \qquad (7-1-23)$$

式(7-1-23)中 $\widetilde{A}$ 称为复幅度,定义为

$$\widetilde{A} = A\mathrm{e}^{\mathrm{j}\varphi_0} \qquad (7-1-24)$$

例 7-1-2 给定时谐波 $\Psi = -5\cos[2\pi(2t-0.2z)]$,确定:(a) 幅度;(b) 传播方向;(c) 波长;(d) 周期;(e) 频率;(f) 相速度。

解 把 Ψ 写成和式(7-1-9)相同的形式:

$$\Psi = -5\cos 2\pi(3t - 0.3z) = 5\cos 2\pi(4\pi t - 0.4\pi z + \pi)$$

则有(a) 4;

(b) $+z$ 方向;

(c) $\lambda = \dfrac{2\pi}{k} = \dfrac{2\pi}{0.4\pi} = 5$ m;

(d) $T = \dfrac{2\pi}{\omega} = \dfrac{2\pi}{4\pi} = 0.5$ s;

(e) $f = \dfrac{1}{T} = 2$ Hz;

(f) $v_p = \lambda f = 10$ m/s。

例 7-1-3 给定时谐波的瞬时表达式 $\Psi = -5\sin(3t+2z)$,确定时谐波的相量表达式和复数幅度。

解 先把瞬时表达式变换成如式(7-1-9)所示的标准形式:

$$\Psi = 5\cos\left(3t + 2z + \frac{\pi}{2}\right) = \mathrm{Re}[5\mathrm{e}^{\mathrm{j}(3t+2z+\frac{\pi}{2})}]$$

复数形式为 $5\mathrm{e}^{\mathrm{j}(3t+2z+\frac{\pi}{2})}$,相量形式为

$$\widetilde{\Psi} = 5\,\mathrm{e}^{\mathrm{j}\frac{\pi}{2}}\mathrm{e}^{\mathrm{j}2z}$$

$$\tilde{A} = 5e^{j\frac{\pi}{2}} = 5j$$

例 7 - 1 - 4 给定时谐波的相量表达式 $\Psi = (1+j)e^{-j2z}$，确定时谐波的瞬时表达式。

解

$$\Psi = \text{Re}[(1+j)e^{-j2z}e^{j\omega t}] = \sqrt{2}\cos\left(\omega t - 2z + \frac{\pi}{4}\right)$$

7.1.3 三维均匀平面时谐波

把式(7-1-6)所示的一维波的波动方程扩展到三维空间，得到三维波动方程：

$$\nabla^2 \Psi = \frac{1}{v^2} \cdot \frac{\partial^2 \Psi}{\partial t^2} \quad (7-1-25)$$

式(7-1-25)中 ∇^2 是拉普拉斯算子，v 是在给定介质中的运动速度。在三维空间中运动的波都必须满足式(7-1-25)。我们可以看到式(7-1-25)的解是平面波。平面波：等相位的空间点在一个平面内，在这平面内各空间点处波随时间的变化相同。波的能量随着等相位平面向前扩散，波动运动方向始终垂直于等相位平面。取波的包络为余弦函数，这三维波动方程的解就是平面时谐波。平面时谐波的波函数为

$$\Psi = A_0 \cos[\omega t - (k_x x + k_y y + k_z z) + \varphi_0] \quad (7-1-26)$$

式(7-1-26)中 φ_0 是初始相位。在直角坐标系中定义波矢量 $\vec{k}$：

$$\vec{k} = k_x \hat{a}_x + k_y \hat{a}_y + k_z \hat{a}_z = k \hat{a}_k \quad (7-1-27a)$$

$$k = |\vec{k}| = \sqrt{k_x^2 + k_y^2 + k_z^2} = \frac{2\pi}{\lambda} \quad (7-1-27b)$$

式(7-1-27)中，$\hat{a}_k$ 为波矢量的单位矢量，k 称为传播常数(或者波数)，λ 是时谐波的波长，$\vec{r}$ 是直角坐标系中的位置矢量：

$$\vec{r} = x\hat{a}_x + y\hat{a}_y + z\hat{a}_z \quad (7-1-28)$$

应用定义的 $\vec{k}$ 和 $\vec{r}$，式(7-1-26)可以写得更加简洁：

$$\Psi = A_0 \cos(\omega t - \vec{k} \cdot \vec{r} + \varphi_0) \quad (7-1-29)$$

把式(7-1-26)代入式(7-1-25)中可以直接验证，式(7-1-28)所示的平面时谐波的波函数是三维波动方程的解，其中 $v = \omega/k$。式(7-1-26)中 $\vec{k}$ 的方向由激励源和边界条件共同决定。当把波矢量 $\vec{k}$ 限制在 z 轴上时，$\vec{k} = k\hat{a}_z$，$\vec{k} \cdot \vec{r} = kz$，那么式(7-1-26)就可以简化到一维时谐波，见式(7-1-9)。

如果在空间某区域存在三维波，那么在该区域相位 $\varphi = \omega t - \vec{k} \cdot \vec{r} + \varphi_0$ 就是一个标量场。在给定时刻，相位 φ 关于位置 $\vec{r}$ 的光滑函数，因此相位等于某个常数所对应空间点会形成一个光滑平面，我们把这种相位相等的面称为等相位面(或者波前)，如图7-1-4所示。根据式(7-1-29)来看相位的分布。在给定时刻，相位的变化只和 $\vec{k} \cdot \vec{r}$ 项有关，其中 $\vec{k}$ 是常矢量，而 $\vec{r}$ 是空间位置的变矢量。如果要让相位等于某个固定相位 α，那么位置矢量 $\vec{r}$ 就要满足：

$$\vec{k} \cdot \vec{r} = \alpha \quad (7-1-30)$$

如果存在一个位置矢量 $\vec{r}_0$ 满足式(7-1-30)，也即 $\vec{k} \cdot \vec{r}_0 = \alpha$，那么式(7-1-30)可写为

$$\vec{k} \cdot (\vec{r} - \vec{r}_0) = 0 \quad (7-1-31)$$

从式(7-1-31)可以看出,矢量 $\vec{r}-\vec{r}_0$ 所在的平面必须垂直于波矢量 $\vec{k}$,或者说方程式(7-1-31)定义了垂直于 $\vec{k}$ 的一个平面,而该平面经过 $\vec{r}_0$ 点。因此式(7-1-26)和式(7-1-29)定义的波函数具有平面波前,或者说等相位面是平面。而且在等相位面上,幅度等于常数,因此把这样的波也称为均匀平面时谐波。

如图7-1-5所示,均匀平面波的等相位面在波矢量方向上是以波长 λ 为周期的。考虑相距 $\lambda \hat{a}_k$ 的两个空间位置点 $\vec{r}$ 和 $\vec{r}+\lambda \hat{a}_k$,可以看到两者相同:

$$A_0 \cos[\omega t - \vec{k} \cdot (\vec{r}+\lambda \hat{a}_k)+\varphi_0] = A_0 \cos(\omega t - \vec{k} \cdot \vec{r}+\phi_\varphi) \tag{7-1-32}$$

式中使用了 $k\lambda = 2\pi$。

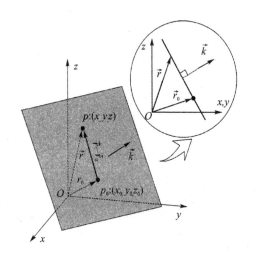

图7-1-4 等相位平面

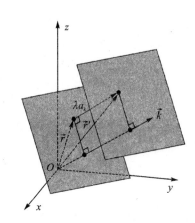

图7-1-5 同相位的两个等相位平面

图7-1-6可以帮助我们理解均匀平面波的传播。平行的平面代表着相位不同的等相位平面,每个等相位平面都扩展到无穷大,且垂直于波矢量 $\vec{k}$。当时间增加时,$A_0 \cos(\omega t - \vec{k} \cdot \vec{r}+\varphi_0)$ 波向着 $\hat{a}_k$ 方向运动。余弦函数 $\cos\varphi$ 代表某一时刻在与传播方向平行的一条直线上的波包络。

把式(7-1-29)所示的均匀平面时谐波的波函数写成复数形式:

$$\Psi = \tilde{A} e^{j\omega t - j\vec{k} \cdot \vec{r}} \tag{7-1-33}$$

式(7-1-33)中 $\tilde{A} = A_0 e^{j\varphi_0}$。

例7-1-5 参见图7-1-7,给定幅度为 A 和波长为 λ 的均匀平面时谐波,波矢量 $\vec{k}$ 在 yz 平面内和 y 轴的夹角为 θ。求:

(a) 写出复数形式;

(b) 确定在 y 轴和 z 轴观察到的波长 λ_y 和 λ_z。

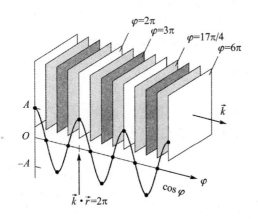 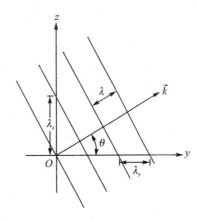

图 7-1-6　等相位面沿着波矢量的方向运动　　图 7-1-7　向任意方向传播的均匀平面电磁波

解

(a) 分量形式的波矢量：

$$\vec{k} = \frac{2\pi}{\lambda}(\cos\theta \hat{a}_y + \sin\theta \hat{a}_z)$$

复数形式的波函数：

$$\tilde{\Psi} = A e^{j\omega t - j\frac{2\pi}{\lambda}(y\cos\theta + z\sin\theta)} \tag{7-1-34}$$

(b) 在 t 时刻，在 y 轴上取两个位置 y_1 和 $y_1 + \lambda_y$，则波函数的相位差为 2π：

$$2\pi = \varphi(y_1, z=0, t) - \varphi(y_1 + \lambda_y, z=0, t) =$$

$$\omega t - \frac{2\pi}{\lambda} y_1 \cos\theta - \left[\omega t - \frac{2\pi}{\lambda}(y_1 + \lambda_y)\cos\theta\right]$$

从而可得：

$$\lambda_y = \frac{\lambda}{\cos\theta} \tag{7-1-35}$$

在 t 时刻，在 z 轴上取两个位置 z_1 和 $z_1 + \lambda_z$，则波函数的相位差 2π，同上过程可得：

$$\lambda_z = \frac{\lambda}{\sin\theta} \tag{7-1-36}$$

7.1.4　自由空间均匀平面时谐电磁波

在自由空间，不存在自由电荷和自由电流，因此在自由空间中 Maxwell 方程可写为

$$\nabla \times \vec{E} = -\mu_0 \frac{\partial \vec{H}}{\partial t} \tag{7-1-37a}$$

$$\nabla \times \vec{H} = \varepsilon_0 \frac{\partial \vec{E}}{\partial t} \tag{7-1-37b}$$

$$\nabla \cdot \vec{E} = 0 \tag{7-1-37c}$$

$$\nabla \cdot \vec{H} = 0 \tag{7-1-37d}$$

这里 ε_0 和 μ_0 分别是自由空间的介电常数和磁导率。$\vec{E}$ 和 $\vec{H}$ 分别为时变电场强度和时变磁场强度，其分量表达式分别为

$$\vec{E}(\vec{r},t) = E_x(\vec{r},t)\hat{a}_x + E_y(\vec{r},t)\hat{a}_y + E_z(\vec{r},t)\hat{a}_z \quad (7-1-38\text{a})$$

$$\vec{H}(\vec{r},t) = H_x(\vec{r},t)\hat{a}_x + H_y(\vec{r},t)\hat{a}_y + H_z(\vec{r},t)\hat{a}_z \quad (7-1-38\text{b})$$

对式(7-1-37a)两边取旋度运算，并应用式(7-1-37b)可得：

$$\nabla \times \nabla \times \vec{E} = -\varepsilon_0 \mu_0 \frac{\partial^2 \vec{E}}{\partial t^2}$$

应用矢量恒等式 $\nabla \times \nabla \times \vec{E} = \nabla(\nabla \cdot \vec{E}) - \nabla^2 \vec{E}$，并结合式(7-1-37c)，上式可简化为

$$\nabla^2 \vec{E} = \varepsilon_0 \mu_0 \frac{\partial^2 \vec{E}}{\partial t^2} \quad (7-1-39)$$

式(7-1-39)就是自由空间中 $\vec{E}$ 的三维矢量波动方程。因为 $\vec{E}$ 的三个分量是完全独立的，所以式(7-1-39)可以分解成三个标量波动方程，在直角坐标系中的形式为

$$\nabla^2 E_x = \varepsilon_0 \mu_0 \frac{\partial^2 E_x}{\partial t^2} \quad (7-1-40\text{a})$$

$$\nabla^2 E_y = \varepsilon_0 \mu_0 \frac{\partial^2 E_y}{\partial t^2} \quad (7-1-40\text{b})$$

$$\nabla^2 E_z = \varepsilon_0 \mu_0 \frac{\partial^2 E_z}{\partial t^2} \quad (7-1-40\text{c})$$

这三个波动方程的解是均匀平面波，这里我们取波包络为余弦函数，因此得到三个均匀平面时谐波，分别为

$$E_x(\vec{r},t) = E_{x0}\cos(\omega t - \vec{k} \cdot \vec{r} + \varphi_{x0}) \quad (7-1-41\text{a})$$

$$E_y(\vec{r},t) = E_{y0}\cos(\omega t - \vec{k} \cdot \vec{r} + \varphi_{y0}) \quad (7-1-41\text{b})$$

$$E_z(\vec{r},t) = E_{z0}\cos(\omega t - \vec{k} \cdot \vec{r} + \varphi_{z0}) \quad (7-1-41\text{c})$$

这里 $\vec{k}$ 为波矢量，$\vec{r}$ 为位置矢量，ω 为角频率，φ_{x0}、φ_{y0} 和 φ_{z0} 分别为初始相位，E_{x0}、E_{y0} 和 E_{z0} 分别为幅度值。$\vec{k}$ 的幅度 $k = \omega/v = \omega\sqrt{\varepsilon_0 \mu_0}$。由于三个分量属于同一个电磁波，因此 $\vec{k}$ 的方向应当相同，否则它们就是空间中的三个独立电磁波了。$\vec{k}$ 的方向由激励源和边界条件共同决定。电磁波独立的条件是，频率 ω 或 $\vec{k}$ 不相同；换句话说，如果 ω 和 $\vec{k}$ 都相同，则这两个电磁波不独立，属于同一个电磁波。综合式(7-1-41)，可写出三维空间中传播的均匀平面时谐电磁波，即

$$\vec{E}(\vec{r},t) = \text{Re}[\vec{E}_0 e^{j\omega t - j\vec{k} \cdot \vec{r}}] \quad (7-1-42)$$

式(7-1-42)中 $\vec{E}_0$ 为矢量复幅度，定义为

$$\vec{E}_0 = E_{x0}e^{j\varphi_{x0}}\hat{a}_x + E_{y0}e^{j\varphi_{y0}}\hat{a}_y + E_{z0}e^{j\varphi_{z0}}\hat{a}_z = \widetilde{E}_{x0}\hat{a}_x + \widetilde{E}_{y0}\hat{a}_y + \widetilde{E}_{z0}\hat{a}_z \quad (7-1-43)$$

在通常情况下，三个分量波的初始相位相等，即 $\varphi_{x0} = \varphi_{y0} = \varphi_{z0} = \varphi_0$，这时矢量复幅度可以简化为

$$\vec{E}_0 = (E_{x0}\hat{a}_x + E_{y0}\hat{a}_y + E_{z0}\hat{a}_z)e^{j\varphi_0} = E_0 e^{j\varphi_0}\hat{a}_E \quad (7-1-44)$$

式(7-1-44)中 E_0 为幅度，φ_0 为初始相位角，$\hat{a}_E$ 为电场强度单位矢量，表示电场的方向。注意，$\vec{E}_0$ 的分量通常是复数。式(7-1-44)表示的均匀平面时谐电磁波和式(7-1-35)表示的标量均匀平面时谐波在传播规律上相同，只是均匀平面时谐电磁波的幅度 $\vec{E}_0$ 是复数矢量，它

不仅有大小、相位,而且有方向。式(7-1-42)表示的平面电磁波的相速度等于:

$$v_p = \frac{\omega}{k} = \frac{1}{\sqrt{\varepsilon_0 \mu_0}} \approx 3 \times 10^8 \text{ m/s} \tag{7-1-45}$$

式(7-1-45)表示的是电磁波在自由空间传播的速度,该速度等于自由空间中的光速 c。

根据同样的思路,可求得 $\vec{H}(\vec{r},t)$ 满足的波动方程:

$$\nabla^2 \vec{H} = \varepsilon_0 \mu_0 \frac{\partial^2 \vec{H}}{\partial t^2} \tag{7-1-46}$$

式(7-1-46)的解也是均匀平面波:

$$\vec{H}(\vec{r},t) = \text{Re}[\vec{H}_0 e^{j\omega t - j\vec{k}\cdot\vec{r}}] \tag{7-1-47}$$

式(7-1-47)中 $\vec{H}_0$ 为矢量复幅度。因为 $\vec{E}(\vec{r},t)$ 和 $\vec{H}(\vec{r},t)$ 是相关的,所以可以求解 $\vec{E}(\vec{r},t)$ 和 $\vec{H}(\vec{r},t)$ 的任意一个,然后根据式(7-1-37a)或者式(7-1-37b)求解另一个。关于时变电场 $\vec{E}(\vec{r},t)$ 和 $\vec{H}(\vec{r},t)$ 的相互关系,我们后续讨论。

7.2 相 量

理想电介质中不存在自由电荷和自由电流,即 $\rho_v = 0$ 和 $\vec{J} = 0$。如果该介质是均匀、线性和各向同性的,那么介电常数 ε 和磁导率 μ 都是常数(即它们与电场或者磁场的方向和幅度都没有关系)。在这些假设下,Maxwell 方程可写为

$$\nabla \times \vec{E} = -\mu \frac{\partial \vec{H}}{\partial t} \tag{7-2-1a}$$

$$\nabla \times \vec{H} = \varepsilon \frac{\partial \vec{E}}{\partial t} \tag{7-2-1b}$$

$$\nabla \cdot \vec{E} = 0 \tag{7-2-1c}$$

$$\nabla \cdot \vec{H} = 0 \tag{7-2-1d}$$

这里 $\vec{E}$ 和 $\vec{H}$ 分别是电场强度和磁场强度的时域瞬态形式。那么电场(和磁场)满足三维波动方程:

$$\nabla^2 \vec{E} = \varepsilon\mu \frac{\partial^2 \vec{E}}{\partial t^2} \tag{7-2-2}$$

在无限大(没有边界)的介质中,根据式(7-1-42)可知均匀平面时谐波是式(7-2-2)的解,即

$$\vec{E}(\vec{r},t) = \text{Re}[(\vec{E}_0 e^{-j\vec{k}\cdot\vec{r}}) e^{j\omega t}] = \text{Re}[\vec{E}(\vec{r}) e^{j\omega t}] \tag{7-2-3}$$

式中 $\vec{E}_0$ 矢量复幅度;$\vec{k}$ 是波矢量;$\vec{k} = \omega\sqrt{\varepsilon\mu}\hat{a}_k$;$\vec{r}$ 是位置矢量。在实际应用中,还经常碰到平面电磁波在传播过程中碰到分界面(两种不同介质的分界面)发生反射的情况。这时在某个区域内就会同时存在入射波和反射波,两者合成波的电场强度就可以表示成:

$$\vec{E}(\vec{r},t) = \text{Re}[(\vec{E}_0^i e^{-j\vec{k}_i \cdot \vec{r}} + \vec{E}_0^r e^{-j\vec{k}_r \cdot \vec{r}}) e^{j\omega t}] \tag{7-2-4}$$

式(7-2-4)中,i 和 r 分别表示入射波和反射波。当然,$\vec{k}_i$ 和 $\vec{k}_r$ 必须满足 $|\vec{k}_i| = |\vec{k}_r| =$

$\omega\sqrt{\varepsilon\mu}$,式(7-2-4)才能够满足式(7-2-2)。$\vec{k}_i$ 的方向由激励源决定,而 $\vec{k}_r$ 的方向由边界面的法向和 $\vec{k}_i$ 的方向共同决定。式(7-2-4)也可以写成与式(7-2-3)同样的形式:

$$\vec{E}(\vec{r},t) = \text{Re}[\vec{E}(\vec{r})e^{j\omega t}] \tag{7-2-5}$$

式(7-2-5)中空间变化量和时间变化量可以完全分开。我们把式(7-2-5)中时谐电磁场中只随空间变化的部分 $\vec{E}(\vec{r})$ 称为电场强度的相量(相位复数矢量)。

注意:相量 $\vec{E}(\vec{r})$ 和静电场 $\vec{E}(\vec{r})$ 的标识相同,请根据应用场合区分,从本章节以后 $\vec{E}(\vec{r})$ 都表示时谐电场强度的相量。如果给定时谐波相量 $\vec{E}(\vec{r})$,那么可以通过乘以 $e^{j\omega t}$ 后再取实运算,从而得到时谐波瞬时表达式 $\vec{E}(\vec{r},t)$。

按照同样步骤,我们也可得到 $\vec{H}(\vec{r},t)$ 满足的波动方程和式(7-2-2)形式,因而 $\vec{H}(\vec{r},t)$ 同样具有和式(7-2-5)相同的形式:

$$\vec{H}(\vec{r},t) = \text{Re}[\vec{H}(\vec{r})e^{j\omega t}] \tag{7-2-6}$$

式中 $\vec{H}(\vec{r})$ 是均匀平面时谐电磁波磁场强度的相量。

例 7-2-1 求下列给定电场强度的瞬时表达式,并求其相量表达式。

(a) $\vec{E}(\vec{r},t) = \hat{a}_x 5\cos(\omega t + kz + 45°)$;

(b) $\vec{E}(\vec{r},t) = \hat{a}_x \cos kz \cos \omega t$。

解

(a)

$$\vec{E}(\vec{r},t) = \text{Re}[\hat{a}_x 5 e^{j(\omega t + kz + 45°)}] = \text{Re}[(\hat{a}_x 5 e^{j45°} e^{jkz})e^{j\omega t}]$$

因此相量形式为

$$\vec{E}(\vec{r}) = \hat{a}_x 5 e^{j45°} e^{jkz}$$

(b)

$$\vec{E}(\vec{r},t) = \hat{a}_x \cos kz \cos \omega t = \text{Re}[\hat{a}_x \cos kz \, e^{j\omega t}]$$

因此相量形式为

$$\vec{E}(\vec{r}) = \hat{a}_x \cos kz$$

例 7-2-2 给定电场强度的相量形式 $\vec{E}(\vec{r}) = \hat{a}_x e^{jkz} + \hat{a}_x 3 e^{-jkz}$,求电场强度的瞬时形式。

解

$$\vec{E}(\vec{r},t) = \text{Re}[\vec{E}(\vec{r})e^{j\omega t}] = \text{Re}[(\hat{a}_x e^{jkz} + \hat{a}_x 3 e^{-jkz})e^{j\omega t}] =$$
$$\hat{a}_x \cos(\omega t + kz) + \hat{a}_x 3(\omega t - kz)$$

在正弦稳态条件下,Maxwell 方程可用相量来表示。把式(7-2-5)和式(7-2-6)代入式(7-2-1a),可得:

$$\nabla \times \text{Re}[\vec{E}(\vec{r})e^{j\omega t}] = -\mu \frac{\partial}{\partial t} \text{Re}[\vec{H}(\vec{r})e^{j\omega t}] \tag{7-2-7}$$

式(7-2-7)中旋度算子、时间导数和取实部三个运算都是相互独立的,因而该等式可写成:

$$\text{Re}[\nabla \times \vec{E}(\vec{r})e^{j\omega t}] = -\mu \text{Re}[\vec{H}(\vec{r})j\omega e^{j\omega t}] \tag{7-2-8}$$

把式(7-2-8)中等式两边的取实部运算去掉,两边约去时间变化项 $e^{j\omega t}$,可获得法拉第电磁感应定律的相量形式:

$$\nabla \times \vec{E}(\vec{r}) = -j\omega\mu\vec{H}(\vec{r})$$

同理可获得 Maxwell 方程的其他方程。在均匀、线性和各向同性的理想介质中,Maxwell 方程的相量形式为

$$\nabla \times \vec{E}(\vec{r}) = -j\omega\mu\vec{H}(\vec{r}) \qquad (7-2-9a)$$

$$\nabla \times \vec{H}(\vec{r}) = j\omega\varepsilon\vec{E}(\vec{r}) \qquad (7-2-9b)$$

$$\nabla \cdot \vec{E}(\vec{r}) = 0 \qquad (7-2-9c)$$

$$\nabla \cdot \vec{H}(\vec{r}) = 0 \qquad (7-2-9d)$$

重新强调式(7-2-9)中的 $\vec{E}$ 和 $\vec{H}$ 分别为电场强度的相量和磁场强度的相量,它们不随时间变化,但它们是随空间坐标变化的复数矢量(有三个分量,而且每个分量都是复数)。

对式(7-2-19a)两边都取旋度,并且把式(7-2-9b)代入可得:

$$\nabla \times \nabla \times \vec{E}(\vec{r}) = -j\omega\mu\nabla \times \vec{H}(\vec{r}) = \omega^2\mu\varepsilon\vec{E}(\vec{r}) \qquad (7-2-10)$$

把矢量恒等式 $\nabla \times \nabla \times \vec{E} = \nabla(\nabla \cdot \vec{E}) - \nabla^2\vec{E}$ 代入式(7-1-10),再把式(7-2-19c)代入,可得相量形式的亥姆霍兹方程:

$$\nabla^2\vec{E}(\vec{r}) + k^2\vec{E}(\vec{r}) = 0 \qquad (7-2-11)$$

式(7-2-11)中波数 k 定义为

$$k = \omega\sqrt{\mu\varepsilon} = \frac{2\pi}{\lambda} \qquad (7-2-12)$$

式(7-2-12)中,ω 是角频率,μ 是磁导率,ε 是介电常数,λ 是波长。在物质中,波速 v 可表示成 $v = 1/\sqrt{\mu\varepsilon} = c/\sqrt{\mu_r\varepsilon_r}$,其中 $c = 1/\sqrt{\mu_r\varepsilon_r}$,是自由空间中的光速,$\mu_r$ 和 ε_r 分别是物质的相对磁导率和相对介电常数。

7.3 在均匀介质中的波

均匀介质是指介电常数和磁导率都为常数的一种介质。在介质中没有边界和分界面,因此介质中可以传播单一的均匀平面波,而波不会反射或者折射。

7.3.1 无耗电介质中的均匀平面波

无耗电介质是理想电介质,电磁波在其中传播不会损耗能量。在无耗电介质中电磁波的传播特性只是与电介质的本征参数 μ、ε 和角频率 ω 有关系。这三个参数组合成波的波数,也就是 $k = \omega\sqrt{\mu\varepsilon}$,而波的传播方向由激发电磁波的源决定。

把相量形式的亥姆霍兹方程在直角坐标系中展开为

$$\nabla^2(E_x\hat{a}_x + E_y\hat{a}_y + E_z\hat{a}_z) + k^2(E_x\hat{a}_x + E_y\hat{a}_y + E_z\hat{a}_z) = 0 \qquad (7-3-1)$$

式(7-3-1)中 E_x、E_y 和 E_z 分别是电场强度相量的三个分量。因此式(7-3-1)可以转化成三个标量亥姆霍兹方程,分别为

$$\nabla^2 E_x + k^2 E_x = 0 \qquad (7-3-2a)$$

$$\nabla^2 E_y + k^2 E_y = 0 \qquad (7-3-2\text{b})$$

$$\nabla^2 E_z + k^2 E_z = 0 \qquad (7-3-2\text{c})$$

式(7-3-2a)可以重写为

$$\frac{\partial^2 E_x}{\partial x^2} + \frac{\partial^2 E_x}{\partial y^2} + \frac{\partial^2 E_x}{\partial z^2} + k^2 E_x = 0 \qquad (7-3-3)$$

用分离变量法可以求得方程(7-3-3)的解：

$$E_x = \widetilde{E}_{x0} \mathrm{e}^{-\mathrm{j}\vec{k} \cdot \vec{r}} \qquad (7-3-4)$$

式(7-3-4)中，$\widetilde{E}_{x0}$ 是电场相量 x 分量的复数幅度。波矢量 $\vec{k}$ 为

$$\vec{k} = k \hat{a}_k = k_x \hat{a}_x + k_y \hat{a}_y + k_z \hat{a}_z \qquad (7-3-5)$$

波矢量 $\vec{k}$ 的大小 $k=2\pi/\lambda$，波矢量的方向 $\hat{a}_k$ 由激励源决定。对于给定问题，$\hat{a}_k$ 一般是确定的，因而 k_x、k_y 和 k_z 也是确定的。按照同样的思路可求得电场相量的 y 分量和 z 分量：

$$E_y = \widetilde{E}_{y0} \mathrm{e}^{-\mathrm{j}\vec{k} \cdot \vec{r}} \qquad (7-3-6)$$

$$E_z = \widetilde{E}_{z0} \mathrm{e}^{-\mathrm{j}\vec{k} \cdot \vec{r}} \qquad (7-3-7)$$

这里考虑到三个分量属于同一个电磁波，所以频率和波矢量都相同。因此，在一个无限大的无耗均匀电介质中，亥姆霍兹方程的通解是在三维空间中沿着波矢量 $\vec{k}$ 传播的均匀平面电磁波。因此可得电场强度相量的一般表达式：

$$\vec{E} = E_x \hat{a}_x + E_y \hat{a}_y + E_z \hat{a}_z = (\widetilde{E}_{x0}\hat{a}_x + \widetilde{E}_{y0}\hat{a}_y + \widetilde{E}_{z0}\hat{a}_z)\mathrm{e}^{-\mathrm{j}\vec{k} \cdot \vec{r}} \qquad (7-3-8)$$

或者

$$\vec{E} = \vec{E}_0 \mathrm{e}^{-\mathrm{j}\vec{k} \cdot \vec{r}} \qquad (7-3-9)$$

式(7-3-9)中复幅度矢量 $\vec{E}_0$ 表示电场矢量的大小和方向，同时还包括了分量的初始相位，一般表达式为

$$\vec{E}_0 = \widetilde{E}_{x0}\hat{a}_x + \widetilde{E}_{y0}\hat{a}_y + \widetilde{E}_{z0}\hat{a}_z = E_{x0}\mathrm{e}^{\mathrm{j}\varphi_{x0}}\hat{a}_x + E_{y0}\mathrm{e}^{\mathrm{j}\varphi_{y0}}\hat{a}_y + E_{z0}\mathrm{e}^{\mathrm{j}\varphi_{z0}}\hat{a}_z \qquad (7-3-10\text{a})$$

当三个分量的初始相位都相等且等于 φ_0 时，复幅度矢量 $\vec{E}_0$ 还可表示为

$$\vec{E}_0 = (E_{x0}\hat{a}_x + E_{y0}\hat{a}_y + E_{z0}\hat{a}_z)\mathrm{e}^{\mathrm{j}\varphi_0} = E_0 \hat{a}_E \mathrm{e}^{\mathrm{j}\varphi_0} \qquad (7-3-10\text{b})$$

这里 E_0 是幅度(正实数)；$\hat{a}_E$ 是电场的单位矢量，表示电场的方向；φ_0 是初始相位。通常情况下为了问题的简单化，一般可令 $\varphi_0=0$，复幅度矢量 $\vec{E}_0$ 就退化成一个实矢量，即

$$\vec{E}_0 = E_0 \hat{a}_E \qquad (7-3-10\text{c})$$

在处理实际问题时，$\vec{E}_0$ 的形式可根据具体问题来设定，这需要大家区分其形式。

把电场强度的相量表达式转换到时域表达式，可得：

$$\vec{E}(\vec{r},t) = \mathrm{Re}[\vec{E}_0 \mathrm{e}^{-\mathrm{j}\vec{k} \cdot \vec{r}} \mathrm{e}^{\mathrm{j}\omega t}] = \mathrm{Re}[\vec{E}_0 \mathrm{e}^{\mathrm{j}\omega t - \mathrm{j}\vec{k} \cdot \vec{r}}] \qquad (7-3-11)$$

对比式(7-3-11)和式(7-2-3)，两式一样。至此我们直接从 Maxwell 方程出发，或者从相量形式的 Maxwell 方程出发得到了无限大介质中均匀平面时谐电磁波的电场矢量，两者相同。此后，我们研究稳态情况下的电磁波的规律都从相量形式的 Maxwell 方程出发。

我们得到了电场矢量的相量，可根据 Maxwell 方程求得磁场强度的相量。把式(7-3-9)代入到式(7-2-9a)中：

第 7 章 平面时谐电磁波

$$\nabla \times \vec{E} = \nabla \times (\vec{E}_0 e^{-j\vec{k}\cdot\vec{r}}) = -j\vec{k} \times \vec{E}_0 e^{-j\vec{k}\cdot\vec{r}} = -j\omega\mu\vec{H} \quad (7-3-12)$$

因此求得磁场强度的相量：

$$\vec{H} = \frac{\vec{k}}{\omega\mu} \times \vec{E}_0 e^{-j\vec{k}\cdot\vec{r}} = \frac{\omega\sqrt{\mu\varepsilon}\,\hat{a}_k}{\omega\mu} \times (\vec{E}_0 e^{-j\vec{k}\cdot\vec{r}}) = \frac{1}{\eta}(\hat{a}_k \times \vec{E}_0 e^{-j\vec{k}\cdot\vec{r}}) =$$
$$\frac{1}{\eta}(\hat{a}_k \times \vec{E}) = \frac{1}{\eta}(\hat{a}_k \times \vec{E}_0) e^{-j\vec{k}\cdot\vec{r}} = \vec{H}_0 e^{-j\vec{k}\cdot\vec{r}} \quad (7-3-13)$$

式中(7-3-13)定义波阻抗(也称本征阻抗)η 为

$$\eta = \sqrt{\frac{\mu}{\varepsilon}} \quad (7-3-14)$$

其中 μ 和 ε 介质的磁导率和介电常数，本征阻抗 η 是介质的特征参数。在自由空间的 $\eta_0 = \sqrt{\mu_0/\varepsilon_0} \approx 120\pi\ \Omega \approx 377\ \Omega$。从式(7-3-9)和式(7-3-14)可以看出 $\vec{E}$ 和 $\vec{H}$ 都有相同的形式。根据式(7-3-13)可知：

$$\vec{H}_0 = \frac{1}{\eta}(\hat{a}_k \times \vec{E}_0) \quad (7-3-15)$$

从式(7-3-15)可以看出：磁场强度方向和传播方向垂直(磁场方向平行等相位面)；同时磁场强度和电场强度相互垂直；电场强度和磁场强度的复幅度之比为 η。在无耗介质中，波阻抗 η 是实数，这时说明电场强度和磁场强度同相位；如果在有耗介质中，η 为复数，这时电场强度和磁场强度的相位存在差异。

我们接着证明一下电场强度和传播方向也是垂直的。把式(7-3-9)代入式(7-2-9c)表示的高斯定理中，因此：

$$\nabla \cdot \vec{E} = \nabla \cdot (\vec{E}_0 e^{-j\vec{k}\cdot\vec{r}}) = -j(\vec{k} \cdot \vec{E}_0) e^{-j\vec{k}\cdot\vec{r}} = 0 \quad (7-3-16)$$

要使得式(7-3-16)恒成立，必须满足：

$$\vec{k} \cdot \vec{E}_0 = 0 \quad (7-3-17)$$

式(7-3-17)说明了复幅度矢量$\vec{E}_0$必须和波矢量$\vec{k}$垂直。换句话说，电场矢量必须始终平行于等相位面。根据式(7-3-15)和式(7-3-17)可知，电场强度方向、磁场强度方向和波矢量三者相互垂直；其规律满足圆周规律，即 $\hat{a}_k \times \vec{E}_0$ 的方向等于 $\vec{H}_0$ 的方向，$\vec{E}_0 \times \vec{H}_0$ 的方向等于 $\hat{a}_k$ 的方向，$\vec{H}_0 \times \hat{a}_k$ 的方向等于 $\vec{E}_0$ 的方向，参见图 7-3-1。因为电场方向和磁场方向都垂直于传播方向，所以把这种均匀平面电磁波称为横电磁波(TEM Wave)。

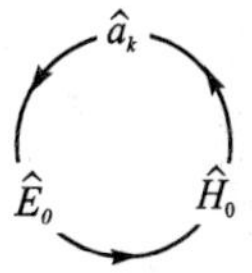

图 7-3-1 均匀平面电磁波的圆周规律

根据圆周规律，当已知磁场强度的相量时，可直接求出电磁强度的相量：

$$\vec{E} = \eta \vec{H}_0 \times \hat{a}_k e^{-j\vec{k}\cdot\vec{r}} = \eta \vec{H} \times \hat{a}_k = \vec{E}_0 e^{-j\vec{k}\cdot\vec{r}} \quad (7-3-18)$$

当电场强度矢量中各分量的相位都等于 φ_0 时，可把电场强度进一步写为

$$\vec{E} = \vec{E}_0 e^{-j\vec{k}\cdot\vec{r}} = E_0 e^{j\varphi_0} \hat{a}_E e^{-j\vec{k}\cdot\vec{r}} \quad (7-3-19)$$

根据式(7-3-13)可求得：

$$\vec{H} = \frac{E_0}{\eta} e^{j\varphi_0} \hat{a}_E e^{-j\vec{k}\cdot\vec{r}} = \frac{E_0}{\eta} e^{j\varphi_0} (\hat{a}_k \times \hat{a}_E) e^{-j\vec{k}\cdot\vec{r}} =$$
$$\frac{E_0}{\eta} e^{j\varphi_0} \hat{a}_H e^{-j\vec{k}\cdot\vec{r}} \quad (7-3-20)$$

在无耗介质中,由于 μ 和 ε 都是实数,因而本征阻抗 η 也为实数。式(7-3-19)中 η 为实数。根据式(7-3-19)和式(7-3-20)可得电场强度和磁场强度的瞬时形式为

$$\vec{E}(\vec{r},t) = \hat{a}_E E_0 \cos(\omega t - \vec{k} \cdot \vec{r} + \varphi_0) \qquad (7-3-21\text{a})$$

$$\vec{H}(\vec{r},t) = \hat{a}_H \frac{E_0}{\eta} \cos(\omega t - \vec{k} \cdot \vec{r} + \varphi_0) \qquad (7-3-21\text{b})$$

从式(7-3-21)可以看出:$\vec{E}(\vec{r},t)$ 和 $\vec{H}(\vec{r},t)$ 是同相位的,其波形图参见图 7-3-2。

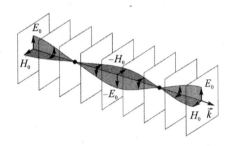

图 7-3-2 无耗介质中的均匀平面电磁波

不失一般性,我们在研究平面电磁波时一般把电磁波的传播方向设定在 $+z$ 轴,电场强度的方向设定在 $+x$ 轴,因此磁场强度的方向在 $+y$ 轴上,同时设定电场强度矢量中各分量的相位都等于 0,这样得到平面电磁波的简单表达式:

$$\vec{E} = E_0 \hat{a}_x e^{-jkz} \qquad (7-3-22\text{a})$$

$$\vec{H} = \frac{E_0}{\eta} \hat{a}_y e^{-jkz} \qquad (7-3-22\text{b})$$

例 7-3-1 给定均匀平面电磁波 $\vec{E} = \hat{a}_x E_0(1+j) e^{-jkz}$,其工作频率为 2 GHz,传播介质为 $\varepsilon_r = 4, \mu_r = 1$ 的理想电介质。求:

(a) $\vec{E}(\vec{r},t)$ 和 $\vec{H}(\vec{r},t)$;

(b) 波长 λ。

解

(a) 重写电场矢量的相量:

$$\vec{E}(\vec{r}) = \hat{a}_x \sqrt{2} E_0 e^{j\frac{\pi}{4}} e^{-jkz}$$

因此电场矢量的瞬时表达式为

$$\vec{E}(\vec{r},t) = \text{Re}[\hat{a}_x \sqrt{2} E_0 e^{j\frac{\pi}{4}} e^{-jkz} e^{j\omega t}] = \hat{a}_x \sqrt{2} E_0 \cos\left(\omega t - kz + \frac{\pi}{4}\right)$$

把式 $\vec{E}(\vec{r})$ 代入式(7-3-13),其中 $\hat{a}_k = \hat{a}_z$,可得磁场矢量的相量:

$$\vec{H} = \frac{1}{\eta}(\hat{a}_z \times \vec{E}) = \frac{1}{\eta}(\hat{a}_z \times \hat{a}_x \sqrt{2} E_0 e^{j\frac{\pi}{4}} e^{-jkz}) = \hat{a}_y \frac{\sqrt{2} E_0}{\eta} e^{j\frac{\pi}{4}} e^{-jkz}$$

其中本征阻抗:

$$\eta = \sqrt{\frac{\mu}{\varepsilon}} = \sqrt{\frac{\mu_0}{\varepsilon_0 \varepsilon_r}} = \frac{\eta_0}{\sqrt{\varepsilon_r}} = \frac{120\pi}{\sqrt{4}} \approx 60\pi \qquad (\Omega)$$

磁场矢量的瞬时表达式为

$$\vec{H}(\vec{r},t) = \text{Re}\left[\hat{a}_y \frac{\sqrt{2}E_0}{60\pi} e^{j\frac{\pi}{4}} e^{-jkz} e^{j\omega t}\right] = \hat{a}_y \frac{\sqrt{2}E_0}{60\pi}\cos\left(\omega t - kz + \frac{\pi}{4}\right)$$

(b) 根据式(7-2-12):

$$k = \omega\sqrt{\mu\varepsilon} = 2\pi f \frac{\sqrt{\varepsilon_r}}{1/\sqrt{\mu_0\varepsilon_0}} = \frac{2\pi \times 2 \times 10^9 \times 2}{3 \times 10^8} = 2\pi \times \frac{40}{3}$$

因此：

$$\lambda = \frac{2\pi}{k} = 7.5 \text{ cm}$$

7.3.2 损耗介质中的均匀平面波

我们研究电磁波在损耗介质中的传播规律。带自由电荷的电介质和有限电导率的金属都是损耗介质的典型例子。平面电磁波也能够在无限大损耗介质中传播,只是在传播的过程中会损耗功率。在损耗电介质中存在两种损耗功率的机制。第一种电场在电介质中激发电偶极子,电偶极子的电偶极矩会跟随电场方向以同一频率在直线上来回变化,然而周围的原子会阻止电偶极子跟随电场的同步振荡。由于电偶极子变化跟不上电场的变化从而形成相位的滞后,这就消耗了电磁波的部分能量,这部分能量会转换到热能。第二种是损耗介质中的自由电荷在电磁波电场的作用下产生了导体电流,因此在介质中产生了欧姆功率损耗。

损耗介质中的功率损耗可以通过在 Maxwell 方程中引入复介电常数 $\tilde{\varepsilon} = \varepsilon' - j\varepsilon''$ 来很好地解决。复介电常数的实部 ε' 决定波在介质中传播的相位常数,而虚部 ε'' 描述了波在该介质中衰减。

入射波的磁场也会和介质中的磁偶极子相互作用从而带来功率损耗。根据同样的思路,我们也可引入复数磁导率。然而在大多数物质中,由磁偶极子带来的损耗比电偶极子带来的损耗小得多,因此一般都忽略其影响,而设定磁导率 $\mu = \mu_0$。

1. 损耗介质中电磁场的一般规律

在均匀(ε 和 μ 与位置无关)、线性(ε 和 μ 与电场强度和磁场强度的大小无关)、各向同性(ε 和 μ 与电场强度和磁场强度的方向无关)和损耗(ε 为复数)介质中,相量形式的 Maxwell 方程为

$$\nabla \times \vec{E} = -j\omega\mu\vec{H} \tag{7-3-23a}$$

$$\nabla \times \vec{H} = j\omega\tilde{\varepsilon}\vec{E} = j\omega(\varepsilon' - j\varepsilon'')\vec{E} \tag{7-3-23b}$$

$$\nabla \cdot \vec{E} = 0 \tag{7-3-23c}$$

$$\nabla \cdot \vec{H} = 0 \tag{7-3-23d}$$

这里假设了式(7-3-23c)中不存在自由电荷。根据式(7-3-23)可得亥姆霍兹方程为

$$\nabla^2\vec{E} + \tilde{k}^2\vec{E} = 0 \tag{7-3-24}$$

式(7-3-24)中引入了复波数 $\tilde{k}$,定义为

$$\tilde{k} = \omega\sqrt{\mu\tilde{\varepsilon}} = \omega\sqrt{\mu(\varepsilon' - j\varepsilon'')} \tag{7-3-25}$$

注意到式(7-3-24)和式(7-2-11)两者仅是 $\tilde{k}$ 不同,式(7-3-24)的解是具有复波数的均匀平面波：

$$\vec{E} = \vec{E}_0 e^{-j\tilde{k}\hat{a}_k \cdot \vec{r}} \qquad (7-3-26)$$

式(7-3-26)中$\hat{a}_k$是波传播的单位方向矢量。不失一般性，在无限大的介质中，电磁波的传播方向沿着$+z$轴方向，即设定$\hat{a}_k = \hat{a}_z$，因此电场强度相量为

$$\vec{E} = \vec{E}_0 e^{-j\tilde{k}z} = \vec{E}_0 e^{-\gamma z} \qquad (7-3-27)$$

在式(7-3-27)中引入了复传播常数γ为

$$\gamma = j\tilde{k} = j\omega\sqrt{\mu(\varepsilon' - j\varepsilon'')} = \alpha + j\beta \qquad (\text{m}^{-1}) \qquad (7-3-28)$$

式(7-3-28)中引入了两个参数：衰减常数α，单位为Np/m；相位常数β，单位为rad/m。根据式(7-3-28)，可求得α和β分别为

$$\alpha = \omega\sqrt{\frac{\mu\varepsilon'}{2}}\left[\sqrt{1+\left(\frac{\varepsilon''}{\varepsilon'}\right)^2}-1\right]^{1/2} \qquad (\text{Np/m}) \qquad (7-3-29a)$$

$$\beta = \omega\sqrt{\frac{\mu\varepsilon'}{2}}\left[\sqrt{1+\left(\frac{\varepsilon''}{\varepsilon'}\right)^2}+1\right]^{1/2} \qquad (\text{rad/m}) \qquad (7-3-29b)$$

当$\varepsilon''=0$时，根据式(7-3-29)可得$\alpha=0$和$\beta=\omega\sqrt{\mu\varepsilon'}$，这和无耗介质中的结论一致。

下面我们研究在损耗介质中电磁波传播的特征。把式(7-3-28)代入式(7-3-27)中，写出电场强度的相量和瞬时表达式分别为

$$\vec{E} = \vec{E}_0 e^{-\gamma z} = E_0 \hat{a}_x e^{-\alpha z} e^{-j\beta z} \qquad (7-3-30a)$$

$$\vec{E}(\vec{r},t) = E_0 \hat{a}_x e^{-\alpha z} \cos(\omega t - \beta z) \qquad (7-3-30b)$$

在式(7-3-30)中假设了电场强度的三个分量的初始相位都为零，电场强度指向$+x$轴，即$\vec{E}_0 = E_0 e^{j0}\hat{a}_x = E_0\hat{a}_x$。从式(7-3-30)中的衰减常数$\alpha$可以看出波的电场强度是如何沿着$z$轴衰减的；而$\beta$决定了在给定时刻，波沿着$z$轴相位是如何变化的。在无耗介质中，$\alpha=0$，表示电磁波在该介质中没有衰减；在无源损耗介质中，α必须大于零，因为在介质中不会放大电场。α越大，电磁波在该介质中衰减越大。

为了更好地研究衰减系数α和介质电参数之间的关系，这里引入新参数耗角正切$\tan\xi$，它定义为

$$\tan\xi = \frac{\varepsilon''}{\varepsilon'} \qquad (7-3-31)$$

式(7-3-30)中ξ称为损耗角。损耗角正切$\tan\xi$是描述介质功率损耗的一个重要参数，它总是大于或等于零。根据式(7-3-29a)可知：

- $\tan\xi=0(\xi=0°)$，$\alpha=0$，该介质是无耗介质，典型代表是理想电介质；
- $\tan\xi\ll1$，α很小，该介质是低损耗介质，典型代表是良电介质；
- $\tan\xi\gg1$，α很大，该介质是高损耗介质，典型代表是良导体；
- $\tan\xi\to\infty(\xi\to90°)$，$\alpha\to\infty$，该介质是损耗无穷大，典型代表是理想导体，电磁波在理想导体中不能够传播。

在z轴上相距一个波长，相位差为2π，即$\beta\lambda=2\pi$。因此可到相位常数和波长之间的关系：

$$\lambda = \frac{2\pi}{\beta} \qquad (7-3-32)$$

在损耗介质中，电磁波的波长与ε''、ε'两个参数都有关，这可以从式(7-3-29b)看出。无论是在损耗还是无耗介质中，波的相速度都为

$$v_p = \frac{\omega}{\beta} \tag{7-3-33}$$

把电场强度的相量表达式(7-3-31a)代入式(7-3-23a)可求得磁场强度的相量表达式：

$$\nabla \times \vec{E} = \nabla \times (E_0 \hat{a}_E e^{-\gamma z}) = -\gamma \hat{a}_z \times (E_0 \hat{a}_x e^{-\gamma z}) = -j\omega\mu \vec{H}$$

$$\vec{H} = \frac{1}{\sqrt{\frac{\mu}{\tilde{\varepsilon}}}} E_0 \hat{a}_y e^{-\gamma z} = \frac{1}{\tilde{\eta}} E_0 \hat{a}_y e^{-\alpha z} e^{-j\beta z} = H_0 \hat{a}_y e^{-\alpha z} e^{-j\beta z} \tag{7-3-34}$$

这里复本征阻抗 $\tilde{\eta}$ 定义为

$$\tilde{\eta} = \sqrt{\frac{\mu}{\tilde{\varepsilon}}} = \sqrt{\frac{\mu}{\varepsilon' - j\varepsilon''}} \tag{7-3-35}$$

根据式(7-3-34)还可以看出：$\tilde{\eta}$ 是电场强度复幅度和磁场强度复幅度之比，即

$$\tilde{\eta} = E_0 / H_0 \tag{7-3-36}$$

下面我们讨论一下各种不同介质时复本征阻抗的特点。重写式(7-3-35)，可得：

$$\tilde{\eta} = \sqrt{\frac{\mu}{\varepsilon'(1-j\tan\xi)}} = \sqrt{\frac{\mu(1+j\tan\xi)}{\varepsilon'(1+\tan^2\xi)}} = \sqrt{\frac{\mu\cos\xi(\cos\xi+j\sin\xi)}{\varepsilon'}} = \sqrt{\frac{\mu\cos\xi}{\varepsilon'}} e^{j\xi/2} \tag{7-3-37}$$

从式(7-3-37)可以看出：

(1) 无耗介质，$\tan\xi=0(\xi=0°)$，$\tilde{\eta}=\sqrt{\mu/\varepsilon'}$ 为实数，电场和磁场同相位。

(2) 理想导体，$\tan\xi\to\infty(\xi\to 90°)$，$|\tilde{\eta}|\to 0$，$\text{angle}(\tilde{\eta})\to 45°$。

(3) 损耗介质，$0<|\tilde{\eta}|<\infty$，$0<\text{angle}(\tilde{\eta})<45°$；良介质的 $\text{angle}(\tilde{\eta})$ 接近 $0°$；良导体的 $\text{angle}(\tilde{\eta})$ 接近 $45°$。注：$\text{angle}(\cdot)$ 表示求复数的相角。

重写式(7-3-34)，可得：

$$\vec{H} = \frac{1}{\tilde{\eta}} E_0 \hat{a}_y e^{-\gamma z} = \frac{e^{-j\xi/2}}{\sqrt{\frac{\mu\cos\xi}{\varepsilon'}}} E_0 \hat{a}_y e^{-\alpha z} e^{-j\beta z} \tag{7-3-38}$$

对比式(7-3-30a)和式(7-3-38)可知：电场强度的相位总是超前于磁场强度的相位 $\xi/2$。这是一条非常重要的结论，它给我们提供了测量介质损耗角和损耗角正切的方法。也就是说，如果我们能够测量介质中电场强度和磁场强度的相位差 $\Delta\varphi$，那么就可知道损耗角 $\xi=2\Delta\varphi$。

在实际工程中，空间电磁波传播的介质经常是良介质，而导行电磁波传播的介质经常是以良导体为边界的良介质。因此需要重点研究电磁波在良介质和良导体中的传播规律。

下面我们讨论两种典型介质(低损耗和高损耗)中均匀平面电磁波的传播规律。

2. 低电导率损耗介质中(良介质)的均匀平面电磁波

在损耗介质中导体电流是损耗的主要因素。在低电导率介质中，相量形式的 Maxwell 方程可写为

$$\nabla \times \vec{E} = -j\omega\mu\vec{H} \tag{7-3-39a}$$

$$\nabla \times \vec{H} = \vec{J} + j\omega\varepsilon\vec{E} = (\sigma + j\omega\varepsilon)\vec{E} \tag{7-3-39b}$$

$$\nabla \cdot \vec{E} = 0 \qquad (7-3-39c)$$

$$\nabla \cdot \vec{H} = 0 \qquad (7-3-39d)$$

在这种低损耗介质中，μ 和 ε 都是实数。从式(7-3-39)可以看出，虽然物质中存在自由电荷，$\sigma \neq 0$，但物质中不存在静电荷，$\rho_v = 0$。式(7-3-39b)中所示的电流密度相量是由外部入射波所激发出的。重写式(7-3-39b)，可得：

$$\nabla \times \vec{H} = j\omega \left(\varepsilon - j\frac{\sigma}{\omega} \right) \vec{E} = j\omega (\varepsilon' - j\varepsilon'') \vec{E} = j\omega \tilde{\varepsilon} \vec{E} \qquad (7-3-40)$$

因此复介电常数 $\tilde{\varepsilon}$ 为

$$\tilde{\varepsilon} = \varepsilon' - j\varepsilon'' = \varepsilon - j\frac{\sigma}{\omega} \qquad (7-3-41)$$

根据式(7-3-30)可知：

$$\tan \xi = \frac{\varepsilon''}{\varepsilon'} = \frac{\sigma}{\omega \varepsilon} \qquad (7-3-42)$$

低电导率介质的条件是 $\tan \xi \ll 1$，因此根据式(7-3-29)可求得衰减常数和相位常数的近似值：

$$\alpha \approx \omega \sqrt{\frac{\mu\varepsilon'}{2}} \left[1 + \frac{1}{2}\left(\frac{\varepsilon''}{\varepsilon'}\right)^2 - 1 \right]^{1/2} = \frac{\omega \sqrt{\mu\varepsilon'}}{2} \frac{\varepsilon''}{\varepsilon'} = \frac{k}{2} \tan \xi \qquad (7-3-43a)$$

$$\beta \approx \omega \sqrt{\frac{\mu\varepsilon'}{2}} \left[1 + \frac{1}{2}\left(\frac{\varepsilon''}{\varepsilon'}\right)^2 + 1 \right]^{1/2} \approx \omega \sqrt{\mu\varepsilon'} = k \qquad (7-3-43b)$$

式(7-3-43)中使用了近似式 $(1+x)^{1/2} \approx 1 + x/2, (x \ll 1)$，$k$ 为无耗介质的传播常数，$k = \omega \sqrt{\mu\varepsilon'} = \omega \sqrt{\mu\varepsilon}$。根据式(7-3-37))可以求得复本征阻抗的近似值：

$$\tilde{\eta} = \sqrt{\frac{\mu \cos \xi}{\varepsilon'}} e^{j\xi/2} \approx \sqrt{\frac{\mu}{\varepsilon}} e^{j\xi/2} = \eta e^{j\xi/2} \approx \eta \qquad (7-3-44)$$

例如，当 $\tan \xi = \sigma/(\omega \varepsilon) < 0.1$ 时，$\alpha/\beta = (\tan \xi)/2 < 0.05$，$\tilde{\eta}$ 的相角小于 0.05 rad。把衰减常数、相位常数和复本征阻抗的近似值代入式(7-3-30a)和式(7-3-34)可得到在低损耗介质中均匀平面电磁波的电场强度和磁场强度的相量式：

$$\vec{E} = E_0 \hat{a}_x e^{-\frac{k}{2}\tan \xi} e^{-jkz} = E_0 \hat{a}_x e^{-\alpha z} e^{-jkz} \qquad (7-3-45a)$$

$$\vec{H} = \frac{1}{\eta} E_0 \hat{a}_y e^{-\frac{k}{2}\tan \xi} e^{-jkz} e^{-j\xi/2} \approx \frac{1}{\eta} E_0 \hat{a}_y e^{-\alpha z} e^{-jkz} \qquad (7-3-45b)$$

对比式(7-3-22)和式(7-3-45)可以看出：电磁波在无耗介质中传播和在低损耗介质中传播相比，电磁波的相位常数和波阻抗几乎相同，只是在出现了损耗项 $e^{-k\tan \xi/2}$ 和相位差 $e^{-j\xi/2}$。当然在低损耗情况下，α 和 ξ 都很小。图 7-3-3 所示为低损耗介质中的均匀平面电磁波。

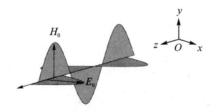

图 7-3-3 低损耗介质中的均匀平面电磁波

例 7-3-2 聚乙烯是电磁波常用的传输介质，已知在 10 GHz 时的损耗角正切 $\tan \xi = 0.0004$，$\varepsilon_r = 2.25$，求 10 GHz 电磁波在该介质中的损耗角、衰减系数、相位常数和波阻抗。

解

$$\xi = \arctan(0.0004) \approx 0.0004 = 0.023°$$

$$\beta = k = \omega\sqrt{\mu\varepsilon} = \frac{2\pi f}{1/\sqrt{\mu_0\varepsilon_0}}\sqrt{\varepsilon_r} = \frac{2\pi \times 10 \times 10^9}{3 \times 10^8}\sqrt{2.25} = 100\pi \text{ (rad/m)}$$

$$\alpha = \frac{k}{2}\tan\xi = 0.068 \text{ Np/m}$$

$$\tilde{\eta} \approx \sqrt{\frac{\mu}{\varepsilon}}e^{j\xi/2} = \eta e^{j0.012°} \approx \eta = \sqrt{\frac{\mu_0}{\varepsilon_0}}/\sqrt{\varepsilon_r} = 120\pi/\sqrt{2.25} = 90\pi \text{ }\Omega$$

从该例中可以看出：和理想介质相比，在低损耗介质中传播的最大特点是引入了损耗项，其他参数变化通常可忽略。

3. 良导体中的均匀平面电磁波

良导体的电导率不是无穷大，但 $\tan\xi = \varepsilon''/\varepsilon' = \sigma/(\omega\varepsilon) \gg 1$。在这种假设条件下，根据式(7-3-28)可以求得衰减常数和相位常数的近似值：

$$\gamma = j\omega\sqrt{\mu(\varepsilon' - j\varepsilon'')} \approx j\omega\sqrt{\mu(-j\varepsilon'')} = j\omega\sqrt{\mu\left(-j\frac{\sigma}{\omega}\right)} = \sqrt{\frac{\omega\mu\sigma}{2}}(1+j) = \alpha + j\beta \tag{7-3-46}$$

式(7-3-28)中应用了：

$$\sqrt{\pm j} = (e^{\pm j\pi/2})^{1/2} = e^{\pm j\pi/4} = \frac{1 \pm j}{\sqrt{2}} \tag{7-3-47}$$

从式(7-3-46)可以看出：

$$\alpha = \beta = \sqrt{\frac{\omega\mu\sigma}{2}} = \sqrt{\pi f\mu\sigma} \tag{7-3-48}$$

式(7-3-48)中 $\omega = 2\pi f$。在良导体中 α 和 β 都随着 $\sqrt{f}$ 和 $\sqrt{\sigma}$ 在增大。

根据式(7-3-35)和 $\tan\xi = \varepsilon''/\varepsilon' = \sigma/(\omega\varepsilon) \gg 1$ 的条件：

$$\tilde{\eta} = \sqrt{\frac{\mu}{\varepsilon' - j\varepsilon''}} \approx \sqrt{\frac{\mu}{-j\varepsilon''}} = \sqrt{\frac{\omega\mu}{\sigma}}e^{j\pi/4} = \sqrt{\frac{\omega\mu}{2\sigma}}(1+j) \tag{7-3-49}$$

把 α、β 和 $\tilde{\eta}$ 代入式(7-3-30a)和式(7-3-34)中得到电场强度和磁场强度的相量：

$$\vec{E} = \vec{E}_0 e^{-\gamma z} = E_0 \hat{a}_x e^{-\sqrt{\frac{\omega\mu\sigma}{2}}z} e^{-j\sqrt{\frac{\omega\mu\sigma}{2}}z} \tag{7-3-50a}$$

$$\vec{H} = \frac{1}{\tilde{\eta}}E_0 \hat{a}_y e^{-\alpha z} e^{-j\beta z} = \frac{1}{\sqrt{\frac{\omega\mu}{\sigma}}}E_0 \hat{a}_y e^{-\sqrt{\frac{\omega\mu\sigma}{2}}z} e^{-j\sqrt{\frac{\omega\mu\sigma}{2}}z} e^{-j\pi/4} \tag{7-3-50b}$$

从式(7-3-50b)可以看出：磁场强度的相位滞后电场强度 $\pi/4$。

在良导体中，电场强度的幅度随 $e^{-\alpha z}$ 变化，因此在沿着 $+z$ 轴每前进 $1/\sqrt{\omega\mu\sigma/2}$ 的距离，幅度衰减 $e^{-1} = 0.368$。这一距离用 δ_s 表示，称为穿透深度或者导体的趋肤深度（或称集肤深度），即

$$\delta_s = \frac{1}{\sqrt{\frac{\omega\mu\sigma}{2}}} = \frac{1}{\alpha} = \frac{1}{\beta} \tag{7-3-51}$$

趋肤深度的单位是 m。它告诉我们电磁波能够穿透导体的深度。在微波频率，趋肤深度非常短，这样导体中的电场和电流绝大部分存在于导体表面的 δ_s 厚度里。电磁波在导体表面的功率损耗和趋肤深度成反比，即趋肤深度越短，单位面积上损耗的电磁波功率越小。这一结论在

第 9 章论述。因此我们经常在铜波导的内表面镀银，因为银的电导率大于铜，所以缩小了趋肤深度，从而可大幅减小电磁波的损耗，因此表面镀银的铜波导可以明显提高铜波导的性能。

应用 $\lambda = 2\pi/\beta$ 这个关系，波长可用趋肤深度表示出来，即

$$\lambda = \frac{2\pi}{\beta} = 2\pi\delta_s \tag{7-3-52}$$

在良导体中，电磁波传播的相速度为

$$v_p = f\lambda = 2\pi\delta_s f \tag{7-3-53}$$

在这里定义表面阻抗 R_s：

$$R_s = \mathrm{Re}(\tilde{\eta}) = \sqrt{\frac{\omega\mu}{2\sigma}} = \frac{1}{\delta_s \sigma} \tag{7-3-54}$$

表面阻抗在计算传输线导体损耗时会用到。

例 7-3-3 铝是一种常用的良导体，电导率 $\sigma = 3.816 \times 10^7 \,\mathrm{s/m}$，确定频率为 10 GHz 电磁波在其中的损耗角正切、衰减系数、相位常数、波阻抗、穿透深度和表面阻抗。

解

$$\tan\xi = \frac{\sigma}{\omega\varepsilon} = \frac{3.816 \times 10^7}{\omega\varepsilon} = 6.9 \times 10^7$$

$$\alpha = \beta = \sqrt{\frac{\omega\mu\sigma}{2}} = \sqrt{3.14 \times 10 \times 10^9 \times 4\pi \times 10^{-7} \times 3.816 \times 10^7} = 1.2 \times 10^6$$

$$\delta_s = \frac{1}{\alpha} = 8 \times 10^{-7}\,\mathrm{m} \approx 1\,\mu\mathrm{m}$$

$$\tilde{\eta} = \sqrt{\frac{\omega\mu}{2\sigma}}(1+\mathrm{j}) = \sqrt{\frac{2 \times 3.14 \times 10 \times 10^9 \times 4\pi \times 10^{-7}}{2 \times 3.816 \times 10^7}}(1+j) = 0.032(1+j)\,\Omega$$

$$R_s = \mathrm{Re}(\tilde{\eta}) = 0.032\,\Omega$$

从该例中可以看出：在微波频段，电磁波穿透良导体的能力很弱。换句话说，良导体对微波的屏蔽能力很强。

7.4 电磁波的功率密度

在前面的章节中我们知道静电场和静磁场都存储有能量，静电场的储能密度和静磁场的储能密度分别为 $(1/2)\vec{D}\cdot\vec{E}$ 和 $(1/2)\vec{B}\cdot\vec{H}$。在时变电磁场中也会储存能量，并且储存的能量和电磁波一样会以相同的速度和方向传播。鉴于此，我们说电磁波会把能量从空间中的一点传输到另一点，从而传递给负载。在本节，我们主要讨论电磁波的功率密度和在空间中的流动。

把 Maxwell 方程的两个旋度方程

$$\nabla \times \vec{E} = -\frac{\partial \vec{B}}{\partial t} \tag{7-4-1a}$$

$$\nabla \times \vec{H} = \vec{J} + \frac{\partial \vec{D}}{\partial t} \tag{7-4-1b}$$

代入矢量恒等式

$$\nabla \cdot (\vec{E} \times \vec{H}) = \vec{H} \cdot \nabla \times \vec{E} - \vec{E} \cdot \nabla \times \vec{H} \tag{7-4-2}$$

可得：

$$-\nabla \cdot (\vec{E} \times \vec{H}) = \vec{E} \cdot \vec{J} + \vec{E} \cdot \frac{\partial \vec{D}}{\partial t} + \vec{H} \cdot \frac{\partial \vec{B}}{\partial t} \tag{7-4-3}$$

在简单介质（均匀、线性和各向同性）中，ε、μ 和 σ 都是常数，因此把式(7-4-3)中右式最后两项重新整理，可得：

$$\vec{E} \cdot \frac{\partial \vec{D}}{\partial t} = \frac{\varepsilon}{2} \cdot \frac{\partial}{\partial t}(\vec{E} \cdot \vec{E}) = \frac{\partial}{\partial t}\left(\frac{1}{2}\vec{D} \cdot \vec{E}\right) \tag{7-4-4a}$$

$$\vec{H} \cdot \frac{\partial \vec{B}}{\partial t} = \frac{\mu}{2} \cdot \frac{\partial}{\partial t}(\vec{H} \cdot \vec{H}) = \frac{\partial}{\partial t}\left(\frac{1}{2}\vec{B} \cdot \vec{H}\right) \tag{7-4-4b}$$

把式(7-4-4)代入式(7-4-3)可得：

$$-\nabla \cdot (\vec{E} \times \vec{H}) = \vec{E} \cdot \vec{J} + \frac{\partial}{\partial t}\left(\frac{1}{2}\vec{D} \cdot \vec{E}\right) + \frac{\partial}{\partial t}\left(\frac{1}{2}\vec{B} \cdot \vec{H}\right) \tag{7-4-5}$$

对式(7-4-5)等号两边在任意一个体 V（其表面为 S）上积分，并利用散度定理可得：

$$-\oint_S (\vec{E} \times \vec{H}) \cdot d\vec{S} = \int_V \vec{E} \cdot \vec{J} dV + \frac{\partial}{\partial t}\left[\int_V \left(\frac{1}{2}\vec{D} \cdot \vec{E}\right) dV\right] + \frac{\partial}{\partial t}\left[\int_V \left(\frac{1}{2}\vec{B} \cdot \vec{H}\right) dV\right] \tag{7-4-6}$$

式(7-4-6)中等号右边的第 1 项是指在体 V 中的欧姆损耗功率，而在中括号中的两项分别是在体 V 中的电储能和磁储能。因此式(7-4-6)中的第 2 项和第 3 项之和表示的是在体 V 中电磁场能量的增加速率。

综合考虑上述各项的物理意义，式(7-4-6)中等号右边可理解为流进体 V 内的瞬时功率，其中一部分被消耗掉而转换成热能，另一部分以电磁能的方式存储在体 V 中。式(7-4-6)就是坡印亭定理，它指出：流进一个体 V 中的净功率等于在这个体内的欧姆损耗功率和电磁能的增加速率之和。式(7-4-6)等号左边是一个面积分，积分项 $\vec{E} \times \vec{H}$ 可解释成瞬时功率密度，单位是瓦每平方米。对于瞬时电场和瞬时磁场分别为 $\vec{E}$ 和 $\vec{H}$ 的电磁波，其坡印亭矢量定义为

$$\vec{S}(\vec{r}, t) = \vec{E}(\vec{r}, t) \times \vec{H}(\vec{r}, t) \quad (\text{W/m})^2 \tag{7-4-7}$$

坡印亭矢量的方向分别电场矢量、磁场矢量垂直，而与波矢量平行，其表示的是功率流的方向。

在大部分实际问题中，时间平均功率密度比瞬时功率密度更有用，并且时间平均功率密度可以用电场强度和磁场强度的相量来表示。在推导时间平均功率密度时，用电场和磁场的复指数形式比用余弦函数方便。时谐电磁波电场矢量的时域形式可表示为

$$\vec{E}(\vec{r}, t) = \hat{a}_E E_0 \cos(\omega t - \vec{k} \cdot \vec{r} + \varphi_e) =$$

$$\frac{1}{2}[\hat{a}_E (E_0 e^{j\varphi_e}) e^{j\omega t - j\vec{k} \cdot \vec{r}} + \hat{a}_E (E_0 e^{-j\varphi_e}) e^{-j\omega t + j\vec{k} \cdot \vec{r}}] =$$

$$\frac{1}{2}[(\hat{a}_E \widetilde{E}_0) e^{j\omega t - j\vec{k} \cdot \vec{r}} + (\hat{a}_E \widetilde{E}_0^*) e^{-j\omega t + j\vec{k} \cdot \vec{r}}] =$$

$$\frac{1}{2}[(\vec{E}_0 e^{-j\vec{k} \cdot \vec{r}}) e^{j\omega t} + (\vec{E}_0^* e^{j\vec{k} \cdot \vec{r}}) e^{-j\omega t}] =$$

$$\frac{1}{2}[\vec{E}(r) e^{j\omega t} + \vec{E}^*(r) e^{-j\omega t}] \tag{7-4-8a}$$

式(7-4-8a)中 * 表示的是复数共轭，$\vec{E}(r)$ 为电场强度的相量。同样可以把时谐电磁波的时域表式为

$$\vec{H}(\vec{r},t) = \frac{1}{2}[\vec{H}(r)e^{j\omega t} + \vec{H}^*(r)e^{-j\omega t}] \qquad (7-4-8b)$$

式(7-4-8b)中 $\vec{H}(r)$ 为磁场强度的相量。把式(7-4-8)代入式(7-4-7)可得：

$$\vec{S}(\vec{r},t) = \frac{1}{2}[\vec{E}(r)e^{j\omega t} + \vec{E}^*(r)e^{-j\omega t}] \times \frac{1}{2}[\vec{H}(r)e^{j\omega t} + \vec{H}^*(r)e^{-j\omega t}] =$$

$$\frac{1}{4}[\vec{E}(r) \times \vec{H}(r)e^{j2\omega t} + \vec{E}(r)^* \times \vec{H}(r)^* e^{-j2\omega t} + \vec{E}(r) \times \vec{H}(r)^* + \vec{E}(r)^* \times \vec{H}(r)]$$

$$(7-4-9)$$

通常，对于瞬时量 G 的时间平均定义为

$$\langle G \rangle = \frac{1}{T}\int_{-T/2}^{T/2} G \mathrm{d}t$$

这里 T 是 G 的周期。对式(7-4-9)等号两边取时间平均可得：

$$\langle \vec{S} \rangle = \frac{1}{2}\mathrm{Re}[\vec{E}(r) \times \vec{H}(r)^*] \qquad (7-4-10)$$

这里 $\vec{E}(r)$ 和 $\vec{H}(r)$ 分别为电场强度磁场强度的相量。*表示的是复数共轭。式(7-4-10)也可用来计算在某个空间区域内同时存在的两个波的时间平均功率密度之和。总的时间平均功率密度可用总的电场强度相量和总的磁场强度相量来计算。

式(7-4-5)中电场强度和磁场强度都是时谐量，所以该式等号右边第2和第3项的时间平均都等于零，因此对该式两边取时间平均后，坡印亭定理变为

$$-\nabla \cdot \langle \vec{E} \times \vec{H} \rangle = \langle \vec{E} \cdot \vec{J} \rangle \qquad (7-4-11a)$$

如果用电场强度和电流密度的相量形式，那么式(7-4-11a)可写为

$$-\nabla \cdot \langle \vec{S} \rangle = \frac{1}{2}\mathrm{Re}[\vec{E}(r) \cdot \vec{J}(r)^*] \qquad (7-4-11b)$$

从式(7-4-11)可以看出：欧姆功率损耗是电磁波功率损耗的源，而电场储能和磁场储能不会损耗能量。

例 7-4-1 求无耗介质中均匀平面电磁波的时间平均功率密度。电场强度和磁场强度的相量见式(7-3-22)。

解 把式(7-3-22)代入式(7-4-10)可得：

$$\langle \vec{S} \rangle = \frac{1}{2}\mathrm{Re}\left[E_0 \hat{a}_x e^{-jkz} \times \left(\frac{E_0}{\eta}\hat{a}_y e^{-jkz}\right)^*\right] = \frac{1}{2}\frac{|E_0|^2}{\eta}\hat{a}_z \qquad (7-4-12)$$

从式(7-4-12)可以看出：无耗介质中均匀平面电磁波的功率密度是均匀的，它的传播方向就是波矢量的方向。

例 7-4-2 求低耗介质中均匀平面电磁波的时间平均功率密度。电场强度和磁场强度的相量见式(7-3-45)。

解 把式(7-3-45)代入式(7-4-10)可得：

$$\langle \vec{S} \rangle = \frac{1}{2}\mathrm{Re}\left[E_0 \hat{a}_x e^{-\alpha z}e^{-jkz} \times \left(\frac{1}{\eta}E_0 \hat{a}_y e^{-\alpha z}e^{-jkz}\right)^*\right] = \frac{1}{2}\frac{|E_0|^2}{\eta}e^{-2\alpha z}\hat{a}_z \quad (7-4-13)$$

从式(7-4-13)可以看出：在低损耗介质中均匀平面电磁波在传播的过程中功率不断衰减。

讨论 低耗介质中均匀平面电磁波的时间平均功率密度在单位长度的损耗。

$$L = 10 \times \log_{10} \frac{|\langle \vec{S} \rangle(z=0)|}{|\langle \vec{S} \rangle(z=1)|} = 10 \times \lg \frac{\frac{1}{2}\frac{|E_0|^2}{\eta}}{\frac{1}{2}\frac{|E_0|^2}{\eta}e^{-2\alpha}} = (20\lg e)\alpha = 8.686\alpha \text{ dB}$$

(7 - 4 - 14)

从式(7-4-14)我们可以得到 1 Np＝8.686 dB。

7.5 均匀平面波的极化

均匀平面电磁波是横电磁波(即电场和磁场都在等相位面上,等相位面是和传播方向垂直的面)。波的极化描述的是在空间某个点处电场强度矢量随时间的变化。如果在某一空间点上,电场强度矢量的头部在一条直线上来回变化,那么称这个波是线极化的。如果电场强度矢量的头部随时间的变化轨迹是一个圆,则称为圆极化。通常变化轨迹在波面上是一个椭圆。对于平面电磁波,我们只要跟踪电场矢量,因为磁场矢量、电场矢量和波矢量满足圆周规律。

7.5.1 线性极化波

对于沿着 $\hat{a}_k$ 传播的平面电磁波,电场矢量和磁场矢量在垂直于 $\hat{a}_k$ 的平面内,电场强度的相量可表示为

$$\vec{E} = \vec{E}_0 e^{-j\vec{k}\cdot\vec{r}} = (\tilde{E}_{x0}\hat{a}_x + \tilde{E}_{y0}\hat{a}_y + \tilde{E}_{z0}\hat{a}_z)e^{-j\vec{k}\cdot\vec{r}}$$

(7 - 5 - 1)

$\tilde{E}_{x0}$、$\tilde{E}_{y0}$ 和 $\tilde{E}_{z0}$ 分别是复数幅度 $\vec{E}_0$ 的 x 分量、y 分量和 z 分量。如果复数幅度 $\vec{E}_0$ 能够表示成一个常数矢量和一个单位复数的乘积,即

$$\vec{E}_0 = \tilde{E}_{x0}\hat{a}_x + \tilde{E}_{y0}\hat{a}_y + \tilde{E}_{z0}\hat{a}_z = E_0 e^{j\varphi_0}\hat{a}_E$$

(7 - 5 - 2)

那么称这样的电磁波为线性极化电磁波。这其实是要求 $\tilde{E}_{x0}$、$\tilde{E}_{y0}$ 和 $\tilde{E}_{z0}$ 具有相同的初始相位 φ_0。

在这种情况下,电场强度的相量和瞬时表达式分别为

$$\vec{E} = E_0 e^{j\varphi_0}\hat{a}_E e^{-j\vec{k}\cdot\vec{r}}$$

(7 - 5 - 3a)

$$\vec{E}(\vec{r},t) = \hat{a}_E E_0 \cos(\omega t - \vec{k}\cdot\vec{r} + \varphi_0)$$

(7 - 5 - 3b)

从式(7-5-3b)可以看出:当在某个固定的位置($\vec{r}$ 确定)上,电场矢量只会在与 $\hat{a}_E$ 平行的直线上来回变化,因此说这个波在 $\hat{a}_E$ 方向上线性极化。

7.5.2 圆极化波

为了讨论问题的简单化和不失一般性,在讨论圆极化时假设平面电磁波沿着 z 轴正方向传播,即

$$\vec{E} = \vec{E}_0 e^{-j\vec{k}\cdot\vec{r}} = (\tilde{E}_{x0}\hat{a}_x + \tilde{E}_{y0}\hat{a}_y)e^{-jkz}$$

(7 - 5 - 4)

如果 $\tilde{E}_{x0}$ 和 $\tilde{E}_{y0}$ 具有相同的幅度,即 $|\tilde{E}_{0x}| = |\tilde{E}_{0y}| = E_0$,但 y 分量的相位滞后于 x 分量 90°,那么这个波称为右手圆极化波。对于右极化波,电场矢量的相量可表示成:

$$\vec{E} = [E_0 e^{j\varphi_0}\hat{a}_x + E_0 e^{j(\varphi_0 - \pi/2)}\hat{a}_y]e^{-jkz}$$

(7 - 5 - 5)

右极化波的瞬态表达式是：

$$\vec{E}(z,t) = \hat{a}_x E_0 \cos(\omega t - kz + \varphi_0) + \hat{a}_y E_0 \cos(\omega t - kz + \varphi_0 - \pi/2) \quad (7-5-6)$$

让我们来讨论一下在空间某一点处电场矢量随着时间变化的规律。不失一般性，考察在 $z=0$ 平面上的任一点，并假设初始相位 $\varphi_0=0$，那么根据式(7-5-6)可得：

$$\vec{E}(0,t) = \hat{a}_x E_0 \cos \omega t + \hat{a}_y E_0 \sin \omega t \quad (7-5-7)$$

在 $t=0$ 时，$\vec{E}(0,0) = \hat{a}_x E_0$，它指向 $\hat{a}_x$ 方向。在 $t=T/4$ 时（T 为周期），$\vec{E}(0,T/4) = \hat{a}_y E_0$，它指向 $\hat{a}_y$ 方向。因此我们可以看出，当时间增加时，电场矢量是在 xy 平面内旋转方向满足右手规则（大拇指指向波的前进方向，电场矢量旋转方向沿着其他手指方向），而幅度没有变化。如图 7-5-1 所示。当时间增加一个周期时，ωt 变化 2π，电场矢量旋转一周，矢量头的轨迹是一个圆。我们把这种波称为右（手）圆极化波。

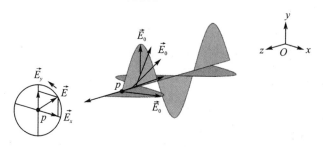

图 7-5-1 右手圆极化波

接着，我们考察电场的 y 分量超前 x 分量 $90°$，而两个分量的幅度相同的波。这样的波称为左手圆极化波，即左手大拇指指向波的传播方向，手指指向电场的旋转方向。对于左手圆极化波，其电场的相量可表示为

$$\vec{E} = (\widetilde{E}_{x0} \hat{a}_x + \widetilde{E}_{y0} \hat{a}_y) e^{-jkz} = [E_0 e^{j\varphi_0} \hat{a}_x + E_0 e^{j(\varphi_0 + \pi/2)} \hat{a}_y] e^{-jkz} \quad (7-5-8)$$

左手圆极化波的时域表达式为

$$\vec{E}(z,t) = \hat{a}_x E_0 \cos(\omega t - kz + \varphi_0) + \hat{a}_y E_0 \cos(\omega t - kz + \varphi_0 + \pi/2) \quad (7-5-9)$$

考察在 $z=0$ 平面上的一点，并假设初始相位 $\varphi_0=0$，因此电场强度可表示成：

$$\vec{E}(0,t) = \hat{a}_x E_0 \cos \omega t - \hat{a}_y E_0 \sin \omega t \quad (7-5-10)$$

在 $t=0$ 时，$\vec{E}(0,0) = \hat{a}_x E_0$，其指向为 $\hat{a}_x$；当 $t=T/4$ 时（T 为周期），$\vec{E}(0,T/4) = -\hat{a}_y E_0$，电场矢量指向 $-\hat{a}_y$。因此可以发现电场矢量的旋转满足左手规则 xy 平面内旋转一周，电场矢量的头是一个圆轨迹，参见图 7-5-2。

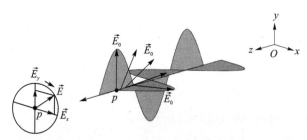

图 7-5-2 右手圆极化波

7.5.3 椭圆极化波

如果一个平面波既不是线极化也不是圆极化，那么它就是椭圆极化。椭圆极化波的电场矢量的头在垂直于传播方向的平面内旋转的轨迹是椭圆。线极化波和圆极化波都是椭圆极化波的特例。为了简化问题的描述，假设波朝 $+z$ 轴方向传播，那么椭圆极化波一般可表示成：

$$\vec{E} = (E_{x0}\,\hat{a}_x + E_{y0}\mathrm{e}^{\mathrm{j}\varphi}\hat{a}_y)\mathrm{e}^{-\mathrm{j}kz} \qquad (7-5-11)$$

这里 E_{x0} 和 E_{y0} 都是正实数。相角 φ 是两个分量的相位差。椭圆极化波电场的时域表达式为

$$\vec{E}(z,t) = \hat{a}_x E_{x0}\cos(\omega t - kz) + \hat{a}_y E_{y0}\cos(\omega t - kz + \varphi) \qquad (7-5-12)$$

在空间某点处，电场矢量的方向和大小随着时间都在变化。

现在考察在 $z=0$ 平面上任何一点处椭圆极化波的电场强度矢量：

$$E_x = E_{x0}\cos\omega t \qquad (7-5-13\mathrm{a})$$

$$E_y = E_{y0}\cos(\omega t + \varphi) \qquad (7-5-13\mathrm{b})$$

当 $0 < \varphi < \pi$, $t = 0$ 时，$E_x = E_{x0}$ 和 $E_y = E_{y0}\cos\varphi$，这意味着电场矢量在 xy 面内的第一象限或者第四象限，其幅度为 $\sqrt{E_{x0}^2 + E_{y0}^2\cos^2\varphi}$。当 $t = T/4$ 时（T 为周期），$E_x = 0$ 和 $E_y = -E_{y0}\sin\varphi$，这意味着电场矢量在 $-\hat{a}_y$ 方向上，其幅度为 $|E_{y0}\sin\varphi|$。因此可以看到电场矢量的旋转方向满足左手规则（左手大拇指指向波的传播方向，手指指向电场的旋转方向）。因此把这样的波称为左手椭圆极化波。

如果 y 分量滞后 x 分量（即在式 (7-5-11) 中 $-\pi < \varphi < 0$），这样的波称为右手椭圆极化波。

例 7-5-1 在自由空间中，给定电场强度的相量 $\vec{E} = (E_{x0}\hat{a}_x + E_{y0}\mathrm{e}^{\mathrm{j}\varphi}\hat{a}_y)\mathrm{e}^{-\mathrm{j}kz}$，计算均匀平面波的时间平均功率密度。

解

根据式 (7-3-13) 可求得磁场强度的相量：

$$\vec{H} = \frac{1}{\eta}\hat{a}_z \times (E_{x0}\,\hat{a}_x + E_{y0}\mathrm{e}^{\mathrm{j}\varphi}\hat{a}_y)\mathrm{e}^{-\mathrm{j}kz} = \frac{1}{\eta_0}(E_{x0}\,\hat{a}_y - E_{y0}\mathrm{e}^{\mathrm{j}\varphi}\hat{a}_x)\mathrm{e}^{-\mathrm{j}kz}$$

根据式 (7-4-10)，时间平均功率密度为

$$\langle\vec{S}\rangle = \frac{1}{2}\mathrm{Re}\left[(E_{x0}\,\hat{a}_x + E_{y0}\mathrm{e}^{\mathrm{j}\varphi}\hat{a}_y)\mathrm{e}^{-\mathrm{j}kz} \times \frac{1}{\eta_0}(E_{x0}\,\hat{a}_y - E_{y0}\mathrm{e}^{\mathrm{j}\varphi}\hat{a}_x)\mathrm{e}^{-\mathrm{j}kz}\right] =$$

$$\frac{1}{2\eta_0}|E_{x0}|^2\,\hat{a}_z + \frac{1}{2\eta_0}|E_{y0}|^2\,\hat{a}_z$$

时间平均的功率密度等于两个线性极化波的时间平均功率密度之和。

例 7-5-2 给定电场强度的相量 $\vec{E} = (E_{x0}\hat{a}_x + E_{y0}\mathrm{e}^{\mathrm{j}\varphi}\hat{a}_y)\mathrm{e}^{-\mathrm{j}kz}$，且 $E_{x0} = 2E_{y0}$，画出 $0 \leqslant \varphi \leqslant 2\pi$ 的极化图形。

解

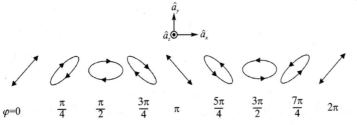

7.6 平面波垂直入射分界面

当平面电磁波入射到由两个不同物质形成的分界面时(这个波称为入射波),一部分波会从分界面处反射回来(这个波称为折射波),而剩下的会穿过分界面(这个波称为透射波)。这三个波的电场和磁场在分界面处必须满足由 Maxwell 方程所导出来边界条件。通常情况下,在分界面上不同点处入射波的相位是不同的,但为了满足边界条件,反射波和折射波随空间位置的相位变化必须和入射波相位变化相同。根据相位的相同变化规律可以推导出分界面处的反射和折射定律。这里我们只讨论平面均匀电磁波垂直入射到两个介质的分界面,并且讨论驻波。

该分界面是由两种理想电介质构成的无限大分界面平面,如图 7 - 6 - 1 所示。我们假设入射电磁波在 x 轴上线性极化,传播方向沿着 $+z$ 轴,在电介质 1 中传播。因此入射波的电场强度和磁场强度的相量可写为

$$\vec{E}^{\mathrm{i}} = \hat{a}_x E_0^{\mathrm{i}} \mathrm{e}^{-\mathrm{j}\beta_1 z} \tag{7-6-1a}$$

$$\vec{H}^{\mathrm{i}} = \hat{a}_y \frac{E_0^{\mathrm{i}}}{\eta_1} \mathrm{e}^{-\mathrm{j}\beta_1 z} \tag{7-6-1b}$$

这里上标 i 代表入射波,下标 1 代表介质 1。在无耗介质 1 中,相位常数 β_1 和本征阻抗 η_1 都是实数。不失一般性,设幅度 E_0^{i} 为实数。

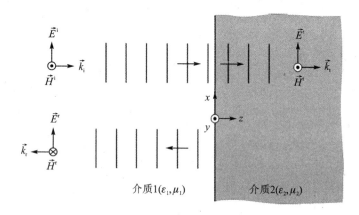

图 7 - 6 - 1 平面电磁波垂直入射到分界面

从式(7 - 6 - 1)可以看出,在分界面 $z=0$ 上,入射波的电场强度矢量 $\vec{E}^{\mathrm{i}}$ 是固定常量。因此反射波和传输波在分界面上也为常量,这样才能够保证在分界面两侧的切向电场连续。并且反射波和传输波也必须是沿着 $+z$ 轴方向或者 $-z$ 轴方向传波的均匀平面波,它们的波阵面都和 $z=0$ 平面平行。

反射波沿 $-z$ 轴方向在介质 1 中传播,电场强度和磁场强度的相量为

$$\vec{E}^{\mathrm{r}} = \hat{a}_x E_0^{\mathrm{r}} \mathrm{e}^{\mathrm{j}\beta_1 z} \tag{7-6-2a}$$

$$\vec{H}^{\mathrm{r}} = -\hat{a}_y \frac{E_0^{\mathrm{r}}}{\eta_1} \mathrm{e}^{\mathrm{j}\beta_1 z} \tag{7-6-2b}$$

这里 r 代表反射波。需要特别指出的是,这里假设反射波的电场强度矢量 $\vec{E}^{\mathrm{r}}$ 指向 $+x$ 轴。因

此反射波的磁场强度矢量 $\vec{H}^r$ 指向 $-y$ 轴，反射波的传播方向沿 $-z$ 轴方向在介质 1 中传播。因为入射波和反射波都是在介质 1 中传播，所以式(7-6-1)和式(7-6-2)中相位常数和本征阻抗相同。

透过分界面在介质 2 中沿 $+z$ 轴方向传播的传输波可表示为

$$\vec{E}^t = \hat{a}_x E_0^t e^{j\beta_2 z} \qquad (7-6-3a)$$

$$\vec{H}^t = \hat{a}_y \frac{E_0^t}{\eta_2} e^{j\beta_2 z} \qquad (7-6-3b)$$

这里上标 t 代表传输波。在介质 2 中，相位常数和本征阻抗分别为 β_2 和 η_2。通常情况下，它们和介质 1 中的参数是不同的。

现在根据电磁场的边界条件和式(6-4-5a)~(6-4-5b)来确定 E_0^i、E_0^r、E_0^t 这三个幅度。边界条件是分界面 $z=0$ 处两侧的电场强度和磁场强度的切向分量连续，因此可得：

$$E_0^i + E_0^r = E_0^t \qquad (7-6-4a)$$

$$\frac{E_0^i}{\eta_1} - \frac{E_0^r}{\eta_1} = \frac{E_0^t}{\eta_2} \qquad (7-6-4b)$$

式(7-6-4a)等号左边是分界面上介质 1 中的电场强度，而等号右边是分界面上介质 2 中的电场矢量。式(7-6-4b)是根据分界面上两侧切向磁场连续获得的。

根据式(7-6-4a)和式(7-6-4b)可获得反射系数 Γ 和传输系数 T 为

$$\Gamma = \frac{E_0^r}{E_0^i} = \frac{\eta_2 - \eta_1}{\eta_2 + \eta_1} \qquad (7-6-5a)$$

$$T = \frac{E_0^t}{E_0^i} = \frac{2\eta_2}{\eta_2 + \eta_1} \qquad (7-6-5b)$$

需要指出的是，式(7-6-5)仅在均匀平面波垂直入射到无限大平面分界面上才成立。根据式(7-6-5)可得：

$$1 + \Gamma = T \qquad (7-6-6)$$

同样，该式只是在垂直入射时成立。当 $\eta_2 < \eta_1$ 时，反射系数 Γ 为负数，这意味着在分界面上反射波电场矢量的方向和入射波电场矢量的方向相反。但传输系数 T 总是正的，即在分界面上传输波的电场矢量的方向始终和入射波的电场矢量的方向相同。当分界面两侧的介质都为有耗介质时，式(7-6-5)同样成立，只是两个介质的本征阻抗都是复数，因此反射系数和传输系数也都是复数。根据式(7-3-37)可知，损耗介质的本征阻抗的相角都在 $0°\sim 45°$ 之间，因此任意两个本征阻抗的相角差的绝对值小于 $45°$，见图 7-6-2。因此可得 $|\eta_2 - \eta_1| \leqslant |\eta_2 + \eta_1|$，从而得到：

$$|\Gamma| = \left|\frac{\eta_2 - \eta_1}{\eta_2 + \eta_1}\right| \leqslant 1 \qquad (7-6-7)$$

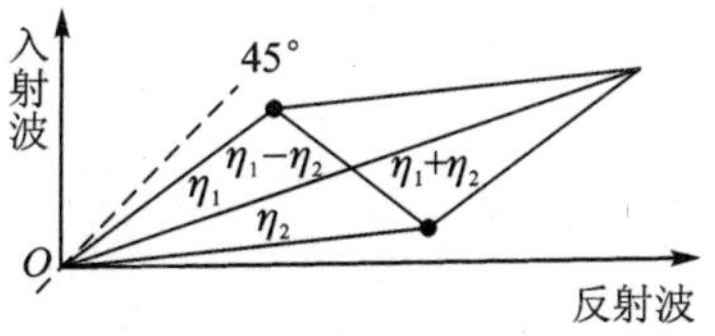

图 7-6-2 复平面内任意两个复本征阻抗的 $\eta_2 + \eta_1$ 与 $\eta_2 - \eta_1$

至此我们得到了反射电磁波和透射电磁波的场相量分别为

$$\vec{E}^r = \hat{a}_x E_0^i \Gamma e^{j\beta_1 z} \quad (7-6-8a)$$

$$\vec{H}^r = -\hat{a}_y \frac{E_0^i}{\eta_1} \Gamma e^{j\beta_1 z} \quad (7-6-8b)$$

$$\vec{E}^t = \hat{a}_x E_0^i T e^{j\beta_2 z} \quad (7-6-9a)$$

$$\vec{H}^t = \hat{a}_y \frac{E_0^i}{\eta_2} T e^{j\beta_2 z} \quad (7-6-9b)$$

在介质 1 中总的电场强度等于入射电场和反射电场强度的和,即

$$\vec{E}_1 = \vec{E}^i + \vec{E}^r = \hat{a}_x E_0^i e^{-j\beta_1 z} + \hat{a}_x E_0^i \Gamma e^{j\beta_1 z} =$$
$$\hat{a}_x E_0^i e^{-j\beta_1 z} (1 + \Gamma e^{j2\beta_1 z}) \quad (7-6-10a)$$

在介质 1 中总的磁场强度等于入射电场和反射磁场强度矢量的和,即

$$\vec{H}_1 = \vec{H}^i + \vec{H}^r = \hat{a}_y \frac{E_0^i}{\eta_1} e^{-j\beta_1 z} (1 - \Gamma e^{j2\beta_1 z}) \quad (7-6-10b)$$

在介质 2 中只有反射波。

7.6.1 电磁波穿过两种无耗介质分界面的功率关系

下面我们研究在无耗介质 1(η_1 为实数)和在无耗介质 2(η_2 为实数)中电磁波的功率之间的关系。

把式(7-6-1)代入式(7-4-10)可求得入射波的时间平均功率密度:

$$\langle \vec{S} \rangle_i = \frac{1}{2} \text{Re}(\vec{E}^i \times \vec{H}^{i*}) = \frac{1}{2} \text{Re}\left[\hat{a}_x E_0^i e^{-j\beta_1 z} \times \left(\hat{a}_y \frac{E_0^i}{\eta_1} e^{-j\beta_1 z} \right)^* \right] = \hat{a}_z \frac{1}{2} \frac{|E_0^i|^2}{\eta_1} \quad (7-6-11)$$

从式(7-6-11)可以看出:入射波的功率密度的传输方向是 $\hat{a}_z$,它和电磁波的传播方向一致,且在任何($z<0$)地方,功率密度的大小都是相同的。这和无耗均匀平面电磁波的特性是相同的。

把式(7-6-8)代入式(7-4-10)可求得反射波的时间平均功率密度:

$$\langle \vec{S} \rangle_r = \frac{1}{2} \text{Re}(\vec{E}^r \times \vec{H}^{r*}) = \frac{1}{2} \text{Re}\left[\hat{a}_x E_0^i \Gamma e^{j\beta_1 z} \times \left(-\hat{a}_y \frac{E_0^i}{\eta_1} \Gamma e^{j\beta_1 z} \right)^* \right] =$$
$$-\hat{a}_z \frac{1}{2} \frac{|E_0^i|^2}{\eta_1} |\Gamma|^2 \quad (7-6-12)$$

从式(7-6-12)可以看出:反射波的功率密度的传输方向是 $-\hat{a}_z$,它和反射电磁波的传播方向一致,且在任何($z<0$)地方,反射波功率密度的大小都是相同的。

把式(7-6-10)代入式(7-4-10)可求得在介质 1 中合成波的时间平均功率密度:

$$\langle \vec{S} \rangle_1 = \frac{1}{2} \text{Re}(\vec{E}_1 \times \vec{H}_1^*) = \frac{1}{2} \text{Re}\left\{ [\hat{a}_x E_0^i e^{-j\beta_1 z}(1 + \Gamma e^{j2\beta_1 z})] \times \left[\hat{a}_y \frac{E_0^i}{\eta_1} e^{-j\beta_1 z}(1 - \Gamma e^{j2\beta_1 z}) \right]^* \right\} =$$
$$\hat{a}_z \text{Re}\left\{ \frac{1}{2} \frac{|E_0^i|^2}{\eta_1} [1 - |\Gamma|^2 + \Gamma e^{j2\beta_1 z} - (\Gamma e^{j2\beta_1 z})^*] \right\} =$$
$$\hat{a}_z \frac{1}{2} \frac{|E_0^i|^2}{\eta_1} (1 - |\Gamma|^2) \quad (7-6-13)$$

根据式(7-6-11)、式(7-6-12)和式(7-6-13)可知:

$$\langle \vec{S} \rangle_1 = \langle \vec{S} \rangle_i - \langle \vec{S} \rangle_r = \langle \vec{S} \rangle_i (1 - |\Gamma|^2) \quad (7-6-14)$$

从式(7-6-14)可以看出：在介质 1 电磁波的功率密度等于入射波的功率密度减去反射波的功率。

把式(7-6-9)代入式(7-4-10)可求得在介质 2 中透射波的时间平均功率密度：

$$\langle \vec{S} \rangle_2 = \langle \vec{S} \rangle_t = \frac{1}{2}\mathrm{Re}\left(\vec{E}^t \times \vec{H}^{t*}\right) = \frac{1}{2}\mathrm{Re}\left[(\hat{a}_x E_0^i T \mathrm{e}^{j\beta_2 z}) \times \left(\hat{a}_y \frac{E_0^i}{\eta_2} T \mathrm{e}^{j\beta_2 z}\right)^* \right] =$$

$$\hat{a}_z \frac{1}{2} \frac{|E_0^i|^2}{\eta_2} |T|^2 = \hat{a}_z \frac{1}{2} \frac{|E_0^i|^2}{\eta_1} \frac{\eta_1}{\eta_2} |T|^2 = \langle \vec{S} \rangle_i \frac{\eta_1}{\eta_2} |T|^2 \quad (7-6-15)$$

根据能量守恒定律可知$\langle \vec{S} \rangle_1 = \langle \vec{S} \rangle_2$，因而根据式(7-6-14)和式(7-6-15)可得：

$$1 - |\Gamma|^2 = \frac{\eta_1}{\eta_2} |T|^2 \quad (7-6-16)$$

同样把式(7-6-5)代入式(7-6-16)中可以证明该式成立。**注意**：式(7-6-16)成立的前提条件是介质 1 和介质 2 都是无耗介质，也即 η_1 和 η_2 都为实数。

7.6.2 驻波比

在介质 1 中总的电场强度矢量等于入射电场和反射电场强度矢量的和。重写式(7-6-10a)：

$$\vec{E}_1 = \hat{a}_x E_0^i (1 + \Gamma \mathrm{e}^{j2\beta_1 z}) \mathrm{e}^{-j\beta_1 z} \quad (7-6-17)$$

式(7-6-17)中，Γ 是反射系数，E_0^i 是入射波的复振幅，在介质 1 中 $z \leqslant 0$。如果分界面两边介质是损耗的，那么反射系数是一个复数，把它表示为

$$\Gamma = |\Gamma| \mathrm{e}^{j\varphi} \quad (7-6-18)$$

式(7-6-18)中的 φ 是反射系数的相角，设定 φ 的取值范围 $\varphi \in [0, 2\pi)$。把式(7-6-18)代入式(7-6-17)中，可得介质 1 中合成电磁波电场强度相量的复数幅度为

$$E_1 = E_0^i [1 + |\Gamma| \mathrm{e}^{j(2\beta_1 z + \varphi)}] \quad (7-6-19)$$

合成波的幅度 $|E_1|$ 为

$$|E_1| = E_0^i |1 + |\Gamma| \mathrm{e}^{j(2\beta_1 z + \varphi)}| \quad (7-6-20)$$

式(7-6-20)中，E_0^i 是入射波的幅度，这里假设它是实常数。从式(7-6-20)可以看出合成波的幅度随着位置 z 在变化。下面我们求幅度的最大值和最小值，并根据它们来定义一个新的参数——驻波比。驻波比和反射系数一样能够衡量反射波和入射波之间的比例关系。

从式(7-6-20)可以看出，当 z 满足 $2\beta_1 z + \varphi = -2n\pi$ 时，合成场的幅度就会出现最大值。把出现最大值的位置标记为 $z_{\max}$，因此可求得：

$$|E_1|_{\max} = E_0^i (1 + |\Gamma|) \quad (7-6-21a)$$

$$z_{\max} = -\frac{1}{2\beta_1}(\varphi + 2n\pi), \quad n = 0, 1, 2, \cdots \quad (7-6-21b)$$

合成场幅度的最大值由反射系数的模决定，而最大值出现的位置则由反射系数的相角决定。同样地，当 z 满足 $2\beta_1 z + \varphi = -2n\pi - \pi$ 时，合成场的幅度就会出现最小值。把出现最小值的位置标记为 $z_{\min}$，因此可求得：

$$|E_1|_{\min} = E_0^i (1 + |\Gamma|) \quad (7-6-22a)$$

$$z_{\min} = -\frac{1}{2\beta_1}(\varphi + 2n\pi + \pi), \quad n = 0, 1, 2, \cdots \quad (7-6-22b)$$

从式(7-6-21b)和式(7-6-22b)可知：

① 在 z 轴上两个幅度最大值之间的间距为 $\pi/\beta_1 = \lambda/2$；

② 在 z 轴上两个幅度最小值之间的间距也为 $\pi/\beta_1 = \lambda/2$；

③ 在 z 轴上相邻的幅度最大值和幅度最小值之间的间距为 $\pi/2\beta_1 = \lambda/4$。

为了更清楚地看清合成波的波形变化，重写式(7-6-17)：

$$\begin{aligned}\vec{E}_1 &= E_0^i [1 - |\Gamma| + |\Gamma| + |\Gamma| e^{j(2\beta_1 z + \varphi)}] e^{-j\beta_1 z} = \\ &E_0^i e^{-j\beta_1 z}(1 - |\Gamma|) + E_0^i |\Gamma| e^{j\varphi/2}(e^{-j(\beta_1 z + \varphi/2)} + e^{j(\beta_1 z + \varphi/2)}) = \\ &E_0^i (1 - |\Gamma|) e^{-j\beta_1 z} + 2E_0^i |\Gamma| e^{j\varphi/2} \cos(\beta_1 z + \varphi/2) \end{aligned} \quad (7-6-23)$$

根据式(7-6-23)，写出在介质 1 中电场强度矢量的瞬时形式：

$$E_1(z,t) = E_0^i(1 - |\Gamma|)\cos(\omega t - \beta_1 z) + 2E_0^i |\Gamma| \cos\left(\beta_1 z + \frac{\varphi}{2}\right) \cos\left(\omega t + \frac{\varphi}{2}\right)$$
$$(7-6-24)$$

式(7-6-24)中等号右边的第 1 项是行波，其幅度是 $E_0^i(1 - |\Gamma|)$；而第 2 项是驻波，其幅度为 $2E_0^i |\Gamma| \cos\left(\beta_1 z + \frac{\varphi}{2}\right)$，以角频率 ω 在振荡。驻波由两个幅度相同、传播方向相反的平面波组成，它在介质中不传播。

从式(7-6-23)中可以看出，当幅度为 E_0^i 的入射波垂直入射到分界面时，一部分波（幅度为 $E_0^i|\Gamma|$）会被反射回来。反射波和部分入射波相干涉形成了在介质 1 中的驻波。剩余部分的入射波 $E_0^i(1 - |\Gamma|)$ 会沿着 $+z$ 轴传播。我们注意到行波的幅度是常数，而驻波的幅度随 z 作余弦函数变化，如 $\cos(\beta_1 z + \varphi/2)$。**注意**：这里把合成波分解成行波和驻波，只是说明波形变化，两者不能够用物理的方法把它们分开，它们不独立；而入射波和反射波两者可以物理分开，两者是独立的。

现在我们定义驻波比 ρ：在介质 1 中合成场电场强度的最大幅度和最小幅度之比，即

$$\rho = \frac{|E_1|_{\max}}{|E_1|_{\min}} = \frac{1 + |\Gamma|}{1 - |\Gamma|} \quad (7-6-25)$$

驻波比是一个没有量纲的正实数。因为反射系数的模 $|\Gamma|$ 的取值范围是 $0 \sim 1$，所以驻波比的取值范围是 $1 \sim \infty$。**注意**：驻波比和电荷密度都用 ρ 表示，不要混淆。

例 7-6-1 在 $z<0$ 的自由空间中存在 $\rho=4$ 的驻波。第一个幅度最大值位置距离分界面 $z=0$ 的距离为 0.2 m，两个最大值之间的距离为 0.5 m。确定在 $z>0$ 区域内物质的本征阻抗。

解

两个最大值之间的距离等于半波长，因此 $\lambda = 2 \times 0.5 = 1$ m，$\beta_1 = \frac{2\pi}{\lambda} = 2\pi$。

根据式(7-6-21b)可知，第一个最大值对应于 $n=0$，即

$$z_{\max} = -\frac{1}{2\beta_1}\varphi = -0.2$$

因此可得反射系数的相位 φ：

$$\varphi = 0.4\beta_1 = 0.8\pi \quad (7-6-26)$$

根据式(7-6-25),可求得反射系数的模值:

$$|\Gamma| = \frac{\rho-1}{\rho+1} = \frac{4-1}{4+1} = 0.6 \tag{7-6-27}$$

综合式(7-6-26)和式(7-6-27)可求得反射系数:

$$\Gamma = |\Gamma|e^{j\varphi} = 0.6e^{j0.8\pi} \tag{7-6-28}$$

重写式(7-6-5a),可得:

$$\frac{\eta_2}{\eta_1} = \frac{1+\Gamma}{1-\Gamma} \tag{7-6-29}$$

把式(7-6-28)代入式(7-6-29)可得:

$$\eta_2 = \eta_1 \frac{1+\Gamma}{1-\Gamma} = 377 \frac{1+0.6e^{j0.8\pi}}{1-0.6e^{j0.8\pi}} = 154e^{j0.83} \; \Omega$$

例 7-6-2 在 $z<0$ 的无耗介质中存在一个均匀平面电磁波 $\vec{E}^i(\vec{r},t) = \hat{a}_x 20\cos(3\times 10^9 t - 17.3z)$,该波垂直入射到在 $z>0$ 区域内的损耗介质($\varepsilon_r=4, \sigma=0.5$ s/m)分界面上。确定 Γ、ρ 和第一个电场强度的幅度最大值出现的位置。

解

$$\omega = 3\times 10^9$$
$$\beta_1 = \omega\sqrt{\varepsilon_0\varepsilon_r\mu_0} = 17.3, \quad \sqrt{\varepsilon_r} = 1.73$$
$$\eta_1 = \sqrt{\frac{\mu_0}{\varepsilon_0\varepsilon_r}} = \frac{377}{1.73} = 217.92$$

根据式(7-3-35),在 $z>0$ 的区间内介质的本征阻抗为

$$\eta_2 = \sqrt{\frac{\mu}{\varepsilon'\left(1-j\frac{\varepsilon''}{\varepsilon'}\right)}} = \sqrt{\frac{\mu}{\varepsilon_0\varepsilon_r\left(1-j\frac{\sigma}{\omega\varepsilon}\right)}} =$$

$$\frac{377}{2}\sqrt{\frac{1}{\left(1-j\frac{4}{3\times 10^9/(36\pi)\times 10^{-9}\times 4}\right)}} = 85.90e^{j0.68}$$

根据式(7-6-5a),可计算反射系数:

$$\Gamma = \frac{\eta_2-\eta_1}{\eta_2+\eta_1} = \frac{85.90e^{j0.68}-217.92}{85.90e^{j0.68}+217.92} = 0.55e^{j2.61}$$

根据式(7-6-25)可得驻波比:

$$\rho = \frac{1+|\Gamma|}{1-|\Gamma|} = \frac{1+0.55}{1-0.55} = 3.44$$

把 $\varphi=2.61, n=0, \beta_1=17.1$ 代入式(7-6-21b),可得:

$$z_{\max} = -\frac{1}{2\beta_1}\varphi = -\frac{2.61}{2\times 17.3} = -0.75 \text{ cm}$$

7.6.3 平面波在理想导体分界面上的全反射

理想导体的电导率为无穷大,因而理想导体的本征阻抗为 0。参见图 7-6-3,我们考察如下场景:在 $z<0$ 的区域是无耗的电介质,在 $z>0$ 的区域是理想导体,分界面是 $z=0$ 的平面。均匀平面电磁波垂直入射到分界面上,波矢量的方向为 $\hat{a}_z$,入射波电场强度的方向在 $\hat{a}_x$,入射波磁场强度的方向在 $\hat{a}_y$。把 $\eta_2=0$ 代入式(7-6-5a)可得反射系数 $\Gamma=-1=e^{j\pi}$,它表示

所有的入射波都会被理想导体反射回来,同时在分界面处反射波的相位和入射波的相位差为180°。把 $\eta_2=0$ 代入式(7-6-5b)可得 $T=0$,这说明在导体中没有电磁波。

把 $\Gamma=-1$ 代入式(7-6-10)中,可得在 $z<0$ 区域内的合成场的电场矢量和磁场矢量的相量分别为

$$\vec{E}_1 = \hat{a}_x E_0^i e^{-j\beta_1 z}(1-e^{j2\beta_1 z}) = -\hat{a}_x j2E_0^i \sin(\beta_1 z) \quad (7-6-30a)$$

$$\vec{H}_1 = \hat{a}_y \frac{E_0^i}{\eta_1} e^{-j\beta_1 z}(1+e^{j2\beta_1 z}) = \hat{a}_y \frac{2E_0^i}{\eta_1} \cos(\beta_1 z) \quad (7-6-30b)$$

合成场的电场强度和磁场强度的瞬时形式为

$$\vec{E}_1(z,t) = \hat{a}_x 2E_0^i \sin(\beta_1 z)\cos(\omega t - \pi/2) = \hat{a}_x 2E_0^i \sin(\beta_1 z)\sin(\omega t) \quad (7-6-31a)$$

$$\vec{H}_1(z,t) = \hat{a}_y \frac{2E_0^i}{\eta_1} \cos(\beta_1 z)\cos(\omega t) \quad (7-6-31b)$$

从式(7-6-31)可知,入射波和反射波形成纯驻波,其中没有行波部分。同时时间变量和空间变量完全分离。纯驻波没有行波,所以不能够向负载传输任何功率。可以把式(7-6-30)代入式(7-4-10),其中 $\vec{E}_1 \times \vec{H}_1^*$ 是虚数,因此可得 $\langle\vec{S}\rangle=0$,这同样说明没有任何电磁波传输到理想导体中。

式(7-6-16)给出的电场和磁场在 5 个不同时间点随 $\beta_1 z$ 变化的曲线如图 7-6-3 所示。从图 7-6-3 可以看到,在理想导体表面的总电场在任何时候都等于零,因为只有这样才能满足理想导体表面切向电场等于零这个边界条件。幅度等于零的点称为节点,它会在 z 轴上以半波长为间隔重复出现。从图 7-6-3 可以看出,磁场节点出现的周期也是半波长,但和电场的节点错开 $\lambda/4$。磁场第一个节点出现在离导体 $\lambda/4$ 处。

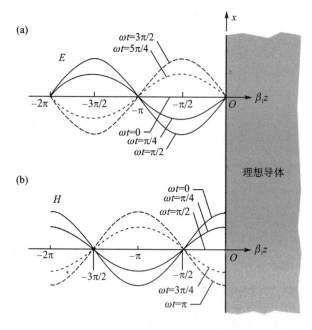

图 7-6-3 平面电磁波垂直入射到理想导体表面的全反射

例 7-6-3 在 $z<0$ 的自由空间中存在右手圆极化波,$\vec{E}^i=(E_0\hat{a}_x-jE_0\hat{a}_y)e^{-jkz}$,该波垂直入射到 $z>0$ 的理想导体表面。求:

(a) 自由空间中,反射电场强度矢量的瞬时表达式及极化状态;
(b) 在理想导体表面的表面电流密度;
(c) 在自由空间中,总电场强度矢量的瞬时表达式。

解 垂直入射到理想导体的反射系数 $\Gamma=-1$,因此反射电场强度矢量的相量为

$$\vec{E}^r = \Gamma(E_0\,\hat{a}_x - jE_0\,\hat{a}_y)e^{jkz} = (-E_0\,\hat{a}_x + jE_0\,\hat{a}_y)e^{jkz}$$

7.7 习 题

7-7-1 判断下列函数在空间中是否为波函数。
(a) $\Psi(z,t)=(2z-3t)^2$;
(b) $\Psi(z,t)=\sin(2z^2-3t^2)$;
(c) $\Psi(z,t)=\cos(z^2+t^2+2xt)$;
(d) $\Psi(z,t)=e^{-3z}e^{j2t-jz}$。

7-7-2 判断下列函数是否为波函数,是否为无限大空间传播的电磁波。
(a) $\Psi(z,t)=(5\,\hat{a}_x+4\,\hat{a}_z)\cos(2z-3t)$;
(b) $\varphi=5\,\hat{a}_x\cos(2z-3t)+4\,\hat{a}_y\sin(2z-3t)$。

7-7-3 在本征阻抗 η 的物质中,给定瞬时电场强度 $\vec{E}(\vec{r},t)$ 中,求电场强度和磁场强度的相量表达式。
(a) $\vec{E}(\vec{r},t)=\hat{a}_x E_0 e^{-az}\sin(\omega t-\beta z+\pi/4), \eta=\eta_0 e^{j\pi/4}$;
(b) $\vec{E}(\vec{r},t)=-\hat{a}_x E_0 e^{-az}\cos(\omega t+\beta z), \eta=\eta_0 e^{-j\pi/4}$;
(c) $\vec{E}(\vec{r},t)=\hat{a}_y E_0\cos(kz)\cos(\omega t)$,在自由空间内。

7-7-4 在习题 7-7-3 的基础上,求出各电磁波的时间平均功率密度 $\langle\vec{S}\rangle$。

7-7-5 在自由空间里,给定电场强度的相量 $\vec{E}=6\,\hat{a}_x e^{-j3y-j4z}$,求:
(a) 传播方向、波长和频率;
(b) 磁场矢量 $\vec{H}$;
(c) 通过 $0\leqslant x\leqslant 1$ m,$0\leqslant y\leqslant 2$ m 和 $z=0$ 区域的时间平均能量。

7-7-6 一个频率为 200 MHz 的均匀平面波在一个无耗的电介质($\varepsilon_r=12,\mu_r=5$)中传播,求:
(a) β; (b) λ; (c) v_p; (d) η。

7-7-7 已知磁场 $\vec{H}=(10-j2)(3\,\hat{a}_y+j5\,\hat{a}_z)e^{-j20x}$ 在 $\varepsilon_r=2.5,\mu_r=4$ 的介质中,求电场 $\vec{E}$。

7-7-8 已知自由空间电场 $\vec{E}=(E_0\hat{a}_x+jE_0\hat{a}_y)e^{+jkz}$,求:
(a) 传播方向;
(b) 磁场强度的相量 $\vec{H}$;
(c) 瞬时电场强度 $\vec{E}(\vec{r},t)$;

(d) 判断是哪种极化。

7-7-9 有两种介质，它们具有相同的介电常数和磁导率（$\varepsilon_r=2.25$，$\mu_r=1$），其电导率分别为 $\sigma=0$ 和 $\sigma=50$ s/m。若频率 $f=100$ MHz 的电磁波分别在这两种介质中传播，比较下列值：

(a) β； (b) λ； (c) v_p。

7-7-10 均匀平面波垂直入射到两个无耗介质分界面上，反射波的功率密度和透射波的功率密度相等，求驻波比 ρ 以及 η_2/η_1。

7-7-11 均匀平面波垂直入射到 $z=0$ 的界面上，在空气（$z<0$ 的区域内）中的驻波比为 $\rho=4$，传输到无磁性、无损耗的电介质区域（$z>0$）内的能量密度是 5 W/m²，求入射波的大小。

第8章 电磁辐射和天线基础

在第 6 章中讨论了时变电荷源 $\rho_V(\vec{r}',t)$ 和电流源 $\vec{J}(\vec{r}',t)$ 是时变电磁场的源。这里只讨论电流源随时间是余弦变化的时谐源在空间产生的时谐电磁波。在这种情况下,可以用相量形式来讨论推迟势,这会给讨论电磁辐射带来极大的方便。本章首先讨论一类特殊电流源产生的空间电磁波,也即讨论基本电振子和基本磁振子的电磁辐射问题。通过讨论基本振子,一方面引入天线的基本电参数,形成天线理论基础;另一方面给大家架起一座分析更复杂天线的桥梁。

8.1 推迟势的相量形式

在讨论空间电磁波时,只是讨论了时谐电磁波。时谐电磁波可写成相量形式,Maxwell 方程也可写成相量形式,在相量形式下讨论空间时谐电磁波给我们带来了极大的方便。同样这里我们只讨论时谐电荷源或者时谐电流源在空间产生的空间时谐电磁波。在第 6 章中我们讨论了时变电荷源 $\rho_V(\vec{r}',t)$ 和电流源 $\vec{J}(\vec{r}',t)$ 在空间产生的推迟电势(也称滞后位) $V(\vec{r},t)$ 和推迟矢量磁势 $\vec{A}(\vec{r},t)$,以及根据推迟电势和推迟矢量磁势求解空间电磁场。

时谐电荷源和时谐电流源可以写成:

$$\rho_V(\vec{r}',t) = \rho_V(\vec{r}')\cos[\omega t + \varphi(\vec{r}')] = \text{Re}[\rho_V(\vec{r}')e^{j\varphi(\vec{r}')}e^{j\omega t}] \quad (8-1-1a)$$

$$\vec{J}(\vec{r}',t) = \vec{J}_A(\vec{r}')\cos[\omega t + \varphi(\vec{r}')] = \text{Re}[\vec{J}_A(\vec{r}')e^{j\varphi(\vec{r}')}e^{j\omega t}] \quad (8-1-1b)$$

式(8-1-1a)中 $\rho_V(\vec{r}')$ 和 $\varphi(\vec{r}')$ 分别表示的是在 $\vec{r}'$ 点处时谐电荷源的幅度和初始相位;式(8-1-1b)中 $\vec{J}_A(\vec{r}')$ 和 $\varphi(\vec{r}')$ 分别表示的是在 $\vec{r}'$ 点处时谐电流源的幅度和初始相位。定义时谐电荷源和时谐电流源的相量分别为

$$\tilde{\rho}_V(\vec{r}') = \rho_V(\vec{r}')e^{j\varphi(\vec{r}')} \quad (8-1-2a)$$

$$\vec{J}(\vec{r}') = \vec{J}_A(\vec{r}')e^{j\varphi(\vec{r}')} \quad (8-1-2b)$$

这里用 $\vec{J}(\vec{r}')$ 表示时谐电流源的相量,注意根据上下文区分倒底是直流电源还是时谐电流源的相量。把式(8-1-2)代入式(8-1-1),可得:

$$\rho_V(\vec{r}',t) = \text{Re}[\tilde{\rho}_V(\vec{r}')e^{j\omega t}] \quad (8-1-3a)$$

$$\vec{J}(\vec{r}',t) = \text{Re}[\vec{J}(\vec{r}')e^{j\omega t}] \quad (8-1-3b)$$

把式(8-1-3)代入式(6-5-2),可得:

$$V(\vec{r},t) = \int_{V'} \frac{\text{Re}[\tilde{\rho}_V(\vec{r}')e^{j\omega(t-R/v)}]}{4\pi\varepsilon R}dV' = \text{Re}\left[\left(\int_{V'} \frac{\tilde{\rho}_V(\vec{r}')e^{-jkR}}{4\pi\varepsilon R}dV'\right)e^{j\omega t}\right] \quad (8-1-4a)$$

$$\vec{A}(\vec{r},t) = \text{Re}\left[\left(\int_{V'} \frac{\mu \vec{J}(\vec{r}')e^{-jkR}}{4\pi R}dV'\right)e^{j\omega t}\right] \quad (8-1-4b)$$

在式(8-1-4a)中,调换了取实运算和积分运算的顺序,同时考虑到在无边界简单介质

中，$\omega R/v = \omega R/(1/\sqrt{\mu\varepsilon}) = kR$，$R$ 是源点到场点之间的距离，即 $R = |\vec{r} - \vec{r}\,'|$。从式(8-1-4)可以看出时谐源产生时谐的势。定义标量电势和矢量磁势的相量分别为

$$V(\vec{r}) = \int_{V'} \frac{\tilde{\rho}_V(\vec{r}\,') \mathrm{e}^{-jkR}}{4\pi\varepsilon R} \mathrm{d}V' \qquad (8-1-5\mathrm{a})$$

$$\vec{A}(\vec{r}) = \int_{V'} \frac{\mu \vec{J}(\vec{r}\,') \mathrm{e}^{-jkR}}{4\pi R} \mathrm{d}V' \qquad (8-1-5\mathrm{b})$$

把式(8-1-5)代入式(8-1-4)可得：

$$V(\vec{r},t) = \mathrm{Re}[V(\vec{r})\mathrm{e}^{j\omega t}] \qquad (8-1-6\mathrm{a})$$

$$\vec{A}(\vec{r},t) = \mathrm{Re}[\vec{A}(\vec{r})\mathrm{e}^{j\omega t}] \qquad (8-1-6\mathrm{b})$$

把式(8-1-5a)分别代入式(6-5-7)和式(6-5-3)可得到电场强度和磁场强度的相量：

$$\vec{E}(\vec{r}) = -j\omega \vec{A}(\vec{r}) - \nabla V(\vec{r}) \qquad (8-1-7\mathrm{a})$$

$$\vec{H}(\vec{r}) = \frac{1}{\mu} \nabla \times \vec{A}(\vec{r}) \qquad (8-1-7\mathrm{b})$$

从式(8-1-7)可以看出：时谐的势产生了时谐的电磁场。

电场强度的相量和磁场强度的相量满足相量形式的 Maxwell 方程：

$$\nabla \times \vec{E}(\vec{r}) = -j\omega\mu \vec{H}(\vec{r}) \qquad (8-1-8\mathrm{a})$$

$$\nabla \times \vec{H}(\vec{r}) = \vec{J}(\vec{r}) + j\omega\varepsilon \vec{E}(\vec{r}) \qquad (8-1-8\mathrm{b})$$

$$\nabla \cdot \vec{E}(\vec{r}) = \frac{\tilde{\rho}_V(\vec{r})}{\varepsilon} \qquad (8-1-8\mathrm{c})$$

$$\nabla \cdot \vec{H}(\vec{r}) = 0 \qquad (8-1-8\mathrm{d})$$

标量电势和矢量磁势的相量分别满足波动方程：

$$\nabla^2 V(\vec{r}) + k^2 V(\vec{r}) = -\frac{\tilde{\rho}_V(\vec{r})}{\varepsilon} \qquad (8-1-9\mathrm{a})$$

$$\nabla^2 \vec{A}(\vec{r}) + k^2 \vec{A}(\vec{r}) = -\mu \vec{J}(\vec{r}) \qquad (8-1-9\mathrm{b})$$

标量电势和矢量磁势的相量满足相量形式的洛伦兹条件，即

$$\nabla \cdot \vec{A}(\vec{r}) = -j\omega\mu\varepsilon V(\vec{r}) \qquad (8-1-10\mathrm{a})$$

相量形式的电荷源和相量形式的电流源满足相量形式的连续性方程，即

$$\nabla \cdot \vec{J}(\vec{r}) = -j\omega \tilde{\rho}_V(\vec{r}) \qquad (8-1-10\mathrm{b})$$

从相量形式的 Maxwell 方程出发，推导电场强度相量 $\vec{E}(\vec{r})$、磁场强度相量 $\vec{H}(\vec{r})$、标量电势相量 $V(\vec{r})$ 和矢量磁势相量 $\vec{A}(\vec{r})$ 之间的关系式(8-1-7)，相量形式的洛伦兹条件式(8-1-9)以及标量电势和矢量磁势的相量分别满足波动方程(8-1-10)的过程可仿照6.5节。

8.2　基本电振子与基本磁振子

8.2.1　基本电振子

基本电振子(Electric short Dipole)又称电流元、无穷小振子或电偶极子，它是指一段理想的高频电流直导线，其长度 L 远小于波长 λ ($L \ll \lambda/(2\pi)$)，其半径 a 远小于 L ($a \ll L$)，同时振

子沿线的电流 I 处处等幅同相。在通常情况下,导线的末端电流为零,因此基本电振子难以孤立存在,但根据微积分的思想,实际天线常可以看作是无数个基本电振子的叠加,天线的辐射场等于所有这些基本电振子贡献的总和,因此基本电振子的辐射特性是研究更复杂天线辐射特性的基础。

假设在坐标原点、沿 z 轴方向存在一个电流元,该电流元的长度为 L,电流元各处电流幅度为 I_0,相位都为 φ_0,参见图 8-2-1。因此电流微元相量可表示为

$$\vec{J}(\vec{r}')\mathrm{d}V' = I(\vec{r}')\mathrm{d}\vec{L}' = I_0 e^{j\varphi_0}\mathrm{d}z'\hat{a}_z = \tilde{I}\mathrm{d}z'\hat{a}_z \tag{8-2-1}$$

式(8-2-1)中 $\tilde{I} = I_0 e^{j\varphi_0}$ 是电流的相量。把式(8-2-1)代入式(8-1-5b)来求解推迟矢量磁位,即

$$\vec{A}(\vec{r}) = \int_C \hat{a}_z \mu \tilde{I} \frac{e^{-jkR}}{4\pi R}\mathrm{d}z' \tag{8-2-2}$$

式(8-2-2)中 $R = |\vec{r} - \vec{r}'|$,$\vec{r}$ 为场点的位置矢量,C 是电流元所在的积分路径。根据三角形的余弦定理,可得:

$$R^2 = r^2 + z'^2 - 2rz'\cos\theta = r^2\left[1 + \left(\frac{z'}{r}\right)^2 - 2\left(\frac{z'}{r}\right)\cos\theta\right] \tag{8-2-3}$$

考虑到场点离基本电振子距离 r 满足 $(r \gg L)$,所以 $z'/r \ll 1$,式(8-2-3)中 $(z'/r)^2$ 忽略,并利用 $(1+x)^{1/2} \approx 1 + x/2, (x \approx 0)$,则可得:

$$R \approx r\left[1 - \left(\frac{z'}{r}\right)\cos\theta\right] = r - z'\cos\theta \tag{8-2-4}$$

利用式(8-2-4),简化式(8-2-2)中的 e^{-jkR}:

$$e^{-jkR} = e^{-jk(r-z'\cos\theta)} = e^{-jkr}e^{j2\pi\cos\theta\frac{z'}{\lambda}} \tag{8-2-5}$$

考虑到 $L \ll \lambda/(2\pi)$,所以 $2\pi\cos\theta z'/\lambda \approx 0$,并利用 $e^x \approx 1+x, (x \approx 0)$,则式(8-2-5)可简化为

$$e^{-jkR} = e^{-jkr}e^{j2\pi\frac{z'}{\lambda}\cos\theta} \approx e^{-jkr}(1+jkz'\cos\theta) \tag{8-2-6}$$

把式(8-2-6)和 $R \approx r$ 代入式(8-2-2)中,可得:

$$\vec{A}(\vec{r}) = \int_{-L/2}^{L/2} \frac{\hat{a}_z \mu \tilde{I}}{4\pi r}e^{-jkr}(1+jkz'\cos\theta)\mathrm{d}z' = \hat{a}_z \mu \tilde{I} L \frac{e^{-jkr}}{4\pi r} \tag{8-2-7}$$

式(8-2-7)中 $\vec{A}(\vec{r})$ 是在直角坐标系中的形式,根据式(1-4-30)可得球坐标系下 $\vec{A}(\vec{r})$ 的分量:

$$\begin{bmatrix} A_r \\ A_\theta \\ A_\phi \end{bmatrix} = \begin{bmatrix} \sin\theta\cos\phi & \sin\theta\sin\phi & \cos\theta \\ \cos\theta\cos\phi & \cos\theta\sin\phi & -\sin\theta \\ -\sin\phi & \cos\phi & 0 \end{bmatrix} \begin{bmatrix} 0 \\ 0 \\ \mu\tilde{I}L\frac{e^{-jkr}}{4\pi r} \end{bmatrix} = \mu\tilde{I}L\frac{e^{-jkr}}{4\pi r}\begin{bmatrix} \cos\theta \\ -\sin\theta \\ 0 \end{bmatrix}$$

即在球坐标系中,$\vec{A}(\vec{r})$ 的形式为

$$\vec{A}(\vec{r}) = \mu\tilde{I}L\cos\theta\frac{e^{-jkr}}{4\pi r}\hat{a}_r - \mu\tilde{I}L\sin\theta\frac{e^{-jkr}}{4\pi r}\hat{a}_\theta \tag{8-2-8}$$

下面求解 $\vec{E}(\vec{r})$ 和 $\vec{H}(\vec{r})$。把式(8-2-8)代入式(8-1-7b):

$$\vec{H}(\vec{r}) = \frac{1}{\mu}\frac{1}{r^2\sin\theta}\begin{vmatrix} \hat{a}_r & r\hat{a}_\theta & r\sin\theta\hat{a}_\phi \\ \frac{\partial}{\partial r} & \frac{\partial}{\partial \theta} & \frac{\partial}{\partial \phi} \\ \mu\tilde{I}L\cos\theta\frac{e^{-jkr}}{4\pi r} & r\left(-\mu\tilde{I}L\sin\theta\frac{e^{-jkr}}{4\pi r}\right) & 0 \end{vmatrix}$$

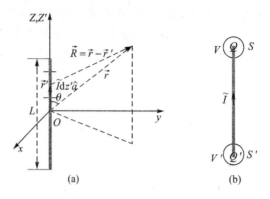

图 8-2-1 基本电振子示意图

经过计算可得 $\vec{H}(\vec{r})$

$$\vec{H}(\vec{r}) = \hat{a}_\phi \frac{\tilde{I}L\sin\theta}{4\pi}\left(j\frac{k}{r} + \frac{1}{r^2}\right)e^{-jkr} \qquad (8-2-9a)$$

根据式(8-1-8b),其中在场点处 $\vec{J}(\vec{r}) = 0$,可求得 $\vec{E}(\vec{r})$:

$$\vec{E}(\vec{r}) = \frac{1}{j\omega\varepsilon}\nabla\times\vec{H}(\vec{r}) = \frac{1}{j\omega\varepsilon r^2\sin\theta}\begin{vmatrix} \hat{a}_r & r\hat{a}_\theta & r\sin\theta\hat{a}_\phi \\ \frac{\partial}{\partial r} & \frac{\partial}{\partial \theta} & \frac{\partial}{\partial \phi} \\ 0 & 0 & \frac{\tilde{I}L\sin\theta}{4\pi}\left(j\frac{k}{r}+\frac{1}{r^2}\right)e^{-jkr} \end{vmatrix} =$$

$$\hat{a}_\theta \frac{\tilde{I}L\cos\theta}{2\pi\omega\varepsilon}\left(\frac{k}{r^2} - j\frac{1}{r^3}\right)e^{-jkr}\hat{a}_r + \hat{a}_\theta \frac{\tilde{I}L\sin\theta}{4\pi\omega\varepsilon}\left(j\frac{k^2}{r} + \frac{1}{r^2} - j\frac{1}{r^3}\right)e^{-jkr} \quad (8-2-9b)$$

式(8-2-9a)和式(8-2-9b)就是电流元的辐射电磁场的相量表达式。参见图 8-2-1(b),在电基本振子的两端分别取一个无穷小的体积元 V 和 V',其表面分别为 S 和 S',现在须求解在两端的电荷 $\tilde{Q}$ 和 $\tilde{Q}'$。在体 V 中对式(8-1-10b)两边求体积分,并应用散度定理,可得:

$$\oint_S \vec{J}(\vec{r}) \cdot d\vec{S} = \int_V -j\omega\tilde{\rho}_V(\vec{r})dV \qquad (8-2-10)$$

式(8-2-10)中等号左边表示流出面 S 的总电流,即等于 $-\tilde{I}$,而等号右边表示的是 S 面内包含的总电荷,因此式(8-2-10)可重写为

$$\tilde{I} = j\omega\tilde{Q} \qquad (8-2-11a)$$

同理可得到 S' 内所包含的电荷 $\tilde{Q}'$:

$$\tilde{I} = -j\omega\tilde{Q}' \qquad (8-2-11b)$$

从式(8-2-11)可以看出,电流元的两端都带有等量但异性的时谐电荷源,因此它实际上是一个时谐电偶极子。对式(8-2-11a)两边同乘以 $L\hat{a}_z$,可得电流元和电偶极矩之间的关系:

$$\tilde{I}\vec{L} = \tilde{I}L\hat{a}_z = j\omega\tilde{Q}L\hat{a}_z = -j\omega\vec{\tilde{P}} \qquad (8-2-12)$$

式(8-2-12)中定义了电偶极矩 $\vec{\tilde{P}} = -\tilde{Q}L\hat{a}_z$。下面讨论基本电振子场的特点。

1. 基本电振子的近场区(Near-Field Region)

$r \ll \lambda/2\pi$(或 $kr \ll 1$)的区域称为近场区,此区域内:

$$\left.\begin{array}{c}\dfrac{1}{kr}\ll\dfrac{1}{(kr)^2}\ll\dfrac{1}{(kr)^3}\\ \mathrm{e}^{-\mathrm{j}kr}\approx 1\end{array}\right\} \tag{8-2-13}$$

利用式(8-2-13)的条件,则根据式(8-2-5)可求得近场区电磁场的各个分量为

$$\left.\begin{array}{l}E_r=-\mathrm{j}\dfrac{1}{\omega\varepsilon}\dfrac{\widetilde{I}L\cos\theta}{2\pi r^3}=\dfrac{\widetilde{Q}L\cos\theta}{2\pi\varepsilon r^3}\\ E_\theta=-\mathrm{j}\dfrac{1}{\omega\varepsilon}\dfrac{\widetilde{I}L\sin\theta}{4\pi r^3}=\dfrac{\widetilde{Q}L\sin\theta}{4\pi\varepsilon r^3}\\ H_\phi=\dfrac{\widetilde{I}L\sin\theta}{4\pi r^2}\\ E_\phi=H_r=H_\theta=0\end{array}\right\} \tag{8-2-14}$$

近区场特点如下:

(1) 在近场区,$kr\ll 1$,即 $r\ll\lambda$,电场 E_θ 和 E_r 与静电场问题中电偶极子的电场相似,磁场 H_ϕ 和恒定电流场问题中电流元产生的静磁场相似,所以近区场称为准静态场。

根据式(8-2-14)重写 $\vec{E}(\vec{r})$,即

$$\vec{E}(\vec{r})=\dfrac{\widetilde{Q}L}{4\pi\varepsilon r^3}(2\cos\theta\,\hat{a}_r+\sin\theta\,\hat{a}_\theta) \tag{8-2-15a}$$

式(3-2-8)给出的自由空间中偶极子产生的静电场为

$$\vec{E}(\vec{r})=\dfrac{qd}{4\pi r^3\varepsilon_0}(2\cos\theta\,\hat{a}_r+\sin\theta\,\hat{a}_\theta) \tag{8-2-15b}$$

对比式(8-2-15a)和式(8-2-15b)可以看出,电流元在近场区产生的时谐电场强度的相量和电偶极子产生的静态电场公式一样。

(2) 由于场强与 $1/r$ 的高次方成正比,所以近区场随距离的增大而迅速减小,即离天线较远时,可认为近区场近似为零。

(3) 电场与磁场相位相差 $90°$,坡印亭矢量为虚数,也就是说,电磁能量在场源和场之间来回振荡,没有能量向外辐射,所以近区场又称为感应场。

注:

(1) 准静态场。随时间变化之外,与静电场中电偶极子产生的电场和恒定电流产生的磁场表达式相同,称之为准静态场。

(2) 感应场。电场和磁场相位相差 $\pi/2$,时间平均坡印廷矢量:

$$\langle\vec{S}\rangle=\dfrac{1}{2}\mathrm{Re}(\vec{E}\times\vec{H}^*)=\dfrac{1}{2}\mathrm{Re}(\hat{a}_\theta E_\theta H_\phi^*-\hat{a}_\theta E_r H_\phi^*)=0$$

能量只在电场和磁场之间交换而没有辐射,这种场称之为感应场。

2. 基本电振子的远场区(Far-Field Region)

$r\gg\lambda/2\pi$(或 $kr\gg 1$)的区域称为远场区,此区域内:

$$\dfrac{1}{kr}\gg\dfrac{1}{(kr)^2}\gg\dfrac{1}{(kr)^3} \tag{8-2-16}$$

利用式(8-2-16),则根据式(8-2-13)可求得远场区电磁场的各个分量为

$$\left.\begin{aligned} E_\theta &= j\frac{\tilde{I}L\sin\theta\, k^2}{4\pi\omega\varepsilon r}e^{-jkr} = j\frac{\tilde{I}L\sin\theta}{2\lambda r}\eta e^{-jkr} \\ H_\phi &= j\frac{\tilde{I}L\sin\theta\, k}{4\pi r}e^{-jkr} = j\frac{\tilde{I}L\sin\theta}{2\lambda r}e^{-jkr} \\ E_\phi &= E_r = H_\theta = H_r = 0 \end{aligned}\right\} \quad (8-2-17)$$

式(8-2-17)中，$k/\omega\varepsilon = \eta$，为理想电介质的波阻抗，$2\pi/k = \lambda$ 为理想电介质中的波长。把式(8-2-17)写成矢量表达式，即

$$\vec{H} = j\frac{\tilde{I}L\sin\theta}{2\lambda r}e^{-jkr}\hat{a}_\phi = j\frac{e^{-jkr}}{2\lambda r}\tilde{I}L\hat{a}_z \times \hat{a}_r \quad (8-2-18)$$

式(8-2-18)中应用了 $\hat{a}_z \times \hat{a}_r = \sin\theta\, \hat{a}_\phi$。

$$\vec{E} = \eta\vec{H} \times \hat{a}_r = j\frac{\eta e^{-jkr}}{2\lambda r}(\tilde{I}L\hat{a}_z \times \hat{a}_r) \times \hat{a}_r \quad (8-2-19)$$

式(8-2-18)和式(8-2-19)是用基本电振子的电流元，它们更具有一般意义。下面分析辐射场的特点：

(1) 在远场区，纵向分量 $E_r \ll E_\theta$，因此基本电振子的远场区只有 E_θ 和 H_ϕ 两个分量，它们在空间上相互垂直，在时间上同相位，平均坡印亭矢量为

$$\langle \vec{S} \rangle = \text{Re}\left(\frac{1}{2}\vec{E} \times \vec{H}^*\right) = \hat{a}_r\frac{1}{2}E_\theta H_\phi^* = \hat{a}_r\frac{\eta}{8}\left(\frac{|\tilde{I}|L\sin\theta}{\lambda r}\right)^2 \quad (8-2-20)$$

时间平均坡印亭矢量为实数，且指向 $\vec{a}_r$ 方向。这说明基本电振子的远场区是一个沿着径向向外传播的横电磁波(即 TEM 波)，所以远场区又称辐射场。

(2) 远场区的电场振幅与磁场振幅之比为

$$E_\theta/H_\phi = \eta = \sqrt{\frac{\mu}{\varepsilon}} \quad (8-2-21)$$

该比值是一常数，且等于介质的特性阻抗，因而远场区具有与平面波相同的特性。

(3) 远场区的相位随 r 增加不断滞后，推迟势等相位面为 r 等于常数的球面。辐射场的强度与距离成反比，随着距离的增大，辐射场减小。这是因为辐射场是以球面波的形式向外扩散的，当距离增大时，辐射能量分布到更大的球面面积上。

(4) 基本电振子的辐射具有方向性。在某一确定 r 的球面上，在不同的方向上，辐射场的强度是不相等的，且按照 $\sin\theta$ 变化。

3. 基本电振子的辐射方向图

为了直观地描述基本电振子辐射场强在空间不同方向的分布，引入基本电振子的方向图和方向性函数。方向性函数 $f(\theta,\phi)$ 定义为在自由空间某点处的电场场强幅度值 $|E(r,\theta,\phi)|$ 和在同一距离上最大电场场强幅度 $|E(r,\theta,\phi)|_{\max}$ 的比值，即

$$F(\theta,\phi) = \frac{|E(r,\theta,\phi)|}{|E(r,\theta,\phi)|_{\max}} \quad (8-2-22)$$

方向性函数的坐标图形称为方向图，它形象地描写辐射体向空间不同方向上的辐射能力。根据式(8-2-22)和式(8-2-17)，可得基本电振子的方向性函数为

$$F(\theta,\phi) = |\sin\theta| \quad (8-2-23)$$

基本电振子的方向图如图 8-2-2 所示。在 $\theta = 90°$ 垂直于振子轴的平面内，场强达到最大值；

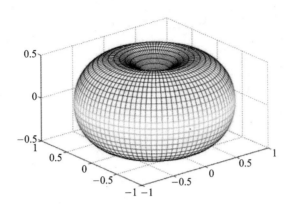

图 8-2-2 基本电振子的方向图

在 $\theta=0°$ 或 $\theta=180°$ 振子轴的延长线上,场强为零。

4. 辐射功率和辐射电阻

天线向外部空间辐射电磁波,其辐射功率为通过包围此天线的闭合曲面的功率流的总和,即

$$P_r = \oint_S \langle \vec{S} \rangle \cdot d\vec{S} \qquad (8-2-24)$$

这里取一个半径为 r_0 的球面,求通过该球面的辐射功率。把式(8-2-20)代入式(8-2-23)中,求得:

$$P_r = \oint_S \hat{a}_r \frac{\eta}{8} \left(\frac{|\tilde{I}|L\sin\theta}{\lambda r_0} \right)^2 \cdot \hat{a}_r r_0^2 \sin\theta d\theta d\phi = \frac{\pi}{3}\eta |\tilde{I}|^2 \left(\frac{L}{\lambda} \right)^2 \qquad (8-2-25)$$

由式(8-2-24)可见,辐射功率与天线的结构、电尺寸以及激励电流有关,其关系如下:

① 电流越大,辐射功率越大。这是因为场是由场源激发的,场源越大,辐射功率越大。

② 振子的电长度 $L/(\lambda/2\pi)$ 越大,辐射功率越大。当振子长度 L 一定时,频率越高,辐射功率越大,辐射效能越好。**注意**:同时须满足 $L/(\lambda/2\pi) \ll 1$。

③ 辐射功率与距离 r 无关。

将天线辐射的功率看作一个等效电阻吸收的功率,这个等效电阻称为辐射电阻 R_r,其关系为

$$P_r = \frac{1}{2} |\tilde{I}|^2 R_r \qquad (8-2-26)$$

基本电振子的辐射电阻为

$$R_r = \frac{2P_r}{|\tilde{I}|^2} = \frac{2\pi}{3}\eta \left(\frac{L}{\lambda} \right)^2 \qquad (8-2-27)$$

8.2.2 基本磁振子

基本磁振子(Magnetic short Dipole)又称磁流元或磁偶极子。迄今为止还不能肯定在自然界中是否有孤立的磁荷和磁流存在,但是它可以与一些实际波源相对应,例如小电流环的辐射场。这里先以小电流环为基本磁振子的例子来求解基本磁振子远区的辐射场。8.2.3 小节

讨论小电流环和磁流元之间的等效关系。

如图 8-2-3 所示,小电流环是放置在 xy 平面内的一个细导线构成的圆环。其半径为 a ($a \ll \lambda/(2\pi)$),导线各处的电流等幅度同相位,即电流的相量 $\tilde{I} = I_0 e^{j\varphi_0}$。根据式(8-1-5b)来求解推迟基本磁振子的矢量磁位,即

$$\vec{A}(\vec{r}) = \int_C \mu \frac{e^{-jkR}}{4\pi R} \tilde{I} \, d\vec{L}' \tag{8-2-28}$$

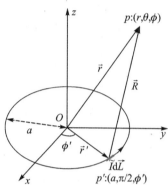

图 8-2-3 基本磁振子

式(8-2-28)中 $R = |\vec{R}| = |\vec{r} - \vec{r}'|$。另外:

$$d\vec{L}' = a[\sin(\pi/2)]d\phi' \hat{a}_\phi' = a d\phi'(-\sin\phi' \hat{a}_x + \cos\phi' \hat{a}_y) \tag{8-2-29}$$

$$\vec{R} = r\hat{a}_r - a\hat{a}_r' = r(\sin\theta\cos\phi \hat{a}_x + \sin\theta\sin\phi \hat{a}_y + \cos\theta \hat{a}_z) - a(\cos\phi' \hat{a}_x + \sin\phi' \hat{a}_y) =$$
$$(r\sin\theta\cos\phi - a\cos\phi')\hat{a}_x + (r\sin\theta\sin\phi - a\sin\phi')\hat{a}_y + r\cos\theta \hat{a}_z \tag{8-2-30}$$

$$R^2 = \vec{R} \cdot \vec{R} = r^2 \left[1 + \left(\frac{a}{r}\right)^2 - \frac{2a}{r}\sin\theta\cos(\phi - \phi') \right] \tag{8-2-31}$$

考虑到 $r \gg a$ 条件时,距离 R 可近似为

$$R = r\left[1 - \frac{a}{r}\sin\theta\cos(\phi - \phi') \right] \tag{8-2-32}$$

式(8-2-32)中略去了 $(a/r)^2$ 项,并用了 $(1+x)^{1/2} \approx 1 + x/2, (x \approx 0)$。

$$e^{-jkR} = e^{-jkr\left[1 - \frac{a}{r}\sin\theta\cos(\phi-\phi')\right]} = e^{-jkr} e^{\left[j\frac{a}{\lambda/(2\pi)}\sin\theta\cos(\phi-\phi')\right]} \approx$$
$$e^{-jkr}\left[1 + j\frac{2\pi a}{\lambda}\sin\theta\cos(\phi - \phi')\right] \tag{8-2-33}$$

式(8-2-33)中,应用了假设条件 $a \ll \lambda/(2\pi)$ 和 $e^x \approx 1 + x, (x \approx 0)$。把式(8-2-29)、式(8-2-33)和 $R \approx r$ 代入式(8-2-28)中,可得:

$$\vec{A}(\vec{r}) = \int_0^{2\pi} \frac{\mu \tilde{I} e^{-jkr}}{4\pi r} a(-\sin\phi' \hat{a}_x + \cos\phi' \hat{a}_y)\left[1 + j\frac{2\pi a}{\lambda}\sin\theta\cos(\phi - \phi')\right]d\phi' \tag{8-2-34}$$

其中:

$$-\sin\phi'\cos(\phi - \phi') = -\frac{1}{2}\sin\phi - \frac{1}{2}\sin(2\phi' - \phi)$$
$$\cos\phi'\cos(\phi - \phi') = \frac{1}{2}\cos\phi + \frac{1}{2}\cos(2\phi' - \phi) \tag{8-2-35}$$

把式(8-2-35)代入式(8-2-34)中,可得:

$$\vec{A}(\vec{r}) = \int_0^{2\pi} \frac{\mu \tilde{I}}{4\pi r} \mathrm{e}^{-jkr} \frac{2\pi a^2}{\lambda} \frac{1}{2} (-\sin\phi \hat{a}_x + \cos\phi \hat{a}_y) \mathrm{d}\phi' =$$
$$\mathrm{j} \frac{\mu \tilde{I} \pi a^2 \mathrm{e}^{-jkr}}{2r\lambda} \sin\theta \hat{a}_\phi \tag{8-2-36}$$

下面求解基本磁振子远场区($r \gg a$)的电场强度和磁场强度。把式(8-2-34)代入式(8-1-10a),可得:

$$V(\vec{r}) = \frac{1}{-j\omega\mu\varepsilon} \nabla \cdot \vec{A}(\vec{r}) = \frac{1}{-j\omega\mu\varepsilon} \left[\frac{1}{r\sin\theta} \frac{\partial}{\partial\phi} \left(\mathrm{j} \frac{\mu \tilde{I} \pi a^2 \mathrm{e}^{-jkr}}{2r\lambda} \sin\theta \right) \right] = 0 \tag{8-2-37}$$

根据式(8-1-7a)可求出 $\vec{E}(\vec{r})$,即

$$\vec{E}(\vec{r}) = -\mathrm{j}\omega\vec{A}(\vec{r}) - \nabla V(\vec{r}) =$$
$$-\mathrm{j}\omega\mathrm{j} \frac{\mu \tilde{I} \pi a^2 \mathrm{e}^{-jkr}}{2r\lambda} \sin\theta \hat{a}_\phi = \frac{\mu\omega \tilde{I} \pi a^2}{2r\lambda} \sin\theta \mathrm{e}^{-jkr} \hat{a}_\phi \tag{8-2-38}$$

把式(8-2-38)代入式(8-1-7b),可得:

$$\vec{H}(\vec{r}) = \frac{1}{\mu} \frac{1}{r^2\sin\theta} \begin{vmatrix} \hat{a}_r & r\hat{a}_\theta & r\sin\theta\hat{a}_\phi \\ \dfrac{\partial}{\partial r} & \dfrac{\partial}{\partial \theta} & \dfrac{\partial}{\partial \phi} \\ 0 & 0 & r\sin\theta\left(\mathrm{j} \dfrac{\mu \tilde{I} \pi a^2 \mathrm{e}^{-jkr}}{2r\lambda} \sin\theta\right) \end{vmatrix} \tag{8-2-39}$$

根据式(8-2-39)可求得:

$$\left. \begin{aligned} H_r &= \frac{\mathrm{j}}{\lambda r^2} \tilde{I} \pi a^2 \mathrm{e}^{-jkr} \cos\theta \\ H_\theta &= -\frac{k}{2\lambda r} (\tilde{I} \pi a^2 \mathrm{e}^{-jkr} \sin\theta) \end{aligned} \right\} \tag{8-2-40}$$

从式(8-2-40)可以看出:H_r 随着 $1/r^2$ 衰减,H_θ 随着 $1/r$ 衰减,因而在远场区只存在 H_θ 分量。综合式(8-2-38)和式(8-2-40)可得基本磁振子的场,即

$$\left. \begin{aligned} E_\phi &= \frac{\mu\omega \tilde{I} \pi a^2}{2\lambda r} \sin\theta \mathrm{e}^{-jkr} = \eta \frac{k\tilde{I} \pi a^2}{2\lambda r} \sin\theta \mathrm{e}^{-jkr} \\ H_\theta &= -\frac{k\tilde{I} \pi a^2}{2\lambda r} \sin\theta \mathrm{e}^{-jkr} \\ E_r &= E_\theta = H_r = H_\phi = 0 \end{aligned} \right\} \tag{8-2-41}$$

下面分析基本磁振子的辐射场的特点。

(1) 在远区场,纵向分量 $H_r \ll H_\theta$,因此基本电振子的远区场只有 H_θ 和 E_ϕ 两个分量,它们在空间上相互垂直,在时间上同相位,平均坡印亭矢量为

$$\langle \vec{S} \rangle = \mathrm{Re}\left(\frac{1}{2}\vec{E} \times \vec{H}^*\right) = -\hat{a}_r \frac{1}{2} E_\phi H_\theta^* = \frac{\eta}{8} \left(\frac{k|\tilde{I}|\pi a^2 \sin\theta}{\lambda r}\right)^2 \tag{8-2-42}$$

时间平均坡印亭矢量为实数,且指向 $\hat{a}_r$ 方向。这说明基本电振子的远区场是一个沿着径向向外传播的横电磁波,即 TEM 波,所以远区场又称辐射场。基本磁振子的辐射总功率为

$$P_r = \oint_S \hat{a}_r \frac{\eta}{8} \left(\frac{k|\tilde{I}|\pi a^2 \sin\theta}{\lambda r_0} \right)^2 \cdot \hat{a}_r r_0^2 \sin\theta d\theta d\phi = \frac{\pi}{3}\eta \left(\frac{k|\tilde{I}|\pi a^2}{\lambda} \right)^2 \quad (8-2-43)$$

基本磁振子的辐射电阻为

$$R_r = \frac{2P_r}{|\tilde{I}|^2} = \frac{2\pi}{3}\eta \left(\frac{k\pi a^2}{\lambda} \right)^2 \quad (8-2-44)$$

由式(8-2-44)可以看出,同样长度的导线绕制成电流环,在电流幅度相同的情况下,远区的辐射能力比基本电振子的小几个数量级。可以通过增加匝数的方法提高辐射能力。

(2) 远区场的电场振幅与磁场振幅之比为

$$E_\theta / H_\phi = \eta = \sqrt{\frac{\mu}{\varepsilon}} \quad (8-2-45)$$

该比值是一常数,且等于介质的特性阻抗,因而远区场具有与平面波相同的特性。

(3) 远区场的相位随 r 增加而不断滞后,其等相位面为 r 等于常数的球面。辐射场的强度与距离成反比,随着距离的增大,辐射场减小。这是因为辐射场是以球面波的形式向外扩散的,当距离增大时,辐射能量分布到更大的球面面积上。

(4) 基本磁振子的辐射具有方向性。在某一确定 r 的球面上,在不同的方向上,辐射场的强度是不相等的,且按照 $\sin\theta$ 变化。基本磁振子的方向性函数和基本电振子的方向性函数相同,即

$$F(\theta, \phi) = |\sin\theta| \quad (8-2-46)$$

基本磁振子的方向图和基本电振子的方向图相同,如图 8-2-1 所示。在 $\theta=90°$ 垂直于振子轴的平面内,场强达到最大值;在 $\theta=0°$ 或 $\theta=180°$ 振子轴的延长线上,场强为零。

8.2.3 磁流元与磁壁

为了进一步利用 $\vec{E}、\vec{H}$ 的对偶关系,这一小节引入磁流密度、磁流、磁流元和磁壁的概念。讨论磁流元和小电流环的关系,磁壁边界上磁流面密度和切线电场之间的关系。

我们在研究电流元的电磁辐射时根据式(8-1-8)所示的相量形式 Maxwell 方程,即

$$\left. \begin{array}{l} \nabla \times \vec{E}(\vec{r}) = -j\omega\mu_1 \vec{H}(\vec{r}) \\ \nabla \times \vec{H}(\vec{r}) = j\omega\varepsilon_1 \vec{E}(\vec{r}) + \vec{J}(\vec{r}) \\ \nabla \cdot \vec{E}(\vec{r}) = \dfrac{\tilde{\rho}_V(\vec{r})}{\varepsilon_1} \\ \nabla \cdot \vec{H}(\vec{r}) = 0 \end{array} \right\} \quad (8-2-47)$$

我们这里假设在理想介质中存在磁荷和磁流,而不存在电荷和电流,并假设磁荷和磁流满足的方程为

$$\left. \begin{array}{l} \nabla \times \vec{E}_m(\vec{r}) = -j\omega\mu_2 \vec{H}_m(\vec{r}) - \vec{J}^m(\vec{r}) \\ \nabla \times \vec{H}_m(\vec{r}) = j\omega\varepsilon_2 \vec{E}_m(\vec{r}) \\ \nabla \cdot \vec{E}_m(\vec{r}) = 0 \\ \nabla \cdot \vec{H}_m(\vec{r}) = \dfrac{\tilde{\rho}_V^m(\vec{r})}{\mu_2} \end{array} \right\} \quad (8-2-48)$$

式(8-2-48)中,下标 m 指的是由磁荷和磁流所产生的电磁场。$\tilde{\rho}_V^m(\vec{r})$ 和 $\vec{J}^m(\vec{r})$ 分别表示的

是磁荷体密度和磁流体密度。如果建立如下的对偶关系,可见式(8-2-48)和式(8-2-49)的形式完全相同。

$$\left.\begin{array}{l}\vec{E}(\vec{r}) \Leftrightarrow \vec{H}_m(\vec{r}) \\ \vec{H}(\vec{r}) \Leftrightarrow -\vec{E}_m(\vec{r}) \\ \vec{J}(\vec{r}) \Leftrightarrow \vec{J}^m(\vec{r}), \tilde{\rho}_V^m(\vec{r}) \Leftrightarrow \tilde{\rho}_V^m(\vec{r}), \tilde{I} \Leftrightarrow I^m \\ \varepsilon_1 \Leftrightarrow \mu_2, \quad \mu_1 \Leftrightarrow \varepsilon_2 \end{array}\right\} \qquad (8-2-49)$$

那么放置在 z 轴上的电流元 $\tilde{I}L\hat{a}_z$ 所产生的辐射场和同样放置在 z 轴上的电流元 $I^mL\hat{a}_z$ 所产生的辐射场的形式完全相同。即把式(8-2-49)代入式(8-2-17)中,可得磁流元的辐射场:

$$\left.\begin{array}{l} H_\theta = j\dfrac{I^m L \sin\theta}{2\lambda r \eta} e^{-jkr} \\ E_\phi = -j\dfrac{I^m L \sin\theta}{2\lambda r} e^{-jkr} \\ E_\theta = E_r = H_\phi = H_r = 0 \end{array}\right\} \qquad (8-2-50)$$

式(8-2-50)中省略了下标 m,并使用了波阻抗的对偶关系 $\sqrt{\mu_1/\varepsilon_1} \Leftrightarrow 1/\sqrt{\mu_1/\varepsilon_1}$。对比式(8-2-50)和式(8-2-41)可知,磁流元 $I^m L \hat{a}_z$ 和小电流环 $\tilde{I}\pi a^2 \hat{a}_z$ 的辐射场在形式上相同,并可得到两种源的等价关系:

$$I^m L \hat{a}_z = j\mu\omega \tilde{I} \pi a^2 \hat{a}_z \qquad (8-2-51)$$

把式(8-2-51)写成矢量表达式,即

$$\vec{E} = j\frac{e^{-jkr}}{2\lambda r} \hat{a}_r \times I^m L \hat{a}_z \qquad (8-2-52a)$$

$$\vec{H} = \frac{1}{\eta} \hat{a}_r \times \vec{E} = j\frac{e^{-jkr}}{2\lambda r \eta} \hat{a}_r \times (\hat{a}_r \times I^m L \hat{a}_z) \qquad (8-2-52b)$$

式(8-2-52)中应用了 $\hat{a}_z \times \hat{a}_r = \sin\theta \hat{a}_\phi$。

电磁波照射到理想导体表面,会发生全反射。入射波和反射波的电场强度切向分量相互抵消使得边界面上合成切向电场强度等于零。我们把切向电场始终等于零的表面称为电壁,理想导体表面就是电壁。在电壁上,切向磁场强度和电壁上的表面电流之间的关系为

$$\hat{a}_n \times \vec{H} = \vec{J} \qquad (8-2-53)$$

对偶的,我们假设存在一种边界条件,电磁波在它上面也是全反射。只是入射波和反射波的磁场强度的切向分量相互抵消使得边界面上合成切向磁场强度等于零。我们把切向磁场始终等于零的表面称为磁壁。磁壁经常被用来作为电磁场近似的边界条件或者作为等效的磁流辐射源。按照式(8-2-49)所示的对偶关系,可知磁壁上的切向电场满足的边界条件为

$$-\hat{a}_n \times \vec{E} = \vec{J}^m \qquad (8-2-54)$$

式(8-2-54)中 $\vec{J}^m$ 是磁壁上的表面磁流密度,$\hat{a}_n$ 是磁壁的法向矢量。式(8-2-54)可以根据式(8-2-48)的第 1 式直接求得。

8.3 对称振子天线

对称振子可以分成无数个电基本振子,求所有电基本振子辐射场之和,即可得到对称振子

的辐射场。

8.3.1 对称振子天线的辐射场

对称振子是由等长两段导线、中间馈电构成的振子天线。导线长度为 l，半径为 a。两臂之间的间隙很小，可以忽略不计，其总长度 $L=2l$ 可以与工作波长相比拟，是一种实用的天线。结构如图 8-3-1 所示。

分析对称振子的辐射特性，必须首先知道它的电流分布。细对称振子天线可以看成是由末端开路的传输线张开而成的，电流分布与末端开路线上的电流分布相似，接近于正弦驻波分布。假设无损耗的对称振子位于 z' 坐标轴上，其上电流分布形式为

$$I(z') = I_m \sin k(l-|z'|) = \begin{cases} I_m \sin k(l-z'), & 0 \leqslant z' \leqslant l \\ I_m \sin k(l+z'), & -l \leqslant z' \leqslant 0 \end{cases} \quad (8-3-1)$$

式中，I_m 为电流波腹点的复振幅，$k=2\pi/\lambda=\omega/c$ 为相移常数。对称振子上的电流分布如图 8-3-2 所示。

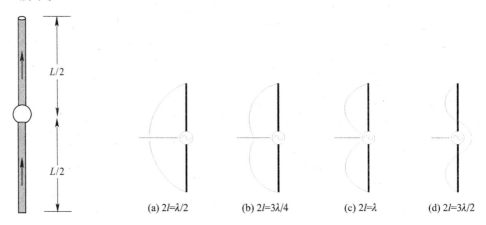

图 8-3-1 对称振子结构示意图　　图 8-3-2 对称振子上的电流分布

正弦电流分布的特点如下：
- 对称振子的末端为电流的波节点；
- 电流分布关于振子的中心点对称；
- 超过半波长就会出现反相电流。

假设对称振子放置在直角坐标系的 z' 轴上，其中心位于坐标原点，如图 8-3-3 所示。在对称振子上距中心 z' 处上取电基本振子 $I(z')dz'\hat{a}_z$，由于观察点距对称振子足够远，可以认为每个电基本振子到观察点的射线是平行的，各电基本振子在观察点处 $p:(r,\theta,\phi)$ 产生辐射场的矢量方向也相同。

根据式（8-2-17）可知，在远区（$r \gg 2l$）时，在 $\vec{r}'$ 处电基本振子 $I(z')dz'\hat{a}_z$ 所产生的辐射场为

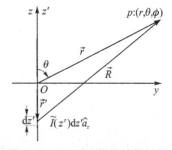

图 8-3-3 对称振子的辐射场

$$dE_\theta = j \frac{I(z')dz'\sin\theta}{2\lambda R}\eta e^{-jkR} \quad (8-3-2)$$

式(8-3-2)中 $I(z') = I_m \sin[k(l-|z'|)]$，$R = |\vec{R}| \approx r - z'\cos\theta$，其中 $l \leq z' \leq l$。对于式(8-3-2)中分母中的 R 只是影响幅度，因而进一步近似为 r。因此：

$$E_\theta = \frac{j\eta I_m \sin\theta}{2\lambda r} e^{-jkr} \int_{-l}^{l} \sin[k(l-|z'|)] e^{jk\cos\theta z'} dz' =$$

$$\frac{j\eta I_m \sin\theta}{2\lambda r} e^{-jkr} 2\int_0^l \sin[k(l-z')]\cos(k\cos\theta z')dz' =$$

$$j\frac{\eta I_m e^{-jkr}}{2\pi r} \frac{\cos(kl\cos\theta) - \cos(kl)}{\sin\theta} \tag{8-3-3}$$

$$\vec{H} = \frac{1}{\eta}(\hat{a}_r \times E_\theta \hat{a}_\theta) = j\frac{I_m e^{-jkr}}{2\pi r} \frac{\cos(kl\cos\theta) - \cos(kl)}{\sin\theta}\hat{a}_\phi \tag{8-3-4}$$

对称振子的辐射磁场：

$$\left.\begin{aligned} E_\theta &= j\frac{\eta I_m e^{-jkr}}{2\pi r} \frac{\cos(kl\cos\theta) - \cos(kl)}{\sin\theta} \\ H_\phi &= j\frac{I_m e^{-jkr}}{2\pi r} \frac{\cos(kl\cos\theta) - \cos(kl)}{\sin\theta} \end{aligned}\right\} \tag{8-3-5}$$

对称振子辐射场特点如下：
- $E \propto 1/r$，等相位面为 $r = $ Const. 的球面，是球面波；
- 是线极化波。

8.3.2 半波振子的辐射场

将长度为半个波长 $2l = \lambda/2$ 的对称振子称为半波振子。把 $l = \lambda/4$ 代入式(8-2-48)中，可得半波振子的远区辐射场为

$$\left.\begin{aligned} E_\theta &= j\frac{\eta I_m e^{-jkr}}{2\pi r} \frac{\cos\left(\frac{\pi}{2}\cos\theta\right)}{\sin\theta} \\ H_\phi &= j\frac{I_m e^{-jkr}}{2\pi r} \frac{\cos\left(\frac{\pi}{2}\cos\theta\right)}{\sin\theta} \end{aligned}\right\} \tag{8-3-6}$$

根据式(8-2-22)，半波振子的方向性函数为

$$F(\theta,\varphi) = \frac{|E_\theta(r,\theta)|}{|E_\theta(r,90°)|} = \left|\frac{\cos\left(\frac{\pi}{2}\cos\theta\right)}{\sin\theta}\right| \tag{8-3-7}$$

半波振子天线的辐射场的时间平均坡印亭矢量为

$$\langle\vec{S}\rangle = \frac{1}{2}\text{Re}(\vec{E}\times\vec{H}^*) = \frac{\eta I_m^2}{8\pi^2 r^2}\left(\frac{\cos\left(\frac{\pi}{2}\cos\theta\right)}{\sin\theta}\right)^2 \hat{a}_r =$$

$$S_0(r) f^2(\theta,\phi)\hat{a}_r \tag{8-3-8}$$

式(8-3-8)中 $S_0(r) = \langle\vec{S}\rangle|_{\theta=90°} = \frac{\eta I_m^2}{8\pi^2 r^2}$ 为同一距离 r 上各方向的最大功率密度。半波振子的总辐射功率为

$$P_r = \oint_S \langle\vec{S}\rangle \cdot d\vec{S} = \frac{\eta I_m^2}{8\pi^2}\int_0^{2\pi}\int_0^\pi \frac{\cos^2\left(\frac{\pi}{2}\cos\theta\right)}{\sin\theta}d\theta d\phi = \frac{1.219}{4\pi}\eta I_m^2 \tag{8-3-9}$$

从式(8-3-8)可以看出,半波振子天线在各个方向上辐射的功率密度不均匀,或者说在某些方向上获得了更多的功率而在某些方向上甚至不辐射功率。如在 $\theta=90°$ 的圆周方向上辐射方向辐射功率密度最大,等于 S_0;而在 $\theta=0°$ 或者 $\theta=180°$ 的方向上,功率密度最小,等于零。一般用天线增益来描述天线将能量聚集于一个窄的角度范围的能力(方向性波束)。天线增益的两个不同却相关的定义是方向增益和功率增益。方向增益通常称做方向性系数;功率增益常称为增益。图 8-3-4 所示为半波振子天线的方向图。

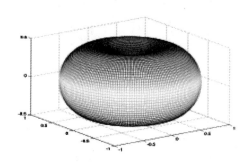

图 8-3-4 半波振子天线的方向图

方向性系数(方向增益)定义为最大辐射功率密度与平均辐射强度之比(同一距离 r_0 上),即

$$G_D = \frac{\max(\langle \vec{S} \rangle|_{r=r_0})}{P_r/(4\pi r_0^2)} \qquad (8-3-10)$$

增益(功率增益)包含天线的损耗,并用天线输入端收到的功率来定义,即

$$G = \frac{\max(\langle \vec{S} \rangle|_{r=r_0})}{P_0/(4\pi r_0^2)} \qquad (8-3-11)$$

考虑实际天线存在损耗,P_r 辐射功率等于接收功率 P_0 乘以天线辐射效率因子 $\eta(\eta \leqslant 1)$,即

$$P_r = \eta P_0 \qquad (8-3-12)$$

应用式(8-3-10)、式(8-3-11)和式(8-3-12)可得:

$$G = \eta G_D \qquad (8-3-13)$$

把式(8-3-8)代入式(8-3-10),可得半波振子天线的方向性系数:

$$G_D = \frac{S_0(r_0)}{\oint_S \langle \vec{S} \rangle \cdot \mathrm{d}\vec{D}/(4\pi r_0^2)} = \frac{S_0(r_0)}{\oint_S [S_0(r_0) f^2(\theta,\phi) \hat{a}_r] \cdot \mathrm{d}\vec{S}/(4\pi r_0^2)} =$$

$$\frac{4\pi}{\int_{\theta=0}^{\pi} \int_{\phi=0}^{2\pi} f^2(\theta,\phi) \sin\theta \mathrm{d}\phi \mathrm{d}\theta} \qquad (8-3-14)$$

虽然式(8-3-14)是根据半波振子天线得到的方向性系数计算公式,但它是一般性的公式。把式(8-3-7)代入式(8-3-14)可得:

$$G_D = \frac{4\pi}{\int_{\theta=0}^{\pi} \int_{\phi=0}^{2\pi} \frac{\cos^2\left(\frac{\pi}{2}\cos\theta\right)}{\sin\theta} \mathrm{d}\phi \mathrm{d}\theta} \approx 1.64 \qquad (8-3-15)$$

8.4 面天线

利用口径面辐射或接收电磁波的天线称为面天线,主要包括喇叭天线、抛物面天线、卡塞格仑天线和环焦天线等,是一种高增益天线。面天线的分析基于惠更斯-非涅尔原理,即空间任一点的场,由包围天线的封闭曲面上各点的电磁扰动产生的次级辐射在该点叠加的结果。

8.4.1 惠更斯元的辐射

面天线通常由导体面和初级辐射源组成。假设包围天线的封闭曲面由导体面的外表面 S_1 和口径面 S_2 组成,导体面 S_1 上场为零,面天线的辐射场由口径面 S_2 的辐射产生。口径声原理图如图 8-4-1 所示。

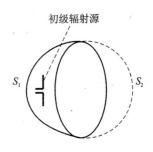

图 8-4-1 口径场原理图

通常口径面 S_2 取成平面,当由口径场 $\vec{E}_S$ 和 $\vec{H}_S$ 求解远区辐射场时,可将 S_2 分成许多面元(称为惠更斯元),每一个面元辐射可用等效电流和等效磁流来代替,口径场的辐射场就是所有的等效电流和等效磁流辐射场之和,称为等效原理。

1. 惠更斯元的辐射

惠更斯元是分析面天线辐射问题的基本辐射元。如图 8-4-2 所示,假设平面口径(xOy 面)上的一惠更斯元 $\mathrm{d}\vec{S}=\mathrm{d}x\mathrm{d}y\,\hat{a}_z$,其上切向电场 $E_y\hat{a}_y$ 和切向磁场 $H_x\hat{a}_x$ 均匀分布。惠更斯元上等效电流密度为

$$\vec{J}^e = \hat{a}_z \times H_x\hat{a}_x = H_x\hat{a}_y \tag{8-4-1}$$

相应的等效电流为

$$\vec{I}^e = \vec{J}^e \mathrm{d}x = H_x \mathrm{d}x\,\hat{a}_y \tag{8-4-2}$$

因此在惠更斯元上的电流元为

$$\vec{I}^e \mathrm{d}y = H_x \mathrm{d}x\mathrm{d}y\,\hat{a}_y \tag{8-4-3}$$

惠更斯元上等效磁流密度为

$$\vec{J}^m = -\hat{a}_z \times E_y\hat{a}_y = E_y\hat{a}_x \tag{8-4-4}$$

相应的等效磁流为

$$\vec{I}^m = \vec{J}^m \mathrm{d}y = E_y\,\mathrm{d}y\hat{a}_x \tag{8-4-5}$$

因此在惠更斯元上的磁流元为

$$\vec{I}^m \mathrm{d}x = E_y\,\mathrm{d}x\mathrm{d}y\hat{a}_x \tag{8-4-6}$$

惠更斯元的辐射可等效为正交放置的基本电振子和基本磁振子的辐射场之和。把式(8-4-3)代入式(8-2-19)中,可得等效电流元产生的电场:

$$\vec{E}^e = \mathrm{j}\frac{\eta \mathrm{e}^{-jkr}}{2\lambda r}(H_x\mathrm{d}x\mathrm{d}y\,\hat{a}_y \times \hat{a}_r) \times \hat{a}_r =$$

$$-\mathrm{j}\frac{\eta \mathrm{e}^{-jkr}}{2\lambda r}H_x\mathrm{d}x\mathrm{d}y(\cos\theta\sin\phi\,\hat{a}_\theta + \cos\phi\,\hat{a}_\phi) \tag{8-4-7}$$

式(8-4-17)中使用了 $\hat{a}_y = \sin\theta\sin\phi\,\hat{a}_r + \cos\theta\sin\phi\,\hat{a}_\theta + \cos\phi\,\hat{a}_\phi$,参见式(1-4-29)。考虑到惠

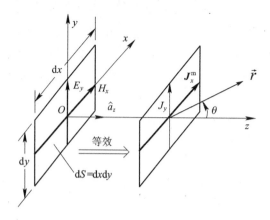

图 8-4-2 惠更斯辐射元

更斯元上电场、磁场和传播方向的关系,可得:

$$E_y \hat{a}_y = \eta H_x \hat{a}_x \times \hat{a}_z = -\eta H_x \hat{a}_y \tag{8-4-8}$$

即

$$H_x = -\frac{1}{\eta} E_y \tag{8-4-9}$$

把式(8-4-9)代入式(8-4-7),可把等效电流元产生的电场强度简化为

$$\vec{E}^e = \frac{e^{-jkr}}{2\lambda r} E_y dx dy (\cos\theta \sin\phi \, \hat{a}_\theta + \cos\phi \, \hat{a}_\phi) \tag{8-4-10}$$

把式(8-4-5)代入式(8-2-52a),可得等效磁流元产生的电场强度:

$$\vec{E}^m = j\frac{e^{-jkr}}{2\lambda r}\hat{a}_r \times E_y dx dy \hat{a}_x = j\frac{e^{-jkr}}{2\lambda r} E_y dx dy (\sin\phi \, \hat{a}_\theta + \cos\theta\cos\phi \, \hat{a}_\phi) \tag{8-4-11}$$

式(8-4-11)中使用了 $\hat{a}_x = \sin\theta\cos\phi \, \hat{a}_r + \cos\theta\cos\phi \, \hat{a}_\theta - \sin\phi \, \hat{a}_\phi$,参见式(1-4-29)。

因此根据式(8-4-10)和式(8-4-11),可得惠更斯元的远区辐射电场为

$$d\vec{E} = \vec{E}^e + \vec{E}^m = j\frac{e^{-jkr}}{2\lambda r} E_y dx dy [\sin\phi(1+\cos\theta)\hat{a}_\theta + \cos\phi(1+\cos\theta)\hat{a}_\phi] \tag{8-4-12}$$

在工程中,研究天线方向性时通常选取两个主平面(E 面和 H 面)内的方向图来描述三维立体方向图。E 面和 H 面分别定义如下:

E 面:包含最大辐射方向的电场矢量所在的平面。用 E 面去截取立体方向图,则得到 E 面方向图。

H 面:包含最大辐射方向的磁场矢量所在的平面。用 H 面去截取立体方向图,则得到 H 面方向图。

E 面为 $\phi = 90°$ 的平面,也即图 8-4-2 中 yOz 平面。H 面为 $\phi = 0°$ 的平面,也即图 8-4-2 中 xOz 平面。

由式(8-4-12)可得 E 面($\phi=90°$)和 H 面($\phi=0°$)的远区辐射电场 $d\vec{E}_E$ 和 $d\vec{E}_H$ 分别为

$$d\vec{E}_E = j\frac{e^{-jkr}}{2\lambda r} E_y dx dy (1+\cos\theta) \hat{a}_\theta \tag{8-4-13a}$$

$$d\vec{E}_H = j\frac{e^{-jkr}}{2\lambda r} E_y dx dy (1+\cos\theta) \hat{a}_\phi \tag{8-4-13b}$$

式(8-4-13)中的下标 E 和 H 分别指的是 E 面内的电场和 H 面内的电场。从式(8-4-13)可以看出,在 E 面和 H 面上的电场强度的幅度表达式完全相同,但其方向不同。在两个主面中电场强度的幅度可统一表示成:

$$dE_M = j\frac{e^{-jkr}}{2\lambda r}E_y dx dy(1+\cos\theta) \tag{8-4-14}$$

式(8-4-14)dE_M 中的下标 M 表示的是主平面(E 面或者 H 面)。

根据式(8-2-22)可知在 E 面和 H 面上的方向性函数为

$$F(\theta,\phi) = \left|\frac{E(r,\theta,\phi)}{E(r,0,\phi)}\right| = \left|\frac{1+\cos\theta}{2}\right| \tag{8-4-15}$$

由式(8-4-12)可见:

① 只要知道惠更斯元上的电场分量,即可求出两主面上的辐射场。

② 两个主平面的归一化方向函数为式(8-4-15),方向图如图 8-4-3 所示。惠更斯元的最大辐射方向指向其法向,即图 8-4-2 中 $\theta=0°$ 方向,也是 +z 轴方向。

2. 平面口径辐射

假设任意形状的平面口径面 S 位于 xOy 平面,其上口径场为 $E_y(x',y')$。将 S 分割成许多面元,每个面元均为一个惠更斯元,如图 8-4-4 所示。

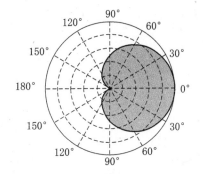

图 8-4-3 惠更斯元归一化方向图　　图 8-4-4 平面口径坐标系

设远场区观察点 $p:(r,\theta,\phi)$ 到坐标原点的距离为 r,面元 $dS'(x',y')$ 到观察点的距离为 $R=|\vec{R}|$。根据式(8-4-14),可求得口径面在远区两个主平面的辐射场为

$$E_M = j(1+\cos\theta)\int_S \frac{e^{-jkR}}{2\lambda R}E_y(x',y')dx'dy' \tag{8-4-16}$$

当场点 p 离平面口径很远($r\gg r'$)时,$\vec{R}$ 近似平行 $\vec{r}$,这样就有 $R\approx r-\vec{r'}\cdot\hat{a}_r$,其中

$$\vec{r'} = x'\hat{a}_x + y'\hat{a}_y, \hat{a}_r = \sin\theta\cos\phi\hat{a}_x + \sin\theta\sin\phi\hat{a}_y + \cos\theta\hat{a}_z$$

因此:

$$R = r - x'\sin\theta\cos\phi - y'\sin\theta\sin\phi \tag{8-4-17}$$

于是对于 E 面(yOz 平面),$\phi=\pi/2$,所以 $R=r-y'\sin\theta$,在式(8-4-16)分母中出现的 R 取近似值 $R\approx r$,所以可得:

$$E_E = j(1+\cos\theta)\int_S \frac{e^{-jk(r-y'\sin\theta)}}{2\lambda r}E_y(x',y')dx'dy'$$

整理可得:

$$E_E = j\frac{(1+\cos\theta)e^{-jkr}}{2\lambda r}\int_S e^{jky'\sin\theta}E_y(x',y')dx'dy' \qquad (8-4-18a)$$

对于 H 面(xOz 平面),$\phi=0$,所以 $R=r-x'\sin\theta$,在式(8-4-16)分母中出现的 R 取近似值 $R\approx r$,所以可得:

$$E_H = j\frac{(1+\cos\theta)e^{-jkr}}{2\lambda r}\int_S e^{jkx'\sin\theta}E_y(x',y')dx'dy' \qquad (8-4-18b)$$

式(8-4-18a)和式(8-4-18b)为计算平面口径场的常用公式。由公式可以看到,只要知道口径面 S 的形状和场分布 $E_y(x',y')$,即可求得两个主面的辐射场。

3. 同相平面口径的辐射

尺寸为 $a\times b$ 的矩形口径面,其上电场同相分布,坐标系如图 8-4-5 所示。

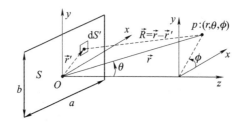

图 8-4-5 矩形平面口径坐标系

(1) 当口径面上电场为均匀分布时,即

$$E_y(x',y') = E_0 \qquad (8-4-19)$$

把式(8-4-19)代入式(8-4-18a),可得在 E 面(yOz 平面)的远场区辐射场为

$$E_E = E_\theta = j\frac{(1+\cos\theta)e^{-jkr}}{2\lambda r}\int_{x=-a/2}^{a/2}dx'\int_{y=-b/2}^{b/2}e^{jky'\sin\theta}E_0 dy' =$$
$$j\frac{abE_0 e^{-jkr}}{\lambda r}\frac{(1+\cos\theta)}{2}\frac{\sin(kb\sin\theta/2)}{kb\sin\theta/2} \qquad (8-4-20a)$$

把式(8-4-19)代入式(8-4-18b),可得在 H 面(xOz 平面),远场区辐射场为

$$E_H = E_\phi = j\frac{(1+\cos\theta)e^{-jkr}}{2\lambda r}\int_{y=-b/2}^{b/2}dy'\int_{x=-a/2}^{a/2}e^{jkx'\sin\theta}E_0 dx' =$$
$$j\frac{abE_0 e^{-jkr}}{\lambda r}\frac{(1+\cos\theta)}{2}\frac{\sin(ka\sin\theta/2)}{ka\sin\theta/2} \qquad (8-4-20b)$$

两主平面的方向函数为

$$\left.\begin{array}{l}F_E(\theta) = \left|\dfrac{(1+\cos\theta)}{2}\dfrac{\sin(kb\sin\theta/2)}{kb\sin\theta/2}\right| \\ F_H(\theta) = \left|\dfrac{(1+\cos\theta)}{2}\dfrac{\sin(ka\sin\theta/2)}{ka\sin\theta/2}\right|\end{array}\right\} \qquad (8-4-21)$$

天线方向图如图 8-4-6 所示。方向图形状还可用方向图参数简单地定量表示,例如主瓣宽度、零功率波瓣宽度和副瓣电平等参数。

主瓣宽度(Main Beamwidth):又称半功率波瓣宽度或 3 dB 波瓣宽度,是指主瓣最大值两边场强等于最大值的 $1/\sqrt{2}$ 倍(最大功率密度下降一半)的两辐射方向之间的夹角,通常用 $2\theta_{0.5}$ 表示。基本电振子的半功率波瓣宽度 $2\theta_{0.5}=90°$。

零功率波瓣宽度(First Null Beamwidth):主瓣最大值两边两个零辐射方向之间的夹角,

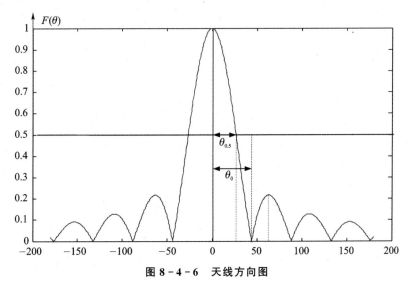

图 8-4-6 天线方向图

通常用 $2\theta_0$ 表示。

副瓣电平(Side Lobe Level):副瓣最大值与主瓣最大值之比,一般用分贝表示,即

$$\text{SLL} = 10 \lg \frac{\langle \vec{S} \rangle_m}{\langle \vec{S} \rangle_s} = 20 \lg \frac{E_m}{E_s} \quad (\text{dB})$$

通常,最靠近主瓣的第一个副瓣是所有副瓣中最大的,为衡量辐射功率集中于主瓣的程度,引入第一副瓣电平(First Side Lobe Level)的概念,它是第一副瓣功率密度最大值 $\langle \vec{S} \rangle_s$ 与主瓣最大值 $\langle \vec{S} \rangle_m$ 之比。副瓣电平通常指第一副瓣电平。方向图的副瓣是不需要辐射的区域,所以副瓣电平应尽可能低,副瓣电平在某种意义上反映了天线方向性的好坏。此外,副瓣的位置也很重要。

当 b/λ 和 a/λ 都较大时,根据式(8-4-21)可得半功率宽度:

$$\left. \begin{array}{l} 2\theta_{0.5E} \approx 0.886 \dfrac{\lambda}{b} = 50.8° \dfrac{\lambda}{b} \\[2mm] 2\theta_{0.5H} \approx 0.886 \dfrac{\lambda}{a} = 50.8° \dfrac{\lambda}{a} \end{array} \right\} \quad (8-4-22)$$

零功率宽度:

$$\left. \begin{array}{l} 2\theta_{0E} = 114° \dfrac{\lambda}{b} \\[2mm] 2\theta_{0H} = 114° \dfrac{\lambda}{a} \end{array} \right\} \quad (8-4-23)$$

第一副瓣电平:

$$\text{FSSL}_E = \text{FSSL}_H = -13.2 \text{ dB} \quad (8-4-24)$$

(2) 当口径面上电场沿 x 为余弦同相分布时,即

$$E_y(x', y') = E_0 \cos \frac{\pi x'}{a} \quad (8-4-25)$$

把式(8-4-25)代入式(8-4-18a),可得在 E 面(yOz 平面)的远场区辐射场为

$$E_E = E_\theta = jE_0 \frac{(1+\cos\theta)}{2\lambda r} \frac{e^{-jkr}}{1} \int_{x'=-a/2}^{a/2} \cos\frac{\pi x'}{a} dx' \int_{y'=-b/2}^{b/2} e^{jky'\sin\theta} dy' =$$

$$j\frac{2abE_0 e^{-jkr}}{\pi\lambda r}\frac{(1+\cos\theta)}{2}\frac{\sin(kb\sin\theta/2)}{kb\sin\theta/2} \quad (8-4-26a)$$

把式(8-4-25)代入式(8-4-18b),可得在 H 面(xOz 平面),远场区辐射场为

$$E_H = E_\phi = jE_0\frac{(1+\cos\theta)e^{-jkr}}{2\lambda r}\int_{y=-b/2}^{b/2}dy'\int_{x=-a/2}^{a/2}e^{jkx'\sin\theta}\cos\frac{\pi x'}{a}dx' =$$

$$j\frac{2abE_0 e^{-jkr}}{\pi\lambda r}\frac{(1+\cos\theta)}{2}\frac{\cos(ka\sin\theta/2)}{\left[1-\dfrac{2}{\pi}(ka\sin\theta/2)\right]} \quad (8-4-26b)$$

两主平面的方向函数为

$$\left.\begin{array}{l} F_E(\theta) = \left|\dfrac{(1+\cos\theta)}{2}\dfrac{\sin(kb\sin\theta/2)}{kb\sin\theta/2}\right| \\[2ex] F_H(\theta) = \left|\dfrac{(1+\cos\theta)}{2}\dfrac{\cos(ka\sin\theta/2)}{1-\left(\dfrac{2}{\pi}ka\sin\theta/2\right)^2}\right| \end{array}\right\} \quad (8-4-27)$$

当 b/λ 和 a/λ 都较大时,根据式(8-4-27)可得半功率宽度:

$$\left.\begin{array}{l} 2\theta_{0.5E} = 0.886\dfrac{\lambda}{b} = 50.8°\dfrac{\lambda}{b} \\[1ex] 2\theta_{0.5H} = 1.18\dfrac{\lambda}{a} = 68°\dfrac{\lambda}{a} \end{array}\right\} \quad (8-4-28)$$

零功率宽度:

$$\left.\begin{array}{l} 2\theta_{0E} = 114°\dfrac{\lambda}{b} \\[1ex] 2\theta_{0H} = 172°\dfrac{\lambda}{a} \end{array}\right\} \quad (8-4-29)$$

第一副瓣电平:

$$\left.\begin{array}{l} FSSL_E = -13.2 \text{ dB} \\ FSSL_H = -23 \text{ dB} \end{array}\right\} \quad (8-4-30)$$

8.4.2 喇叭天线

喇叭天线是最广泛使用的微波天线之一,它的出现与早期应用可追溯到 19 世纪后期。喇叭天线由逐渐张开的波导构成,是一种最为简单的口径面天线。它可以作为单独的天线使用,也可作为反射面天线的馈源、阵列天线的阵源,还可以用作对其他高增益天线进行校准和增益测试的通用标准。

喇叭天线具有结构简单、馈电简便、频带较宽、功率容量大和高增益的整体性能等优点。喇叭天线根据口径的形状分为矩形喇叭天线和圆形喇叭天线。下面给出了几种常见的喇叭天线,见图 8-4-7。

- H 面扇形喇叭:保持矩形波导窄边尺寸不变,逐渐展开宽边,如图 8-7-7(a)所示。
- E 面扇形喇叭:保持矩形波导宽边尺寸不变,逐渐展开窄边,如图 8-4-7(b)所示。
- 角锥喇叭:矩形波导的宽边和窄边同时展开,如图 8-4-7(c)所示。
- 圆锥喇叭:圆波导逐渐展开形成圆锥喇叭,如图 8-4-7(d)所示。

下面以矩形喇叭为例来分析喇叭天线的辐射特性,矩形喇叭天线示意图如图 8-4-8 所示。当 $a_h = a$ 时,矩形喇叭为 E 面喇叭;当 $b_h = b$ 时,矩形喇叭为 H 面喇叭。

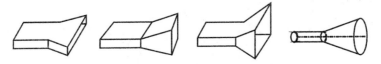

(a) H面扇形喇叭　　(b) E面扇形喇叭　　(c) 角锥喇叭　　(d) 圆锥喇叭

图 8-4-7　喇叭天线

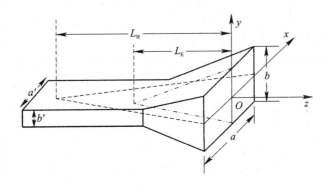

图 8-4-8　喇叭天线

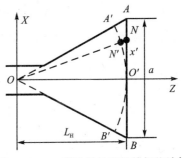

忽略波导连接处及喇叭口径处的反射,假设矩形波导内只传输 TE_{10} 模式。喇叭内场结构可以近似看作与波导的内场结构相同,只是因为喇叭是逐渐张开的,所以扇形喇叭内传输的为柱面波,尖顶角锥喇叭内传输的近似为球面波。先计算 H 面内口径上的相位分布,几何关系如图 8-4-9 所示。在以 O 点为圆心的圆弧 $A'N'O'B'$ 上的相位相同,设为参考 0 相位。在口径面坐标 x' 处(N 点)的相位比圆弧上的相位滞后。在 x' 处的相位为

图 8-4-9　喇叭天线口径的相位计算

$$\varphi_x = -\frac{2\pi}{\lambda}(NN' - L_H) = -\frac{2\pi}{\lambda}\left(\sqrt{L_H^2 + x'^2} - L_H\right) =$$
$$-\frac{2\pi}{\lambda}\left[L_H\sqrt{1 + \left(\frac{x'}{L_H}\right)^2} - L_H\right] = -\frac{\pi}{\lambda}\frac{x'^2}{L_H} \quad (8-4-31)$$

式(8-4-31)中假设了 $L_H \gg a$,所以 $x'/L_H \ll 1$,同时应用了 $\sqrt{1+x} = 1 + x/2 (x \approx 0)$。

同理,可得 E 面内口径上的相位分布,即

$$\varphi_y = -\frac{\pi}{\lambda}\frac{y'^2}{L_E} \quad (8-4-32)$$

因此得到角锥在整个口径上相位分布的近似值为

$$\varphi = \varphi_x + \varphi_y = -\frac{\pi}{\lambda}\left(\frac{x'^2}{L_H} + \frac{y'^2}{L_E}\right) \quad (8-4-33)$$

考虑到口径面内场的结构近似为波导中的 TE_{10},因此在口径面上电场强度就可近似为

$$E_y(x', y') = E_0 \cos\frac{\pi x'}{a} e^{-\frac{\pi}{\lambda}\left(\frac{x'^2}{L_H} + \frac{y'^2}{L_E}\right)} \quad (8-4-34a)$$

在口径面上的磁场强度为

$$H_x(x',y') = -E_y(x',y')\eta \frac{1}{\sqrt{1-\left(\frac{\lambda}{2a}\right)^2}} \approx -E_y(x',y')\eta \qquad (8-4-34\text{b})$$

式(8-4-34b)中主要考虑到口径面上 $\lambda/2a \ll 1$。这里强调式(8-4-34b)成立,是因为在推导平面口径辐射场计算式(8-4-16)时用了式(8-4-34b)这样的假设条件,见式(8-4-9)。把式(8-4-34a)分别代入式(8-4-18a)和式(8-4-18b)中可得在 E 面和 H 面内的电场强度 E_E 和 E_H。由于计算复杂而没有解析解,只能够用数值积分。经过分析电场强度 E_E 和 E_H 随口径尺寸 a 和 b 的变化关系,可得到如下结论:

(1) 在矩形喇叭的 E 面,口径面内振幅随着 y' 是无变化的,相位随着 y' 按照余弦分布。当最大的相位偏移 $\varphi_y(y'=\pm b/2) = -\frac{\pi}{4\lambda}\frac{b^2}{L_E} < \pi/2$ 时,相位偏移对方向性影响不大;相位偏移进一步增大,当 $\varphi_y(y'=\pm b/2) > \pi/2$ 时,主瓣明显展宽,甚至在主辐射方向形成凹陷。所以当 $\varphi_y(y'=\pm b/2) = -\frac{\pi}{4\lambda}\frac{b^2}{L_E} = \pi/2$ 时,可得 b 的最佳尺寸为

$$b = \sqrt{2\lambda L_E} \qquad (8-4-35)$$

(2) 在矩形喇叭的 H 面,口面场振幅随着 x' 按照余弦分布,相位随着 x' 按平方率变化的情况下,由于口面场边缘相位偏移最大处的振幅很小,相位偏移对方向性影响减弱,因而允许边缘相位偏移较大,可达 $3\pi/4$。因此根据 $\varphi_x(x'=\pm a/2) = -\frac{\pi}{4\lambda}\frac{a^2}{L_H} < 3\pi/4$,可得 a 的最佳尺寸为

$$a = \sqrt{3\lambda L_H} \qquad (8-4-36)$$

(3) 在最佳尺寸关系条件下,E 面和 H 面扇形喇叭的方向系数均近似为

$$D = 0.64 \frac{4\pi A}{\lambda^2} \qquad (8-4-37)$$

此时,口面场的最大相位差为

$$\varphi_{\max} = \left(\frac{1}{2} \sim \frac{3}{4}\right)\pi \qquad (8-4-38)$$

(4) 喇叭天线的效率很高,$\eta \approx 1$。由 $G \approx \eta D$,可近似认为它的增益和方向系数相等。

8.5 习 题

8-5-1 采用定义方法推导出方向性系数的定义式:

$$D(\theta_0, \varphi_0) = \frac{4\pi f^2(\theta_0, \varphi_0)}{\int_0^{2\pi} d\varphi \int_0^{\pi} f^2(\theta,\varphi) \sin\theta d\theta}$$

8-5-2 设某天线的远区辐射电磁场为

$$E_\theta = E_0 \frac{e^{-j\beta r}}{r} f(\theta,\varphi), \qquad H_\varphi = \frac{E_\theta}{\eta_0}$$

试导出其辐射功率 P_r 的表示式,并计算基本振子的辐射功率。

第 9 章 传输线理论

前面讨论的电磁波都是在无限大均匀介质或者有一分界面两个半无限的均匀介质中传播的。通过求解 Maxwell 方程,得到电磁波都是以平面波的形式存在的。平面电磁波没有边界,自由扩散,电场、磁场和电磁能量分布在整个空间。当然,这种没有边界和自由扩散的电磁波对传播广播和电视信号非常有用,但对于像点对点传输电磁能量和信息的场合就显得效率不高了。

传输线可以把电磁能量和信号有效地从信号源传输到负载端。传输线通常都是由两个平行的导体组成的。传输线中传播的电磁波可以是横电磁波(TEM Wave:Transverse Electro-Magnetic Wave,电磁波的电场矢量和磁场矢量都与传播方向矢量正交)。在传输线中传播的横电磁波和在无限大均匀介质中传播的平面电磁波有许多相同传播特征。

最常见的传输线有平行双线、同轴线和微带线。架空电力传输线、连接接收天线和电视机的平行双馈线都是典型的平行双线传输线。同轴线经常用于传输有线电视信号和高频精密电子设备的连接。微带线可以方便地制作在介质基底上,经常在集成电路中用于连接电子器件和直接做微波元器件。

传输线和电路中连接线的差别可以通过考察一个频率为 1 MHz(自由空间波长 300 m)的调幅广播电波来说明。在电路中,频率为 1 MHz 信号源通过一段 10 cm 的铜线向一个电阻负载传输电磁信号。考察每一时刻铜线上不同位置电信号的相位,可以认为相位是相同的,这是因为电信号的波长比铜线长度大得多。相反,如果线上传播的是一个频率为 2.45 GHz(波长为 12.2 cm)的微波信号(Microwave,频率在 300 MHz~300 GHz 的电磁波),那么铜线上每隔 6.1 cm,电场矢量的方向就要变化 180°。从这个例子可以看出:当传输距离和电磁波的波长相比拟时,在每一时刻,传输路径上的每一点相位不能够假设成近似相等,这时这条传输路径就必须认为是传输线,而不能够简单地把这条传输路径看成是连接线,而可以在电路分析中忽略其效应。

在 19 世纪中期,铺设大西洋海底电缆过程中,开尔文(W. 汤姆逊)解决了长距离有线电报通信问题,在这个过程中建立传输线理论。传输线的理论发展比电磁场理论还早。电磁场理论建立后,可以证明传输线方程和模型完全可以用电磁场理论来推导和建立。对于 TEM 波传输线而言,从电磁波到电路中电压电流的转换较直观;而对于单导体非 TEM 波传输线建立横向波模到电路中电压电流的联系要用到等效电压、等效电流等概念。关于具体传输线中传播的电磁波到传输线理论中传播的电压和电流的联系会在网络理论中具体论述,在本书中传输线都用如图 9-1-1 所示的双空心线来表示,而细实双线只是表示连接关系,其没有长度(在其上任意一点的电压和电流都严格相等)。在这里就按照纯粹的电路理论来建立模型、求解方程和分析传输线的工作状态,暂时先把具体传输线传播的电磁波抛开。

9.1 传输线模型和解

9.1.1 传输线模型

当一段传输线和所传输电磁波的波长可比拟时（见图 9-1-1），这时需要考虑波在穿过该传输线时相位的显著变化，而不能像在低频电路中认为的只要在导线（理想双线）上传播的电压和电流始终一样。现在我们的思路是把一段传输线分成一小段一小段，而每一小段的长度都比电磁波的波长小得多，而分析这样一小段传输线上电压和电流的微小变化就可以用电路理论中的基尔霍夫电压电流定理来分析。

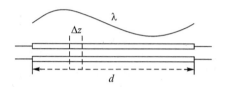

图 9-1-1　一段长度 d 和波长 λ 可比拟的传输线

图 9-1-1 中传输线长度 d 和波长 λ 可比拟。取出一小段传输线最为分析对象，其长度远小于波长（$\Delta z \ll \lambda$），研究输入和输出该段传输线电压电流的变化规律，如图 9-1-2 所示。

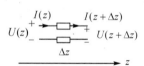

图 9-1-2　一小段传输线模型（入射电磁波沿 $+z$ 传播）

由于传输线边界导体的非理想性，边界导体上的表面电流会损耗功率，就像低频电路中串接的导线电阻一样；传输线中填充的介质也非理想，因而存在介质损耗，像低频电路中并联的导纳一样；电磁波在传输线中传播，必然在传输线中存在电储能和磁储能，就像低频电路中的并联电容和串联电感一样。这里就根据传输线和低频电路的这种等效关系来建立等效电路。当然，对于不同的传输线，其效应是不同的，因而这里定义四个不同的量，分别如下：

- 单位长度的串联电感 $L(\mathrm{H/m})$；
- 单位长度的并联电容 $C(\mathrm{F/m})$；
- 单位长度的串联电阻 $R(\Omega/\mathrm{m})$；
- 单位长度的并联电导 $G(\mathrm{S/m})$。

根据等效关系，图 9-1-2 所示的一小段传输线对应的电路等效模型如图 9-1-3 所示。

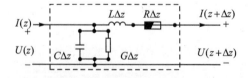

图 9-1-3　传输线等效模型（电流参考方向沿 $+z$ 传播）

应用基尔霍夫电压电流定理,可建立如下方程:

$$U(z) - U(z+\Delta z) = I(z+\Delta z)(j\omega L\Delta z + R\Delta z) \tag{9-1-1a}$$

$$I(z) - I(z+\Delta z) = U(z)(j\omega C\Delta z + G\Delta z) \tag{9-1-1b}$$

简单整理得:

$$\frac{U(z) - U(z+\Delta z)}{\Delta z} = I(z+\Delta z)(j\omega L + R) \tag{9-1-2a}$$

$$\frac{I(z) - I(z+\Delta z)}{\Delta z} = U(z)(j\omega C + G) \tag{9-1-2b}$$

对式(9-1-2a)和式(9-1-2b)两边取极限,得到传输线方程:

$$-\frac{dU}{dz} = I(j\omega L + R) \tag{9-1-3a}$$

$$-\frac{dI}{dz} = U(j\omega C + G) \tag{9-1-3b}$$

9.1.2 无耗传输线方程及其求解

式(9-1-3a)和式(9-1-3b)的两个方程联立可求得$U(z)$、$I(z)$。实际中小段传输线的损耗一般较小,在分析传输线工作状态时,往往可不考虑损耗。因而在下文中只讨论无耗传输线。当传输线没有损耗时,即假设了等效电路中的电阻和电导等于零,式(9-1-3a)和式(9-1-3b)可简化为无耗传输线方程:

$$-\frac{d\Delta U}{dz} = j\omega L I \tag{9-1-4a}$$

$$-\frac{dI}{dz} = j\omega C U \tag{9-1-4b}$$

联立式(9-1-3a)和式(9-1-3b),可求得:

$$\frac{d^2 U}{dz} + \omega^2 LCU = 0 \tag{9-1-5a}$$

$$\frac{d^2 I}{dz} + \omega^2 LCI = 0 \tag{9-1-5b}$$

式(9-1-5a)的解为

$$U = U_0^+ e^{-j\beta z} + U_0^+ - e^{j\beta z} \tag{9-1-6a}$$

把式(9-1-6a)代入式(9-1-4a)可求得I:

$$I = \frac{U_0^+}{Z_0} e^{-j\beta z} - \frac{U_0^-}{Z_0} e^{j\beta z} \tag{9-1-6b}$$

式(9-1-6a)和式(9-1-6b)为无耗传输线方程的解,其中Z_0为传输线的特征阻抗,β为传输线的传播常数:

$$Z_0 = \sqrt{\frac{L}{C}} \tag{9-1-7}$$

$$\beta = \omega\sqrt{LC} \tag{9-1-8}$$

从式(9-1-6a)和式(9-1-6b)可以看出,传输线上任何一点的电压和电流都由两项叠加而成,进一步把式(9-1-6a)和式(9-1-6b)写成:

$$U = U^+ + U^- \tag{9-1-9a}$$

$$I = \frac{U^+}{Z_0} - \frac{U^-}{Z_0} \qquad (9-1-9\mathrm{b})$$

式(9-1-6a)和式(9-1-6b)中 $U^+ = U_0^+ \mathrm{e}^{-\mathrm{j}\beta z}$，$U^- = U_0^- \mathrm{e}^{\mathrm{j}\beta z}$，那么这两项哪一项为朝着 $+z$ 轴方向传播呢？传播的速度又是多少呢？

定义 相速度 v_p：等相位面移动的速度。

把 U^+ 转换成实信号：

$$u^+(t) = \mathrm{Re}(U_0^+ + \mathrm{e}^{-\mathrm{j}\beta z}\mathrm{e}^{\mathrm{j}\omega t}) = |U_0^+| \cos(\omega t - \beta z + \varphi_0) \qquad (9-1-10)$$

式(9-1-10)中 φ_0 为初始相位。令 $u^+(t)$ 的相位等于常数(定义等相位面)，即

$$\omega t - \beta z + \varphi_0 = \mathrm{Const.} \qquad (9-1-11)$$

对式(9-1-11)两边求 z 的微分，可得：

$$\omega \mathrm{d}t - \beta \mathrm{d}z = 0$$

$$v_\mathrm{p} = \frac{\mathrm{d}z}{\mathrm{d}t} = \frac{\omega}{\beta} \qquad (9-1-12)$$

式(9-1-12)即为传输线相速度的计算公式。从式(9-1-12)可以看出 U^+ 电压波的速度是正的，因而等相位面是朝 $+z$ 轴方向传播的。可以验证 $U^-(t)$ 的等相位面传播的速度是 $-\omega/\beta$，因而该电压波是朝 $-z$ 轴方向传播的。

把式(9-1-8)代入式(9-1-12)，可得：

$$v_\mathrm{p} = \frac{\omega}{\beta} = \frac{1}{\sqrt{LC}} \qquad (9-1-13)$$

式(9-1-13)为无耗传输线的相速度计算公式。

9.1.3 传输线参量

在传输线模型中，L、C、R、G 是传输线的基本参数，它直接决定于各种具体传输线的结构及在传输线中传播的电磁波模式。关于如何用电磁场理论求解传输线中传播的电磁场场量在这里先略去。这里先假设知道了传输线中传播的电磁场场量，然后根据等效原理求解传输线的基本参数。这里以双导体 TEM 波模式传输线为例来举例说明等效原理和计算公式。图 9-1-4 画出了一个传输线的横截面的电场线和磁场线图，其中 C_1、C_2 和 S 分别为内导体的边界线，外导体的边界线和电磁波传播的横截面。

1. 单位长度电感 L

根据电磁场的磁储能公式，可以求解单位长度电磁波的时间平均磁储能为

$$W_\mathrm{m} = \frac{\mu}{4} \int_S \vec{H} \cdot \vec{H}^* \mathrm{d}S \qquad (9-1-14)$$

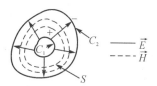

图 9-1-4 双导体 TEM 波传输线上的场线图

而在电路理论中给出的、用传输线上的电流来表示的值是 $W_\mathrm{m} = L|I_0|^2/4$。根据等效原理，确定单位长度的电感为

$$L = \frac{\mu}{|I_0|^2} \int_S \vec{H} \cdot \vec{H}^* \mathrm{d}S \qquad (9-1-15)$$

式(9-1-15)中 I_0 为内导体上的电流：

$$I_0 = \oint_{C_1} \vec{H} \cdot d\vec{L} \qquad (9-1-16)$$

2. 单位长度电容 C

类似地，可求得单位长度的时间平均的电储能为

$$W_e = \frac{\varepsilon}{4}\int_S \vec{E} \cdot \vec{E}^* \, dS \qquad (9-1-17)$$

而电路理论给出的值是 $W_e = \frac{C}{4}|U_0|^2$，由此得到单位长度的电容表达式如下：

$$C = \frac{\varepsilon}{|U_0|^2}\int_S \vec{E} \cdot \vec{E}^* \, dS \qquad (9-1-18)$$

式(9-1-18)中 U_0 为内导体和外导体之间的电压值：

$$U_0 = \int_+^- \vec{E} \cdot d\vec{L} \qquad (9-1-19)$$

3. 单位长度电阻 R

由于边界导体有限电导率引起的单位长度功率损耗为

$$P_L = \frac{R_s}{2}\int_{C_1+C_2} \vec{H} \cdot \vec{H}^* \, dL \qquad (9-1-20)$$

该式的推导参见 10.2.2 小节，式中 $R_s = 1/(\sigma\delta_s)$ 是导体的表面电阻，C_1、C_2 是整个导体边界上的积分路径，而电路理论中电阻的损耗功率是 $P_L = R|I_0|^2/2$，因而可得：

$$R = \frac{R_s \int_{C_1+C_2} \vec{H} \cdot \vec{H}^* \, dL}{|I_0|^2} \qquad (9-1-21)$$

4. 单位长度的并联电导 G

损耗介质中单位长度损耗的时间平均功率为

$$P_d = \frac{\omega\varepsilon' \tan\delta}{2}\int_S \vec{E} \cdot \vec{E}^* \, dS \qquad (9-1-22)$$

式中损耗角正切 $\tan\delta$ 的定义(见 10.2.2 小节)为

$$\tan\delta = \frac{\omega\varepsilon'' + \sigma}{\omega\varepsilon'} \qquad (9-1-23)$$

式(9-1-23)中，$\omega\varepsilon''$ 为介质阻尼损耗项；σ 为介质导电损耗项；ε' 为复介电常数的实部。电路理论中电导损耗是 $P_d = G|U_0|^2/2$，所以单位长度的并联电导为

$$G = \frac{\omega\varepsilon' \tan\delta}{|U_0|^2}\int_S \vec{E} \cdot \vec{E}^* \, dS \qquad (9-1-24)$$

9.2 终端条件下的传输线特解

上节中讨论了传输线模型和方程，并得到了传输线方程的解，知道了传输线上一般会有两个电压波在传输，那么这两个电压波又有什么关系呢？如果传输线一端接上负载会怎样呢？这一节引入传输线一端接负载的模型，并在此基础上讨论两个电压波的关系，定义传输线的工作参数，并讨论传输线的工作状态。

图 9-2-1 中,在传输线的终端接负载电阻 Z_L。终端位置设置在 $z=0$ 处。为了讨论问题的方便,这里引入 z' 轴,方向和原来的 z 轴方向相反,坐标零点都设置在终端负载处。因而在 z' 坐标下,传输线方程的通解可以把 $z'=-z$ 代入式(9-1-6a)和(9-1-6b)得到:

$$U(z') = U_0^+ \mathrm{e}^{\mathrm{j}\beta z'} + U_0^- \mathrm{e}^{-\mathrm{j}\beta z'} \tag{9-2-1a}$$

$$I(z') = \frac{U_0^+}{Z_0}\mathrm{e}^{\mathrm{j}\beta z'} - \frac{U_0^-}{Z_0}\mathrm{e}^{-\mathrm{j}\beta z'} \tag{9-2-1b}$$

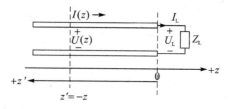

图 9-2-1 终端接负载电阻的模型

当已知负载电压和电流分别为 U_L 和 I_L 时,就可以求出式(9-2-1a)和式(9-2-1b)中的 U_0^+ 和 U_0^-,得到终端解负载的传输线方程的特解。

$$U_L = U(0) = U_0^+ + U_0^- \tag{9-2-2a}$$

$$I_L = I(0) = \frac{U_0^+}{Z_0} - \frac{U_0^-}{Z_0} \tag{9-2-2b}$$

可解得:

$$U_0^+ = \frac{1}{2}(U_L + I_L Z_0) \tag{9-2-3a}$$

$$U_0^- = \frac{1}{2}(U_L - I_L Z_0) \tag{9-2-3b}$$

把式(9-2-3a)和式(9-2-3b)代入式(9-2-1a)和式(9-2-1b),可得传输线方程在终端已知条件下的特解。

$$U(z') = \frac{1}{2}(U_L + I_L Z_0)\mathrm{e}^{\mathrm{j}\beta z'} + \frac{1}{2}(U_L - I_L Z_0)\mathrm{e}^{-\mathrm{j}\beta z'} \tag{9-2-4a}$$

$$I(z') = \frac{1}{2}\frac{(U_L + I_L Z_0)}{Z_0}\mathrm{e}^{\mathrm{j}\beta z'} - \frac{1}{2}\frac{(U_L - I_L Z_0)}{Z_0}\mathrm{e}^{-\mathrm{j}\beta z'} \tag{9-2-4b}$$

运用欧拉公式,化简式(9-2-4a)和式(9-2-4b)可得:

$$U(z') = U_L \cos\beta z' + \mathrm{j}I_L Z_0 \sin\beta z' \tag{9-2-5a}$$

$$I(z') = U_L \mathrm{j}\frac{1}{Z_0}\sin\beta z' + I_L \cos\beta z' \tag{9-2-5b}$$

为了简化记忆,揭示传输线的电压电流变换规律,把式(9-2-5a)和式(9-2-5b)写成矩阵形式:

$$\begin{bmatrix} U(z') \\ I(z') \end{bmatrix} = \begin{bmatrix} \cos\beta z' & \mathrm{j}Z_0\sin\beta z' \\ \mathrm{j}\dfrac{1}{Z_0}\sin\beta z' & \cos\beta z' \end{bmatrix} \begin{bmatrix} U_L \\ I_L \end{bmatrix} \tag{9-2-6}$$

$$\mathbf{A} = \begin{bmatrix} \cos\beta z' & \mathrm{j}Z_0\sin\beta z' \\ \mathrm{j}\dfrac{1}{Z_0}\sin\beta z' & \cos\beta z' \end{bmatrix} \tag{9-2-7}$$

矩阵 A 为传输线的传输矩阵。该矩阵虽然是从把负载放在坐标零点导出的。但实际上该公式适用于把参考点的电压电流放于传输线上的任何位置而求解其他位置上的电压和电流。这里给出模型并简单证明,如图 9-2-2 所示,证明式(9-2-8)。

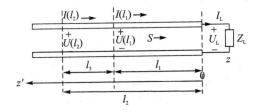

图 9-2-2　任意参考点的电压电流变换模型

$$\begin{bmatrix} U(l_2) \\ I(l_2) \end{bmatrix} = \begin{bmatrix} \cos\beta l_3 & jZ_0\sin\beta l_3 \\ j\dfrac{1}{Z_0}\sin\beta l_3 & \cos\beta l_3 \end{bmatrix} \begin{bmatrix} U(l_1) \\ I(l_1) \end{bmatrix} \quad (9-2-8)$$

证明

根据式(9-2-6)可得:

$$\begin{bmatrix} U(l_2) \\ I(l_2) \end{bmatrix} = \begin{bmatrix} \cos\beta l_2 & jZ_0\sin\beta l_2 \\ j\dfrac{1}{Z_0}\sin\beta l_2 & \cos\beta l_2 \end{bmatrix} \begin{bmatrix} U_L \\ I_L \end{bmatrix} \quad (9-2-9)$$

$$\begin{bmatrix} U(l_1) \\ I(l_1) \end{bmatrix} = \begin{bmatrix} \cos\beta l_1 & jZ_0\sin\beta l_1 \\ j\dfrac{1}{Z_0}\sin\beta l_1 & \cos\beta l_1 \end{bmatrix} \begin{bmatrix} U_L \\ I_L \end{bmatrix} \quad (9-2-10)$$

对式(9-2-10)求逆,并代入式(9-2-9):

$$\begin{bmatrix} U_L \\ I_L \end{bmatrix} = \begin{bmatrix} \cos\beta l_1 & -jZ_0\sin\beta l_1 \\ -j\dfrac{1}{Z_0}\sin\beta l_1 & \cos\beta l_1 \end{bmatrix} \begin{bmatrix} U(l_1) \\ I(l_1) \end{bmatrix}$$

$$\begin{bmatrix} U(l_2) \\ I(l_2) \end{bmatrix} = \begin{bmatrix} \cos\beta l_2 & jZ_0\sin\beta l_2 \\ j\dfrac{1}{Z_0}\sin\beta l_2 & \cos\beta l_2 \end{bmatrix} \begin{bmatrix} \cos\beta l_1 & -jZ_0\sin\beta l_1 \\ -j\dfrac{1}{Z_0}\sin\beta l_1 & \cos\beta l_1 \end{bmatrix} \begin{bmatrix} U(l_1) \\ I(l_1) \end{bmatrix}$$

$$\begin{bmatrix} U(l_2) \\ I(l_2) \end{bmatrix} = \begin{bmatrix} \cos\beta l_3 & jZ_0\sin\beta l_3 \\ j\dfrac{1}{Z_0}\sin\beta l_3 & \cos\beta l_3 \end{bmatrix} \begin{bmatrix} U(l_1) \\ I(l_1) \end{bmatrix}$$

得证,式中 $l_3 = l_2 - l_1$。

例 9-2-1　如图 9-2-3 所示,已知源端的电压电流 U_S、I_S,求负载端的电压电流 U_L、I_L。

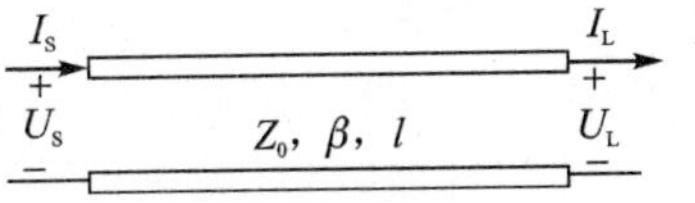

图 9-2-3　已知源端电压电流求负载端电压电流模型

根据式(9-2-6)可知:

$$\begin{bmatrix} U_S \\ I_S \end{bmatrix} = \begin{bmatrix} \cos\beta l & jZ_0\sin\beta l \\ j\frac{1}{Z_0}\sin\beta l & \cos\beta l \end{bmatrix} \begin{bmatrix} U_L \\ I_L \end{bmatrix}$$

$$\begin{bmatrix} U_L \\ I_L \end{bmatrix} = \begin{bmatrix} \cos\beta l & jZ_0\sin\beta l \\ j\frac{1}{Z_0}\sin\beta l & \cos\beta l \end{bmatrix}^{-1} \begin{bmatrix} U_S \\ I_S \end{bmatrix}$$

$$\begin{bmatrix} U_L \\ I_L \end{bmatrix} = \begin{bmatrix} \cos\beta l & -jZ_0\sin\beta l \\ -j\frac{1}{Z_0}\sin\beta l & \cos\beta l \end{bmatrix} \begin{bmatrix} U_S \\ I_S \end{bmatrix} \tag{9-2-11}$$

其实只要把 U_S、I_S 当成参考点，把 $-l$ 代入式(9-2-6)就得到了式(9-2-11)。

9.3 传输线的阻抗

9.3.1 阻抗变换公式

如图 9-3-1 所示，传输线上任意一点的阻抗 $Z(z')$（从源端向负载端方向看）定义为传输线上的电压 $U(z')$ 和电流 $I(z')$ 的比值，即

$$Z(z') = \frac{U(z')}{I(z')} \tag{9-3-1}$$

把式(9-2-5a)和式(9-2-5b)代入阻抗的定义式(9-3-1)，并整理可得：

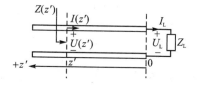

图 9-3-1 传输线的阻抗变换模型

$$Z(z') = \frac{U(z')}{I(z')} = \frac{U_L\cos\beta z' + jI_L Z_0\sin\beta z'}{U_L j\frac{1}{Z_0}\sin\beta z' + I_L\cos\beta z'}$$

$$Z(z') = Z_0 \frac{Z_L + jZ_0\tan\beta z'}{Z_0 + jZ_L\tan\beta z'} \tag{9-3-2}$$

式(9-3-2)中 $Z_L = U_L/I_L$ 为负载阻抗。式(9-3-2)称为传输线的阻抗变换公式。从式(9-3-2)可以看出传输线上的阻抗是以 $\lambda/2$ 为周期变化的，因为 $\beta\lambda/2 = \pi$。

应用阻抗变换公式，讨论传输线端接几种特殊负载阻抗的情况下，传输线上阻抗的变化关系。

(1) 当负载接一个纯电阻且阻值等于传输线的特征阻抗，即 $Z_L = Z_0$ 时，根据式(9-3-2)可得：

$$Z(z') = Z_0 \tag{9-3-3}$$

这说明传输线上在任意一点的阻抗都等于特征阻抗，而和位置没有关系。我们把负载阻抗等于传输线特征阻抗的电阻称为匹配阻抗。这种状态在实际应用中经常见到，而且往往是设计所追求的。如果实际的负载阻抗不等于特征阻抗，则可以用阻抗匹配技术来实现匹配。传输线工作在这种状态，称为匹配状态，这时传输线上只有入射波。

(2) 当负载开路时，即负载 $Z_L = \infty$ 时，根据式(9-3-2)可得：

$$Z(z') = -jZ_0\tan^{-1}\beta z' \tag{9-3-4}$$

从式(9-3-4)可以看出：当 $z' \in (0, \lambda/4)$ 时，传输线可等效为一个纯电容，且电容值从无穷大变化到零；当 $z' = \lambda/4$ 时，传输线相当于短路；当 $z' \in (\lambda/4, \lambda/2)$ 时，传输线可等效为一个纯电感，且电感值从零变换到无穷大；当 $z' = \lambda/2$ 时，其阻抗值又等于无穷大。

(3) 当负载短路时，即负载 $Z_L = 0$。根据式(9-3-2)可得：

$$Z(z') = jZ_0 \tan\beta z' \qquad (9-3-5)$$

从式(9-3-5)可以看出：当 $z' \in (0, \lambda/4)$ 时，传输线可等效为一个纯电感，且电感值从零变换到无穷大；当 $z' = \lambda/4$ 时，传输线开路；当 $z' \in (\lambda/4, \lambda/2)$ 时，传输线可等效为一个纯电容，且电容值从无穷大变化到零；当 $z' = \lambda/2$ 时，其阻抗值又等于零。

9.3.2 λ/4 波长阻抗变换器

当传输线的长度等于 λ/4 时，阻抗变化具有以倒数变换的特性。λ/4 波长的传输线也称 λ/4 波长的阻抗变换器，模型如图 9-3-2 所示。

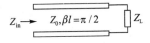

图 9-3-2 λ/4 波长的阻抗变换器

$$\beta z' = \frac{2\pi}{\lambda} \frac{\lambda}{4} = \frac{\pi}{2}$$

$$Z_{in} = Z(\lambda/4) = Z_0 \frac{Z_L + jZ_0 \tan(\pi/2)}{Z_0 + jZ_L \tan(\pi/2)} = \frac{Z_0^2}{Z_L}$$

$$Z_{in} = \frac{Z_0^2}{Z_L} \qquad (9-3-6)$$

例 9-3-1 一个天线的阻抗为 200 Ω，如果阻抗变换到 50 Ω，问 λ/4 波长阻抗变换器的特征阻抗为多少？

解

根据式(9-3-6)可得：

$$Z_0 = \sqrt{Z_{in} Z_L} = \sqrt{200 \times 50} = 100 \text{ Ω}$$

9.4 （电压）反射系数

9.4.1 反射系数的定义

传输线上任意一点的（电压）反射系数 $\Gamma(z')$ 定义为：反射电压和入射电压的比值，即

$$\Gamma(z') = \frac{U^-}{U^+} \qquad (9-4-1)$$

把 $U^+ = U_0^+ e^{j\beta z'}$ 和 $U^- 0 = U_0^- e^{-j\beta z'}$ 代入式(9-4-1)：

$$\Gamma(z') = \frac{U_0^- e^{-j\beta z'}}{U_0^+ + e^{j\beta z'}} = \frac{U_0^-}{U_0^+} e^{-j2\beta z'} \qquad (9-4-2)$$

令 $\Gamma_L = \Gamma(z' = 0)$，则

$$\Gamma_L = \frac{U_0^-}{U_0^+} \qquad (9-4-3)$$

把式(9-4-3)代入式(9-4-2)，可得反射系数变换公式(9-4-4)。

$$\Gamma(z') = \Gamma_L e^{-j2\beta z'} \qquad (9-4-4)$$

式(9-4-4)中 Γ_L 称为负载反射系数，可根据负载阻抗求得，见式(9-4-8)。

9.4.2 反射系数和阻抗的关系

根据反射系数的定义，把传输线方程的特解重写，可得：

$$U(z') = U_0^+ e^{j\beta z'}[1+\Gamma(z')] \qquad (9-4-5a)$$

$$I(z') = \frac{U_0^+ e^{j\beta z'}[1-\Gamma(z')]}{Z_0} \qquad (9-4-5b)$$

根据阻抗定义式(9-4-1)可得：

$$Z(z') = \frac{U(z')}{I(z')} = Z_0 \frac{1+\Gamma(z')}{1-\Gamma(z')} \qquad (9-4-6)$$

根据式(9-4-5)也可得：

$$\Gamma(z') = \frac{Z(z')-Z_0}{Z(z')+Z_0} \qquad (9-4-7)$$

式(9-4-6)和式(9-4-7)是阻抗和反射系数互相转换的关系式。

根据式(9-4-7)可得负载反射系数公式：

$$\Gamma(0) = \frac{Z(0)-Z_0}{Z(0)+Z_0}$$

$$\Gamma_L = \frac{Z_L-Z_0}{Z_L+Z_0} \qquad (9-4-8)$$

根据式(9-4-8)也可得：

$$Z_L = Z_0 \frac{1+\Gamma_L}{1-\Gamma_L} \qquad (9-4-9)$$

式(9-4-8)和式(9-4-9)是负载阻抗和负载反射系数互相转换的关系式。

9.4.3 反射系数的性质

(1) 反射系数的模为定值，且小于或等于1，即

$$|\Gamma(z')| = |\Gamma_L| \leqslant 1 \qquad (9-4-10)$$

证明

令 $Z_L = R_L + jX_L$ 且 $R_L \geqslant 0$，则

$$\Gamma_L = \frac{Z_L-Z_0}{Z_L+Z_0} = \frac{(R_L-Z_0)+jX_L}{(R_L+Z_0)+jX_L}$$

$$|\Gamma_L| = \sqrt{\frac{(R_L-Z_0)^2+X_L^2}{(R_L+Z_0)^2+X_L^2}} \leqslant 1$$

根据式(9-4-3)可得：

$$|\Gamma(z')| = |\Gamma_L e^{-j2\beta z'}| = |\Gamma_L| \leqslant 1$$

(2) 反射系数以 $\lambda/2$ 为周期。

证明

根据 $\Gamma(z') = \Gamma_L e^{-j2\beta z'}$，可知 $2\beta z' = 2\beta\lambda/2 = 2\pi$。

(3) 传输线上的实功率传输 $P_r = P^+(1-|\Gamma_L|^2)$。

证明

$$P_r = \frac{1}{2}\text{Re}[U(z')I(z')^*] = \frac{1}{2}\text{Re}\left\{U_0^+ e^{j\beta z'}[1+\Gamma(z')]\left(\frac{U_0^+ e^{j\beta z'}[1-\Gamma(z')]}{Z_0}\right)^*\right\} =$$
$$\frac{|U_0^+|^2}{2Z_0}(1-|\Gamma_L|^2)$$

$$P_r = P_0(1-|\Gamma_L|^2) \tag{9-4-11}$$

得证。式(9-4-11)中，$P_0 = |U_0^+|^2/(2Z_0)$ 为入射波的功率。

当反射系数不为 0 时，从式(9-4-11)可以看出传输线上的功率不是所有的入射功率，有一部分被反射回来了。为了衡量这种损耗所占的比例，定义回波损耗 RL(Return Loss)为

$$\text{RL} = -20\lg|\Gamma_L| \quad (\text{dB}) \tag{9-4-12}$$

当 $|\Gamma_L|=0$，RL$=\infty$ 时，表示没有功率被反射回来；当 $|\Gamma_L|=1$，RL$=0$ 时，表示功率都被反射回来。

9.4.4 传输线的工作状态

根据反射系数的取值，可以把传输线的工作状态分成行波状态、纯驻波状态和行驻波状态。

(1) 行波状态($\Gamma(z')=0, Z_L=Z_0$)

当 $Z_L=Z_0$ 时，可得 $\Gamma_L=0, \Gamma(z')=0$，则根据式(9-4-5a)和式(9-4-5b)可得：

$$U(z') = U_0^+ e^{j\beta z'} \tag{9-4-13a}$$

$$I(z') = \frac{U_0^+}{Z_0} e^{j\beta z'} \tag{9-4-13b}$$

从式(9-4-13a)和式(9-4-13b)可以看出：传输线上只有入射波而没有反射波，且两者相位相同。根据式(9-4-11)可知，传输线传播功率就是入射波的功率，这时所有的功率都被匹配负载所吸收。

(2) 纯驻波状态($|\Gamma(z')|=1$)

- 当 $Z_L=0$ 时，$\Gamma_L=-1$；
- 当 $Z_L=\infty$ 时，$\Gamma_L=1$；
- 当 $Z_L=jX$ 时，$\Gamma_L=\dfrac{jX-Z_0}{jX+Z_0}$，$|\Gamma_L|=1$。

根据式(9-4-5a)和式(9-4-5b)可知：传输线上既有入射波存在，又有反射波存在。通过式(9-4-11)可知：传输线上传输的实功率为 0，也就是说，所有的功率都被反射回来，而负载没有吸收功率。

(3) 行驻波状态($0<|\Gamma(z')|<1$)

根据式(9-4-5a)和式(9-4-5b)可知：传输线上既有入射波存在，又有反射波存在。通过式(9-4-11)可知：传输线上有实功率传输，但小于入射功率，说明负载吸收了部分功率，同时也反射了部分功率。

9.5 (电压)驻波比

9.5.1 (电压)驻波比的定义

定义

传输线上电压幅度最大值和电压幅度最小值之比,一般用 ρ、SWR 或 VSWR(Voltage Standing Wave Ratio)表示,即

$$\rho = \frac{|U(z')|_{\max}}{|U(z')|_{\min}} \tag{9-5-1}$$

定义

传输线上距离负载第一个出现电压最小值的位置为 $d_{\min}$。

根据式(9-4-5a)和式(9-4-3)可知:

$$U(z') = U_0^+ e^{j\beta z'}[1+\Gamma(z')] = U_0^+ e^{j\beta z'}(1+\Gamma_L e^{-j2\beta z'}) = U_0^+ e^{j\beta z'}(1+|\Gamma_L|e^{j\varphi_L - j2\beta z'}) \tag{9-5-2}$$

式(9-5-2)中 $\Gamma_L = |\Gamma_L|e^{j\varphi_L}$,$-\pi \leqslant \varphi_L < \pi$,$\varphi_L$ 为负载反射系数的相角。根据式(9-5-2):

$$|U(z')|_{\max} = |U_0^+|(1+|\Gamma_L|) \tag{9-5-3a}$$

$$|U(z')|_{\min} = |U_0^+|(1-|\Gamma_L|) \tag{9-5-3b}$$

式(9-5-3b)成立的条件是:

$$\varphi_L - j2\beta d_{\min} = -\pi \tag{9-5-4}$$

所以根据驻波比的定义式(9-5-1)可得:

$$\rho = \frac{|U(z')|_{\max}}{|U(z')|_{\min}} = \frac{|U_0^+|(1+|\Gamma_L|)}{|U_0^+|(1-|\Gamma_L|)}$$

$$\rho = \frac{1+|\Gamma_L|}{1-|\Gamma_L|} \tag{9-5-5}$$

根据式(9-5-4)可得:

$$d_{\min} = \frac{\varphi_L + \pi}{4\pi}\lambda \tag{9-5-6}$$

式(9-5-5)说明驻波比与负载反射系数的模有关,且为一个定值。式(9-5-6)说明电压出现最小值的位置只与负载反射系数的相位有关。

9.5.2 驻波比的性质

性质 1 驻波比必须大于或等于1,即 $\rho \geqslant 1$。

证明

$$\rho = \frac{1+|\Gamma_L|}{1-|\Gamma_L|} \quad 且 \quad 0 \leqslant |\Gamma_L| \leqslant 1$$

所以 $\rho \geqslant 1$

性质 2 当出现电压最小值时,传输线上电流出现最大值。

证明

$$|I(d_{\min})| = \left|\frac{U_0^+ e^{j\beta z'}[1-\Gamma(z')]}{Z_0}\right| = \left|\frac{U_0^+}{Z_0}\right|[1-|\Gamma_L|e^{j(\varphi_L - 2\beta d_{\min})}] = \left|\frac{U_0^+}{Z_0}\right|(1+|\Gamma_L|)$$

下面讨论传输线的工作状态和驻波比的关系。

(1) 行波状态($Z_L = Z_0$; $\Gamma_L = 0$)
$$\rho = \frac{1+|\Gamma_L|}{1-|\Gamma_L|} = 1 \tag{9-5-7}$$

(2) 纯驻波状态($Z_L = 0, \infty, jX$; $|\Gamma_L| = 1$)
$$\rho = \frac{1+|\Gamma_L|}{1-|\Gamma_L|} = \infty \tag{9-5-8}$$

(3) 行驻波状态($0 < |\Gamma_L| < 1$)
$$1 < \rho = \frac{1+|\Gamma_L|}{1-|\Gamma_L|} < \infty \tag{9-5-9}$$

9.5.3 驻波比和传输线阻抗的关系

式(9-5-5)和式(9-5-6)说明了反射系数和驻波比 ρ、$d_{\min}$ 之间的关系。下面讨论驻波比 ρ、$d_{\min}$ 和阻抗 $Z(z')$ 之间的转化关系。

$$Z(z') = Z_0 \frac{1+\Gamma}{1-\Gamma} =$$

$$Z_0 \frac{1+|\Gamma_L|e^{j(\varphi_L - 2\beta z')}}{1-|\Gamma_L|e^{j(\varphi_L - 2\beta z')}} = Z_0 \frac{1+|\Gamma_L|e^{j(2\beta d_{\min} - \pi - 2\beta z')}}{1-|\Gamma_L|e^{j(2\beta d_{\min} - \pi - 2\beta z')}} =$$

$$Z_0 \frac{1-\dfrac{\rho-1}{\rho+1}e^{j(2\beta d_{\min} - 2\beta z')}}{1+\dfrac{\rho-1}{\rho+1}e^{j(2\beta d_{\min} - 2\beta z')}} = Z_0 \frac{\rho+1-(\rho-1)e^{j(2\beta d_{\min} - 2\beta z')}}{\rho+1+(\rho-1)e^{j(2\beta d_{\min} - 2\beta z')}} =$$

$$Z_0 \frac{(\rho+1)e^{-j(\beta d_{\min} - \beta z')} - (\rho-1)e^{j(\beta d_{\min} - \beta z')}}{(\rho+1)e^{-j(\beta d_{\min} - \beta z')} + (\rho-1)e^{j(\beta d_{\min} - \beta z')}} =$$

$$Z_0 \frac{j\rho\sin[\beta(z'-d_{\min})] + \cos[\beta(z'-d_{\min})]}{\rho\cos[\beta(z'-d_{\min})] + j\sin[\beta(z'-d_{\min})]}$$

$$Z(z') = Z_0 \frac{1+j\rho\tan[\beta(z'-d_{\min})]}{\rho+j\tan[\beta(z'-d_{\min})]} \tag{9-5-10}$$

9.5.4 传输线上阻抗的再讨论

为了结论的一般性,把传输线上的阻抗归一化为 $z(z')$,则式(9-5-10)变为

$$z(z') = \frac{Z(z')}{Z_0} = \frac{1+j\rho\tan\beta(z'-d_{\min})}{\rho+j\tan\beta(z'-d_{\min})} \tag{9-5-11}$$

令

$$t = \tan\beta(z'-d_{\min}) \tag{9-5-12}$$

则式(9-5-11)可写为

$$z(z') = \frac{1+j\rho t}{\rho + jt} = \frac{(1+j\rho t)(\rho - jt)}{\rho^2 + t^2} = \frac{\rho(1+t^2)}{\rho^2 + t^2} + j\frac{t(\rho^2 - 1)}{\rho^2 + t^2} \tag{9-5-13}$$

根据式(9-5-13),可得传输线上归一化电阻 r 和电抗 x 分别为

$$r = \frac{\rho(1+t^2)}{\rho^2 + t^2} \tag{9-5-14a}$$

$$x = \frac{t(\rho^2 - 1)}{\rho^2 + t^2} \tag{9-5-14b}$$

1. 归一化电阻变化规律

$$r = \frac{\rho(1+t^2)}{\rho^2 + t^2} = \frac{\rho(t^2 + \rho^2 + 1 - \rho^2)}{\rho^2 + t^2} = \rho\left(1 - \frac{\rho^2 - 1}{\rho^2 + t^2}\right) \tag{9-5-15}$$

根据式(9-5-12)和式(9-5-15)可知：当 $t=0$ 时，$z' = d_{\min}$，$r_{\min} = 1/\rho$；当 $t \to +\infty$ 时 $z' = d_{\min} \pm \lambda/4$，$r_{\max} = \rho$。归一化电阻变化的变化规律见图 9-5-1。

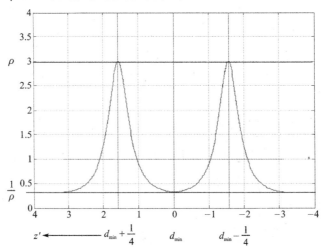

图 9-5-1 归一化电阻在传输线的变化规律

从图 9-5-1 可以看出，归一化电阻是关于 $d_{\min}$（电压出现最小值位置）偶对称的，并且是以 $\lambda/2$ 为周期变化的。在电压出现最小值位置时，电阻出现最小值；在离电压出现最小值位置 $\lambda/4$ 左右时，电阻出现最大值。

当在 $z' = d_{\min}$ 处，$\Gamma(d_{\min}) = |\Gamma_L| e^{\varphi_L - 2\beta d_{\min}} = |\Gamma_L| e^{-\pi} = -|\Gamma_L|$，则

$$|U(d_{\min})| = |U_0^+||1 + \Gamma(d_{\min})| = |U_0^+|(1 - |\Gamma_L|) = U_{\min} \tag{9-5-16}$$

$$|I(d_{\min})| = \left|\frac{U_0^+}{Z_0}\right||1 - \Gamma(d_{\min})| = \left|\frac{U_0^+}{Z_0}\right|(1 + |\Gamma_L|) = I_{\max} \tag{9-5-17}$$

从式(9-5-16)和式(9-5-17)可以看出：当电压幅度值为最小值时，电流幅度值为最大值。

当在 $z' = d_{\min} \pm \lambda/4$ 处，$\Gamma(d_{\min}) = |\Gamma_L| e^{\varphi_L - 2\beta(d_{\min} \pm \lambda/4)} = |\Gamma_L| e^{0 \cdot 2\pi} = |\Gamma_L|$

$$|U(d_{\min} \pm \lambda/4)| = |U_0^+||1 + \Gamma(d_{\min} \pm \lambda/4)| = |U_0^+|(1 + |\Gamma_L|) = U_{\max}$$
$$\tag{9-5-18}$$

$$|I(d_{\min} \pm \lambda/4)| = \left|\frac{U_0^+}{Z_0}\right||1 - \Gamma(d_{\min} \pm \lambda/4)| = \left|\frac{U_0^+}{Z_0}\right|(1 - |\Gamma_L|) = I_{\min}$$
$$\tag{9-5-19}$$

从式(9-5-18)和式(9-5-19)可以看出：在电压出现最小值位置 $\lambda/4$ 左右处，电压幅度值出现最大值，电流出现最小值。

从图 9-5-2 可以看出：驻波比越大，归一化电阻变化越大；当驻波比为 1 时，归一化电阻的曲线为 $r=1$ 的直线。

2. 归一化电抗的变化规律

$$x = \frac{t(\rho^2 - 1)}{\rho^2 + t^2} = \frac{(\rho^2 - 1)}{\frac{\rho^2}{t} + t} \tag{9-5-20}$$

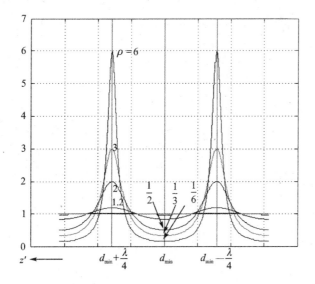

图 9 - 5 - 2　归一化电阻随驻波比的变化规律

根据式(9-5-20)可知：当 $t>0, t=\rho$ 时，$x=(\rho^2-1)/(2\rho)$ 为最大值，出现最大值的位置为

$$z' = d_{\min} + \frac{\tan^{-1}\rho}{\beta} = d_{\min} + \frac{\tan^{-1}\rho}{2\pi}\lambda \qquad (9-5-21)$$

当 $t<0, t=-\rho$ 时，$x=-(\rho^2-1)/(2\rho)$ 为最小值，出现最小值的位置为

$$z' = d_{\min} - \frac{\tan^{-1}\rho}{\beta} = d_{\min} - \frac{\tan^{-1}\rho}{2\pi}\lambda \qquad (9-5-22)$$

当 $z'=d_{\min}$ 或 $z'=d_{\min}\pm\lambda/4$ 时，$t=0$，所以 $x=0$；说明在 $z'=d_{\min}$ 时，传输线在这点的阻抗为纯电阻，而且电阻值最小，电压出现最小值，电流出现最大值；当 $z'=d_{\min}\pm\lambda/4$ 时，传输线在这点的阻值为纯电阻，而且电阻值最大，电压出现最大值，电流出现最小值。

从图 9-5-3 可以看出：归一化电抗是关于 $d_{\min}$（电压出现最小值位置）奇对称的，并且是以 $\lambda/2$ 为周期变化的。

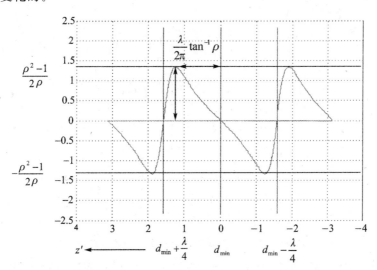

图 9 - 5 - 3　归一化电抗在传输线上的变化规律

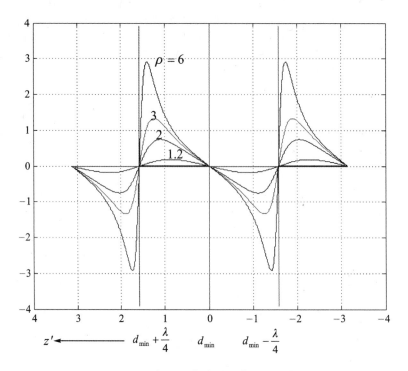

图 9-5-4 归一化电抗随驻波比变化的规律

从图 9-5-4 可以看出:驻波比越大,归一化电抗变化越大;当驻波比为 1 时,归一化电抗的曲线为 $x=0$ 直线。

9.6 传输工作参数转化关系小结

前面分别讨论了传输线上的阻抗、反射系数和驻波比。现在把这些转换关系梳理成图 9-6-1。基本结论如下:

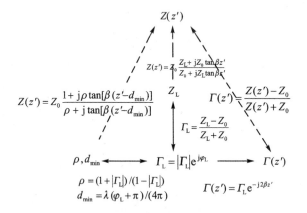

图 9-6-1 传输线工作参数之间的转换关系

① 传输线的工作状态(行波、纯驻波和行驻波)完全由终端参数(负载阻抗、负载反射系数、驻波比及电压出现最小值的位置)决定,并且三组参数是可以相互转换的。

② 传输线任意一点的阻抗和反射系数都可由终端参数确定,并且两者可以相互转换。

③ 传输线的终端参数确定,则传输线上电压幅度的最大值(最小值)及位置、电流幅度的最大值(最小值)及位置、功率及回波损耗、阻抗的极值及位置等参数可以确定。

④ 传输线的终端参数确定,传输线上任意一点的电压和电流都可以唯一表示。

9.7 Smith 圆图

Smith 圆图是一种辅助图形,如图 9-7-1 所示,对解决传输线工作参数之间的转换和阻抗匹配等问题非常有效。不仅如此,它可以把传输线现象可视化地表示出来,这对理解传输线理论至关重要。自从 20 世纪 30 年代由 P. Smith 在贝尔实验室开发出来后,历经这么多年还在使用,可见其简单、方便而且直观。现在很多矢量网络分析仪和计算机辅助软件中广泛使用。

9.7.1 Smith 圆图的构成

1. 阻抗归一化和传输线长度的归一化

在传输线理论中,式(9-7-1)表示的阻抗反射系数转化关系和式(9-7-2)表示的反射系数变化关系至关重要,Smith 圆图最重要的就是要实现它们之间的转化关系。但它们中涉及的具体传输线的特征阻抗、传播常数,这样会对研究传输线的一般规律带来不便。因而这里先进行阻抗归一化和传输线长度的归一化处理,目的是让 Smith 圆图能够适合处理不同特征阻抗和不同传播常数的一般性传输线问题。

$$Z(z') = Z_0 \frac{1 + \Gamma(z')}{1 - \Gamma(z')} \quad (9-7-1)$$

$$\Gamma(z') = \Gamma_L e^{-j2\beta z'} \quad (9-7-2)$$

阻抗的归一化就是把式(9-7-1)两边同时除以特征阻抗 Z_0,从而使得左边变成归一化阻抗 $z(z')$,从而使得式(9-7-1)变为

$$z(z') = \frac{1 + \Gamma(z')}{1 - \Gamma(z')} \quad (9-7-3)$$

传输线长度的归一化是指传输线长度除以波长得到的归一化长度。这样式(9-7-2)中的位置坐标可以表示成 $z' = \lambda d$,d 为归一化位置,从而式(9-7-2)可以表示成:

$$\Gamma(d\lambda) = \Gamma_L e^{-j\frac{4\pi}{\lambda} d\lambda} = \Gamma_L e^{-j4\pi d} \quad (9-7-4)$$

从式(9-7-4)可以看出 Γ 的周期(用归一化长度表示)就是 1/2,转换到实际长度就是 $\lambda/2$。

2. Smith 圆图的基底——反射系数的表示

Smith 圆图(见图 9-7-2)是一个复数平面,其中任何一个点都对应一个反射系数。因为反射系数的模总是小于或等于 1,所以所有的反射系数都只能在单位圆内。根据传输线上反射系数模的不变性($|\Gamma(z')| = |\Gamma_L|$)可知,传输线上不同点的反射系数必须落在一个圆上,而圆上的驻波比相等。图 9-7-2 中三个虚线圆分别为不同的等反射系数模的圆,最外面的实线圆是 $|\Gamma|=1$ 的全反射圆。如图 9-7-2 所示的 Smith 圆图中,等反射系数模的圆和复数平面的实轴和虚轴都没有画出,在实际应用中需要自己画辅助等反射系数模的圆。

当给定传输线上某个参考点的反射 $\Gamma = \Gamma_r + i\Gamma_i = |\Gamma| e^{j\varphi}$ 后,就可以在复数平面内找到对

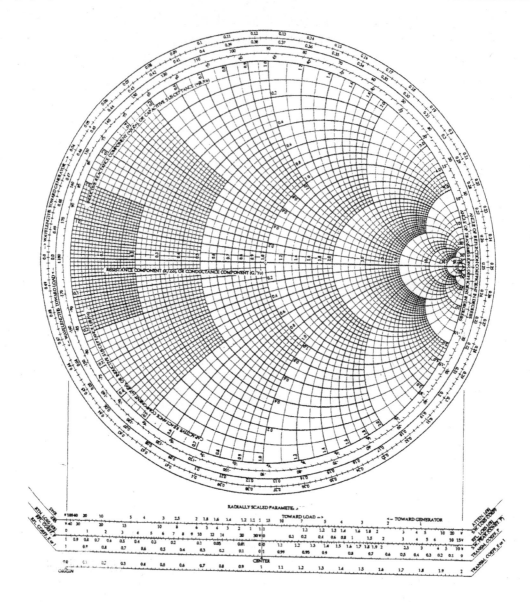

图 9-7-1 Smith 圆图

应的点,如图 9-7-2 所示。如果要求解参考点左侧某个位置处的反射系数(即 z' 增大,向源方向),根据式(9-7-2)可知,此时反射系数的相角相对参考点是减小的,在复数平面内相角减小的方向是顺时针的;同理,向负载方向是 z' 减小的方向,这时相角在增大,在复数平面内是逆时针变化的。其变化顺序在图 9-7-2 用旋转箭头表示。如图 9-7-2 所示,在圆周处有 0~0.5 的均匀刻度,其表示的是向源方向变化的归一长度(实际长度为该长度乘以波长)。在图 9-7-1 中,还有向负载变化的归一化长度的 0~0.5 的均匀刻度。传输线模型如图 9-7-3 所示。

Smith 圆图上有三个比较特殊的点,如图 9-7-2 所示,分别是短路点、开路点和匹配点。在短路点,反射系数 $\Gamma=-1$,归一化阻抗 $z=0$。在开路点反射系数 $\Gamma=1$,归一化阻抗 $z=\infty$。在匹配点,反射系数 $\Gamma=0$,归一化阻抗 $z=1$。

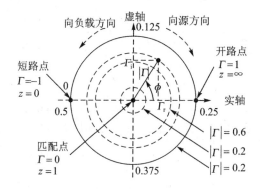

图 9-7-2 Smith 圆图基底图

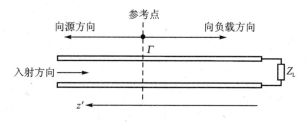

图 9-7-3 传输线模型

3. Smith 圆图中阻抗的表示

反射系数在复数平面内唯一表示出来了,根据式(9-7-3)可知,每一个反射系数都和阻抗有唯一的对应关系。如果阻抗在复数平面内也能用图形表示这种关系,则对于求解阻抗和反射系数的转换会带来好处。其具体思路如下:

令归一化阻抗 $z=r+jx$,其中 r、x 分别为归一化的电阻和电抗。根据式(9-7-3)可得阻抗为

$$r+jx = \frac{1-(\Gamma_r^2+\Gamma_i^2)}{(1-\Gamma_r)^2+\Gamma_i^2} + j\frac{2\Gamma_i}{(1-\Gamma_r)^2+\Gamma_i^2} \qquad (9-7-5)$$

从而可以得到等电阻圆方程式(9-7-6)和等电抗圆方程式(9-7-7)。

$$r = \frac{1-(\Gamma_r^2+\Gamma_i^2)}{(1-\Gamma_r)^2+\Gamma_i^2} \qquad (9-7-6)$$

$$x = \frac{2\Gamma_i}{(1-\Gamma_r)^2+\Gamma_i^2} \qquad (9-7-7)$$

(1) 等电阻(圆)方程

整理式(9-7-6),可得:

$$\left(\Gamma_r - \frac{r}{r+1}\right)^2 + \Gamma_i^2 = \left(\frac{1}{r+1}\right)^2 \qquad (9-7-8)$$

从式(9-7-8)可以看出,对于每一个确定电阻,该方程是一个确定的圆方程;或者反过来说,所有在同一个圆上的电阻值都相等。等电阻圆的圆心位置和半径分别为

$$\text{圆心位置——}\left(\frac{r}{r+1}, 0\right); \qquad \text{半径——}\frac{1}{r+1}$$

因为圆心位置和半径满足:

$$\frac{r}{r+1} + \frac{1}{r+1} = 1 \tag{9-7-9}$$

所以可以看出,对于不同电阻对应的不同圆都会经过(1,0)点。下面取几个典型的电阻值,分析每个等电阻圆(见表9-7-1),并在反射系数的复数平面内画出图形,见图9-7-4。

表 9-7-1 典型等电阻圆表

归一化电阻	圆心位置	半径	备注
$r=1$	(1/2,0)	1/2	特征电阻 匹配圆
$r=1/2$	(1/3,0)	2/3	$r<1$ 小电阻
$r=2$	(2/3,0)	1/3	$r>1$ 大电阻
$r=0$	(0,0)	1	纯电抗 单位圆
$r=\infty$	(1,0)	0	电阻无穷大 圆压缩成一点

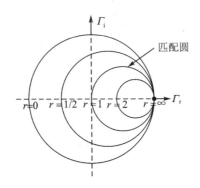

图 9-7-4　Smith 圆图上的典型等电阻圆

下面对其中几个典型的等电阻圆做一下说明:
- 当 $r=0$ 时,阻抗是纯电抗,这时圆方程为单位圆。在传输理论中已经证明:当传输线的负载是纯电抗时,传输线工作在纯驻波状态,反射系数的模为1。在讨论 Smith 圆图基底时,也确定了单位圆是反射系数模为1的圆,两者是统一协调的。
- 当 $r=1$ 时,是过匹配点的等电阻圆,该圆在阻抗匹配设计时,是一个重要的辅助圆。
- 当 $r=\infty$ 时,圆缩小到一个位于(1,0)的点。电阻为无穷大,说明阻抗也为无穷大,(1,0)点正是阻抗为无穷大的点。

(2) 等电抗(圆)方程

整理式(9-7-7),可得:

$$(\Gamma_r - 1)^2 + \left(\Gamma_i - \frac{1}{x}\right)^2 = \left(\frac{1}{x}\right)^2 \tag{9-7-10}$$

从式(9-7-10)可以看出:每对应一个电抗,该方程就是一个确定的圆方程;或者所在同一个等电抗圆上,电抗值都相等。等电抗圆的圆心坐标为$(1,1/x)$,半径为$1/x$,从圆心位置和半径的关系可以看出,不同的等电抗圆都会经过(1,0)点。下面取几个典型的电抗值,分析每个等电抗圆(见表9-7-2),并在反射系数的复数平面内画出图形,见图9-7-5。

表 9-7-2 典型等电抗圆表

归一化电抗	圆心位置	半 径	备 注
$x=1$	(1,1)	1	上半圆 感抗
$x=1/2$	(1,2)	2	上半圆 感抗
$x=2$	(1,1/2)	1/2	上半圆 感抗
$x=-1$	(1,-1)	-1	下半圆 容抗
$x=-1/2$	(1,-2)	-2	下半圆 容抗
$x=-2$	(1,-1/2)	-1/2	下半圆 容抗
$x=0$	(1,∞)	∞	在实轴上
$x=\infty$	(1,0)	0	压缩在开路点

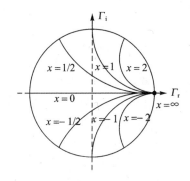

图 9-7-5 典型等电抗圆

下面对其中几个典型的等电抗圆做一下说明:

- 当 $x=0$ 时,阻抗是纯电阻,这是一个无穷大的圆,而在单位圆中它只能够落在实轴上。因而在实轴上的所有点只能够是纯电阻。这个结论非常重要,Smith 圆图上标注驻波比会用到。
- 当 $x=\infty$ 时,圆缩小到一个位于(1,0)的点。电抗为无穷大,说明阻抗也为无穷大,(1,0)点正是阻抗为无穷大的点。

在复数平面内同时把等电阻圆和等电抗圆画出,就展现了 Smith 圆图的最主要内容。通过这个图形,就可以确定反射系数和归一化阻抗的转换关系了。

4. Smith 圆图中驻波比的表示

Smith 圆图中反射系数和阻抗都已经表示出来了,下面讨论如何在 Smith 圆图中表示驻波比。根据上面分析:在实轴上的点都是纯电阻,而等电阻圆和实轴的交点就是该归一化电阻值。Smith 圆图中已经标注,可见图 9-7-1 和图 9-7-4。

现在证明:在实轴的正半轴上标注的归一化电阻值($r>1$)就是驻波比;在负半轴标注的归一化电阻值($r<1$)就是驻波比的倒数(也称行波系数);而 $r=1$,表示的就是驻波比等于1,这个点就是匹配点(阻抗等于特征阻抗)。

证明

当 $z=r$ 且 $r>1$ 时,根据式(9-7-3)可得反射系数为

$$\Gamma = \frac{z-1}{z+1} = \frac{r-1}{r+1} \tag{9-7-11}$$

式(9-7-11)中求得的反射系数是一个正实数。根据驻波比和反射系数的关系式,可求得:

$$\rho = \frac{1+|\Gamma|}{1-|\Gamma|} = \frac{1+\Gamma}{1-\Gamma} = \frac{1+(r-1)/(r+1)}{1-(r-1)/(r+1)} = r \tag{9-7-12}$$

当 $z=r$ 且 $r<1$ 时,有

$$\Gamma = \frac{z-1}{z+1} = \frac{r-1}{r+1} \tag{9-7-13}$$

式(9-7-13)中求得的反射系数是一个负实数。根据驻波比和反射系数的关系式,可求得:

$$\rho = \frac{1+|\Gamma|}{1-|\Gamma|} = \frac{1-\Gamma}{1+\Gamma} = \frac{1-(r-1)/(r+1)}{1+(r-1)/(r+1)} = \frac{1}{r} \tag{9-7-14}$$

当 $z=r=1$ 时,有

$$\Gamma = \frac{z-1}{z+1} = \frac{r-1}{r+1} = 0 \tag{9-7-15}$$

$$\rho = \frac{1+|\Gamma|}{1-|\Gamma|} = 1 = r \tag{9-7-16}$$

5. Smith 圆图中归一化导纳的计算和导纳圆图的构成

$\lambda/4$ 长传输线阻抗变换模型图如图 9-7-6 所示。

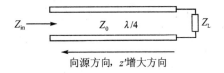

图 9-7-6　$\lambda/4$ 长传输线阻抗变换模型图

在传输线理论中讨论过 1/4 波长传输线的阻抗变换性质,得到式(9-7-17)。

$$Z_{in} = \frac{Z_0^2}{Z_L} \tag{9-7-17}$$

根据式(9-7-17),可得归一化的阻抗变换公式,即

$$\frac{Z_{in}}{Z_0} = \frac{1}{Z_L/Z_0}$$

$$z_{in} = \frac{1}{z_L} \tag{9-7-18}$$

式(9-7-18)表明 z_{in} 就是归一化的负载导纳 y_L。在 Smith 圆图中,1/4 波长传输线的阻抗变换就是以归一化负载阻抗为起点,向源方向沿着等反射系数模的圆绕 π 角度,见公式(9-7-4)。也就是说,归一化导纳和归一化阻抗在 Smith 圆图中关于复平面零点对称。

9.7.2　Smith 圆图的应用

1. 已知阻抗,求导纳

例 9-7-1　已知阻抗为 $Z=50+j50$ Ω,传输线特征阻抗 50 Ω,求 Y,示例 Smith 圆图如图 9-7-7 所示。

步骤 1:阻抗归一化。

$$z = \frac{Z}{Z_0} = \frac{50 + j50}{50} = 1 + j$$

步骤 2：在 Smith 圆图上找到 $r=1$ 等电阻圆和 $x=1$ 等电抗圆的交点 A。

步骤 3：作 A 点关于圆点的圆对称点 B，如图 9-7-7 所示。

步骤 4：找到过 B 点的等电阻圆和等电抗圆（假设为 $r=0.5, x=-0.5$），得到归一化导纳为

$$y = 0.5 - j0.5$$

步骤 5：反归一化，得到导纳为

$$Y = yY_0 = (0.5 - j0.5)/50 = 0.01 - j0.01$$

2. 已知负载阻抗，求负载反射系数、电压驻波比和电压最小点位置

例 9-7-2 已知负载阻抗 $Z_L = 50 + j50\ \Omega$，传输线特征阻抗为 $50\ \Omega$，求负载反射系数、电压驻波比和电压最小点位置。

步骤 1：阻抗归一化。

$$z_L = \frac{Z_L}{Z_0} = \frac{50 + j50}{50} = 1 + j$$

步骤 2：在 Smith 圆图上找到 $r=1$ 的等电阻圆和 $x=1$ 的等电抗圆的交点 A。

步骤 3：过 A 点画等反射系数模的圆，交实轴于 B 和 C 点，如图 9-7-8 所示。

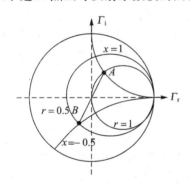

图 9-7-7 求导纳例子的 Smith 圆图　　图 9-7-8 求反射系数例子的 Smith 圆图

步骤 4：过 A 点画射线交单位圆于 D，可读得反射系数相角为 $63.4°$。

步骤 5：过 B 点读得 $r=2.6$ 的等电阻圆，可知驻波比 $\rho=2.6$。利用驻波比和反射系数的关系求得反射系数为

$$|\Gamma_L| = \frac{\rho - 1}{\rho + 1} = \frac{2.6 - 1}{2.6 + 1} = 0.44$$

因而可得 $\Gamma_L = |\Gamma_L| e^{j\phi} = 0.44 e^{j\pi \frac{63.4}{180}}$。

步骤 6：C 点就是等反射系数模的圆上电阻出现最小值的点，该点也就是电压出现最小的点，见图 9-7-8。从 A 点沿等反射系数模的圆向源方向运动到 D 点的距离就是第一次出现电压最小点的位置，即

$$d_{\min} = (0.5 - 0.162)\lambda = 0.338\lambda$$

3. 已知负载阻抗和传输线长度，求输入阻抗

例 9-7-3 已知负载阻抗 $Z_L = 100 + j\,50\ \Omega$，传输线的特征阻抗为 $50\ \Omega$，传输线长度

0.24λ 处,求传输线输入端的输入阻抗 Z_in,示例的 Smith 圆图如图 9-7-9 所示。

步骤 1:阻抗归一化。

$$z_\text{L} = \frac{Z_\text{L}}{Z_0} = \frac{100+\text{j}50}{50} = 2+\text{j}$$

步骤 2:在 Smith 圆图上找到 $r=2$ 的等电阻圆和 $x=1$ 的等电抗圆的交点 A。

步骤 3:画过 A 点的等反射系数模的圆,并画过 A 点的射线交于单位圆 B 点处。读得向源方向的刻度为 0.213。计算出输入阻抗所在的位置刻度为 $0.213+0.24=0.453$,并找到 C 点。

步骤 4:画圆点和 C 点的连线交等反射系数模的圆于 D 点。读出过 D 点的等电阻圆和等电抗圆的读数分别为

$$r=0.24, \quad x=-0.25$$

步骤 5:计算输入阻抗为

$$Z_\text{in} = Z_0(r+\text{j}x) = 50(0.24-\text{j}0.25) = 12-\text{j}12.5\ \Omega$$

4. 已知驻波比和电压最小点位置,求负载阻抗

例 9-7-4 已知电压驻波比 $\rho=5$,当 $d_\text{min}=\lambda/3$ 时,传输线的特征阻抗为 $50\ \Omega$,求负载阻抗 Z_L。

步骤 1:在电压为最小值时,阻抗为纯电阻,即

$$r = \frac{1}{\rho}, \quad x=0$$

步骤 2:在 Smith 圆图上标记该点为 A,并过 A 点画等反射系数模的圆,见图 9-7-10。

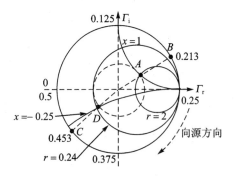 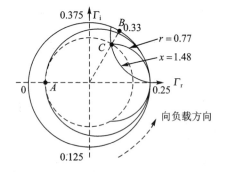

图 9-7-9 求输入阻抗例子的 Smith 圆图　　图 9-7-10 求负载阻抗例子的 Smith 圆图

步骤 3:计算负载阻抗所在的刻度 $0+0.33=0.33$(在向负载方向的刻度上),并标记为 B 点。

步骤 4:画圆点和 B 点的连线并交等反射系数模的圆于 C 点,读出过 C 点的等电阻圆和等电抗圆的刻度。

$$r=0.77, \quad x=1.48$$

步骤 5:计算输入阻抗为

$$Z_\text{in} = Z_0(r+\text{j}x) = 50(0.77+\text{j}1.48) = 38.5+\text{j}74\ \Omega$$

9.8 习　题

9-8-1　传输线具有以下单位长度参量：$L=0.2\ \mu H/m, C=300\ pF/m$，计算该线在 300 MHz 频率下的传播常数和特征阻抗。

9-8-2　同轴线模型参见图 10-3-1，其电场强度为 $\vec{E}(\rho,\phi,z)=\dfrac{U_o}{\operatorname{Ln}\left(\dfrac{b}{a}\right)}\dfrac{1}{\rho}e^{-jkz}\hat{a}_\rho$，磁场强度为 $\vec{H}(\rho,\phi,z)=\dfrac{U_o}{\eta\operatorname{Ln}\left(\dfrac{b}{a}\right)}\dfrac{1}{\rho}e^{-jkz}\hat{a}_\phi$，计算同轴线的 L,C,R,G，并计算理想传输线时的特征阻抗和传播常数。

9-8-3　一个长度为 $l=0.8\lambda$，特征阻抗 $Z_0=75\ \Omega$ 的无耗传输线接一个复负载阻抗 $Z_L=30-j20\ \Omega$，求负载反射系数、驻波比、线输入端的阻抗、线输入端的反射系数。

9-8-4　一个无线电发射机通过 $Z_0=75\ \Omega$ 的同轴线连接阻抗为 $80-j40\ \Omega$ 的天线。若 50 Ω 的反射机连接 50 Ω 负载时输出 30 W 功率，问有多少功率传到天线？

9-8-5　计算驻波比、反射系数的模值和回波损耗的值：
(a) $\rho=1$；　　(b) $|\Gamma|=0.5$；　　(c) RL=20 dB。

9-8-6　传输线模型如图 9-8-1 所示，利用 Smith 圆图求下述参数：
(a) 驻波比；
(b) 负载的反射系数；
(c) 负载导纳；
(d) 线的输入阻抗；
(e) 负载到第一个电压极小值的距离；
(f) 负载到第一个电压极大值的距离。

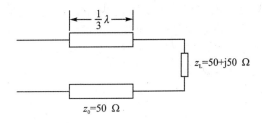

图 9-8-1　习题 9-8-6 用图

第 10 章 同轴线和矩形波导

微波工程早期的里程碑之一是发展了用于低耗传输微波功率的波导和其他传输线。在工作频率超过 3 GHz 的微波频段中,由于导线的有线电导率而产生的趋肤效应会使得平行双线传输线损耗很大,而波导能够在这个频段中有效地传输电磁波。

波导具有运行高功率容量和低损耗的优点。波导一般都是一个金属空心管,其截面可以是矩形或者圆形。波导和双导体 TEM 传输线相比有许多不同点:

① 波导不能够像双导体传输线(双导线、铜轴线等)传播 TEM 波,而只能够传播 TE(Transverse Electric:没有纵向的电场分量)波或者 TM(Transverse Magnetic:没有纵向的磁场分量)波。

② 波导中传播的电磁波频率必须大于截止频率,而双导体 TEM 传输线没有截止频率,甚至可以传播直流电(DC)。

③ 波导中传播的电磁波必须用严格的 Maxwell 方程求解,而双导体 TEM 波传输线可以用基于电路理论的传输线理论来分析。

随着电磁波的频率接近可见光或者红外光频率,空心金属波导(见图 10-0-1)的趋肤效应又会显著起来,从而导致损耗很大。为了解决这一问题,原有的空气-金属的边界被介质-介质边界所取代,这样的结构称为光纤和介质波导(见图 10-0-2)。在光纤或者介质波导中,能够有效地传播光信号。

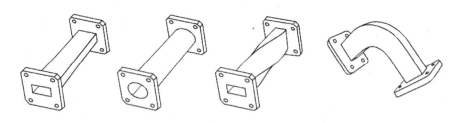

图 10-0-1 空心金属波导

图 10-0-2 光纤和介质平板波导

实验室经常可见到的传输线是同轴线,如图 10-0-3 所示。其带宽大且能够弯曲,因而方便使用,但在其中制作复杂的微波元件较难。另外,在微波电路中经常见到的是平面传输线,它采用带状线、微带线、槽线等几何结构,这些结构易于与有源器件如二极管、三极管集成形成微波集成电路。

求解传输线的一般框架如图 10-0-4 所示。先根据传输线的共性特点求解所有传输线

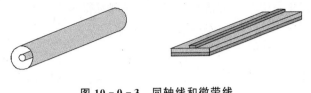

图 10-0-3 同轴线和微带线

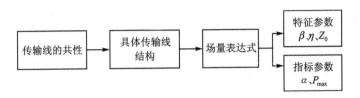

图 10-0-4 传输线的一般求解思路

的特解,然后根据具体传输线的结构求出完整的场量表达式,最后根据场量求得该传输线的特征参数和功率指标参数。本章重点讨论同轴线和矩形波导,但讨论的框架也适合其他传输线。

10.1 传输线的通解

在本节中,先不考虑具体类型的传输线,而是做最一般的假设:① 传输线平行于 z 轴;② 导体结构和介质在 z 轴是均匀的且为无限长;③ 导体和介质都是理想的,以后再考虑非理想而引起的损耗(见图 10-1-1)。

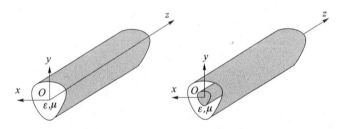

图 10-1-1 单导体传输线和双导体传输线

1. 从无源的相量形式 Maxwell 方程组获得亥姆霍兹方程

$$\nabla \times \vec{E} = -j\omega\mu\vec{H} \tag{10-1-1a}$$

$$\nabla \times \vec{H} = j\omega\varepsilon\vec{E} \tag{10-1-1b}$$

$$\nabla \cdot \vec{E} = 0 \tag{10-1-1c}$$

$$\nabla \cdot \vec{H} = 0 \tag{10-1-1d}$$

对式(10-1-1a)两边同取旋度,并利用矢量恒等式 $\nabla \times \nabla \times \vec{E} = \nabla(\nabla \cdot \vec{E}) - \nabla^2 \vec{E}$ 得:

$$\nabla \times \nabla \times \vec{E} = -j\omega\mu \nabla \times \vec{H}$$

$$\nabla(\nabla \cdot \vec{E}) - \nabla^2 \vec{E} = -j\omega\mu(j\omega\varepsilon\vec{E})$$

$$\nabla^2 \vec{E} + \omega^2\varepsilon\mu\vec{E} = 0$$

$$\nabla^2 \vec{E} + k^2 \vec{E} = 0 \tag{10-1-2a}$$

式中 $k^2 = \omega^2\varepsilon\mu$，$k$ 为在介质中自由传播时的波数。同理可得：

$$\nabla^2\vec{H} + k^2\vec{H} = 0 \tag{10-1-2b}$$

$$k = \omega\sqrt{\varepsilon\mu} \tag{10-1-3}$$

式(10-1-2a)和式(10-1-2b)称为亥姆霍兹方程。下面求解式(10-1-2a)，同理可求解式(10-1-2b)。

2. 分离 z 变量和分离 $\partial^2/\partial z^2$ 算子

分离变量：
$$\vec{E} = \vec{e}Z(z) \tag{10-1-4}$$

分离算子：
$$\nabla^2 = \nabla_t^2 + \frac{\partial^2}{\partial z^2} \tag{10-1-5}$$

在直角坐标系中，式(10-1-4)和式(10-1-5)中的 $\vec{e}$ 和 ∇_t^2 分别为

$$\vec{e} = \vec{e}(x,y) = \hat{a}_x e_x(x,y) + \hat{a}_y e_y(x,y) + \hat{a}_z e_z(x,y) \tag{10-1-6}$$

$$\nabla_t^2 = \frac{\partial^2}{\partial x^2} + \frac{\partial^2}{\partial y^2} \tag{10-1-7}$$

在圆柱坐标系中，式(10-1-4)和式(10-1-5)中的 $\vec{e}$ 和 ∇_t^2 分别为

$$\vec{e} = \vec{e}(\rho,\phi) = \hat{a}_\rho e_\rho(\rho,\phi) + \hat{a}_\phi e_\phi(\rho,\phi) + \hat{a}_z e_z(\rho,\phi) \tag{10-1-8}$$

$$\nabla_t^2 = \frac{1}{\rho}\frac{\partial}{\partial\rho}\left(\rho\frac{\partial}{\partial\rho}\right) + \frac{1}{\rho^2}\frac{\partial^2}{\partial\phi^2} \tag{10-1-9}$$

把式(10-1-4)和式(10-1-5)代入亥姆霍兹方程式(10-1-2a)，可得：

$$\left(\nabla_t^2 + \frac{\partial^2}{\partial z^2}\right)\vec{e}Z(z) + k^2\vec{e}Z(z) = 0$$

$$Z(z)\nabla_t^2\vec{e} + \vec{e}\frac{\partial^2 Z(z)}{\partial z^2} + k^2\vec{e}Z(z) = 0$$

$$\frac{\nabla_t^2\vec{e}}{\vec{e}} + \frac{\frac{\partial^2 Z(z)}{\partial z^2}}{Z(z)} + k^2 = 0 \tag{10-1-10}$$

令 $\dfrac{\frac{\partial^2 Z(z)}{\partial z^2}}{Z(z)} = -\beta^2$，$\dfrac{\nabla_t^2\vec{e}}{\vec{e}} = -k_c^2$，则式(10-1-10)可分离成两个独立的方程和一个约束关系式：

$$\frac{\partial^2 Z(z)}{\partial z^2} + \beta^2 Z(z) = 0 \tag{10-1-11}$$

$$\nabla_t^2\vec{e} + k_c^2\vec{e} = 0 \tag{10-1-12}$$

$$k^2 = k_c^2 + \beta^2 \tag{10-1-13}$$

式(10-1-11)的解为

$$Z(z) = Ce^{-j\beta z} + De^{j\beta z} \tag{10-1-14}$$

在传输线理论中已经讨论过式(10-1-14)中第一项是正向传播的波，而第二项是反向传播的波。在基本假设②中假设了传输线是无限长的，所以没有终端反射回来的反向传播的波，因而先略去第二项，并把(10-1-14)代入式(10-1-4)中，可得电场矢量为

$$\vec{E} = \vec{e}\,e^{-j\beta z} \tag{10-1-15a}$$

式(10-1-15a)中，待定常数项包含在 $\vec{e}$ 中。同理可求得磁场矢量：

$$\vec{H} = \vec{h}\,e^{-j\beta z} \tag{10-1-15b}$$

其中 $\vec{h}$ 满足：

$$\nabla_t^2 \vec{h} + k_c^2 \vec{h} = 0 \tag{10-1-16}$$

3. 横向分量 (E_x, E_y, H_x, H_y) 用纵向分量 (E_z, H_z) 表示

当电场矢量和磁场矢量取式(10-1-15a)和式(10-1-15b)的形式时，可以证明：

$$\frac{\partial \vec{E}}{\partial z} = -\mathrm{j}\beta \vec{E} \tag{10-1-17a}$$

$$\frac{\partial \vec{H}}{\partial z} = -\mathrm{j}\beta \vec{H} \tag{10-1-17b}$$

把 Maxwell 方程中两个旋度方程式(10-1-1a)和式(10-1-1b)展开，并应用式(10-1-17a)和式(10-1-17b)可得：

$$\begin{vmatrix} \hat{a}_x & \hat{a}_y & \hat{a}_z \\ \frac{\partial}{\partial x} & \frac{\partial}{\partial y} & -\mathrm{j}\beta \\ E_x & E_y & E_z \end{vmatrix} = -\mathrm{j}\omega\mu(\hat{a}_x H_x + \hat{a}_y H_y + \hat{a}_z H_z) \tag{10-1-18a}$$

$$\begin{vmatrix} \hat{a}_x & \hat{a}_y & \hat{a}_z \\ \frac{\partial}{\partial x} & \frac{\partial}{\partial y} & -\mathrm{j}\beta \\ H_x & H_y & H_z \end{vmatrix} = \mathrm{j}\omega\varepsilon(\hat{a}_x E_x + \hat{a}_y E_y + \hat{a}_z E_y) \tag{10-1-18b}$$

把式(10-1-18a)和式(10-1-18b)展开，可得六个方程中的四个：

$$\frac{\partial E_z}{\partial y} + \mathrm{j}\beta E_y = -\mathrm{j}\omega\mu H_x \tag{10-1-19a}$$

$$-\mathrm{j}\beta E_x - \frac{\partial E_z}{\partial x} = -\mathrm{j}\omega\mu H_y \tag{10-1-19b}$$

$$\frac{\partial H_z}{\partial y} + \mathrm{j}\beta H_y = \mathrm{j}\omega\varepsilon E_x \tag{10-1-19c}$$

$$-\mathrm{j}\beta H_x - \frac{\partial H_z}{\partial x} = \mathrm{j}\omega\varepsilon E_y \tag{10-1-19d}$$

根据式(10-1-19a)和式(10-1-19c)可得：

$$\begin{bmatrix} H_x \\ E_y \end{bmatrix} = \frac{1}{k_c^2} \begin{bmatrix} \mathrm{j}\omega\varepsilon & -\mathrm{j}\beta \\ -\mathrm{j}\beta & \mathrm{j}\omega\mu \end{bmatrix} \begin{bmatrix} \frac{\partial E_z}{\partial y} \\ \frac{\partial H_z}{\partial x} \end{bmatrix} \tag{10-1-20a}$$

根据式(10-1-19b)和式(10-1-19d)可得：

$$\begin{bmatrix} E_x \\ H_y \end{bmatrix} = \frac{1}{k_c^2} \begin{bmatrix} -\mathrm{j}\beta & -\mathrm{j}\omega\mu \\ -\mathrm{j}\omega\varepsilon & -\mathrm{j}\beta \end{bmatrix} \begin{bmatrix} \frac{\partial E_z}{\partial y} \\ \frac{\partial H_z}{\partial y} \end{bmatrix} \tag{10-1-20b}$$

综合式(10-1-20a)和式(10-1-20b)可得：

$$\begin{bmatrix} E_x \\ E_y \\ H_x \\ H_y \end{bmatrix} = \frac{1}{k_c^2} \begin{bmatrix} -\mathrm{j}\beta & 0 & 0 & -\mathrm{j}\omega\mu \\ 0 & -\mathrm{j}\beta & \mathrm{j}\omega\mu & 0 \\ 0 & \mathrm{j}\omega\varepsilon & -\mathrm{j}\beta & 0 \\ -\mathrm{j}\omega\varepsilon & 0 & 0 & -\mathrm{j}\beta \end{bmatrix} \begin{bmatrix} \dfrac{\partial E_z}{\partial x} \\ \dfrac{\partial E_z}{\partial y} \\ \dfrac{\partial H_z}{\partial x} \\ \dfrac{\partial H_z}{\partial y} \end{bmatrix} \quad (10-1-21)$$

从式(10-1-21)可以看出：要求解电磁场的六个分量，只要能够求解电场和磁场的两个纵向分量即可，而两个纵向分量 $e_z(x,y)\mathrm{e}^{-\mathrm{j}\beta z}$ 和 $h_z(x,y)\mathrm{e}^{-\mathrm{j}\beta z}$ 中 $e_z(x,y)$ 和 $h_z(x,y)$ 分别满足式(10-1-12)和式(10-1-16)。下面就根据传输线中电磁波是否存在纵向分量来进行模式分类，并分别对各个模式加以阐述。

10.1.1 TEM 波

如果两个纵向分量 E_z 和 H_z 都为零，这种模式的电磁波称为 TEM 波。从式(10-1-21)可以看出：如果两个纵向分量 E_z 和 H_z 都为零，那么横向分量也为零，其实这种结论是不对的。因为式(10-1-21)成立的前提是 $k_c \neq 0$。如果纵向分量 E_z 和 H_z 都为零，那么通过式(10-1-19b)和式(10-1-19c)可推导出 $\beta^2 = k^2$，从而得到 $k_c^2 = k^2 - \beta^2 = 0$。此时式(10-1-12)和式(10-1-16)就会退化成：

$$\nabla_t^2 \vec{e} = 0 \quad (10-1-22\mathrm{a})$$

$$\nabla_t^2 \vec{h} = 0 \quad (10-1-22\mathrm{b})$$

式(10-1-22a)和式(10-1-22b)就是 TEM 波满足的基本方程。在式(10-1-22a)中，∇_t^2、$\vec{e}$ 在直角坐标系中的形式分别为

$$\nabla_t^2 = \partial^2/\partial x^2 + \partial^2/\partial y^2 \quad (10-1-23)$$

$$\vec{e} = \hat{a}_x e_x(x,y) + \hat{a}_y e_y(x,y) \quad (10-1-24)$$

下面以直角坐标系为例，证明 $\nabla_t^2 \varphi(x,y) = 0$，其中 $\vec{e}(x,y) = -\nabla_t \phi(x,y)$。

证明

根据 Maxwell 方程中式(10-1-1a)：

$$\nabla \times \vec{E} = \begin{bmatrix} \hat{a}_x & \hat{a}_y & \hat{a}_z \\ \dfrac{\partial}{\partial x} & \dfrac{\partial}{\partial y} & -\mathrm{j}\beta \\ e_x \mathrm{e}^{-\mathrm{j}\beta z} & e_y \mathrm{e}^{-\mathrm{j}\beta z} & 0 \end{bmatrix} = -\mathrm{j}\omega\mu \vec{h}\,\mathrm{e}^{-\mathrm{j}\beta z} \quad (10-1-25)$$

展开可得：

$$\left(\frac{\partial e_y}{\partial x} - \frac{\partial e_x}{\partial y}\right)\mathrm{e}^{-\mathrm{j}\beta z} = -\mathrm{j}\omega\mu h_z \mathrm{e}^{-\mathrm{j}\beta z} = 0 \quad (10-1-26)$$

于是可得：

$$\frac{\partial e_y}{\partial x} - \frac{\partial e_x}{\partial y} = 0 \quad (10-1-27)$$

根据式(10-1-27)，可把 $\vec{e} = \hat{a}_x e_x(x,y) + \hat{a}_y e_y(x,y)$ 表示成一个标量场的负梯度，即

$$\vec{e}(x,y) = -\nabla_t \Phi(x,y) \quad (10-1-28)$$

根据 Maxwell 方程中式(10-1-1a)可得：
$$\nabla \cdot \vec{D} = 0$$
$$\varepsilon\left(\frac{\partial e_x \mathrm{e}^{-\mathrm{j}\beta z}}{\partial x} + \frac{\partial e_x \mathrm{e}^{-\mathrm{j}\beta z}}{\partial y} + 0\right) = 0$$
$$\frac{\partial e_x}{\partial x} + \frac{\partial e_x}{\partial y} = 0 \tag{10-1-29}$$

式(10-1-29)可写成：
$$\nabla_t \cdot \vec{e}(x,y) = 0 \tag{10-1-30}$$

把式(10-1-28)代入式(10-1-30)可得：
$$\nabla_t^2 \Phi(x,y) = 0 \tag{10-1-31}$$

该式和静电场的电位函数一样。同样可以证明在圆柱坐标系中有：
$$\nabla_t^2 \Phi(\rho,\phi) = 0 \tag{10-1-32}$$

总　结

分析 TEM 传输线的过程如下：
- 求解如式(10-1-31)或式(10-1-32)所示的拉普拉斯方程，求得 $\Phi(x,y)$ 或 $\Phi(\rho,\phi)$ 的位函数；
- 对于导体上的电压应用边界条件，确定 $\Phi(x,y)$ 或 $\Phi(\rho,\phi)$ 函数的参数；
- 根据梯度公式可求得 $\vec{e}$ 和 $\vec{E}$，根据 Maxwell 方程中式(10-1-1a)求解 $\vec{H}$；
- 运用 $\vec{E}$ 和 $\vec{H}$ 求解传输线参数(U, I, Z_0)、损耗、功率容量等参数。

该求解过程会在求解平行板波导和同轴线章节中论述。

10.1.2　TE 波和 TM 波

1. TE 波(横电波)

横电波(也称 H 波)的特征是 $E_z=0$ 和 $H_z \neq 0$。于是式(10-1-21)可简化为

$$\begin{bmatrix} E_x \\ E_y \\ H_x \\ H_y \end{bmatrix} = \frac{1}{k_c^2} \begin{bmatrix} -\mathrm{j}\beta & 0 & 0 & -\mathrm{j}\omega\mu \\ 0 & -\mathrm{j}\beta & \mathrm{j}\omega\mu & 0 \\ 0 & \mathrm{j}\omega\varepsilon & -\mathrm{j}\beta & 0 \\ -\mathrm{j}\omega\varepsilon & 0 & 0 & -\mathrm{j}\beta \end{bmatrix} \begin{bmatrix} 0 \\ 0 \\ \dfrac{\partial H_z}{\partial x} \\ \dfrac{\partial H_z}{\partial y} \end{bmatrix} \tag{10-1-33}$$

其中 $H_z = h_z(x,y)\mathrm{e}^{-\mathrm{j}\beta z}$，而 $h_z(x,y)$ 满足：
$$\nabla_t^2 h_z + k_c^2 h_z = 0 \tag{10-1-34}$$

参数的约束条件是 $k_c^2 + \beta^2 = k^2$，$k = \omega\sqrt{\varepsilon\mu}$。$k_c$ 必须根据特定的边界条件确定。

2. TM 波(横磁波)

横磁波(也称 E 波)的特征是 $H_z=0$ 和 $E_z \neq 0$。于是式(10-1-21)可简化为

$$\begin{bmatrix} E_x \\ E_y \\ H_x \\ H_y \end{bmatrix} = \frac{1}{k_c^2} \begin{bmatrix} -\mathrm{j}\beta & 0 & 0 & -\mathrm{j}\omega\mu \\ 0 & -\mathrm{j}\beta & \mathrm{j}\omega\mu & 0 \\ 0 & \mathrm{j}\omega\varepsilon & -\mathrm{j}\beta & 0 \\ -\mathrm{j}\omega\varepsilon & 0 & 0 & -\mathrm{j}\beta \end{bmatrix} \begin{bmatrix} \dfrac{\partial E_z}{\partial x} \\ \dfrac{\partial E_z}{\partial y} \\ 0 \\ 0 \end{bmatrix} \tag{10-1-35}$$

其中 $E_z = e_z(x,y)e^{-j\beta z}$，而 $e_z(x,y)$ 满足：
$$\nabla_t^2 e_z + k_c^2 e_z = 0 \tag{10-1-36}$$
参数的约束条件是 $k_c^2 + \beta^2 = k^2, k = \omega\sqrt{\varepsilon\mu}$。$k_c$ 必须根据特定的边界条件确定。

总　结

分析 TE 波和 TM 波的过程如下：
- 求解式(10-1-34)或式(10-1-36)，求得 $e_z(x,y)$ 或 $h_z(x,y)$；
- 根据式(10-1-33)或式(10-1-35)，求得横向场分量；
- 根据边界条件，确定参数和 k_c；
- 根据横向场确定传输线的等效参数(等效电压、电流和特征阻抗)、损耗和功率容量等参数。

该过程会在矩形波导的章节中体现。

10.2　传输线的衰减

传输线的衰减可以由电介质损耗产生，也可以由导体损耗产生。若 α_d 是由电介质损耗引起的衰减常数，α_c 是由导体损耗引起的衰减常数，则总衰减常数就是 $\alpha = \alpha_d + \alpha_c$。

10.2.1　由电介质损耗引起的衰减

介质引起的衰减可以直接从传播常数的求解中导出。如果介质是没有损耗的，其介电常数为实数和电导率为零，那么 Maxwell 第二个方程为
$$\nabla \times \vec{H} = j\omega\varepsilon\vec{E} \tag{10-2-1}$$
但实际介质一般都会存在介电阻尼损耗和导电损耗两种损耗，这时 Maxwell 第二个方程为
$$\begin{aligned}\nabla \times \vec{H} &= j\omega\vec{D} + \vec{J} = \\ &j\omega(\varepsilon' - j\varepsilon'')\vec{E} + \sigma\vec{E} = \\ &j\omega\varepsilon'\vec{E} + (\omega\varepsilon'' + \sigma)\vec{E} = \\ &j\omega\varepsilon'\left[1 - j\frac{(\omega\varepsilon'' + \sigma)}{\omega\varepsilon'}\right]\vec{E} = \\ &j\omega\varepsilon'[1 - j\tan\delta]\vec{E}\end{aligned} \tag{10-2-2}$$
式中，$\omega\varepsilon''$ 称为介电阻尼损耗项；σ 称为导电损耗项；$\omega\varepsilon'' + \sigma$ 称为有效电导率。在实际材料参数中，一般只会测量在某个频率点上的损耗角正切，其定义为
$$\tan\delta = \frac{(\omega\varepsilon'' + \sigma)}{\omega\varepsilon'} \tag{10-2-3}$$
如果继续引入一个复介电常数 $\tilde{\varepsilon}$，那么式(10-2-2)就可表示成和式(10-2-1)一样的形式：
$$\tilde{\varepsilon} = \varepsilon'(1 - j\tan\delta) \tag{10-2-4}$$
$$\nabla \times \vec{H} = j\omega\tilde{\varepsilon}\vec{E} \tag{10-2-5}$$
那么原来根据 Maxwell 方程推导的所有结论都适用。

定义复传播常数 γ：

$$\gamma = j\beta = j\sqrt{k^2 - k_c^2} = j\sqrt{\omega^2\varepsilon\mu - k_c^2} \qquad (10-2-6)$$

式(10-2-6)表示的是没有介质损耗时的复传播常数。当存在介质损耗时，把原有的实 ε 替换成复介电常数 $\tilde{\varepsilon}$，这时的复传播常数变为

$$\begin{aligned}\gamma &= j\sqrt{\omega^2\varepsilon'(1-j\tan\delta)\mu - k_c^2} = \\ &\quad j\sqrt{\omega^2\varepsilon'\mu - k_c^2 - j\omega^2\mu\varepsilon'\tan\delta)} = \\ &\quad j\sqrt{\beta^2 - jk^2\tan\delta} = \\ &\quad j\beta\sqrt{\left(1 - j\frac{k^2}{\beta^2}\tan\delta\right)} \end{aligned} \qquad (10-2-7)$$

在假设了小损耗条件 $\tan\delta \ll 1$ 时，式(10-2-7)可以进一步简化为

$$\gamma = j\beta\sqrt{\left(1-j\frac{k^2}{\beta^2}\tan\delta\right)} \approx j\beta\left(1-j\frac{k^2}{2\beta^2}\tan\delta\right) = \frac{k^2}{2\beta}\tan\delta - j\beta \qquad (10-2-8)$$

所以介质衰减常数 α_d 为

$$\alpha_d = \frac{k^2}{2\beta}\tan\delta \qquad (10-2-9)$$

式中，$k = \omega\sqrt{\mu\varepsilon'}$，$\beta = \sqrt{k^2 - k_c^2}$，这可以从式(10-2-7)的推导过程中看出。式(10-2-9)是一个可适合 TEM、TE 和 TM 模式的通用公式。当传输模式是 TEM 波时，由于 $k_c = 0$，因此 $k = \beta$，这样式(10-2-9)可简化为

$$\alpha_d = \frac{k}{2}\tan\delta \qquad (10-2-10)$$

10.2.2 由导体损耗引起的衰减

1. 有损耗传输线上实功率传输公式

当传输线是无耗传输线时，其横向电场和磁场分别为

$$\vec{E}_t = \vec{e}_t e^{-j\beta z} \qquad (10-2-11a)$$

$$\vec{H}_t = \vec{h}_t e^{-j\beta z} \qquad (10-2-11b)$$

式中，$\vec{e}_t$、$\vec{h}_t$ 分别为 $\vec{e}$、$\vec{h}$ 的横向分量。此时传输线上传输的实功率为

$$P(z) = \frac{1}{2}\int_S \text{Re}[\vec{e}_t e^{-j\beta z} \times (\vec{h}_t e^{-j\beta z})^*]dS$$

$$P(z) = \frac{1}{2}\int_S \text{Re}[\vec{e}_t \times \vec{h}_t^*]dS = P_0 \qquad (10-2-12)$$

式(10-2-12)中积分区间 S 是传输线中电磁波传播的横截面。式(10-2-12)表明传输线上任意一点的功率都相等。当传输线上有小损耗时，可认为电磁波的传播模式和参数都保持不变，仅仅多了一个损耗项，即式(10-2-11a)和式(10-2-11b)变为

$$\vec{E}_t = \vec{e}_t e^{-\alpha z - j\beta z} \qquad (10-2-13a)$$

$$\vec{H}_t = \vec{h}_t e^{-\alpha z - j\beta z} \qquad (10-2-13b)$$

此时传输线上传输的实功率为

$$P(z) = \frac{1}{2}\int_S \text{Re}[\vec{e}_t e^{-\alpha z - j\beta z} \times (\vec{e}_h e^{-\alpha z - j\beta z})^*]dS =$$

$$\frac{1}{2}\int_S \text{Re}[\vec{e}_t \times \vec{e}_h^*]dS e^{-2\alpha z} \tag{10-2-14}$$

把式(10-2-12)代入式(10-2-14),可得有损耗传输线上功率传输公式:

$$P(z) = P_0 e^{-2\alpha z} \tag{10-2-15}$$

2. 微扰法计算衰减系数公式

当导体损耗系数很小时,用微扰法求解导体衰减系数。

对式(10-2-15)求导可得:

$$\frac{dP(z)}{dz} = -2\alpha P_0 e^{-2\alpha z}$$

$$\alpha = \frac{-dP(z)/dz}{2P_0 e^{-2\alpha z}} \tag{10-2-16}$$

式中,$-dP(z)/dz$ 表示单位长度传输线的功率损耗,用 P_L 表示。又因为衰减系数 α 非常小,所以单位长度内 $e^{-2\alpha z} \approx 1$。于是式(10-2-16)可近似为

$$\alpha = \frac{P_L}{2P_0} \tag{10-2-17}$$

式(10-2-17)就是用微扰法求解衰减系数的计算公式。

3. 良导体表面损耗公式

为了计算传输线上单位长度上的导体损耗,必须先推导良导体表面的损耗功率计算公式。如图10-2-1所示,假设导体在 z 轴半空间,并已知导体表面的磁场 $\vec{H} = H_y \hat{a}_y$,导体表面的法向矢量 $n = -\hat{a}_z$。假设导体的电导率为 σ,导体的趋肤深度 $\delta_s = \sqrt{2/(\omega\mu\sigma)}$,导体中的电场为

$$\vec{E} = E_0 e^{-z(1+j)/\delta_s} \hat{a}_x \tag{10-2-18}$$

式(10-2-18)中,E_0 为待定参数。导体中的体电流密度为

$$\vec{J} = \sigma E_0 e^{-z(1+j)/\delta_s} \hat{a}_x \tag{10-2-19}$$

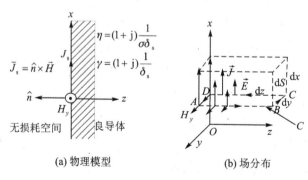

(a) 物理模型   (b) 场分布

图 10-2-1 良导体表面损耗模型

定义在积分环路 C(见图10-2-1(b)中的 $ABCD$,其中宽度为 dy,长度无限长),根据安培环路定律:

$$\oint_C \vec{H} \cdot d\vec{L} = \left(\int_0^\infty \vec{J}_t dz\right) dy \tag{10-2-20}$$

$$\int H_y \mathrm{d}y = \left(\int_0^\infty \vec{J}_t \mathrm{d}z\right)\mathrm{d}y \qquad (10-2-21)$$

$$H_y = \int_0^\infty J_t \mathrm{d}z = \int_0^\infty \sigma E_0 \mathrm{e}^{-\gamma z} \mathrm{d}z = \frac{\sigma}{\gamma}E_0$$

可得：

$$E_0 = \frac{H_y \gamma}{\sigma} \qquad (10-2-22)$$

把式(10-2-22)代入式(10-2-18)，可求得导体中电场为

$$\vec{E} = \frac{H_y \gamma}{\sigma}\mathrm{e}^{-\gamma z}\hat{a}_x \qquad (10-2-23)$$

取体积分区间(见图10-2-1(b)所示的虚线立方体，其中 $\mathrm{d}S=\mathrm{d}x\mathrm{d}y$)，计算损耗：

$$P = \frac{1}{2}\iint_S\int_0^\infty \sigma|\vec{E}|^2 \mathrm{d}z\mathrm{d}S = \frac{1}{2}\iint_S\int_0^\infty \frac{|H_y|^2|\gamma|^2}{\sigma^2}|\mathrm{e}^{-\gamma z}|^2\mathrm{d}z\mathrm{d}S = \frac{1}{2}\frac{1}{\sigma\delta_s}\int_S|H_y|^2\mathrm{d}S$$

$$(10-2-24)$$

式中 $R_s = \frac{1}{\sigma\delta_s} = \sqrt{\frac{\omega\mu}{2\sigma}} = \mathrm{Re}(\eta)$，称为表面阻抗。

$$P = \frac{1}{2}R_s\int_S|H_y|^2\mathrm{d}S \qquad (10-2-25)$$

式(10-2-25)为良导体的表面损耗计算公式。

4. 传输线单位长度导体损耗的计算公式

在如图10-2-2所示的导体表面 S 上的损耗为

$$\mathrm{d}P = \frac{1}{2}R_s\oint_C H_t^2 \mathrm{d}L\mathrm{d}z \qquad (10-2-26)$$

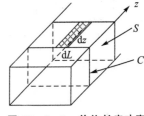

图10-2-2 单位长度功率损耗的求解示意图

根据式(10-2-26)可得单位长度上导体的损耗功率为

$$P_L = \frac{\mathrm{d}P}{\mathrm{d}z} = \frac{1}{2}R_s\oint_C H_t^2 \mathrm{d}L \qquad (10-2-27)$$

5. 传输线上由导体引起的衰减系数 α_c

把式(10-2-27)代入式(10-2-17)可得传输线上由导体引起的衰减系数：

$$\alpha_c = \frac{\frac{1}{2}R_s\oint_C H_t^2 \mathrm{d}L}{2P_0} = \frac{R_s\oint_C H_t^2 \mathrm{d}L}{\int_S \mathrm{Re}(\vec{e}_t \times \vec{h}_t^*)\mathrm{d}S} \qquad (10-2-28)$$

总　结

传输线上总的衰减系数为

$$\alpha = \alpha_c + \alpha_d \qquad (10-2-29)$$

根据式(10-2-15)，可得单位长度传输线的插入损耗：

$$L = 10\lg\frac{P_0}{P(1)} = 10\lg\frac{P_0}{P_0\mathrm{e}^{-2\alpha}} = 8.686\alpha \text{ dB} \qquad (10-2-30)$$

10.3 同轴线

同轴线具有方便使用的显著特点,因而同轴线在实验室经常使用,日常生活中的有线电视信号也是通过同轴线接到电视的。同轴线能够传播 TEM 波,没有截至波长,能够传播直流信号。

10.3.1 同轴线 TEM 模式下的场求解

如图 10-3-1(a)所示,同轴线的内导体半径为 a,外导体的半径为 b,内外导体之间的介质参数为 ε、μ,外导体参考电压为 0,内导体参考电压为 U_0。根据式(10-1-32),势函数 $\Phi(\rho,\phi)$ 满足:

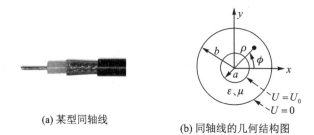

(a) 某型同轴线   (b) 同轴线的几何结构图

图 10-3-1 同轴线模型图

$$\frac{1}{\rho}\frac{\partial}{\partial \rho}\left(\rho\frac{\partial \Phi(\rho,\phi)}{\partial \rho}\right)+\frac{1}{\rho^2}\frac{\partial^2 \Phi(\rho,\phi)}{\partial \phi^2}=0 \quad (10-3-1)$$

满足边界条件为

$$\Phi(a,\phi)=U_0 \quad (10-3-2)$$
$$\Phi(b,\phi)=0 \quad (10-3-3)$$

利用分离变量法对 $\Phi(\rho,\phi)$ 进行求解。令:

$$\Phi(\rho,\phi)=R(\rho)P(\phi) \quad (10-3-4)$$

把式(10-3-4)代入式(10-3-1)可得:

$$\frac{1}{\rho}\frac{\partial}{\partial \rho}\left(\rho\frac{\partial R(\rho)}{\partial \rho}\right)P(\phi)+R(\rho)\frac{1}{\rho^2}\frac{\partial^2 P(\phi)}{\partial \phi^2}=0 \quad (10-3-5)$$

对式(10-3-5)乘以 $\rho^2/\Phi(\rho,\phi)$,并利用分离变量法:

$$\frac{\rho}{R(\rho)}\frac{\partial}{\partial \rho}\left(\rho\frac{\partial R(\rho)}{\partial \rho}\right)+\frac{1}{P(\phi)}\frac{\partial^2 P(\phi)}{\partial \phi^2}=0 \quad (10-3-6)$$

$$\frac{\rho}{R(\rho)}\frac{\partial}{\partial \rho}\left(\rho\frac{\partial R(\rho)}{\partial \rho}\right)=-k_\rho^2 \quad (10-3-7)$$

$$\frac{1}{P(\phi)}\frac{\partial^2 P(\phi)}{\partial \phi^2}=-k_\phi^2 \quad (10-3-8)$$

$$k_\rho^2+k_\phi^2=0 \quad (10-3-9)$$

式(10-3-8)的通解为

$$P(\phi)=A\cos k_\phi\phi+B\sin k_\phi\phi \quad (10-3-10)$$

式(10-3-10)中 k_ϕ 必须为整数,因为 ϕ 增加 2π,值必须保持不变。根据式(10-3-2)和

式(10-3-3)所示的边界条件可知 $\Phi(\rho,\phi)$ 不随 ϕ 变化，所以可知 k_ϕ 必为零，这时：

$$P(\phi) = A \tag{10-3-11}$$

当 $k_\phi=0$ 时，根据式(10-3-9)可知 k_ρ 也为零。因而式(10-3-7)可以简化为

$$\frac{\partial}{\partial \rho}\left(\rho \frac{\partial R(\rho)}{\partial \rho}\right) = 0 \tag{10-3-12}$$

式(10-3-12)的解为

$$R(\rho) = C\ln \rho + D \tag{10-3-13}$$

根据式(10-3-4)可得：

$$\Phi(\rho,\phi) = C\ln \rho + D \tag{10-3-14}$$

应用边界条件式(10-3-2)和式(10-3-3)，求解待定参数的方程为

$$\Phi(a,\phi) = C\ln a + D = U_0$$
$$\Phi(b,\phi) = C\ln b + D = 0$$

求解 C 和 D 后带入式(10-3-14)得到最终结果：

$$\Phi(\rho,\phi) = \frac{U_0 \ln(b/\rho)}{\ln(b/a)} \tag{10-3-15}$$

根据式(10-3-15)求解电场：

$$\vec{e}(\rho,\phi) = -\nabla \Phi(\rho,\phi) = -\nabla \frac{U_0 \ln(b/\rho)}{\ln(b/a)}$$

$$\vec{e}(\rho,\phi) = \frac{U_0}{\ln(b/a)} \frac{1}{\rho} \hat{a}_\rho \tag{10-3-16}$$

根据式(10-1-15a)可得电场：

$$\vec{E}(\rho,\phi,z) = \frac{U_0}{\ln(b/a)} \frac{1}{\rho} e^{-jkz} \hat{a}_\rho \tag{10-3-17a}$$

把该式代入 Maxwell 方程中的式(10-1-1a)，可得磁场：

$$\vec{H}(\rho,\phi,z) = \frac{j}{\omega\mu} \nabla \times \vec{E} = \frac{j}{\omega\mu} \nabla \times \left(\frac{U_0}{\ln(b/a)} \frac{1}{\rho} e^{-jkz} \hat{a}_\rho\right)$$

$$\vec{H}(\rho,\phi,z) = \frac{U_0}{\eta\ln(b/a)} \frac{1}{\rho} e^{-jkz} \hat{a}_\phi \tag{10-3-17b}$$

式中，$\eta = \sqrt{\mu/\varepsilon}$，$k = \omega\sqrt{\mu\varepsilon}$。然后可根据电场和磁场求解传输线参数。

10.3.2 同轴线的参数

1. 同轴线的传输功率

同轴线上的电压波：

$$U = \int_a^b E_\rho d\rho = \int_a^b \frac{U_0}{\ln(b/a)} \frac{1}{\rho} e^{-jkz} d\rho = U_0 e^{-jkz} \tag{10-3-18a}$$

同轴线上的电流波：

$$I = \int_0^{2\pi} H_\phi \rho d\phi = \int_0^{2\pi} \frac{U_0}{\eta\ln(b/a)} \frac{1}{\rho} e^{-jkz} \rho d\phi = \frac{2\pi U_0}{\eta\ln(b/a)} e^{-jkz} \tag{10-3-18b}$$

同轴线上的传输功率：

$$P = \frac{1}{2}\int_S \mathrm{Re}(E \times H^*) \cdot \hat{a}_z dS = \frac{1}{2}UI^* = \frac{\pi|U_0|^2}{\eta\ln(b/a)} \tag{10-3-19}$$

2. 同轴线的特征阻抗

$$Z_0 = \frac{U}{I} = \frac{\eta}{2\pi}\ln(b/a) \tag{10-3-20}$$

同轴线中填充的介质为 $\varepsilon_r \varepsilon_0$，式(10-3-20)中：

$$\eta = \sqrt{\frac{\mu}{\varepsilon_r \varepsilon_0}} = \frac{\eta_0}{\sqrt{\varepsilon_r}} = \frac{120\pi}{\sqrt{\varepsilon_r}} \tag{10-3-21}$$

把式(10-3-21)代入式(10-3-20)可得同轴线的特征阻抗公式：

$$Z_0 = \frac{V}{I} = \frac{60}{\sqrt{\varepsilon_r}}\ln\left(\frac{b}{a}\right) \tag{10-3-22}$$

3. 传输线的衰减系数

$$\alpha_c = \frac{\frac{1}{2}R_s\left(\oint_{CA}|H(a)|^2\mathrm{d}L + \oint_{CB}|H(b)|^2\mathrm{d}L\right)}{2P} =$$

$$\frac{\frac{1}{2}R_s\left[\oint_{CA}\left(\frac{U_0}{\eta\ln(b/a)}\frac{1}{a}\right)^2\mathrm{d}L + \oint_{CB}\left(\frac{U_0}{\eta\ln(b/a)}\frac{1}{b}\right)^2\mathrm{d}L\right]}{2\dfrac{\pi|U_0|^2}{\eta\ln(b/a)}} =$$

$$\frac{\frac{1}{2}R_s\left[2\pi a\left(\frac{U_0}{\eta\ln(b/a)}\frac{1}{a}\right)^2 + 2\pi b\left(\frac{U_0}{\eta\ln(b/a)}\frac{1}{b}\right)^2\right]}{2\dfrac{\pi|U_0|^2}{\eta\ln(b/a)}}$$

$$\alpha_c = \frac{R_s(1+a/b)}{2\eta a\ln(a/b)} \tag{10-3-23}$$

同轴线总的衰减系数为

$$\alpha = \alpha_c + \alpha_d = \frac{R_s\left(1+\dfrac{a}{b}\right)}{2\eta a\ln\dfrac{b}{a}} + \frac{k}{2}\tan\delta \tag{10-3-24}$$

10.4 矩形波导

矩形波导可以传播 TE 模和 TM 模，但不能够传播 TEM 波，因为它只有一个导体。和同轴线等 TEM 波传输线相比，矩形波导还具有截止频率，频率低于截止频率的就不能传播。

矩形波导的结构如图 10-4-1 所示，长边为 a，短边为 b (假设 $a > b$)。这里假设波导为理想导体和无限长，填充物的介电常数为 ε，磁导率为 μ。

10.4.1 矩形波导的 TE 模

TE 模电磁波的特征是 $E_z = 0$ 和 $H_z \neq 0$。其中 $H_z = h_z(x,y)\mathrm{e}^{-\mathrm{j}\beta z}$，$\beta^2 = k^2 - k_c^2$，$k^2 = \omega^2\varepsilon\mu$，而 $h_z(x,y)$ 满足：

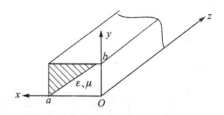

图 10-4-1 矩形波导的几何结构

$$\nabla_t^2 h_z + k_c^2 h_z = 0 \quad (10-4-1)$$

利用分离变量法求解式(10-4-1)，令：

$$h_z(x,y) = X(x)Y(y) \quad (10-4-2)$$

把式(10-4-2)代入式(10-4-1)得：

$$\left(\frac{\partial^2}{\partial x^2} + \frac{\partial^2}{\partial y^2}\right)X(x)Y(y) + k_c^2 X(x)Y(y) = 0$$

$$\frac{1}{X(x)}\frac{\partial^2 X(x)}{\partial x^2} + \frac{1}{Y(y)}\frac{\partial^2 Y(y)}{\partial y^2} + k_c^2 = 0$$

根据分离变量理论，令：

$$\frac{1}{X(x)}\frac{\partial^2 X(x)}{\partial x^2} = -k_x^2 \quad (10-4-3)$$

$$\frac{1}{Y(y)}\frac{\partial^2 Y(y)}{\partial y^2} = -k_y^2 \quad (10-4-4)$$

$$k_c^2 = k_x^2 + k_y^2 \quad (10-4-5)$$

$h_z(x,y)$的通解：

$$h_z(x,y) = (A\cos k_x x + B\sin k_x x)(C\cos k_y y + D\sin k_y y) \quad (10-4-6)$$

则矩形波导的纵向场分量为

$$H_z(x,y) = (A\cos k_x x + B\sin k_x x)(C\cos k_y y + D\sin k_y y)\mathrm{e}^{-\mathrm{j}\beta z} \quad (10-4-7)$$

式(10-4-7)中待定参数(A、B、C、D、k_x、k_y)需要通过边界条件来求解。根据式(10-1-33)可求得所有场分量：

$$E_x = \frac{-\mathrm{j}k\eta}{k_c^2}(A\cos k_x x + B\sin k_x x)(-Ck_y \sin k_y y + Dk_y \cos k_y y)\mathrm{e}^{-\mathrm{j}\beta z} \quad (10-4-8\mathrm{a})$$

$$E_y = \frac{\mathrm{j}k\eta}{k_c^2}(-Ak_x \sin k_x x + Bk_x \cos k_x x)(C\cos k_y y + D\sin k_y y)\mathrm{e}^{-\mathrm{j}\beta z} \quad (10-4-8\mathrm{b})$$

$$H_x = \frac{-\mathrm{j}\beta}{k_c^2}(-Ak_x \sin k_x x + Bk_x \cos k_x x)(C\cos k_y y + D\sin k_y y)\mathrm{e}^{-\mathrm{j}\beta z} \quad (10-4-8\mathrm{c})$$

$$H_y = \frac{-\mathrm{j}\beta}{k_c^2}(A\cos k_x x + B\sin k_x x)(-Ck_y \sin k_y y + Dk_y \cos k_y y)\mathrm{e}^{-\mathrm{j}\beta z} \quad (10-4-8\mathrm{d})$$

$$E_z = 0 \quad (10-4-8\mathrm{e})$$

式(10-4-8a)～(10-4-8e)和式(10-4-7)就是矩形波导在TE模式下场的通解。式(10-4-8a)和式(10-4-8b)中$k\eta = \omega\mu$。

矩形波导边界条件为

$$E_x(y=0) = 0 \quad (10-4-9\mathrm{a})$$

$$E_x(y=b) = 0 \quad (10-4-9\mathrm{b})$$

$$E_y(x=0) = 0 \quad (10-4-9\mathrm{c})$$

$$E_y(x=a) = 0 \quad (10-4-9\mathrm{d})$$

根据式(10-4-8a)和式(10-4-9a)可得$D=0$；根据式(10-4-8b)和式(10-4-9c)可得$B=0$；根据式(10-4-8a)和式(10-4-9b)可得$k_y = \pi n/b (n=0,1,2,\cdots)$；根据式(10-4-8b)和式(10-4-9d)可得$k_x = \pi m/a (m=0,1,2,\cdots)$。需要注意的是，$m$、$n$不能够同时为零。把确定的参数代入式(10-4-8a)～(10-4-8e)和式(10-4-7)可得TE$_{mn}$模式下场的解。

$$E_x = \frac{\mathrm{j}k\eta}{k_c^2} \frac{\pi n}{b} A_{mn} \cos\left(\frac{\pi m}{a}x\right) \sin\left(\frac{\pi n}{b}y\right) \mathrm{e}^{-\mathrm{j}\beta z} \qquad (10-4-10\mathrm{a})$$

$$E_y = \frac{-\mathrm{j}k\eta}{k_c^2} \frac{\pi m}{a} A_{mn} \sin\left(\frac{\pi m}{a}x\right) \cos\left(\frac{\pi n}{b}y\right) \mathrm{e}^{-\mathrm{j}\beta z} \qquad (10-4-10\mathrm{b})$$

$$E_z = 0 \qquad (10-4-10\mathrm{c})$$

$$H_x = \frac{\mathrm{j}\beta}{k_c^2} \frac{\pi m}{a} A_{mn} \sin\left(\frac{\pi m}{a}x\right) \cos\left(\frac{\pi n}{b}y\right) \mathrm{e}^{-\mathrm{j}\beta z} \qquad (10-4-10\mathrm{d})$$

$$H_y = \frac{\mathrm{j}\beta}{k_c^2} \frac{\pi n}{b} A_{mn} \cos\left(\frac{\pi m}{a}x\right) \sin\left(\frac{\pi n}{b}y\right) \mathrm{e}^{-\mathrm{j}\beta z} \qquad (10-4-10\mathrm{e})$$

$$H_z(x,y) = A_{mn} \cos\left(\frac{\pi m}{a}x\right) \cos\left(\frac{\pi n}{b}y\right) \mathrm{e}^{-\mathrm{j}\beta z} \qquad (10-4-10\mathrm{f})$$

式(10-4-10a)~(10-4-10f)中 A_{mn} 为 A、C 两个任意常数的乘积。传播常数为

$$\beta = \sqrt{k^2 - k_c^2} = \sqrt{k^2 - (k_x^2 + k_y^2)}\beta = \sqrt{k^2 - \left(\frac{\pi m}{a}\right)^2 - \left(\frac{\pi n}{b}\right)^2} \qquad (10-4-11)$$

当电磁波能够传输时,β 必须实数,因此可得:

$$k > k_c = \sqrt{\left(\frac{\pi m}{a}\right)^2 + \left(\frac{\pi n}{b}\right)^2} \qquad (10-4-12)$$

定义 截止频率 f_{Cmn} 为

$$2\pi f_{Cmn} \sqrt{\mu\varepsilon} = k_c$$

$$f_{Cmn} = \frac{1}{2\pi\sqrt{\mu\varepsilon}} \sqrt{\left(\frac{\pi m}{a}\right)^2 + \left(\frac{\pi n}{b}\right)^2} \qquad (10-4-13)$$

每个模式(不同的 m 和 n 的组合)都对应不同的 k_c,也即具有一个截止频率 f_{Cmn}。定义了截止频率后,式(10-4-12)可以表示为

$$2\pi f \sqrt{\mu\varepsilon} > 2\pi f_{Cmn} \sqrt{\mu\varepsilon}$$

$$f > f_{Cmn} \qquad (10-4-14)$$

式(10-4-14)表明,当电磁波的频率低于波导模式的截止频率时,该电磁波不能够在波导中以该模式传播。利用这一点可以对屏蔽它的进出管道进行屏蔽处理。

10.4.2 矩形波导的 TM 模

TM 模电磁波的特征是 $E_z \neq 0$ 和 $H_z = 0$。其中 $E_z = e_z(x,y)\mathrm{e}^{-\mathrm{j}\beta z}$,$\beta^2 = k^2 - k_c^2$,$k^2 = \omega^2\varepsilon\mu$,而 $e_z(x,y)$ 满足式:

$$\nabla_t^2 e_z + k_c^2 e_z = 0 \qquad (10-4-15)$$

利用分离变量法求解式(10-4-15),可得:

$$e_z(x,y) = (A\cos k_x x + B\sin k_x x)(C\cos k_y y + D\sin k_y y) \qquad (10-4-16)$$

因而纵向电场为

$$E_z(x,y) = (A\cos k_x x + B\sin k_x x)(C\cos k_y y + D\sin k_y y)\mathrm{e}^{-\mathrm{j}\beta z} \qquad (10-4-17)$$

式(10-4-17)中的待定参数(A、B、C、D、k_x、k_y)需要通过边界条件来求解。根据式(10-1-35)可求得所有场分量:

$$E_x = \frac{-\mathrm{j}\beta k_x}{k_c^2}(-A\sin k_x x + B\cos k_x x)(C\cos k_y y + D\sin k_y y)\mathrm{e}^{-\mathrm{j}\beta z} \quad (10-4-18\mathrm{a})$$

$$E_y = \frac{-\mathrm{j}\beta k_y}{k_c^2}(A\cos k_x x + B\sin k_x x)(-C\sin k_y y + D\cos k_y y)\mathrm{e}^{-\mathrm{j}\beta z} \quad (10-4-18\mathrm{b})$$

$$H_x = \frac{\mathrm{j}k k_y}{\eta k_c^2}(A\cos k_x x + B\sin k_x x)(-C\sin k_y y + D\cos k_y y)\mathrm{e}^{-\mathrm{j}\beta z} \quad (10-4-18\mathrm{c})$$

$$H_y = \frac{-\mathrm{j}k k_x}{\eta k_c^2}(-A\sin k_x x + B\cos k_x x)(C\cos k_y y + D\sin k_y y)\mathrm{e}^{-\mathrm{j}\beta z} \quad (10-4-18\mathrm{d})$$

$$H_y = 0 \quad (10-4-18\mathrm{e})$$

式(10-1-35)应用了 $k/\eta = \omega\varepsilon$。

根据边界条件确定待定系数(A、B、C、D、k_x、k_y)。根据式(10-4-18a)和式(10-4-9a)可得 $C=0$；根据式(10-4-18b)和式(10-4-9c)可得 $A=0$；根据式(10-4-18a)和式(10-4-9b)可得 $k_y = \pi n/b(n=0,1,2,\cdots)$；根据式(10-4-18b)和式(10-4-9d)可得 $k_x = \pi m/a$ ($m=1,2,\cdots$)。需要注意的是，m、n 都不能够为零，因为任何一个为零，都会使得 E_z 为零。把确定的参数代入式(10-4-18a)～(10-4-18e)、式(10-4-17)可得 TM$_{mn}$ 模式下场的解。

$$E_z(x,y) = B_{mn}\sin\left(\frac{m\pi x}{a}\right)\sin\left(\frac{n\pi y}{b}\right)\mathrm{e}^{-\mathrm{j}\beta z} \quad (10-4-19\mathrm{a})$$

$$E_x = \frac{-\mathrm{j}\beta m\pi}{ak_c^2}B_{mn}\cos\left(\frac{m\pi x}{a}\right)\sin\left(\frac{n\pi y}{b}\right)\mathrm{e}^{-\mathrm{j}\beta z} \quad (10-4-19\mathrm{b})$$

$$E_y = \frac{-\mathrm{j}\beta \pi y}{bk_c^2}B_{mn}\sin\left(\frac{m\pi x}{a}\right)\cos\left(\frac{n\pi y}{b}\right)\mathrm{e}^{-\mathrm{j}\beta z} \quad (10-4-19\mathrm{c})$$

$$H_x = \frac{\mathrm{j}k n\pi}{\eta b k_c^2}B_{mn}\sin\left(\frac{m\pi x}{a}\right)\cos\left(\frac{n\pi y}{b}\right)\mathrm{e}^{-\mathrm{j}\beta z} \quad (10-4-19\mathrm{d})$$

$$H_y = \frac{-\mathrm{j}k m\pi}{\eta a k_c^2}B_{mn}\cos\left(\frac{m\pi x}{a}\right)\sin\left(\frac{n\pi y}{b}\right)\mathrm{e}^{-\mathrm{j}\beta z} \quad (10-4-19\mathrm{e})$$

$$H_y = 0 \quad (10-4-19\mathrm{f})$$

式(10-4-19a)～(10-4-19f)中，B_{mn} 为 B、D 两个任意常数的乘积。传播常数为

$$\beta = \sqrt{k^2 - k_c^2} = \sqrt{k^2 - (k_x^2 + k_y^2)} = \sqrt{k^2 - \left(\frac{\pi m}{a}\right)^2 - \left(\frac{\pi n}{b}\right)^2} \quad (10-4-20)$$

与 TE 模式一样，电磁波能够有效地传播，β 必须为实数。同样，定义 TM 模式的截止频率为

$$f_{Cmn} = \frac{1}{2\pi\sqrt{\mu\varepsilon}}\sqrt{\left(\frac{\pi m}{a}\right)^2 + \left(\frac{\pi n}{b}\right)^2} \quad (10-4-21)$$

10.5 矩形波导的 TE$_{10}$ 模

定义 截止频率最低的模式称为基模。

下面分析矩形波导($a>b$)各个模式的截止频率。

TE$_{10}$：
$$f_C = \frac{1}{2a\sqrt{\mu\varepsilon}} \quad (10-5-1)$$

TE$_{01}$：
$$f_C = \frac{1}{2b\sqrt{\mu\varepsilon}}$$

TE$_{11}$ 和 TM$_{11}$：
$$f_{Cmn} = \frac{1}{2\sqrt{\mu\varepsilon}}\sqrt{\left(\frac{1}{a}\right)^2 + \left(\frac{1}{b}\right)^2}$$

从上面分析可以看出：TE$_{10}$模是矩形波导的基模。实际矩形波导的尺寸一般还满足($a >$ $2b$)，这样 TE$_{20}$ 模式的截止频率为 $1/(a\sqrt{\mu\varepsilon})$，可见该截止频率小于 TE$_{01}$ 的截止频率。因此，如果矩形波导中的电磁波频率满足式(10-5-2)，则其模式只能够是 TE$_{01}$ 模。矩形波导一般都工作在 TE$_{01}$ 模式下。

$$1/(2a\sqrt{\mu\varepsilon}) < f < 1/(a\sqrt{\mu\varepsilon}) \tag{10-5-2}$$

下面重点分析一下矩形波导 TE$_{10}$ 模的具体情况。

1. TE$_{10}$ 模的场量

当 $m=1$ 和 $n=0$ 时，可得 k_c 和 β 分别为

$$k_c = \sqrt{\left(\frac{m\pi}{a}\right)^2 + \left(\frac{n\pi}{b}\right)^2} = \frac{\pi}{a} \tag{10-5-3}$$

$$\beta = \sqrt{k^2 - k_c^2} = \sqrt{k^2 - (\pi/a)^2} = k\sqrt{1 - \left(\frac{\lambda}{2a}\right)^2} \tag{10-5-4}$$

式(10-5-4)中 $\lambda = 2\pi/k$，为平面波的波长，且该波长必须小于 $2a$，一般把 $\lambda_c = 2a$ 称为矩形波导 TE$_{10}$ 模式的截止波长。把 $m=1$ 和 $n=0$ 代入 TE$_{mn}$ 场的一般表达式，可得：

$$E_y = \frac{-jk\eta a}{\pi} A_{10} \sin\left(\frac{\pi}{a}x\right) e^{-j\beta z} \tag{10-5-5a}$$

$$H_x = \frac{j\beta a}{\pi} A_{10} \sin\left(\frac{\pi}{a}x\right) e^{-j\beta z} \tag{10-5-5b}$$

$$H_z = A_{10} \cos\left(\frac{\pi}{a}x\right) e^{-j\beta z} \tag{10-5-5c}$$

$$E_x = E_z = H_y = 0$$

令 $\frac{-jk\eta a}{\pi} A_{10} = E_0$，可把式(10-5-5a)~(10-5-5c)变换为

$$E_y = E_0 \sin\left(\frac{\pi}{a}x\right) e^{-j\beta z} \tag{10-5-6a}$$

$$H_x = -\frac{\beta}{k\eta} E_0 \sin\left(\frac{\pi}{a}x\right) e^{-j\beta z} \tag{10-5-6b}$$

$$H_z = j\frac{E_0}{k\eta}\frac{\pi}{a}\cos\left(\frac{\pi}{a}x\right) e^{-j\beta z} \tag{10-5-6c}$$

当然，把式(10-5-6a)直接代入 Maxwell 方程中的式(10-1-1a)，可直接得到式(10-5-6b)和式(10-5-6c)。

定义 矩形波导 TE 模式下的波导阻抗：

$$\eta_{TE} = -\frac{E_y}{H_x} = \frac{E_x}{H_y} \tag{10-5-7}$$

根据式(10-5-7)可得矩形波导 TE$_{10}$ 模式的波导阻抗为

$$\eta_{TE_{10}} = -\frac{E_y}{H_x} = \frac{k\eta}{\beta} = \frac{\eta}{\sqrt{1 - [\lambda/(2a)]^2}} \tag{10-5-8}$$

从式(10-5-8)可以看出：$\eta_{TE_{10}}$ 大于平面波的波阻抗 η。

定义 波导波长：沿波导传播方向(+z 轴方向)上两个等相位面之间的距离。

$$\lambda_g = \frac{2\pi}{\beta} \quad (10-5-9)$$

矩形波导 TE_{10} 模式的波导波长为

$$\lambda_g = \frac{2\pi}{k}\frac{k}{\beta} = \frac{\lambda}{\sqrt{1-[\lambda/(2a)]^2}} \quad (10-5-10)$$

从式(10-5-10)可以看出：$\lambda_g > \lambda$。

定义 波导相速度：等相位面移动的速度。

$$v_p = \frac{\omega}{\beta} \quad (10-5-11)$$

矩形波导 TE_{10} 模式的相速度为

$$v_p = \frac{\omega}{k}\frac{k}{\beta} = \frac{v}{\sqrt{1-[\lambda/(2a)]^2}} \quad (10-5-12)$$

从式(10-5-12)可以看出：相速度 $v_p > v$，式中 $v = \omega/k = 1/\sqrt{\mu\varepsilon}$ 为平面波的相速度。

定义 波导的群速度：

$$v_g = \frac{d\omega}{d\beta} \quad (10-5-13)$$

矩形波导 TE_{10} 模式的群速度为

$$\beta^2 = \omega^2\varepsilon\mu - k_c^2 \quad (10-5-14)$$

并对式(10-5-14)两边求微分可得：

$$2\beta d\beta = 2\omega\varepsilon\mu d\omega \quad (10-5-15)$$

根据式(10-5-15)可得群速度为

$$v_g = \frac{d\omega}{d\beta} = \frac{v^2\beta}{\omega} = v\sqrt{1-[\lambda/(2a)]^2} \quad (10-5-16)$$

从式(10-5-16)可以看出，群速度小于平面电磁波的相速度。群速度是电磁波能量传播的速度。从式(10-5-16)可以看出，群速度是波长 λ(频率 $f = v/\lambda$)的函数，因而矩形波导是色散传输线。根据式(10-5-12)和式(10-5-16)，可得：

$$v_p v_g = v^2 \quad (10-5-17)$$

2. TE_{10} 模的场分布

把复数场分量式(10-5-6a)~(10-5-6c)变换成时实的场分量：

$$E_y(x,y,z,t) = \text{Re}(E_y e^{j\omega t}) = E_0 \sin\left(\frac{\pi}{a}x\right)\cos(\omega t - \beta z) \quad (10-5-18a)$$

$$H_x(x,y,z,t) = \text{Re}(H_x e^{j\omega t}) = -\frac{\beta}{k\eta}E_0 \sin\left(\frac{\pi}{a}x\right)\cos(\omega t - \beta z) \quad (10-5-18b)$$

$$H_z(x,y,z,t) = \text{Re}(H_z e^{j\omega t}) = -\frac{E_0}{k\eta}\frac{\pi}{a}\cos\left(\frac{\pi}{a}x\right)\sin(\omega t - \beta z) \quad (10-5-18c)$$

取 $t=0$ 时刻，以上三个分量为

$$E_y(x,y,z,t) = \text{Re}(E_y e^{j\omega t}) = E_0 \sin\left(\frac{\pi}{a}x\right)\cos\beta z \quad (10-5-19a)$$

$$H_x(x,y,z,t) = \text{Re}(H_x e^{j\omega t}) = -\frac{\beta}{k\eta} E_0 \sin\left(\frac{\pi}{a}x\right)\cos\beta z \quad (10\text{-}5\text{-}19\text{b})$$

$$H_z(x,y,z,t) = \text{Re}(H_z e^{j\omega t}) = \frac{E_0}{k\eta}\frac{\pi}{a}\cos\left(\frac{\pi}{a}x\right)\sin\beta z \quad (10\text{-}5\text{-}19\text{c})$$

根据式(10-5-19a)可以画出电场的矢量图,如图 10-5-1 所示。根据式(10-5-19b)和式(10-5-19c)可以画出磁场的矢量图,如图 10-5-2 所示。

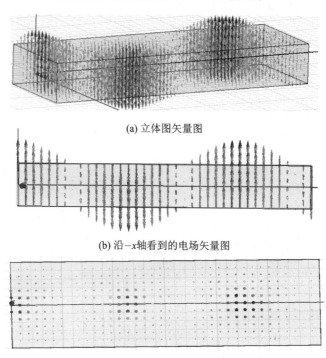

(a) 立体图矢量图

(b) 沿-x轴看到的电场矢量图

(c) 沿-y轴看到的电场矢量图

图 10-5-1 矩形波导 TE$_{10}$ 模的电场矢量图

3. TE$_{10}$ 模的矩形波导导体边界面上的电流分布

表面电流的计算公式如下:

$$\vec{J}_{sm} = \hat{n} \times \vec{H}_{tm} \quad (10\text{-}5\text{-}20)$$

从式(10-5-20)可以看出:表面电流和表面处的切向磁场大小一样,方向由表面法向方向$\hat{n}$和表面磁场$\vec{H}_{tm}$方向共同决定。根据式(10-5-19b)、式(10-5-19c)和式(10-5-20)可以得到上($y=b$)、下($y=0$)、左($x=a$)和右($x=0$)四个面的表面电流分布如图 10-5-3 所示。

4. 矩形波导 TE$_{10}$ 模式下的功率和功率容量

矩形波导在横截面上传播的实功率密度为

$$\vec{S} = \frac{1}{2}\text{Re}(\vec{E} \times \vec{H}^*) \quad (10\text{-}5\text{-}21)$$

把场量式(10-5-18a)、式(10-5-18b)和式(10-5-18c)代入式(10-5-21),计算可得:

$$\vec{S} = \frac{1}{2}\text{Re}\left\{\hat{a}_y E_0 \sin\left(\frac{\pi}{a}x\right)e^{-j\beta z} \times \right.$$

(a) 立体磁场矢量图

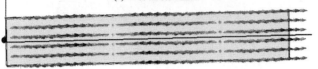

(b) 沿-x轴看到的磁场矢量图

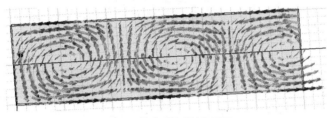

(c) 沿-y轴看到的磁场矢量图

图 10-5-2 矩形波导 TE_{10} 模的磁场矢量图

$$\left[\hat{a}_x \frac{-E_0}{\eta_{TE_{10}}} \sin\left(\frac{\pi}{a}x\right) e^{-j\beta z} + \hat{a}_z j \frac{E_0}{\omega\mu} \frac{\pi}{a} \cos\left(\frac{\pi}{a}x\right) e^{-j\beta z} \right]^* \Big\}$$

$$\vec{S} = \frac{1}{2} \frac{E_0^2}{\eta_{TE_{10}}} \sin^2\left(\frac{\pi}{a}x\right) a_z \quad (10-5-22)$$

矩形波导传播的实功率为

$$P = \int_{ab} \vec{S} \cdot d\vec{S} = \iint_{ab} \frac{1}{2} \frac{E_0^2}{\eta_{TE_{10}}} \sin^2\left(\frac{\pi}{a}x\right) dx dy$$

$$P = \frac{1}{4} \frac{abE_0^2}{\eta_{TE_{10}}} \quad (10-5-23)$$

式(10-5-23)中,当电场矢量 E_0 取最大值 E_{max}(该电场为矩形波导工作时的击穿 E_{max},它与工作介质和温度等有关)时,可得到矩形波导在 TE_{10} 模式下能传输的最大功率为

$$P_{max} = \frac{1}{4} \frac{abE_{max}^2}{\eta} \sqrt{1-[\lambda/(2a)]^2} \quad (10-5-24)$$

根据式(10-5-24)可以看出 P_{max} 与以下因素有关:

- 功率容量与面积 ab 有关,矩形波导越大,功率容量也越大。
- 功率容量与 $\sqrt{1-(\lambda/2a)^2}$ 有关,当工作频率接近截止频率时,功率容量趋于零。
- 功率容量与 E_{max} 有关,当提高击穿电场强度时,功率容量会变大。
- 与工作状态有关,当工作在纯驻波状态时,行波电场只是驻波电场的一半。因而考虑极限状态(存驻波状态),矩形波导允许传输的最大功率仅为

$$P_{max}\big|_{\rho\to\infty} = \frac{abE_{max}^2}{16\eta} \sqrt{1-[\lambda/(2a)]^2} \quad (10-5-25)$$

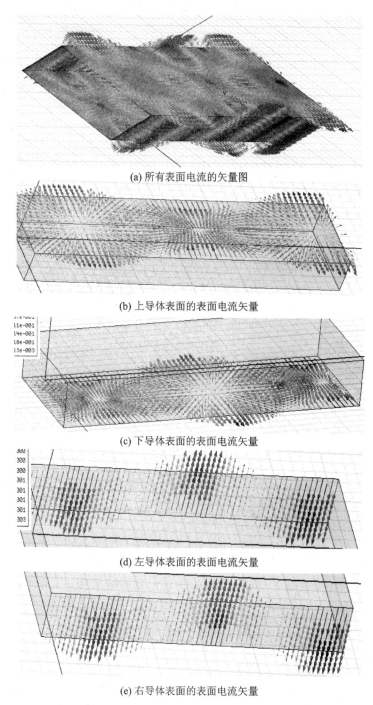

(a) 所有表面电流的矢量图

(b) 上导体表面的表面电流矢量

(c) 下导体表面的表面电流矢量

(d) 左导体表面的表面电流矢量

(e) 右导体表面的表面电流矢量

图 10-5-3　矩形波导 TE_{10} 模的表面电流矢量图

5. 矩形波导 TE_{10} 模式下的衰减系数 α

(1) 导体衰减系数 α_c

$$\oint_C H_t^2 \mathrm{d}l = 2\int_0^a (H_x^2 + H_z^2)\mathrm{d}x + 2\int_0^b H_z^2 \mathrm{d}y =$$

$$2\int_0^a\left[\frac{E_0^2}{\eta_{TE_{10}}^2}\sin^2\left(\frac{\pi}{a}x\right)+\left(\frac{E_0\pi}{k\eta a}\right)^2\cos^2\left(\frac{\pi}{a}x\right)\right]dx+2\int_0^b\left(\frac{E_0\pi}{k\eta a}\right)^2dy=$$

$$\frac{aE_0^2}{\eta_{TE_{10}}^2}+\left(\frac{E_0\pi}{k\eta a}\right)^2 a+2b\left(\frac{E_0\pi}{k\eta a}\right)^2=$$

$$\frac{E_0^2}{\eta_{TE_{10}}^2}\left\{a\left[1+\left(\frac{\pi}{\beta a}\right)^2\right]+2b\left(\frac{\pi}{\beta a}\right)^2\right\}=$$

$$\frac{E_0^2}{\eta_{TE_{10}}^2}\left\{a\left[1+\left(\frac{\lambda_g}{2a}\right)^2\right]+2b\left(\frac{\lambda_g}{2a}\right)^2\right\}$$

$$P_L=\frac{1}{2}R_s\oint_C H_t^2 dL=\frac{1}{2}R_s\frac{E_0^2}{\eta_{TE_{10}}^2}\left\{a\left[1+\left(\frac{\lambda_g}{2a}\right)^2\right]+2b\left(\frac{\lambda_g}{2a}\right)^2\right\} \quad (10-5-26)$$

把式(10-5-26)和式(10-5-23)代入式(10-2-28)可得导体衰减系数为

$$\alpha_c=\frac{P_L}{2P_0}=\frac{\frac{1}{2}R_s\frac{E_0^2}{\eta_{TE_{10}}^2}\left\{a\left[1+\left(\frac{\lambda_g}{2a}\right)^2\right]+2b\left(\frac{\lambda_g}{2a}\right)^2\right\}}{2\frac{1}{4}\frac{ab}{\eta_{TE_{10}}}E_0^2}=$$

$$\frac{R_s\left\{1+\left(\frac{\lambda_g}{2a}\right)^2+\frac{2b}{a}\left(\frac{\lambda_g}{2a}\right)^2\right\}}{b\eta_{TE_{10}}}=$$

$$\frac{R_s\left\{1+\left(\frac{\lambda}{2a}\right)^2\frac{1}{1-\left(\frac{\lambda}{2a}\right)^2}+\frac{2b}{a}\left(\frac{\lambda}{2a}\right)^2\frac{1}{1-\left(\frac{\lambda}{2a}\right)^2}\right\}}{\frac{b\eta}{\sqrt{1-\left(\frac{\lambda}{2a}\right)^2}}} \quad (10-5-27)$$

$$\alpha_c=\frac{R_s\left\{1+\frac{2b}{a}\left(\frac{\lambda}{2a}\right)^2\right\}}{b\eta\sqrt{1-\left(\frac{\lambda}{2a}\right)^2}} \quad (10-5-28)$$

(2) 介质衰减系数

$$\alpha_d=\frac{k^2}{2\beta}\tan\delta=$$

$$\frac{k}{2\sqrt{1-[\lambda/(2a)]^2}}\tan\delta \quad (10-5-29)$$

式中,$k=\omega\sqrt{\mu\varepsilon'}$,$\lambda=2\pi/k$。

矩形波导 TE_{10} 模式下的衰减系数 α 为

$$\alpha=\alpha_c+\alpha_d=\frac{R_s\left\{1+\frac{2b}{a}\left(\frac{\lambda}{2a}\right)^2\right\}}{b\eta\sqrt{1-\left(\frac{\lambda}{2a}\right)^2}}+\frac{k}{2\sqrt{1-[\lambda/(2a)]^2}}\tan\delta \quad (10-5-30)$$

10.6 习 题

10-6-1 某型同轴线如图 10-3-1 所示,内导体半径为 0.89 mm,外导体半径为 2.95 mm,内外导体均为铜质(电导率 $\sigma = 5.813 \times 10^7$ S/m),中间的介质层为聚乙烯(10 GHz 时,$\varepsilon_r = 2.25$,损耗角正切 $\tan\delta = 0.000\,4$),求传输线的特征阻抗、导体衰减系数和介质损耗系数。

10-6-2 某型矩形波导(模型见图 10-4-1),$a = 7.214$,$b = 3.404$,材质是铜。求:

(a) 其单模传输的频率范围;

(b) TE_{10} 模式下的传输线特征阻抗;

(c) TE_{10} 模式下的导体衰减系数;

(d) 当击穿电压 $E_{max} = 10\,000$ V/m 时,TE_{10} 模式下该矩形波导的功率容量;

(e) TE_{10} 模式下的相速度、群速度。

第 11 章 网络理论

低频电路是有源或无源集总元器件通过线路互联构成的,其中线路尺寸相比工作波长非常小,从而可以认为线路上任意一点处的电压和电流都一致。这种情况下,实际上认为线路很短,线路上任何两点间的电压和电流的相位和幅度没有变化。此外,可以认为两根或多根导体组成的线路周围形成的电磁场是横电磁(TEM)场,基于此可得到 Maxwell 方程组的准静态解、电路理论中的基尔霍夫电压和电流定律以及阻抗的概念。正如大家所知道的,分析低频电路有一套成熟的方法,但一般来说,这套方法不能够直接用于微波电路上。本章的意图就是想把电路和网络的概念推广,以便把它们用于微波电路的分析和综合上。

这样做的理由是用电路简单和直观的概念来分析某些微波问题,要比用 Maxwell 方程求解同类问题来得简单。用 Maxwell 场方法求解特定问题,可以得到空间任意一点的电磁场瞬态量(所谓的"全解"),而在实际问题中,往往只关心某一端口的电压、电流和功率流等"概括量",而不需要所有点上的瞬时量。采用电路和网络理论的另一个理由是,这样可以把原来的问题进行修正,或者把复杂系统分解分析,或者把几个元件组合起来并求解其响应,而没有必要详细分析邻近元件的详细性能。用 Maxwell 方程求解这类问题存在困难。但在某些问题中,由于电路和网络理论做了简化和基本假设,因而会带来明显误差或者错误。在这种情况下,必须使用 Maxwell 方程组的场分析方法。

网络分析方法的核心思想是把电路看成一个黑盒子,我们只关心在其端口上定义的参数之间的关系。该关系决定了该电路对外部其他电路的影响,而该关系是由其内部电路结构决定的。微波网络分析的基本过程如下:

① 用 Maxwell 方程组和场分析严格地处理一批基础性的问题,得到可以与电路(电压、电流、阻抗等)或传输线(传播常数和特征阻抗等)直接联系的参数和端口参数之间的关系。例如,在分析不同种类的传输线和波导时,推导出线上的传播常数和特征阻抗,这就可以把具体的传输线处理成用长度、特征阻抗和传输常数表征的分布元件,传输线的两个端口之间存在确定关系。

② 把不同的元件互联起来,用电路的理论或传输线理论来分析整个电路系统的性能,诸如反射、损耗、阻抗变换等。

微波网络理论源于 20 世纪 40 年代麻省理工学院辐射实验室关于雷达系统与元件的开发。

11.1 等效电压和电流

在微波频段,电压和电流测量困难(甚至不可能)。TEM 传输线(双导体导波系统,如同轴线)存在一对端点,在它上面可以定义电压和电流,并且能够定义唯一的特性阻抗。但对于非 TEM 型传输线(如矩形波导等),严格意义上不存在一对端点来定义电压和电流。

图 11-1-1 给出了双导体 TEM 传输线的任意横截面的电场线和磁场线。+导线相对于

一导线的电压 U 和 I 可以求出如下：

$$U = \int_+ \vec{E} \cdot d\vec{L} \qquad (11-1-1a)$$

$$I = \oint_{C^+} \vec{H} \cdot d\vec{L} \qquad (11-1-1b)$$

其中计算电压的积分路径始于+导体，终于-导体；计算电流的积分路径是围绕+导体的任意闭合曲线（不包括-导体）。由于两根导体之间的横向场具有静态电场的性质，因此其电压和电流的大小和具体积分路径没有关系，是确定和唯一的。

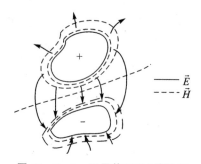

图 11-1-1 双导体 TEM 传输线某个截面上的电场线和磁场线

例 11-1-1 同轴线的电压、电流和特征阻抗。

$$E = \hat{a}_r \frac{E_0 a}{r} e^{-j\beta z} \qquad (11-1-2a)$$

$$H = \hat{a}_\phi \frac{E_0 a}{\eta r} e^{-j\beta z} \qquad (11-1-2b)$$

根据式(11-1-1a)和式(11-1-1b)可以分别计算出传输线上电压和电流：

$$U = \int_a^b \frac{E_0 a}{r} e^{-j\beta z} dr = E_0 a \ln\left(\frac{b}{a}\right) e^{-j\beta z} \qquad (11-1-3a)$$

$$I = \oint_c \frac{E_0 a}{\eta r} e^{-j\beta z} r d\phi = 2\pi \frac{E_0 a}{\eta} e^{-j\beta z} \qquad (11-1-3b)$$

$$Z_0 = \frac{U}{I} = \frac{\eta}{2\pi} \ln\left(\frac{b}{a}\right) \qquad (11-1-4)$$

同轴线中填充介质的介电常数和磁导率分别为 $\varepsilon_r \varepsilon_0$、$\mu_0$，则同轴线的特征阻抗可进一步简化为

$$\eta = \sqrt{\frac{\mu_0}{\varepsilon_r \varepsilon_0}} = \frac{\eta_0}{\sqrt{\varepsilon_r}} = \frac{120\pi}{\sqrt{\varepsilon_r}} \qquad (11-1-5)$$

$$Z_0 = \frac{V}{I} = \frac{60}{\sqrt{\varepsilon_r}} \ln\left(\frac{b}{a}\right) \qquad (11-1-6)$$

下面以定义矩形波导 TE_{10} 模式下的等效电压、等效电流和等效特征阻抗为例来讨论非 TEM 传输线的等效电压、电流和特征阻抗等概念。图 11-1-2 给出了矩形波导在 TE_{10} 模式下的电场、磁场和面电流分布。图 11-1-3 给出了矩形波导在一个横截面上的电场线和磁场线。矩形波导 TE_{10} 模式下横截面上的横向电场和磁场分别为

$$E_y = E_0 \sin\left(\frac{\pi}{a}x\right) e^{-j\beta z} \qquad (11-1-7a)$$

$$H_x = -\frac{E_0}{\eta_{TE_{10}}} \sin\left(\frac{\pi}{a}x\right) e^{-j\beta z} \qquad (11-1-7b)$$

首先和 TEM 传输线一样来尝试定义上导体相对下导体之间的电压和上导体表面的纵向电流：

$$U = \int_b^0 E_y dy = -E_0 b \sin\left(\frac{\pi}{a}x\right) e^{-j\beta z} \qquad (11-1-8a)$$

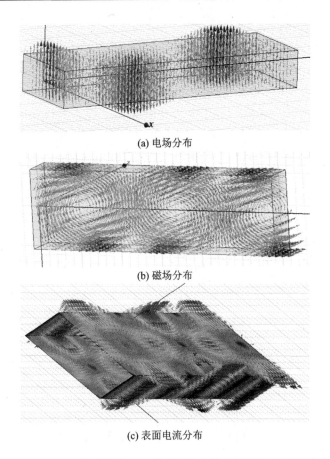

(a) 电场分布

(b) 磁场分布

(c) 表面电流分布

图 11-1-2 矩形波导 TE_{10} 模式下的电场、磁场和面电流分布

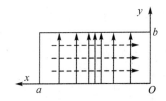

图 11-1-3 矩形波导 TE_{10} 横截面电场线和磁场线

$$I = \int_0^a (-\hat{a}_y) \times H_x \hat{a}_x \mathrm{d}x = \left(\int_0^a H_x \mathrm{d}x\right)\hat{a}_z = -\frac{2aE_0}{\pi \eta_{TE_{10}}} \mathrm{e}^{-\mathrm{j}\beta z} \quad (11-1-8b)$$

从式(11-1-8a)可以看出上下导体之间的电压值与 x 有关，在两边($x=0$ 和 $x=a$ 处)电压为零，而在中间位置($x=a/2$)电压出现最大值，因此这样定义传输线上的电压就不确定了。从式(11-1-8b)可以看出，这样定义上导体的纵向电流是确定和唯一的。

因此在考虑单导体非 TEM 传输线时，需要定义等效电压或者等效电流的概念才能够应用传输线理论和网络理论。这里按照以下原则来定义等效电压或者等效电流：
● 电路理论中的电压和电流的乘积等于模式功率；
● 确定性；
● 等效电压正比于横向电场；

- 等效电流正比于横向磁场。

根据以上原则来定义矩形波导在 TE_{10} 模式下的传输线参数。当然这不是唯一的定义方法，其他定义方法可以参见参考文献[1]。根据确定性原则，首先定义等效电流等于流过上导体的电流。

$$I_E = -\frac{2aE_0}{\pi \eta_{TE_{10}}} e^{-j\beta z} \qquad (11-1-9)$$

根据 $P = \frac{1}{2} U_E I_E^*$ 来定义等效电压。矩形波导上传输的实功率为

$$P = \frac{1}{4} \frac{abE_0^2}{\eta_{TE_{10}}} \qquad (11-1-10)$$

$$U_E = \frac{2P}{I_E^*} = -\frac{\pi}{4} bE_0 e^{-j\beta z} \qquad (11-1-11)$$

根据等效电压和电流定义等效特征阻抗：

$$Z_{0E} = \frac{U_E}{I_E} = \frac{\pi^2}{8} \frac{b}{a} \eta_{TE_{10}} \qquad (11-1-12)$$

定义了等效电压、等效电流和等效特征阻抗，就可以把非 TEM 波传输线的横向电场、横向磁场和电路里的电压、电流及传输线理论里的特征阻抗、传播常数联系起来。令 $U_0 = -\pi bE_0/4$，可把式(11-1-11)和式(11-1-9)进一步表示为

$$U_E = U_0 e^{-j\beta z} \qquad (11-1-13a)$$

$$I_E = \frac{U_0}{Z_{0E}} e^{-j\beta z} \qquad (11-1-13b)$$

当考虑传输线同时存在正向传播和反向传播的电磁波时，其场方程为

$$E_y = (E^+ e^{-j\beta z} + E^- e^{j\beta z}) \sin\left(\frac{\pi}{a}x\right) \qquad (11-1-14a)$$

$$H_x = \frac{-1}{\eta_{TE_{10}}} (E^+ e^{-j\beta z} - E^- e^{j\beta z}) \sin\left(\frac{\pi}{a}x\right) \qquad (11-1-14b)$$

则传输线上的等效电压(电流)就由正向传播的等效电压(电流)和反向传播的等效电压(电流)两部分构成，可表示为

$$U = (U_0^+ e^{-j\beta z} + U_0^- e^{j\beta z}) \qquad (11-1-15a)$$

$$I = \frac{1}{Z_0}(U_0^+ e^{-j\beta z} - U_0^- e^{j\beta z}) \qquad (11-1-15b)$$

式(11-1-15a)和式(11-1-15b)中把 U_E、I_E、Z_{0E} 中的下标 E 省略，这样就和传输线理论表述统一了。但读者必须清楚，在非 TEM 波模式下，这只是等效电压、等效电流和等效特征阻抗，其定义方式不一定相同。

11.2 阻抗矩阵和导纳矩阵

11.2.1 阻抗矩阵和导纳矩阵的定义

上节中通过定义非 TEM 波传输线上的等效电压和电流，就把非 TEM 波传输线和 TEM 波传输线统一起来，都可用电压和电流来等效地讨论传输线上电磁波的特性。一旦确定了网

络中不同点的电压和电流,就可以利用电路理论中的阻抗或者导纳矩阵把这些端点或者"端口"相互联系起来,其关系就可用网络理论中定义的各种矩阵来定义。图 11-2-1 是 N 端口网络的抽象模型。

图 11-2-1 中端口可以是某种形式的 TEM 传输线或者单一传播模式的非 TEM 传输线。在第 i 个端口的某处定义端平面 T_i。根据式(11-1-15a)和式(11-1-15b),可把第 i 个端口电压、电流写成:

$$U_i = U_i^+ + U_i^- \qquad (11-2-1a)$$
$$I_i = I_i^+ - I_i^- \qquad (11-2-1b)$$

其中:$U_i^+ = U_0^+ e^{-j\beta z_{T_i}}$,$U_i^- = U_0^- e^{j\beta z_{T_i}}$,分别为第 i 个端口端平面 $T_i(z=z_{T_i})$ 处的入射电压和反射电压;$I_i^+ = U_i^+/Z_{0i}$,$I_i^- = U_i^-/Z_{0i}$,分别为入射电压和反射电压。从式(11-2-1a)、式(11-2-1b)和图 11-2-1 可以看出,入射波的方向始终是指向网络的,即入射波的电流流向网络,而反射波的电流流出网络。**注意**:端口总电流的方向和入射波的方向一致。

N 端口微波网络的阻抗矩阵和导纳矩阵都是定义在端口总电压和总电流上的,其模型如图 11-2-2 所示。

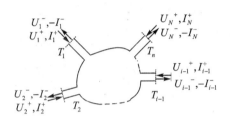

图 11-2-1 N 端口微波网络

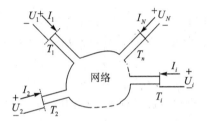

图 11-2-2 N 端口阻抗矩阵和导纳矩阵的网络模型

定义 阻抗矩阵 Z

$$\begin{bmatrix} U_1 \\ U_2 \\ \vdots \\ U_N \end{bmatrix} = \begin{bmatrix} z_{11} & z_{12} & \cdots & z_{1N} \\ z_{21} & z_{22} & \cdots & z_{2N} \\ \vdots & \vdots & & \vdots \\ z_{N1} & z_{N2} & \cdots & z_{NN} \end{bmatrix} \begin{bmatrix} I_1 \\ I_2 \\ \vdots \\ I_N \end{bmatrix} \qquad (11-2-2)$$

定义 导纳矩阵 Y

$$\begin{bmatrix} I_1 \\ I_2 \\ \vdots \\ I_N \end{bmatrix} = \begin{bmatrix} y_{11} & y_{12} & \cdots & y_{1N} \\ y_{21} & y_{22} & \cdots & y_{2N} \\ \vdots & \vdots & & \vdots \\ y_{N1} & y_{N2} & \cdots & y_{NN} \end{bmatrix} \begin{bmatrix} U_1 \\ U_2 \\ \vdots \\ U_N \end{bmatrix} \qquad (11-2-3)$$

可以把式(11-2-2)和式(11-2-3)表示成矩阵的形式:

$$\boldsymbol{U} = \boldsymbol{ZI} \qquad (11-2-4)$$
$$\boldsymbol{I} = \boldsymbol{YU} \qquad (11-2-5)$$

从式(11-2-4)和式(11-2-5)可以看出:如果一个网络的阻抗矩阵 $\boldsymbol{Z}$ 和导纳矩阵 $\boldsymbol{Y}$ 都存在,那么两者互为逆矩阵,即

$$\boldsymbol{Y} = \boldsymbol{Z}^{-1} \qquad (11-2-6a)$$
$$\boldsymbol{Z} = \boldsymbol{Y}^{-1} \qquad (11-2-6b)$$

注意：不是所有网络都同时具有阻抗矩阵和导纳矩阵；注意端口电压、电流参考方向的定义。

从式(11-2-2)可以得出：

$$U_i = z_{i1}I_1 + z_{i2}I_2 + \cdots + z_{ij}I_j + \cdots + z_{iN}I_N \qquad (11-2-7)$$

$$z_{ij} = \left.\frac{U_i}{I_j}\right|_{I_k=0,\, k\neq j} \qquad (11-2-8)$$

从(11-2-8)可以看出：z_{ij} 通过在 j 端口输入激励电流 I_j，其他端口全部开路($I_k=0$，$k\neq j$)并测量第 i 端口的电压时获得。类似地，由式(11-2-3)可得出：

$$I_i = y_{i1}U_1 + y_{i2}U_2 + \cdots + y_{ij}U_j + \cdots + y_{iN}U_N \qquad (11-2-9)$$

$$y_{ij} = \left.\frac{I_i}{U_j}\right|_{U_k=0,\, k\neq j} \qquad (11-2-10)$$

由式(11-2-10)可以看出：y_{ij} 通过在 j 端口输入激励电压 U_j，其他端口全部短路($U_k=0$，$k\neq j$)并测量第 i 端口的电流时获得。

11.2.2 典型网络的阻抗矩阵和导纳矩阵

例 11-2-1 用基尔霍夫电流电压定理来求解。Γ 型网络模型如图 11-2-3 所示。

① 根据电路理论列出网络端口间的电流电压关系式：

$$I_1 + I_2 = YU_1$$
$$U_2 - U_1 = ZI_2$$

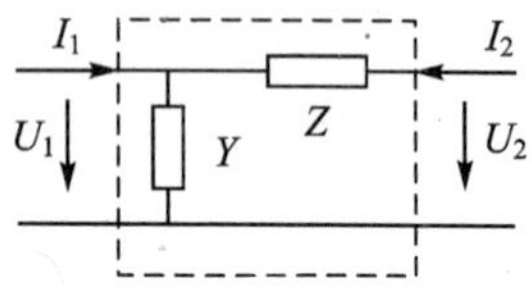

② 重写方程成标准式，并用矩阵表示出来：

$$YU_1 = I_1 + I_2$$
$$-U_1 + U_2 = ZI_2$$

$$\begin{bmatrix} Y & 0 \\ -1 & 1 \end{bmatrix}\begin{bmatrix} U_1 \\ U_2 \end{bmatrix} = \begin{bmatrix} 1 & 1 \\ 0 & Z \end{bmatrix}\begin{bmatrix} I_1 \\ I_2 \end{bmatrix}$$

图 11-2-3 Γ 型网络模型

③ 根据 **Z** 矩阵的定义可得：

$$\mathbf{Z} = \begin{bmatrix} Y & 0 \\ -1 & 1 \end{bmatrix}^{-1}\begin{bmatrix} 1 & 1 \\ 0 & Z \end{bmatrix} = \frac{1}{Y}\begin{bmatrix} 1 & 1 \\ 1 & 1+ZY \end{bmatrix} \qquad (11-2-11a)$$

④ 根据 **Y** 矩阵的定义可得：

$$\mathbf{Y} = \begin{bmatrix} 1 & 1 \\ 0 & Z \end{bmatrix}^{-1}\begin{bmatrix} Y & 0 \\ -1 & 1 \end{bmatrix} = \frac{1}{Z}\begin{bmatrix} Z & -1 \\ 0 & 1 \end{bmatrix}\begin{bmatrix} Y & 0 \\ -1 & 1 \end{bmatrix} = \frac{1}{Z}\begin{bmatrix} 1+ZY & -1 \\ -1 & 1 \end{bmatrix}$$

$$(11-2-11b)$$

例 11-2-2 根据定义来求解。

如图 11-2-4 所示的串联阻抗网络可直接通过导纳矩阵的定义来求出如式(11-2-12)所示的导纳矩阵，而阻抗矩阵不存在。请读者自己求解。

$$\mathbf{Y} = \begin{bmatrix} \dfrac{1}{Z} & -\dfrac{1}{Z} \\ -\dfrac{1}{Z} & \dfrac{1}{Z} \end{bmatrix} \qquad (11-2-12)$$

如图 11-2-5 所示的并联阻抗网络可直接通过阻抗矩阵的定义来求出如式(11-2-13)所示的阻抗矩阵，而导纳矩阵不存在。请读者自己求解。

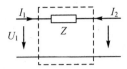   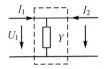

图 11-2-4 串联阻抗网络   图 11-2-5 并联导纳网络

$$Z = \begin{bmatrix} \dfrac{1}{Y} & \dfrac{1}{Y} \\ \dfrac{1}{Y} & \dfrac{1}{Y} \end{bmatrix} \qquad (11-2-13)$$

例 11-2-3 求解传输线的阻抗矩阵和导纳矩阵。

根据传输线理论,可求得传输线输入端和输出端之间的电压电流关系如下:

$$U(l) = U_l \cos\beta l + \mathrm{j} I_l Z_0 \sin\beta l \qquad (11-2-14\mathrm{a})$$

$$I(l) = U_l \mathrm{j} \dfrac{1}{Z_0} \sin\beta l + I_l \cos\beta l \qquad (11-2-14\mathrm{b})$$

对比图 11-2-6 和图 11-2-7,可得端口参数之间的关系:

$$U(l) = U_1, \quad I(l) = I_1, \quad U_l = U_2, \quad I_l = -I_2 \qquad (11-2-15)$$

把式(11-2-15)代入式(11-2-14a)和(11-2-14b)可得:

$$U_1 = U_2 \cos\beta l - \mathrm{j} I_2 Z_0 \sin\beta l$$

$$I_1 = U_2 \mathrm{j} \dfrac{1}{Z_0} \sin\beta l - I_2 \cos\beta l$$

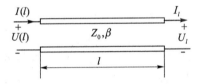   

图 11-2-6 有限长度无耗传输线模型   图 11-2-7 二端口网络的阻抗、导纳矩阵模型

根据阻抗矩阵和导纳矩阵的定义,可求得传输线的阻抗矩阵和导纳矩阵分别为

$$Z = -\mathrm{j} Z_0 \begin{bmatrix} \operatorname{ctan}\beta l & \csc\beta l \\ \csc\beta l & \operatorname{ctan}\beta l \end{bmatrix} \qquad (11-2-16)$$

$$Y = -\mathrm{j} \dfrac{1}{Z_0} \begin{bmatrix} \operatorname{ctan}\beta l & -\csc\beta l \\ -\csc\beta l & \operatorname{ctan}\beta l \end{bmatrix} \qquad (11-2-17)$$

11.2.3 互易网络

一般来说,阻抗矩阵中的矩阵元 z_{ij} 或导纳矩阵中的矩阵元 y_{ij} 可能都是复数。对于一个 N 端口网络,阻抗矩阵和导纳矩阵都是 $N \times N$ 阶的矩阵,所以有 $2N^2$ 个独立变量。然而实际网络可能是互易或者无耗的,或既是互易又是无耗的,那么 N 端网络的独立变量的数目会减小。如果实际网络是互易的,那么网络中不能含非互易介质,如铁氧体、等离子体或有源器件。下面证明如果网络是互易的,那么阻抗和导纳矩阵是对称的。出发点是电磁场的互易定理。下面先证明电磁场的互易定理。

证明

电磁场的互易定理如图11-2-8所示，封闭曲面 S 内介质 $(\mu, \varepsilon, \sigma)$ 中包含两个独立的电磁场，场量分别为 $(\vec{E}_a, \vec{H}_a, \vec{J}_a)$ 和 $(\vec{E}_b, \vec{H}_b, \vec{J}_b)$。根据电磁场理论，这两个独立电磁场都满足 Maxwell 方程：

$$\nabla \times \vec{E}_a = -j\omega\mu\vec{H}_a \qquad (11-2-18a)$$
$$\nabla \times \vec{H}_a = j\omega\varepsilon\vec{E}_a + \vec{J}_a \qquad (11-2-18b)$$
$$\nabla \times \vec{E}_b = -j\omega\mu\vec{H}_b \qquad (11-2-19a)$$
$$\nabla \times \vec{H}_b = j\omega\varepsilon\vec{E}_b + \vec{J}_b \qquad (11-2-19b)$$

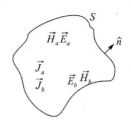

图 11-2-8 封闭曲面 S 包裹两个独立存在的电磁场

证明如下：

$$\nabla \cdot (\vec{E}_a \times \vec{H}_b - \vec{E}_b \times \vec{H}_a) =$$
$$(\nabla \times \vec{E}_a) \cdot \vec{H}_b - (\nabla \times \vec{H}_b) \cdot \vec{E}_a - (\nabla \times \vec{E}_b) \cdot \vec{H}_a + (\nabla \times \vec{H}_a) \cdot \vec{E}_b =$$
$$-j\omega\mu\vec{H}_a \cdot \vec{H}_b - j\omega\varepsilon\vec{E}_b \cdot \vec{E}_a - \vec{J}_b \cdot \vec{E}_a + j\omega\mu\vec{H}_a \cdot \vec{H}_b + j\omega\varepsilon\vec{E}_b \cdot \vec{E}_a + \vec{J}_a \cdot \vec{E}_b$$
$$\nabla \cdot (\vec{E}_a \times \vec{H}_b - \vec{E}_b \times \vec{H}_a) = \vec{J}_a \cdot \vec{E}_b - \vec{J}_b \cdot \vec{E}_a \qquad (11-2-20)$$

在封闭曲面 S 内对式(11-2-20)进行体积分，并用高斯定理可得：

$$\int_V \nabla \cdot (\vec{E}_a \times \vec{H}_b - \vec{E}_b \times \vec{H}_a) dV = \int_V (\vec{J}_a \cdot \vec{E}_b - \vec{J}_b \cdot \vec{E}_a) dV$$
$$\oint_S (\vec{E}_a \times \vec{H}_b - \vec{E}_b \times \vec{H}_a) \cdot d\vec{S} = \int_V (\vec{J}_a \cdot \vec{E}_b - \vec{J}_b \cdot \vec{E}_a) dV \qquad (11-2-21)$$

式(11-2-21)就是电磁场的互易定理。

如果封闭曲面内不包括分布的电流源，则 $\vec{J}_a$、$\vec{J}_b$ 都为零，式(11-2-21)可简化为

$$\oint_S (\vec{E}_a \times \vec{H}_b - \vec{E}_b \times \vec{H}_a) \cdot d\vec{S} = 0 \qquad (11-2-22)$$

式(11-2-22)是无耗介质中的电磁场互易定理。证毕。

下面根据式(11-2-22)来推导 N 端口网络的互易性定理。假设原有的微波网络在除了端口 1 和端口 2 外其他端口上都设置了短路，S 为所有短路表面，S_1 和 S_2 分别为端口 1 和端口 2 的开放表面，如图 11-2-9 所示。若网络和传输线的边界是理想导体，那么在 S 表面上电场切向分量 $\vec{E}_{\text{tan}}$ 为零；如果网络和传输线是开放结构，如微带线等，则可以把边界设置在离线足够远，以便使 $\vec{E}_{\text{tan}}$ 可以忽略不计。这样式(11-2-22)的积分只需在 S_1 和 S_2 两个面进行，即

$$\oint_{S_1} (\vec{E}_a \times \vec{H}_b - \vec{E}_b \times \vec{H}_a) \cdot d\vec{S} + \oint_{S_2} (\vec{E}_a \times \vec{H}_b - \vec{E}_b \times \vec{H}_a) \cdot d\vec{S} = 0 \qquad (11-2-23)$$

为了讨论问题的方便，这里先引入端口横向电场模式函数 $\vec{e}_t$ 和横向磁场模式函数 $\vec{h}_t$，然后再继续推导 N 端口网络的互易性定理。

定义 端口的横向电场模式函数 $\vec{e}_t$ 和横向磁场模式函数 $\vec{h}_t$。

当定义了等效电压和等效电流后，那么联系等效电压与横向电场的函数就是横向电场的

模式函数，联系等效电流和横向磁场的函数就是模式函数。横向电场模式函数 $\vec{e}_t$ 和横向磁场模式函数 $\vec{h}_t$ 定义如下：

$$\vec{E}_t = U\vec{e}_t \quad (11-2-24a)$$

$$\vec{H}_t = I\vec{h}_t \quad (11-2-24b)$$

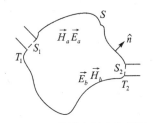

图 11-2-9 无耗介质中除端口 1 和端口 2 外其他端口都短路的网络模型

在定义等效电压和电流时，遵循了功率相等原则，即用等效电压、电流表示的功率等于电磁和磁场表示的功率。等效电压电流表示的功率为

$$P = \frac{1}{2}UI^* \quad (11-2-25)$$

而传输线的传输功率为

$$P = \frac{1}{2}\int_S \vec{E}_t \times \vec{H}_t^* \cdot d\vec{S} = \frac{1}{2}\int_S U\vec{e}_t \times I^* \vec{h}_t^* \cdot d\vec{S} \quad (11-2-26)$$

对比式(11-2-25)和式(11-2-26)可得：

$$\int_S \vec{e}_t \times \vec{h}_t^* \cdot d\vec{S} = 1 \quad (11-2-27)$$

在实际选择中，$\vec{e}_t$、$\vec{h}_t$ 都选为实函数，这样就有：

$$\int_S \vec{e}_t \times \vec{h}_t \cdot d\vec{S} = 1 \quad (11-2-28)$$

例 11-2-4 为了加深对横向电场模式函数 $\vec{e}_t$ 和横向磁场模式函数 $\vec{h}_t$ 的认识，这里以矩形波导的 TE_{10} 模式所对应的 $\vec{e}_t$ 和 $\vec{h}_t$ 为例来说明。对比式(11-1-7a)和式(11-2-24b)可得：

$$\vec{e}_t = -\frac{4}{\pi b}\sin\left(\frac{\pi}{a}x\right)\hat{a}_y$$

对比式(11-1-7b)和式(11-2-24b)可得：

$$\vec{h}_t = \frac{\pi}{2a}\sin\left(\frac{\pi}{a}x\right)\hat{a}_x$$

可以验证：

$$\int_S \vec{e}_t \times \vec{h}_t \cdot d\vec{S} = \int_0^a\int_0^b \left[-\frac{4}{\pi b}\sin\left(\frac{\pi}{a}x\right)\hat{a}_y\right] \times \left[\frac{\pi}{2a}\sin\left(\frac{\pi}{a}x\right)\hat{a}_x\right] \cdot (\hat{a}_z dxdy) = 1$$

下面继续讨论 N 端口网络的互易性定理。假设端口 1 的横向电场模式函数和横向磁场模式函数分别为 $\vec{e}_1$、$\vec{h}_1$，那么电磁场 $(\vec{E}_a, \vec{H}_a)$ 在端口 1 的等效电压和电流分别 U_{1a}、I_{1a}；电磁场 $(\vec{E}_b, \vec{H}_b)$ 在端口 1 等效电压和电流分别 U_{1b}、I_{1b}。假设端口 2 处的横向电场模式函数和横向磁场模式函数分别为 $\vec{e}_2$、$\vec{h}_2$，电磁场 $(\vec{E}_a, \vec{H}_a)$ 在端口 2 的等效电压和电流分别 U_{2a}、I_{2a}；电磁场 $(\vec{E}_b, \vec{H}_b)$ 在端口 2 的等效电压和电流分别 U_{2b}、I_{2b}。

$$\vec{E}_{1a} = U_{1a}\vec{e}_1 \quad (11-2-29a) \qquad \vec{H}_{1a} = I_{1a}\vec{h}_1 \quad (11-2-29b)$$

$$\vec{E}_{1b} = U_{1b}\vec{e}_1 \quad (11-2-29c) \qquad \vec{H}_{1b} = I_{1b}\vec{h}_1 \quad (11-2-29d)$$

$$\vec{E}_{2a} = U_{2a}\vec{e}_2 \quad (11-2-29e) \qquad \vec{H}_{2a} = I_{2a}\vec{h}_2 \quad (11-2-29f)$$

$$\vec{E}_{2b} = U_{2b}\vec{e}_2 \quad (11-2-29g) \qquad \vec{H}_{2b} = I_{2b}\vec{h}_2 \quad (11-2-29h)$$

把式(11-2-29a)~(11-2-29h)代入式(11-2-23)可得：

$$\int_{S_1}(U_{1a}\vec{e}_1\times I_{1b}\vec{h}_1 - U_{1b}\vec{e}_1\times I_{1a}\vec{h}_1)\cdot d\vec{S} + \int_{S_2}(U_{2a}\vec{e}_2\times I_{2b}\vec{h}_2 - U_{2b}\vec{e}_2\times I_{2a}\vec{h}_2)\cdot d\vec{S} = 0$$

$$(U_{1a}I_{1b} - U_{1b}I_{1a})\int_{S_1}(\vec{e}_1\times\vec{h}_1)\cdot d\vec{S} + (U_{2a}I_{2b} - V_{2b}I_{2a})\int_{S_2}(\vec{e}_2\times\vec{h}_2)\cdot d\vec{S} = 0$$

(11-2-30)

利用式(11-2-28)，则式(11-2-30)可简化为

$$U_{1a}I_{1b} - U_{1b}I_{1a} + U_{2a}I_{2b} - U_{2b}I_{2a} = 0 \qquad (11-2-31)$$

根据导纳矩阵的定义式(11-2-3)，可得二端口网络电流电压满足：

$$I_1 = y_{11}U_1 + y_{12}U_2 \qquad (11-2-32a)$$

$$I_2 = y_{21}U_1 + y_{22}U_2 \qquad (11-2-32b)$$

两个独立的电磁场在端口产生的等效电压、电流都满足式(11-2-31a)和式(11-2-31b)，因而可得到 I_{1a}、I_{2a}、I_{1b}、I_{2b}，并把 I_{1a}、I_{2a}、I_{1b}、I_{2b} 代入式(11-2-30)得到：

$$U_{1a}(y_{11}U_{1b} + Y_{12}U_{2b}) - U_{1b}(y_{11}U_{1a} + y_{12}U_{2a}) +$$
$$U_{2a}(y_{21}U_{1b} + Y_{22}U_{2b}) - U_{2b}(y_{21}U_{1a} + y_{22}U_{2a}) = 0$$

经过化简可得：

$$(U_{1a}U_{2b} - U_{2a}U_{1b})(y_{12} - y_{21}) = 0 \qquad (11-2-33)$$

由于 U_{1a}、U_{2b}、U_{2a}、U_{1b} 电压可选择任意值，所以要使得式(11-2-32)恒成立，必须满足：

$$y_{12} = y_{21}$$

又因为当时选择端口1和端口2是任意选择的，所以得到普遍性的结论，即

$$y_{ij} = y_{ji} \qquad (11-2-34a)$$

$$\mathbf{Y} = \mathbf{Y}^{\mathrm{T}} \qquad (11-2-34b)$$

从而证明了互易网络的导纳矩阵是对称阵。用同样的方式可以证明互易网络的阻抗矩阵也是对称阵，即

$$z_{ij} = z_{ji} \qquad (11-2-35a)$$

$$\mathbf{Z} = \mathbf{Z}^{\mathrm{T}} \qquad (11-2-35b)$$

11.2.4 互易无耗网络

现在证明互易无耗网络阻抗矩阵和导纳矩阵元必须是纯虚数。出发点网络是无耗的，则输送到网络的净实功率必须为零，即 $\mathrm{Re}\{P_{av}\}=0$。

证明

令 $\mathbf{Z}=\mathbf{R}+\mathrm{j}\mathbf{X}$，其中 $\mathbf{R}$、$\mathbf{X}$ 矩阵都为实对称阵。其中：

$$\mathbf{R} = \begin{bmatrix} r_{11} & r_{12} & \cdots & r_{1N} \\ r_{21} & r_{22} & \cdots & Y_{2N} \\ \vdots & \vdots & & \vdots \\ r_{N1} & r_{N2} & \cdots & r_{NN} \end{bmatrix}, \quad \mathbf{X} = \begin{bmatrix} x_{11} & x_{12} & \cdots & x_{1N} \\ x_{21} & x_{22} & \cdots & X_{2N} \\ \vdots & \vdots & & \vdots \\ x_{N1} & x_{N2} & \cdots & x_{NN} \end{bmatrix}$$

$$\mathrm{Re}\{P_{av}\} = \frac{1}{2}\mathrm{Re}\left(\sum_{i=1}^{N}U_iI_i^*\right) = \frac{1}{2}\mathrm{Re}(\mathbf{U}^{\mathrm{T}}\mathbf{I}*) =$$

$$\frac{1}{2}\text{Re}\boldsymbol{I}^{\text{T}}\boldsymbol{Z}^{\text{T}}\boldsymbol{I}^* = \frac{1}{2}\text{Re}\boldsymbol{I}^{\text{T}}\boldsymbol{Z}\boldsymbol{I}^* =$$

$$\frac{1}{2}\text{Re}(\boldsymbol{I}^{\text{T}}\boldsymbol{R}\boldsymbol{I}^*) + \frac{1}{2}\text{Re}(\text{j}\boldsymbol{I}^{\text{T}}\boldsymbol{X}\boldsymbol{I}^*) \qquad (11-2-36)$$

$$\boldsymbol{I}^{\text{T}}\boldsymbol{R}\boldsymbol{I}^* = \frac{1}{2}r_{ii}|I_i|^2 + \sum_{i=1,j<i}^{N} r_{ij}(I_i I_j^* + I_i^* I_j) \qquad (11-2-37)$$

从式(11-2-37)可以看出 $\boldsymbol{I}^{\text{T}}\boldsymbol{R}\boldsymbol{I}^*$ 为一实数,同理 $\boldsymbol{I}^{\text{T}}\boldsymbol{X}\boldsymbol{I}^*$ 为一实数,那么式(11-2-35)可以进一步简化为

$$\text{Re}\{P_{\text{av}}\} = \frac{1}{2}r_{ii}|I_i|^2 + \sum_{i=1,j<i}^{N} r_{ij}(I_i I_j^* + I_i^* I_j) \qquad (11-2-38)$$

因为 $\text{Re}\{P_{\text{av}}\}=0$,所以:

$$\frac{1}{2}r_{ii}|I_i|^2 + \sum_{i=1,j<i}^{N} r_{ij}(I_i I_j^* + I_i^* I_j) = 0 \qquad (11-2-39)$$

因为端口电流 $I_1, I_2, \cdots, I_N$ 都是独立的且可取任何数,所以要使式(11-2-38)恒成立,必须满足:

$$r_{ij}|_{i=1,\cdots,N, j\leqslant i} = 0$$

又因为 $\boldsymbol{R}$ 是对称矩阵,所以 $\boldsymbol{R}=[0]$,即证明了阻抗矩阵必须是:

$$\boldsymbol{Z} = \text{j}\boldsymbol{X} \qquad (11-2-40)$$

也即互易的无耗网络的阻抗矩阵 $\boldsymbol{Z}$ 的矩阵元必须都是纯虚数。

同理可以证明导纳矩阵 $\boldsymbol{Y}$ 也必须都是纯虚数。

最后提一点,如果网络端口 i 和端口 j 还具有对称性,即分别从两个端口向网络看,其网络结构和参数都是一样的,那么其阻抗矩阵和导纳矩阵还满足:

$$z_{ii} = z_{jj} \qquad (11-2-41)$$
$$y_{ii} = y_{jj} \qquad (11-2-42)$$

从式(11-2-12)、式(11-2-13)和式(11-2-16)可以看出:串联阻抗网络、并联导纳网络和传输线网络都是2端口对称网络。

11.3 传输矩阵

上节讨论了阻抗矩阵和导纳矩阵,它可以描述任意多个端口的微波网络,而且端口参数定义都是一致的。然而在实际中,许多微波网络都是由多个二端口网络级联而成的。在这种情况下,用二端口网络的传输矩阵来描述每个网络,可以方便地求出整个微波网络的传输矩阵,然后把传输矩阵再转换成其他矩阵(如阻抗矩阵、导纳矩阵或下节要讨论的散射矩阵)。

注:这里只讨论二端口网络的传输矩阵,注意端口电压和电流的参考方向。

11.3.1 传输矩阵 A 的定义

二端口网络传输矩阵定义的抽象模型如图11-3-1所示。

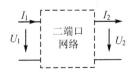

图11-3-1 二端口网络传输矩阵定义的抽象模型

从图11-3-1可以看出,传输矩阵的两个端口参数定义不对称,端口1的电流方向为流入网络,端口2的电流方向为流出网络。一般把端口1称为输入端口,断口2称为输出端口。传输矩阵 $\boldsymbol{A}$ 定义为

$$\begin{bmatrix} U_1 \\ I_1 \end{bmatrix} = \begin{bmatrix} A_{11} & A_{12} \\ A_{21} & A_{22} \end{bmatrix} \begin{bmatrix} U_2 \\ I_2 \end{bmatrix} \quad (11-3-1)$$

把式(11-3-1)展开：

$$U_1 = A_{11}U_2 + A_{12}I_2 \quad (11-3-2a)$$

$$I_1 = A_{21}U_2 + A_{22}I_2 \quad (11-3-2b)$$

根据式(11-3-2a)和式(11-3-2b)可得到传输矩阵 **A** 的矩阵元求解方法：

- $A_{11} = \dfrac{U_1}{U_2} \bigg|_{I_2=0}$ 表示在端口 2 开路时端口 1 和端口 2 的电压比；

- $A_{21} = \dfrac{I_1}{U_2} \bigg|_{I_2=0}$ 表示在端口 2 开路时端口 1 和端口 2 之间的转移导纳；

- $A_{12} = \dfrac{U_1}{I_2} \bigg|_{U_2=0}$ 表示在端口 2 短路时端口 1 和端口 2 之间的转移电阻；

- $A_{22} = \dfrac{I_1}{I_2} \bigg|_{U_2=0}$ 表示在端口 2 短路时端口 1 和端口 2 的电流比。

11.3.2　基本网络的传输矩阵

这里讨论的基本电路,都是组成复杂网络的基础构件。其求解方法还是与求解阻抗或导纳矩阵一样,用电路理论中的基尔霍夫电压电流定律,这里举个例子,其他的只给出结论,希望大家自己动手来熟悉和验证。

1. 串联阻抗网络的传输矩阵

串联阻抗网络传输矩阵定义的抽象模型如图 11-3-2 所示。

① 根据电路理论列出网络端口间的电流电压关系式：

$$I_1 = I_2$$
$$U_1 - U_2 = ZI_2$$

② 根据定义求解：

$$U_1 = U_2 + ZI_2$$
$$I_1 = I_2$$
$$\begin{bmatrix} U_1 \\ I_1 \end{bmatrix} = \begin{bmatrix} 1 & Z \\ 0 & 1 \end{bmatrix} \begin{bmatrix} U_2 \\ I_2 \end{bmatrix}$$

$$\mathbf{A} = \begin{bmatrix} 1 & Z \\ 0 & 1 \end{bmatrix} \quad (11-3-3)$$

2. 并联导纳网络的传输矩阵

并联导纳网络传输矩阵定义的抽象模型如图 11-3-3 所示。

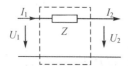

图 11-3-2　串联阻抗网络传输
矩阵定义的抽象模型

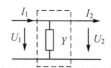

图 11-3-3　并联导纳网络传输
矩阵定义的抽象模型

$$\boldsymbol{A} = \begin{bmatrix} 1 & 0 \\ Y & 1 \end{bmatrix} \quad (11-3-4)$$

3. 传输线的传输矩阵

一定长度的传输线如图 11-3-4 所示。

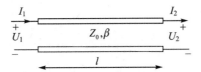

图 11-3-4 一定长度的传输线

$$U(l) = U_l \cos\beta l + jI_l Z_0 \sin\beta l$$

$$I(l) = U_l j \frac{1}{Z_0} \sin\beta l + I_l \cos\beta l$$

$$\boldsymbol{A} = \begin{bmatrix} \cos\beta l & jZ_0 \sin\beta l \\ j\dfrac{1}{Z_0}\sin\beta l & \cos\beta l \end{bmatrix} \quad (11-3-5)$$

11.3.3 传输矩阵的两个定理

在实际微波电路中，往往是由基本网络通过级联组成的。这里讨论传输矩阵的级联定理和阻抗变换定理。

1. 传输矩阵的级联定理

传输矩阵级联定理的目的是根据每个子网络的传输矩阵 $\boldsymbol{A}_i$，求得级联网络的传输矩阵 $\boldsymbol{A}$。传输矩阵级联模型如图 11-3-5 所示。

图 11-3-5 传输矩阵级联模型

根据每个网络的传输矩阵定义可得：

$$\begin{bmatrix} U_1 \\ I_1 \end{bmatrix} = \boldsymbol{A}_1 \begin{bmatrix} U_2 \\ I_2 \end{bmatrix} \quad \begin{bmatrix} U_2 \\ I_2 \end{bmatrix} = \boldsymbol{A}_2 \begin{bmatrix} U_3 \\ I_3 \end{bmatrix} \quad \cdots \quad \begin{bmatrix} U_N \\ I_N \end{bmatrix} = \boldsymbol{A}_N \begin{bmatrix} U_{N+1} \\ I_{N+1} \end{bmatrix}$$

通过简化可以得到整个网络的传输矩阵：

$$\begin{bmatrix} U_1 \\ I_1 \end{bmatrix} = \boldsymbol{A}_1 \boldsymbol{A}_2 \cdots \boldsymbol{A}_N \begin{bmatrix} U_{N+1} \\ I_{N+1} \end{bmatrix}$$

$$\boldsymbol{A} = \boldsymbol{A}_1 \boldsymbol{A}_2 \cdots \boldsymbol{A}_N = \prod_{i=1}^{N} \boldsymbol{A}_i \quad (11-3-6)$$

2. 阻抗变换定理

阻抗变换定理的目的是在一个网络的输出端接上负载 Z_L，求解从输入端向网络看进去的输入阻抗 Z_{in}。传输矩阵阻抗变换模型如图 11-3-6 所示。

按照传输矩阵 A 的定义和阻抗定义可得：

$$U_1 = A_{11}U_2 + A_{12}I_2$$
$$I_1 = A_{21}U_2 + A_{22}I_2$$
$$Z_L = \frac{U_2}{I_2}, \quad Z_{in} = \frac{U_1}{I_1}$$

经过化简可得阻抗变换公式：

$$Z_{in} = \frac{A_{11}Z_L + A_{12}}{A_{21}Z_L + A_{22}} \tag{11-3-7}$$

例 11 - 3 - 1 图 11 - 3 - 7 中虚线部分为电调衰减器模型，中间一段特征阻抗为 Z_0，传播常数为 β，长度为 $\lambda/4$ 的传输线；R_1 和 R_2 是由 PIN 管实现的电调电阻。当电调衰减器为接负载 Z_L 时，这时输入端的输入阻抗为多少？

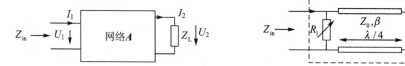
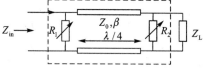

图 11 - 3 - 6 传输矩阵阻抗变换模型　　　图 11 - 3 - 7 电调衰减器工作原理图

把电调衰减器看成三个电路串联而成，从输入端到输出端分别为并联导纳电路、传输线和并联导纳电路，因此可用级联定理求得电调衰减器的传输矩阵。

$$A_1 = \begin{bmatrix} 1 & 0 \\ \frac{1}{R_1} & 1 \end{bmatrix}$$

$$A_2 = \begin{bmatrix} \cos\beta l & jZ_0\sin\beta l \\ j\frac{1}{Z_0}\sin\beta l & \cos\beta l \end{bmatrix} = \begin{bmatrix} 0 & jZ_0 \\ j\frac{1}{Z_0} & 0 \end{bmatrix}$$

$$A_3 = \begin{bmatrix} 1 & 0 \\ \frac{1}{R_2} & 1 \end{bmatrix}$$

$$A = A_1 A_2 A_3 = \begin{bmatrix} 1 & 0 \\ \frac{1}{R_1} & 1 \end{bmatrix}\begin{bmatrix} 0 & jZ_0 \\ j\frac{1}{Z_0} & 0 \end{bmatrix}\begin{bmatrix} 1 & 0 \\ \frac{1}{R_2} & 1 \end{bmatrix}$$

$$A = jZ_0 \begin{bmatrix} \frac{1}{R_2} & 1 \\ \frac{1}{Z_0^2} + \frac{1}{R_1 R_2} & \frac{1}{R_1} \end{bmatrix}$$

然后根据阻抗变换公式求得输入阻抗：

$$Z_{in} = \frac{A_{11}Z_L + A_{12}}{A_{21}Z_L + A_{22}} = \frac{(1/R_2)Z_L + 1}{[1 + 1/(R_1 R_2)]Z_L + 1/R_1} = \frac{R_1 Z_L + R_1 R_2}{\left(1 + \frac{R_1 R_2}{Z_0^2}\right)Z_L + R_2}$$

11.3.4 互易网络、互易无耗网络和对称网络的传输矩阵

在上节中，论述了互易网络的阻抗或导纳矩阵是对称矩阵，互易无耗网络的阻抗或导纳矩

阵的矩阵元是纯虚数,而网络的对称端口满足式(11-2-40)。这里同样讨论这些网络传输矩阵的特点。这里讨论的思路是:先推导传输矩阵和阻抗之间的转换关系,利用阻抗矩阵的特点来证明。

1. 传输矩阵和阻抗矩阵的转换关系

按照阻抗矩阵 Z 来定义端口参数,对于传输矩阵的输出端口的电流方向相反(见图11-3-8),根据 A 矩阵的定义:

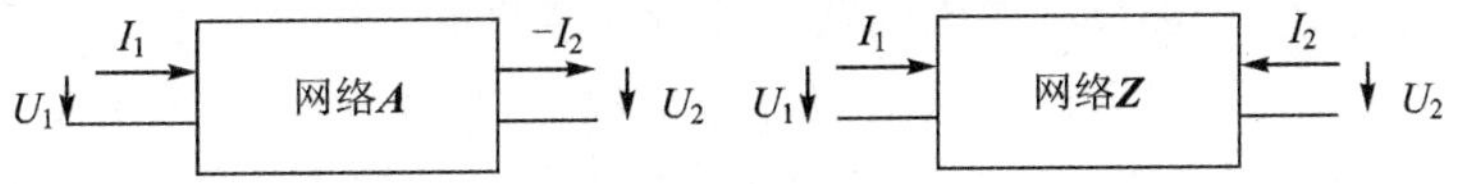

图 11-3-8 传输矩阵和阻抗矩阵端口定义关系图

$$\begin{bmatrix} U_1 \\ I_1 \end{bmatrix} = \begin{bmatrix} A_{11} & A_{12} \\ A_{21} & A_{22} \end{bmatrix} \begin{bmatrix} U_2 \\ -I_2 \end{bmatrix}$$

$$\begin{cases} U_1 = A_{11}U_2 - A_{12}I_2 \\ I_1 = A_{21}U_2 - A_{22}I_2 \end{cases} \Rightarrow \begin{cases} U_1 - A_{11}U_2 = -A_{12}I_2 \\ A_{21}U_2 = I_1 + A_{22}I_2 \end{cases}$$

$$\begin{bmatrix} 1 & -A_{11} \\ 0 & A_{21} \end{bmatrix} \begin{bmatrix} U_1 \\ U_2 \end{bmatrix} = \begin{bmatrix} 0 & -A_{12} \\ 1 & A_{22} \end{bmatrix} \begin{bmatrix} I_1 \\ I_2 \end{bmatrix}$$

$$Z = \frac{1}{A_{21}} \begin{bmatrix} A_{11} & A_{11}A_{22} - A_{12}A_{21} \\ 1 & A_{22} \end{bmatrix} = \begin{bmatrix} 1 & -A_{11} \\ 0 & A_{21} \end{bmatrix}^{-1} \begin{bmatrix} 0 & -A_{12} \\ 1 & A_{22} \end{bmatrix} =$$

$$\frac{1}{A_{21}} \begin{bmatrix} A_{21} & A_{11} \\ 0 & 1 \end{bmatrix} \begin{bmatrix} 0 & -A_{12} \\ 1 & A_{22} \end{bmatrix} = \frac{1}{A_{21}} \begin{bmatrix} A_{11} & A_{11}A_{22} - A_{12}A_{21} \\ 1 & A_{22} \end{bmatrix}$$

$$Z = \frac{1}{A_{21}} \begin{bmatrix} A_{11} & \det A \\ 1 & A_{22} \end{bmatrix} \qquad (11-3-8)$$

2. 互易网络传输矩阵 A 的特点

互易网络传输矩阵 A 的行列式等于1,即 $\det[A]=1$。

证明

因为互易网络的阻抗矩阵是对称矩阵,即

$$z_{12} = z_{21}$$

因而可得:

$$\det A = 1 \qquad (11-3-9)$$

得证。

3. 互易无耗网络矩阵 A 的特点

无耗互易网络中,A_{11}、A_{22} 为实数,A_{12}、A_{21} 为虚数。

证明

在无耗互易网络中,Z 的矩阵元为纯虚数。

因为 z_{21} 为纯虚数,所以 A_{21} 为纯虚数。

因为 z_{11} 为纯虚数,所以 A_{11} 为实数;同理 A_{22} 为实数。

因为 z_{12} 为纯虚数,所以 $\det A$ 为实数;而 $A_{11}A_{22} - A_{12}A_{21}$ 中 A_{11}、A_{22} 为实数,A_{21} 为纯虚数,那么 A_{12} 为纯虚数。得证。

4. 对称网络矩阵 A 的特点

对称网络 $A_{11} = A_{22}$。

证明

在对称网络中,Z 有 $z_{11} = z_{22}$,根据 A 和 Z 的转换关系,即可得证。

11.3.5 归一化传输矩阵 a(也称 ABCD 矩阵)

我们在上面的论述中,都没有考虑网路的外部连接关系。在微波电路中,网络的连接都是由传输线连接而成的,为了以后讨论散射矩阵的方便,这里先把 A 矩阵的输入输出端口用传输线的特征阻抗归一化的。然后定义归一化参数后网络的传输矩阵。

如图 11-3-9 所示,网络的输入端口的特征阻抗(即连接传输线的特征阻抗)为 Z_{01},而输出端口的特征阻抗为 Z_{02}。定义归一化电压 u 和电流 i,即用端口阻抗归一化。

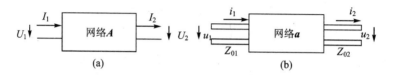

图 11-3-9 归一化传输矩阵 a 的模型

1. 归一化电压和电流的定义

$$u = U/\sqrt{Z_0} \tag{11-3-10a}$$

$$i = I\sqrt{Z_0} \tag{11-3-10b}$$

$$\begin{bmatrix} u \\ i \end{bmatrix} = \begin{bmatrix} 1/\sqrt{Z_0} & 0 \\ 0 & \sqrt{Z_0} \end{bmatrix} \begin{bmatrix} U \\ I \end{bmatrix} \tag{11-3-11}$$

归一化电压和电流满足原有功率关系:

$$P = \frac{1}{2} U I^* = \frac{1}{2} \frac{U}{\sqrt{Z_0}} (\sqrt{Z_0} I)^* = \frac{1}{2} u i^* \tag{11-3-12}$$

用归一化电压和电流表示的阻抗是端口的归一化阻抗 z:

$$Z = \frac{U}{I} = Z_0 \frac{U/\sqrt{Z_0}}{I \sqrt{Z_0}} = Z_0 \frac{u}{i}$$

因而可得:

$$z = \frac{u}{i} = \frac{Z}{Z_0} \tag{11-3-13}$$

2. 归一化传输矩阵 a 的定义

$$\begin{bmatrix} u_1 \\ i_1 \end{bmatrix} = a \begin{bmatrix} u_2 \\ i_2 \end{bmatrix} \tag{11-3-14}$$

式(11-3-14)中:

$$a = \begin{bmatrix} a_{11} & a_{12} \\ a_{21} & a_{22} \end{bmatrix} \tag{11-3-15}$$

3. 根据传输矩阵 A 求解归一化传输矩阵 a

根据归一化电压和电流的定义：

$$\begin{bmatrix} u_1 \\ i_1 \end{bmatrix} = \begin{bmatrix} 1/\sqrt{Z_{01}} & 0 \\ 0 & \sqrt{Z_{01}} \end{bmatrix} \begin{bmatrix} U_1 \\ I_1 \end{bmatrix} \quad (11-3-16)$$

$$\begin{bmatrix} u_2 \\ i_2 \end{bmatrix} = \begin{bmatrix} 1/\sqrt{Z_{02}} & 0 \\ 0 & \sqrt{Z_{02}} \end{bmatrix} \begin{bmatrix} U_2 \\ I_2 \end{bmatrix}$$

$$\begin{bmatrix} U_2 \\ I_2 \end{bmatrix} = \begin{bmatrix} \sqrt{Z_{02}} & 0 \\ 0 & 1/\sqrt{Z_{02}} \end{bmatrix} \begin{bmatrix} u_2 \\ i_2 \end{bmatrix} \quad (11-3-17)$$

把式(11-3-1)代入式(11-3-16)，可得：

$$\begin{bmatrix} u_1 \\ i_1 \end{bmatrix} = \begin{bmatrix} 1/\sqrt{Z_{01}} & 0 \\ 0 & \sqrt{Z_{01}} \end{bmatrix} A \begin{bmatrix} U_2 \\ I_2 \end{bmatrix} \quad (11-3-18)$$

把式(11-3-17)代入式(11-3-18)，并根据矩阵 a 的定义式(11-3-14)，可得矩阵 a 的求解式：

$$a = \begin{bmatrix} 1/\sqrt{Z_{01}} & 0 \\ 0 & \sqrt{Z_{01}} \end{bmatrix} A \begin{bmatrix} \sqrt{Z_{02}} & 0 \\ 0 & 1/\sqrt{Z_{02}} \end{bmatrix} =$$

$$\begin{bmatrix} 1/\sqrt{Z_{01}} & 0 \\ 0 & \sqrt{Z_{01}} \end{bmatrix} \begin{bmatrix} A_{11} & A_{12} \\ A_{21} & A_{22} \end{bmatrix} \begin{bmatrix} \sqrt{Z_{02}} & 0 \\ 0 & 1/\sqrt{Z_{02}} \end{bmatrix}$$

$$a = \begin{bmatrix} A_{11}\sqrt{\dfrac{Z_{02}}{Z_{01}}} & A_{12}\dfrac{1}{\sqrt{Z_{01}Z_{02}}} \\ A_{21}\sqrt{Z_{01}Z_{02}} & A_{22}\sqrt{\dfrac{Z_{01}}{Z_{02}}} \end{bmatrix} \quad (11-3-19)$$

当两个端口的特征阻抗为 Z_0，即 $Z_{01}=Z_{02}=Z_0$ 时，式(11-3-19)就可简化为

$$a = \begin{bmatrix} A_{11} & A_{12}/Z_0 \\ A_{21}Z_0 & A_{22} \end{bmatrix} \quad (11-3-20)$$

4. 互易网络、互易无耗网络和对称网络的归一化传输矩阵 a 的特点

互易网络传输矩阵 A 的行列式等于1，即 $\det A = 1$，那么

$$\det a = a_{11}a_{22} - a_{12}a_{21} = A_{11}A_{22} - A_{12}A_{21} = \det A = 1 \quad (11-3-21)$$

所以互易网络归一化传输矩阵 a 的行列式等于1。

互易无耗网络传输矩阵的特点是无耗互易网络中，A_{11}、A_{22} 为实数，A_{12}、A_{21} 为虚数，从式(11-3-19)可知，a_{11}、a_{22} 为实数，a_{12}、a_{21} 为虚数。

关于对称网络，那么两个端口的特征阻抗也相同，从式(11-3-20)可以看出 $a_{11}=a_{22}$。

11.4 散射矩阵

前面我们讨论了 Z 矩阵、Y 矩阵和 A 矩阵，从端口定义上看，Z 矩阵和 Y 矩阵中电压和电流方向都是对称定义的，而 A 矩阵中电压和电流是非对称定义的，必须有进有出。如果已知

电路的结构，Z 矩阵、Y 矩阵和 A 矩阵都可以根据基尔霍夫定律直接用代数法求解。

上面三种参数在低频电路分析中广泛使用，但在微波波段其应用受到一定限制。

第一点是：在微波波段，波导等单一导体传输线中电压和电流不存在唯一性，因而电压和电流无法明确定义。第二点是：在微波波段，电压和电流的测量十分困难。第三点是：Z、Y、A 参数都是严格定义在开路和短路的基础之上的，而在微波电路中，严格的短路和开路都很难做到。本节引入微波电路分析中最重要的参数——散射矩阵 s。

11.4.1 散射矩阵的定义

1. 入射波和反射波的定义

在传输线理论中，传输线上任意一点处的电压（电流）都由入射电压（电流）和反射电压组成。在具体传输线中，无论是 TEM 波模式下或非 TEM 波模式下，在引入等效电压和等效电流时都可统一为

$$U = U^+ + U^- \tag{11-4-1a}$$

$$I = \frac{U^+}{Z_0} - \frac{U^-}{Z_0} \tag{11-4-1b}$$

在论述归一化传输矩阵时，引入了归一化电压和归一化电流：

$$u = \frac{U}{\sqrt{Z_0}} \tag{11-4-2a}$$

$$i = I\sqrt{Z_0} \tag{11-4-2b}$$

把式(11-4-1a)、式(11-4-1b)、式(11-4-2a)、式(11-4-2b)结合起来：

$$u = \frac{U}{\sqrt{Z_0}} = \frac{U^+}{\sqrt{Z_0}} + \frac{U^-}{\sqrt{Z_0}} \tag{11-4-3a}$$

$$i = I\sqrt{Z_0} = \frac{U^+}{\sqrt{Z_0}} - \frac{U^-}{\sqrt{Z_0}} \tag{11-4-3b}$$

定义 入射波 a 和反射波 b 分别为

$$a = \frac{U^+}{\sqrt{Z_0}} \tag{11-4-4a}$$

$$b = \frac{U^-}{\sqrt{Z_0}} \tag{11-4-4b}$$

根据式(11-4-4a)和式(11-4-4b)，可得归一化电压电流和入射波反射波的关系式：

$$u = a + b \tag{11-4-5a}$$

$$i = a - b \tag{11-4-5b}$$

$$a = (u + i)/2 \tag{11-4-6a}$$

$$b = (u - i)/2 \tag{11-4-6b}$$

2. 入射波和反射波表示的传输线工作参数

计算传输上传输的实功率：

$$P_r = \frac{1}{2}\text{Re}(UI^*) = \frac{1}{2}\text{Re}(ui^*) = \frac{1}{2}\text{Re}[(a+b)(a-b)^*] =$$

$$\frac{1}{2}(a^2 - b^2) = P_{\text{in}} - P_{\text{out}} \tag{11-4-7}$$

从式(11-4-7)可以看出：用入射波和反射波表达传输线传输实际功率更加直观。

计算传输线上的反射系数：

$$\Gamma = \frac{U^-}{U^+} = \frac{U^-/\sqrt{Z_0}}{U^+/\sqrt{Z_0}} = \frac{b}{a} \quad (11-4-8)$$

计算传输线向负载端看去的阻抗和归一化阻抗：

$$Z = \frac{U}{I} = Z_0 \frac{U/\sqrt{Z_0}}{I\sqrt{Z_0}} = Z_0 \frac{u}{i} = Z_0 \frac{a+b}{a-b} \quad (11-4-9\text{a})$$

$$z = \frac{Z}{Z_0} = \frac{u}{i} = \frac{a+b}{a-b} \quad (11-4-9\text{b})$$

3. 散射矩阵的模型和定义

N 端口散射矩阵模型如图 11-4-1 所示。

定义 散射矩阵：

$$\boldsymbol{b} = \boldsymbol{S}\boldsymbol{a} \quad (11-4-10)$$

式(11-4-10)中：

$$\boldsymbol{S} = \begin{bmatrix} s_{11} & s_{12} & \cdots & s_{1n} \\ s_{21} & s_{22} & \cdots & s_{2n} \\ \vdots & \vdots & & \vdots \\ s_{n1} & s_{n2} & \cdots & s_{nn} \end{bmatrix}, \quad \boldsymbol{b} = \begin{bmatrix} b_1 \\ b_2 \\ \vdots \\ b_n \end{bmatrix}, \quad \boldsymbol{a} = \begin{bmatrix} a_1 \\ a_2 \\ \vdots \\ a_n \end{bmatrix}$$

注意：散射矩阵模型端口的入射波指向网络，反射波反向。从式(11-4-5b)可以看出，归一化电流的参考方向和入射波相同，即也是指向网络。

如果一个网络只有一个端口，那么有：

$$\boldsymbol{b} = b_1, \quad \boldsymbol{a} = a_1, \quad \boldsymbol{S} = [s_{11}]$$

则式(11-4-10)就退化成 $b_1 = s_{11}a_1$，从而有：

$$s_{11} = b/a = \Gamma \quad (11-4-11)$$

从式(11-4-10)可以看出：散射矩阵是一种广义的反射系数矩阵。

4. 散射矩阵的物理意义

下面讨论一下散射矩阵矩阵元的物理意义，从而可以看出如何才能在实际网络中测出散射矩阵。下面先以二端口网络散射矩阵为例来说明，其模型如图 11-4-2 所示。

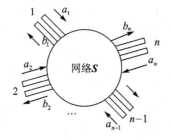

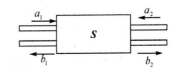

图 11-4-1　N 端口散射矩阵模型　　　图 11-4-2　二端口散射矩阵的模型

展开式(11-4-10)可得：

$$b_1 = s_{11}a_1 + s_{12}a_2 \quad (11-4-12\text{a})$$

$$b_2 = s_{21}a_1 + s_{22}a_2 \qquad (11-4-12b)$$

$s_{11} = \dfrac{b_1}{a_1}\bigg|_{a_2=0}$ 表示端口 2 匹配时,端口 1 的反射系数 Γ_1。

$s_{21} = \dfrac{b_2}{a_1}\bigg|_{a_2=0}$ 表示端口 2 匹配时,端口 1 向端口 2 的传输系数 T_f。

$s_{12} = \dfrac{b_1}{a_2}\bigg|_{a_1=0}$ 表示端口 1 匹配时,端口 2 向端口 1 的反向传输系数 T_b。

$s_{22} = \dfrac{b_2}{a_2}\bigg|_{a_1=0}$ 表示端口 1 匹配时,端口 2 的反射系数 Γ_2。

根据二端口网络散射矩阵矩阵元的物理意义,可以把二端口的 S 矩阵写为

$$S = \begin{bmatrix} s_{11} & s_{12} \\ s_{21} & s_{22} \end{bmatrix} = \begin{bmatrix} \Gamma_1 & T_b \\ T_f & \Gamma_2 \end{bmatrix} \qquad (11-4-13)$$

S 矩阵还经常被表示成信号流图的形式,如图 11-4-3 所示。

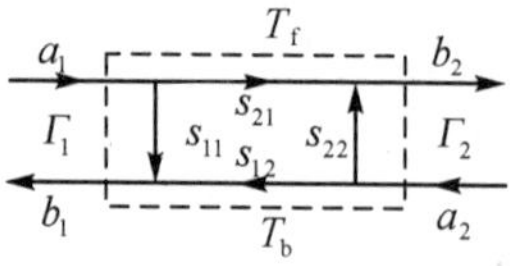

从二端口网络扩展到 N 端口网络的散射矩阵,其矩阵元的物理意义为

图 11-4-3 二端口散射矩阵的模型

$s_{ii}(i=1,\cdots,n) = \dfrac{b_i}{a_i}\bigg|_{a_{k\neq i}=0}$ 表示的是在其他所有端口 $k(1,2,\cdots,i-1,i+1,\cdots,n)$ 都匹配时,i 端口的反射系数。

$s_{ij}(i=1,\cdots,n) = \dfrac{b_i}{a_j}\bigg|_{a_{k\neq j}=0, i\neq j}$ 表示的是在其他所有端口 $k(1,2,\cdots,i-1,i+1,\cdots,n)$ 都匹配时,j 端口向 i 端口的传输系数。

11.4.2 二端口散射矩阵的计算(ABCD 矩阵)

在前面章节中可以看到,如果已知网络的具体结构,那么根据定义可以直接利用电路分析就求解阻抗矩阵、导纳矩阵和传输矩阵。具体微波网络的散射矩阵求解一般较复杂,但对于二端口网络,一般可通过先求得传输矩阵,然后利用 ABCD 矩阵转换成散射矩阵。下面就具体推导联系两种重要矩阵的 ABCD 矩阵。图 11-4-4 所示为二端口散射矩阵的模型。图 11-4-5 所示为二端口归一化传输矩阵的模型。

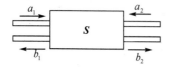

图 11-4-4 二端口散射矩阵的模型

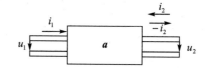

图 11-4-5 二端口归一化传输矩阵的模型

把端口 2 的归一化电流的参考方向定义为指向网络,这样就可用式(11-4-5a)和式(11-4-5b)把归一化电流、电压和入射波反射波联系起来。在定义归一化传输矩阵 a(即 ABCD 矩阵)时,输出端口的电流是流出网络的,这里需要十分注意。为了便于记忆,把 a 矩阵的一般表示式(11-3-15)写成如下形式:

$$a = \begin{bmatrix} A & B \\ C & D \end{bmatrix} \qquad (11-4-14)$$

第 11 章 网络理论

根据归一化传输矩阵的定义式(11-4-14)、式(11-4-5a)和式(11-4-5b),可得:

$$\begin{bmatrix} u_1 \\ i_1 \end{bmatrix} = \begin{bmatrix} A & B \\ C & D \end{bmatrix} \begin{bmatrix} u_2 \\ -i_2 \end{bmatrix} \Rightarrow \begin{bmatrix} a_1 + b_1 \\ a_1 - b_1 \end{bmatrix} = \begin{bmatrix} A & B \\ C & D \end{bmatrix} \begin{bmatrix} a_2 + b_2 \\ b_2 - a_2 \end{bmatrix} \quad (11-4-15)$$

根据散射矩阵的定义式(11-4-10)来整理时,可得如式(11-4-16)所示的 **ABCD** 矩阵:

$$\begin{bmatrix} 1 & -(A+B) \\ -1 & -(C+D) \end{bmatrix} \begin{bmatrix} b_1 \\ b_2 \end{bmatrix} = \begin{bmatrix} -1 & (A-B) \\ -1 & (C-D) \end{bmatrix} \begin{bmatrix} a_1 \\ a_2 \end{bmatrix}$$

$$S = \begin{bmatrix} 1 & -(A+B) \\ -1 & -(C+D) \end{bmatrix}^{-1} \begin{bmatrix} -1 & (A-B) \\ -1 & (C-D) \end{bmatrix}$$

$$S = \frac{1}{(A+B+C+D)} \begin{bmatrix} A+B-C-D & 2\det a) \\ 2 & B+D-A-C \end{bmatrix} \quad (11-4-16)$$

例 11-4-1 一段传输线的散射矩阵,其模型如图 11-4-6 所示。(传输线两端连接的是特征阻抗相同的传输线,即端口特征阻抗等于传输线的阻抗)。

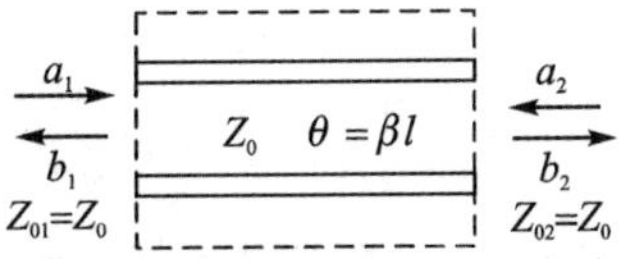

图 11-4-6 传输线的散射矩阵模型

已知传输线的 **A** 矩阵为

$$A = \begin{bmatrix} \cos\theta & jZ_0 \sin\theta \\ j\dfrac{1}{Z_0}\sin\theta & \cos\theta \end{bmatrix}$$

根据式(11-3-20),可求得传输线的 **ABCD** 矩阵:

$$a = \begin{bmatrix} \cos\theta & j\sin\theta \\ j\sin\theta & \cos\theta \end{bmatrix}$$

根据 **ABCD** 矩阵可得传输线的散射矩阵:

$$S = \begin{bmatrix} 0 & \dfrac{2}{2(\cos\theta + j\sin\theta)} \\ \dfrac{2}{2(\cos\theta + j\sin\theta)} & 0 \end{bmatrix}$$

$$S = \begin{bmatrix} 0 & e^{-j\theta} \\ e^{-j\theta} & 0 \end{bmatrix} \quad (11-4-17)$$

从式(11-4-16)可以看出:如果 2 端口接匹配负载(即接一个电阻,阻值等于特征阻抗),那么 $s_{11}=0$ 意味着在一端口没有反射;$s_{21}=e^{-j\theta}$ 意味着入射波从一端口输入,二端口输出的波(二端口反射波)仅仅相位延迟了 θ,而幅度没有衰减。

11.4.3 互易网络、对称网络、互易无耗网络散射矩阵的特点

(1) 二端口互易网络散射矩阵是对称网络

在上节中已经证明了 **ABCD** 矩阵的行列式等于 1,从 **ABCD** 矩阵中可以看出 $s_{12}=s_{21}$。该

结论可以推广到多端口网络,具体思路是直接建立散射矩阵和阻抗矩阵的关系,然后利用阻抗矩阵的对称性来证明,这里不再论述。

(2) 如果网络的端口 i 和端口 j 对称,则有 $s_{ii}=s_{jj}$

这可以直接从 s_{ii} 的定义看出。如果网络是二端口对称网络,那么 $\boldsymbol{A}=\boldsymbol{D},\boldsymbol{B}=\boldsymbol{C}$,从式(11-4-16)也可以看出 $s_{11}=s_{22}$。

(3) 互易无耗网络散射矩阵满足幺正性

证明

如果一个网络是无耗的,那么所有流入网络的实功率必定等于流出网络的实功率。根据式(11-4-7)可得:

$$P_r = \frac{1}{2}\sum_{i=1}^{N}(|a_i|^2 - |b_i|^2) = \frac{1}{2}\sum_{i=1}^{N}(a_i a_i^* - b_i b_i^*) \qquad (11-4-18)$$

令:

$$\boldsymbol{a} = \begin{bmatrix} a_1 \\ a_2 \\ \vdots \\ a_N \end{bmatrix}, \qquad \boldsymbol{b} = \begin{bmatrix} b_1 \\ b_2 \\ \vdots \\ b_N \end{bmatrix}$$

$$\boldsymbol{a}^{\mathrm{T}} = [a_1, a_2, \cdots, a_N], \qquad \boldsymbol{a}^+ = (\boldsymbol{a}^{\mathrm{T}})^* = [a_1^*, a_2^*, \cdots, a_N^*]$$

$$\boldsymbol{b}^{\mathrm{T}} = [b_1, b_2, \cdots, b_N], \qquad \boldsymbol{b}^+ = (\boldsymbol{b}^{\mathrm{T}})^* = [b_1^*, b_2^*, \cdots, b_N^*]$$

$$\boldsymbol{S}^+ = (\boldsymbol{S}^{\mathrm{T}})^* = (\boldsymbol{S}^*)^{\mathrm{T}}$$

则式(11-4-18)可写成:

$$\begin{aligned} P_r &= \frac{1}{2}\boldsymbol{a}^+\boldsymbol{a} - \frac{1}{2}\boldsymbol{b}^+\boldsymbol{b} = \\ &\frac{1}{2}\boldsymbol{a}^+\boldsymbol{a} - \frac{1}{2}\boldsymbol{b}^+\boldsymbol{b} = \frac{1}{2}\boldsymbol{a}^+\boldsymbol{a} - \frac{1}{2}\boldsymbol{S}\boldsymbol{a}^+\boldsymbol{S}\boldsymbol{a} = \\ &\frac{1}{2}\boldsymbol{a}^+\boldsymbol{1}\boldsymbol{a} - \frac{1}{2}\boldsymbol{a}^+\boldsymbol{S}^+\boldsymbol{S}\boldsymbol{a} = \\ &\frac{1}{2}\boldsymbol{a}^+(\boldsymbol{1} - \boldsymbol{S}^+\boldsymbol{S})\boldsymbol{a} \end{aligned} \qquad (11-4-19)$$

由于 $\boldsymbol{a}$ 表示的是各个输入端的入射波,它可以取任何值。但要使得 P_r 恒等于 0,只有 $\boldsymbol{S}^+\boldsymbol{S}=\boldsymbol{1}$。$\boldsymbol{1}$ 为单位阵。

根据传输线的散射矩阵式(11-4-16),可得:

$$s_{11} = s_{22}$$
$$s_{21} = s_{12}$$

$$\boldsymbol{S}^+\boldsymbol{S} = \begin{bmatrix} 0 & e^{j\theta} \\ e^{j\theta} & 0 \end{bmatrix}\begin{bmatrix} 0 & e^{-j\theta} \\ e^{-j\theta} & 0 \end{bmatrix} = \begin{bmatrix} 1 & 0 \\ 0 & 1 \end{bmatrix}$$

这说明传输线网络是对称网络,也是互易网络,还是无耗网络。

11.4.4 二端口网络散射矩阵的负载反射变换公式

在实际应用中,往往需要在已知负载反射系数时求解输入端的反射系数。当然,对于多端口网络,在已知某个网络端口时,求解其他端口之间的散射矩阵,两者的求解思路完全一致。

如图 11-4-7 所示是一个二端口网络，在 2 端口接了负载并已知负载反射系数，需要求解 1 端口向网络看去的反射系数。

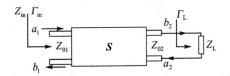

图 11-4-7　二端口网络散射矩阵的反射系数变换模型

当已知终端负载和端口特征阻抗时，可直接求得负载反射系数：

$$\Gamma_L = \frac{Z_L - Z_{02}}{Z_L + Z_{02}}$$

用网络参数表示的反射系数：

$$\Gamma_L = \frac{a_2}{b_2} \tag{11-4-20}$$

把式(11-4-20)代入式(11-4-12b)，可得：

$$b_2 = \frac{s_{21} a_1}{1 - s_{22} \Gamma_L} \tag{11-4-21}$$

把式(11-4-20)和式(11-4-21)都代入式(11-4-12a)，可得：

$$b_1 = s_{11} a_1 + s_{12} b_2 \Gamma_L = s_{11} a_1 + s_{12} \frac{s_{21} a_1}{1 - s_{22} \Gamma_L} \Gamma_L \tag{11-4-22}$$

整理式(11-4-22)可得负载反射变换公式：

$$\Gamma_{in} = \frac{b_1}{a_1} = s_{11} + \frac{s_{12} s_{21}}{1 - s_{22} \Gamma_L} \Gamma_L \tag{11-4-23}$$

当求得发射系数时，还可求得输入阻抗：

$$Z_{in} = Z_{01} \frac{1 - \Gamma_{in}}{1 + \Gamma_{in}} \tag{11-4-24}$$

11.5　习　题

11-5-1　求解如图 11-5-1 所示的 T 型电路的阻抗矩阵 **Y**、导纳矩阵 **Z**，并证明该网络是互易的。

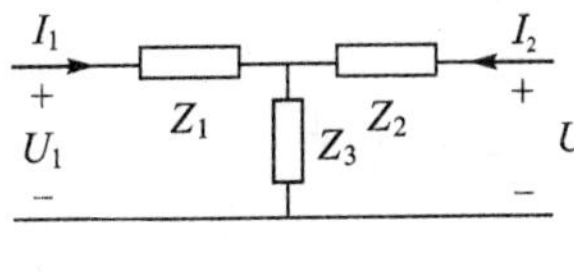

11-5-2　如图 11-5-1 所示的微波网络，求传输矩阵 **A**，并证明该网络是互易网络。

11-5-3　如图 11-5-1 所示，当 $Z_1 = Z_2 = 8.56\ \Omega$，$Z_3 = 141.8\ \Omega$ 时是一个 3 dB 衰减器模型（两个端口都接特征阻抗为 50 Ω 的传输线），计算该模型的散射矩阵，并证明该网络是损耗网络、对称网络和互易网络。

图 11-5-1　T 型电路

11-5-4　已知二端口网络有如下散射矩阵：

$$\mathbf{S} = \begin{bmatrix} 0.15 \angle 0° & 0.85 \angle -45° \\ 0.85 \angle 45° & 0.2 \angle 0° \end{bmatrix}$$

判断网络是互易的还是无耗的。若端口 2 接匹配负载，则在端口 1 看去的回波损耗为多少？若端口 2 短路，则在端口 1 看去的回波损耗为多少？

参考文献

[1] David M Pozar. 微波工程. 3版. 张肇仪,等译. 北京:电子工业出版社,2006.
[2] Yeon Ho Lee. Introduction to Engineering Electromagnetics. Berlin:Springer, 2013.
[3] 梁昌洪,等. 简明微波. 北京:高等教育出版社,2006.
[4] Huseyin R Hiziroglu, Bhag Singh Guru. 电磁场与电磁波. 周克定,译. 北京:机械工业出版社,2006.
[5] 柯享玉. 电磁场理论基础. 北京:人民邮电出版社,2011.